21世纪高等学校计算机专业
核心课程规划教材

计算机导论

（第4版）微课版

◎ 袁方 王兵 编著

U0253181

清华大学出版社

北京

内 容 简 介

本书是一本学习计算机专业知识的入门教材，介绍了计算机的发展简史、计算机基础知识、操作系统与网络知识、程序设计知识、软件开发知识、计算机系统安全知识、人工智能知识和计算机领域的典型问题等内容。通过学习本书，学生可以了解计算机发展史中的重要人物、机型和事件，了解学习计算机专业应掌握的知识体系和学习方法，从总体上了解计算机专业的基本知识，了解计算机专业领域能解决的实际问题。编写本书旨在帮助学生尽早建立一个完整的计算机概念，构建一个初步的计算机专业知识体系框架，激发其学习兴趣，为进一步深入学习专业知识，提高综合素质和能力奠定良好的基础。

本书既可作为高等学校计算机类专业"计算机导论"课程的教材，也可作为非计算机专业"大学计算机"课程的教材。

图书在版编目(CIP)数据

计算机导论：微课版/袁方，王兵编著.—4 版.—北京：清华大学出版社，2020.6（2024.9重印）
21 世纪高等学校计算机专业核心课程规划教材
ISBN 978-7-302-53220-0

Ⅰ.①计… Ⅱ.①袁… ②王… Ⅲ.①电子计算机－高等学校－教材 Ⅳ.①TP3

中国版本图书馆 CIP 数据核字(2019)第 129372 号

责任编辑：闫红梅
封面设计：刘 键
责任校对：焦丽丽
责任印制：丛怀宇

出版发行：清华大学出版社
　　　　　网　　　址：https://www.tup.com.cn，https://www.wqxuetang.com
　　　　　地　　　址：北京清华大学学研大厦 A 座　　　　　邮　　编：100084
　　　　　社 总 机：010-83470000　　　　　邮　　购：010-62786544
　　　　　投稿与读者服务：010-62776969，c-service@tup.tsinghua.edu.cn
　　　　　质量反馈：010-62772015，zhiliang@tup.tsinghua.edu.cn
　　　　　课件下载：https://www.tup.com.cn，010-83470236
印 装 者：天津鑫丰华印务有限公司
经　　销：全国新华书店
开　　本：185mm×260mm　　印　张：17.5　　　　字　　数：447 千字
版　　次：2004 年 8 月第 1 版　2020 年 7 月第 4 版　　印　　次：2024 年 9 月第 11 次印刷
印　　数：186001～186300
定　　价：49.80 元

产品编号：083000-01

第 4 版前言

本书第 1 版出版于 2004 年 9 月,经过第 2 版和第 3 版的修订,发行已超过 10 万册。在使用过程中得到许多学校老师和同学们的肯定,取得了良好的教学效果。为能及时反映计算机领域的最新进展,保持教材内容的新颖性,我们对第 3 版进行了认真的修改和完善,形成了现在的第 4 版。

第 3 版出版以来的 5 年间,万维网的发明人蒂姆·伯纳斯·李和有"深度学习三巨头"之称的约书亚·本吉奥、杰弗里·辛顿、杨乐昆等科学家获得图灵奖。计算机技术又有了新的重大发展:世界上运算速度最快的超级计算机的运算速度已达到 20 亿亿次每秒;在高性能计算、大数据和高效算法的驱动下,人工智能快速发展并得到广泛应用,计算机视觉、语音识别、机器翻译、无人驾驶汽车、智能机器人等领域出现了一大批实用化产品;网络安全威胁与网络安全技术产品继续进行着你来我往的博弈;上网人数再创新高、互联网应用进一步向各行各业拓展;等等。第 4 版对这些新的发展变化进行了介绍。同时对一些相对陈旧的内容进行了删减,对文字叙述做了进一步的加工和润色。

与第 3 版比较,第 4 版增加了一章内容介绍人工智能的发展与应用;程序设计的介绍改为 Python 语言程序设计;把计算机学科方法论一章的内容进行简化后以拓展阅读的形式出现;计算机领域的著名公司、科学家、学术组织、奖项等内容由第 1 章分散到各章作为拓展阅读材料。第 4 版仍保持 9 章的内容,分别是计算机发展简史、计算机专业知识体系、计算机基础知识、操作系统与网络知识、程序设计知识、软件开发知识、计算机系统安全知识、人工智能知识和计算机领域的典型问题。从第 1 版开始,我们编写计算机导论教材一直追求的目标是体现广、浅、新、易、趣、思 6 个字的特点,即知识面广、层次浅显、内容新颖、通俗易懂、激发兴趣、引导思考,现在的第 4 版朝这个目标又前进了一步。

对于教师:第 4 版保持了前 3 个版本的特色,仍然定位在对计算机专业知识做一个绪论性的介绍,不求深度优先,但求广度优先。主要目的在于让学生对计算机的历史发展、知识体系及学习(研究)方法有一个总体性的了解,积累计算机概念,培养计算思维,激发学生的学习兴趣和学习主动性。教师讲授时应以提高兴趣、总体了解为主,适当掌握介绍内容的深度。每章除习题外,还设置了思考题,习题主要是帮助学生掌握每章的基本内容,思考题主要是引导学生进一步阅读有关文献,对一些问题进行较为深入的思考。教师可选部分或全部习题留给学生做,并对思考题给予适当的引导启发。

对于学生:该书内容比较全面,涉及的知识点比较多,由于篇幅限制,每部分内容的介绍相对简略。学生可以根据自己的兴趣点,(在教师的指导下)自己借助图书馆、互联网找一些相关文献资料做进一步的阅读、学习和深入思考。争取做到,在对整个专业知识体系有基本了解的基础上，在某些方面有较深入的理解和思考。对于习题，要在理解书中内容的基础上去做，对于思考题，应在进一步阅读有关文献的基础上去思考。

　　为便于教师和学生使用该书，我们制作了配套的电子课件，主要知识点录制了教学视频。电子课件中配有大量的图片，使内容的介绍更为形象和生动。

　　第4版是在第3版的基础上修订而成的，修订工作由袁方执笔完成。

　　本书的编写与修订参考了大量的书籍、报刊，并参考了互联网上部分有价值的材料。为此，我们向有关的作者、编者、译者和网站表示衷心的感谢。

　　由于涉及内容非常多，虽然各部分内容都经相关比较熟悉的老师审阅把关，但限于编者水平有限，书中难免有不妥之处，敬请读者批评指正。

编　者

2020 年 3 月

第3版前言

本书第 1 版出版于 2004 年 9 月,第 2 版出版于 2009 年 7 月,累计发行 6 万多册。本书得到了许多学校的老师和同学的肯定,在教学中取得了较好的效果。为能及时反映计算机领域的最新进展,保持教材内容的先进性,我们对第 2 版进行了认真的修改和完善,形成了现在的第 3 版。

第 2 版出版以来的 5 年间,计算机领域又有了很大发展:世界上运算速度最快的巨型计算机已由每秒 1.03 千万亿次的美国"走鹃"让位给了每秒 5.49 亿亿次的我国"天河二号";第一台现代个人计算机 Xerox Alto 的设计与实现者查尔斯・萨克尔等 5 位杰出的计算机科学家成为近几年图灵奖的获得者;平板电脑、固态硬盘、3D 打印、物联网、大数据、Wi-Fi 上网等新产品和技术异军突起;IBM 新型大型机进入市场、Intel 推出新款 CPU、微软发布新版操作系统;新的计算机病毒和新的杀毒工具仍在继续较量;上网人数再创新高、互联网应用领域进一步拓展;等等。第 3 版对这些新的发展变化进行了介绍,同时对一些相对陈旧的内容进行了删减,对文字叙述做了进一步的加工和润色。

与第 2 版保持一致,第 3 版共分 9 章,分别是计算机发展简史、计算机专业知识体系、计算机基础知识、操作系统与网络知识、程序设计知识、软件开发知识、计算机系统安全知识、计算机领域的典型问题和计算机学科方法论。我们编写计算机导论教材追求的目标一直是体现广、浅、新、易、趣、思等 6 个字的特点,即知识面广、层次浅显、内容新颖、通俗易懂、激发兴趣、引导思考,现在的第 3 版朝这个目标又前进了一步。

对于教师:第 3 版保持了前两个版本的特色,仍然定位在对计算机专业做绪论性的介绍,不求深度优先,但求广度优先。主要目的在于让学生对计算机的历史发展、知识体系及学习(研究)方法有一个总体的了解,积累计算机概念,培养计算思维,激发学生的学习兴趣和学习主动性。教师讲授时应以提高兴趣、总体了解为主,适当掌握介绍内容的深度。每章除习题外,还设置了思考题。习题主要是帮助学生掌握每章的基本内容,思考题主要是引导学生进一步阅读有关文献,对一些问题进行较为深入的思考。教师可选部分或全部习题留给学生做,并对思考题给予适当的引导和启发。

对于学生:本书内容比较全面,涉及的知识点比较多,由于篇幅限制,每部分内容的介绍相对简略。学生可以根据自己的兴趣点,(在教师的指导下)自己借助图书馆、互联网找一些相关文献资料做进一步的阅读、学习和深入思考。争取做到,在对整个专业知识体系有基本了解的基础上,在某些方面有较深入一些的理解和思考。对于习题,要在理解书中内容的基础上去做;对于思考题,应在进一步阅读有关文献的基础上去思考。

为便于教师和学生使用本书,我们制作了配套的电子课件。电子课件中配有大量的图片,使内容的介绍更为形象和生动。

　　第3版是在第2版的基础上修订而成的。修订工作由袁方执笔完成，王兵（第8章）、李继民（第9章）、张明和王煜（4.1节）、杨晓晖和张斌（4.2节）、王苗和史青宣（5.2～5.3节）、陈昊和陈向阳（6.1节）、李珍（7.6节）、王亮（1.2节）分别参与了相应章节内容的讨论、审阅和校对工作。

　　本书的编写参考了大量的书籍、报刊，并参考了互联网上部分有价值的材料。为此，我们向有关的作者、编者、译者和网站表示衷心的感谢。

　　由于涉及内容非常多，虽然各部分内容都经过对相关领域比较熟悉的老师审阅把关，但限于编者水平有限，书中定有不妥之处，敬请读者批评指正。

编　者
2014 年 5 月

第2版前言

本书第1版出版于2004年9月,在使用过程中得到许多学校的老师和同学的肯定,取得了较好的教学效果。结合近几年的教学实践及计算机科学技术的最新进展,我们在第1版的基础上进行了修改和完善,使全书内容更加翔实和新颖,更加符合 IEEE-CS/ACM 的系列计算教程(CC2001～CC2005)及教育部高等学校计算机科学与技术教学指导委员会编制的《高等学校计算机科学与技术专业发展战略研究报告暨专业规范(试行)》中对计算机导论课程内容的建议。

我们编写计算机导论教材追求的目标是体现6个字的特点——广、浅、新、易、趣、思。即知识面广,要能包括计算机专业知识体系的各主要方面;层次浅,每一部分内容的介绍不宜太深入;内容新,要能反映计算机科学技术在各个领域的最新发展;通俗易懂,要适合一年级大学生的知识背景和对计算机知识的理解能力;激发兴趣,通过本课程的学习激发起学生对计算机专业的兴趣;引导思考,本课程不只是让学生学习一些基本的计算机专业知识,更重要的是引导学生思考一些问题,为学好后续课程奠定基础。

第2版共分9章,主要内容及与第1版的对应关系如下。

第1章　计算机发展简史。与第1版的第1章对应,主要是补充了近几年的最新发展及计算机的特点、计算机的应用领域等内容,充实了对各代计算机代表机型的介绍及中国计算机发展简史的介绍。

第2章　计算机专业知识体系。与第1版的第3章对应,主要是补充了对核心专业课程及专业基础课程的简要介绍,使学生尽早从总体上了解计算机专业的知识体系构成。

第3章　计算机基础知识。与第1版的第2章和4.1节对应,将第1版中4.1节内容融入第2章进行统一介绍,同时对这一部分内容进行了大量的更新和补充,如更新了关于内存储器、外存储器、主板、总线、数据表示的大部分内容,补充了多媒体技术的介绍。使计算机基础知识的介绍更为充实、系统和新颖。

第4章　操作系统与网络知识。与第1版的第4章(去掉4.1节)对应。操作系统部分,充实了对 UNIX、Linux 的介绍,增加了对嵌入式操作系统的介绍;计算机网络部分,充实了计算机网络、因特网的发展历程和下一代互联网研究的介绍,充实了因特网应用的介绍,增加了网络连接设备和因特网接入方式的介绍。更符合作为导论课程内容的教学要求。

第5章　程序设计知识。与第1版的第5章对应,简化了具体程序设计知识和数据结构知识的介绍,充实了对程序设计语言的总体介绍及程序设计风格、算法设计与分析等内容的介绍,更便于学生从总体上了解程序设计语言和数据结构的作用,增强以后学习这些课程的针对性。

第 6 章　软件开发知识。与第 1 版的第 6 章对应，数据库部分增加了对数据库的新发展——分布式数据库、XML、数据仓库、数据挖掘等内容的介绍；软件工程部分充实了对面向对象方法的介绍。使学生更好地了解有关软件开发的新知识。

第 7 章　计算机系统安全知识。新增加的一章，把原来对计算机网络安全的简单介绍扩展成了一章的内容，介绍了目前计算机系统常见的安全威胁及常用的反病毒技术、反黑客技术、防火墙技术、入侵检测技术、数据加密技术、数据认证技术及相应的职业道德问题。使学生尽早具备基本的应对安全威胁的知识和应遵守的职业道德。

第 8 章　计算机领域的典型问题。与第 1 版的第 7 章对应。补充了中国邮路、西尔勒中文小屋、生产者—消费者等问题的介绍，并归类为图论问题、算法复杂性问题、计算机智能问题、并发控制问题四大类进行介绍，同时补充了关于机器人、人工智能的不同观点等内容的介绍。

第 9 章　计算机学科方法论。与第 1 版的第 8 章对应，对 12 个核心概念的介绍都给出了相应的实例，各种数学方法的介绍也都有实例支持，使学生更容易理解。

对于教师：第 2 版保持了第 1 版的特色，仍然定位在对计算机专业做一个绪论性的介绍，不求深度优先，但求广度优先。主要目的在于让学生对计算机的历史发展、知识体系及学习（研究）方法有一个总体性的了解，激发学生的学习兴趣和学习主动性，教师讲授时应以提高兴趣、总体了解为主，适当掌握介绍内容的深度。第 2 版中，每章除习题外，还增加了思考题，习题主要是帮助学生掌握每章的基本内容，思考题主要是引导学生进一步阅读有关文献，对一些问题进行较为深入的思考。教师可选部分或全部习题留给学生做，并对思考题给予适当的引导。

对于学生：本书内容比较全面，涉及的知识点比较多，由于篇幅限制，每部分内容的介绍相对简略。学生可以根据自己的兴趣点，（在教师的指导下）自己借助图书馆、互联网找一些相关文献资料做进一步的阅读、学习和深入思考。争取做到在对整个专业知识体系有基本了解的基础上，在某些方面有较深入一些的理解和思考。对于习题，要在理解书中内容的基础上去做，对于思考题，应在进一步阅读有关文献的基础上去思考。

第 2 版是在第 1 版的基础上修订而成的，修订工作主要由袁方执笔完成，王兵（第 8 章）、李继民（第 9 章）、张明和王煜（4.1 节）、蔡红云和张彬（4.2 节）、王苗和史青宣（5.2～5.3 节）、陈昊（6.1 节）、李珍（7.6 节）、王亮（1.2 节）分别参与了部分章节内容的讨论、审阅和校对工作，王帅和刘海博绘制了书中的插图。

本书的编写参考了大量的书籍和报刊，并参考了互联网上部分有价值的材料。为此，我们向有关的作者、编者、译者和网站表示衷心的感谢。

由于涉及内容非常多，虽然各部分内容都经相关比较熟悉的老师审阅把关，但限于编者水平有限，书中定有不妥之处，敬请读者批评指正。

编　者

2009 年春节

第 1 版前言

"计算机导论"是学习计算机专业知识的入门课程,是计算机科学与技术专业(简称计算机专业)完整知识体系的绪论。本书重要作用在于让学生了解计算机专业知识能解决什么问题,作为计算机专业的学生应该学什么,如何学,一名合格的计算机专业大学毕业生应该具备什么样的素质和能力。

本书共分 8 章,分别讲述如下内容。

第 1 章 计算机发展简史。从 1946 年第一台数字电子计算机 ENIAC 诞生至今,电子计算机的发展历史虽然还不到 60 年,但其发展速度是惊人的,涌现出一批世界知名的科学家、工程师和大公司。了解这些历史知识,无论是日后从事学术研究、技术开发,还是商业运营,都是非常有益的,可以从中吸取成功的经验和创业的启示,从而激发学习兴趣。

第 2 章 计算机基础知识。根据我们的调查,虽然一部分学生在中学学了一点计算机方面的知识,但由于设备、师资、重视程度、学习时间、理解力等方面的原因,主要是学习了 Windows、Word 等常用软件的一些基本操作,而对计算机系统本身知识的真正理解和掌握却很少。所以,在"计算机导论"课中较为系统地介绍计算机系统的组成和工作原理是非常必要的,使学生不仅会操作使用计算机,还应该对所使用的计算机系统有较深入的理解。计算机专业学生和非计算机专业学生的区别也在于此,不仅要会熟练地使用计算机,还要清楚计算机的工作原理、基本理论和发展趋势。

第 3~6 章 计算机专业知识体系。作为计算机专业的学生,在四年的学习中应具备什么样的知识结构和能力才能成为一名合格的大学毕业生,才能适应工作的需要呢? 本章在这些方面对学生进行引导,使学生在大学生活的开始就知道构建一个什么样的知识体系及如何构建这个知识体系,同时分三个知识模块对"计算机组成原理""操作系统""计算机网络""高级语言程序设计""数据结构""编译原理""数据库原理""软件工程"等核心专业课程的内容做了简要介绍,帮助学生尽早建立一个完整的计算机概念,构建一个初步的计算机专业知识体系框架,通过日后一门门课程的学习,逐步丰富完善这个知识体系。

第 7 章 计算机领域的典型问题。在计算机学科的发展过程中,经过几十年的研究与积累,人们构思和设计了一批能够反映各研究领域有代表性的、具有问题本质特性的典型实例。通过这些典型实例的介绍、分析,能够使学生清楚所学课程的重要作用,激发其主动学习、研究性学习的潜力。

第 8 章 计算机学科方法论。计算机学科方法论是在哲学方法论和一般科学技术方法论的指导下,对计算机学科几十年发展历程中一般认知规律的总结。对于促进学科发展和培养高素质人才都是非常重要的,通过本部分内容的介绍,使学生更好地掌握计算机学科的本质,有利于大学阶段的学习，也有利于日后的科学研究和技术开发工作。

对于教师：本书定位在对计算机专业做一个绪论性的介绍，不求深度优先，但求广度优先，主要目的在于让学生对计算机的历史发展、知识体系及学习（研究）方法有一个总体性的了解，激发学生的学习兴趣和学习主动性，教师讲授时应以提高兴趣、总体了解为主，适当掌握介绍内容的深度。

对于学生：本书内容比较庞杂，由于篇幅限制，每部分内容的介绍相对简略。学生可以根据自己的兴趣点，（在教师的指导下）自己借助图书馆、互联网找一些相关文献资料做补充学习，争取做到在对整个专业有基本了解的基础上，在某些方面有较深入一些的学习和掌握。

本书的编写参考了大量的书籍、报刊，并从互联网上参考了部分有价值的材料。为此，我们向有关的作者、编者、译者和网站表示感谢。

本书由袁方提出编写计划和结构安排，清华大学的周立柱教授对书稿进行了审阅。其中，袁方编写第 1、3、6 章及 5.3 节，王兵编写第 2、7 章及 4.1 节，李继民编写第 8 章；参加本书编写的还有王苗（5.1 和 5.2 节）、张明（4.2 节）、杨晓晖（4.3 节）、陈昊（6.1 节部分内容）、陈向阳（6.1 节部分内容）。最后由袁方统稿。

由于编者水平有限，书中定有不妥之处，欢迎读者批评指正。

编　者

2004 年 2 月

目 录

## 第1章

计算机发展简史

虽然现代计算机的发展历史只有70余年的时间,但计算工具的发展历史却要漫长得多。众多的科学家、工程师和业界精英为计算工具及计算机的发展作出了不懈的努力,既有成功的经验,也有失败的教训。回顾、学习这段历史,从中吸取宝贵的经验,无论对于目前的学习,还是日后的学术研究、技术开发和经营管理都是非常有益的。

1.1 第一台电子数字计算机的诞生

1.1.1 早期的计算工具

现在人们所说的计算机指通用电子数字计算机或称现代计算机,主要由电子器件和电子线路构成,处理的是数字信息,在程序的控制下自动运行。其英文是 computer,在学术性较强的文献中翻译成计算机,在科普性读物中翻译成电脑。现在的计算机已经应用到经济建设、社会发展、科技进步及人类生活的各个方面,但计算机最初只是作为一种计算工具出现的。现代计算机始于1946年,但计算工具的历史却要漫长得多。

需要是发明之母,计算工具及计算技术是随着人类实践的需求逐步发展起来的。

在远古时代,由于生产力极其落后,人类主要以打猎为生,几乎没有什么剩余的东西,自然也就没有记数和计算的需求。随着生产力水平的缓慢提高,食物及日常用品开始有了剩余,这样就逐渐有了记数和计算的需要,算术逐渐成为人类生产和生活的一部分。古代的埃及、巴比伦、印度和中国分别形成了自己独特的运算符号系统,并逐步寻找简单、方便和实用的计算工具。

人类初期的计算主要是计数,人有两只手、十根手指,很自然最早用来帮助人们计数(计算)的工具是人的手指,并且十进制记数法成为人们最习惯的方式。用手指计算虽然方便,但只能完成一些最简单的计算,而且不能保存计算结果。在没有任何文字与数字符号的远古时代,人们慢慢学会了用石子计数,用在绳子上打结的方式来记事和计数。我国古书上有"事大,大结其绳;事小,小结其绳"和"结之多少,随物众寡"的记载。

人类漫长的发展历史中,最早使用的人造计算工具是算筹,我国古代劳动人民最先制作和使用了这种简易的计算工具。在先秦诸子著作中,有不少关于"算""筹"的记载。算筹是供计算用的筹棍,如图1.1所示,有竹制的、木制的或骨制的,用算筹进行计算叫筹算。算筹在当时是一种方便、实用的计算工具,它可以按照一定的规则灵活地布于地上或盘中。筹算时,一边计算一边不断地重新摆放筹棍,能够进行加减乘除等运算。我国古代数学家使用算筹这种计算工具,使我国的计算数学在当时处于世界上遥遥领先的地位,创造出了非凡的数学成就。祖冲之(429—500,南北朝时期著名的数学家、天文学家和机械制造专家)就是用算筹计算出圆周率 π 的值为 3.141 592 6~3.141 592 7,这一结果比西方早了一千多年。我国古代精密的天文历法等也都是借助算筹计算出来的。常用的成语"运筹帷幄之中，决胜千里之外"中的筹指的就是算筹。

随着人类社会的不断发展和进步，要求进一步提高计算速度和计算能力，算筹不适应比较复杂计算需要的缺点越来越明显，算筹被更先进、计算能力更强、使用更方便的新一代计算工具——算盘（也称为珠算，因算盘的主要组成部件是算盘珠而得名）取代了。这是计算工具发展史上第一次重大的升级换代。算盘有很多种样式，图1.2是一种最为常见的样式。

图 1.1　算筹

图 1.2　算盘

我国的算盘最早出现于唐朝时期，算盘与算筹共存了一段时间并不断改进和完善，在元朝中后期取代算筹得到广泛应用，它是一种采用十进制的计算工具。在当时看来，算盘轻巧灵活，携带方便，应用极为广泛。在中世纪时期的世界各民族中，算盘是最为普及并和人们的工作生活密切相关的计算工具。它不但对我国的经济发展和社会进步发挥过非常重要的作用，而且流传到周边的日本、朝鲜及东南亚各国，后来又传入欧洲一些国家，对世界文明作出了重要贡献。在英语中，算盘有两种拼法，一是单词 abacus，二是汉语拼音 suan pan，在计算工具发展史上具有重要地位。现在人们广泛使用的简单计算工具是计算器，在现代计算器普及之前，在我国广泛使用的日常计算工具就是算盘，能够熟练使用算盘是各类商场的售货员、大大小小单位的会计等工作人员的基本功，这在一些反映当时生活的电影和电视剧中可以充分见证。像现在普遍开设计算机技术（信息技术）课程一样，相当长一段时间内，我国的各类学校开设不同层次的珠算课程，学习珠算技术，即如何使用算盘进行计算。

1.1.2　机械计算机

16世纪中叶之前，欧洲数学和计算工具的发展是缓慢的，落后于当时的中国、印度、埃及等国。进入17世纪，数学和计算工具的发展重心逐渐转移到了欧洲。在欧洲，由中世纪进入文艺复兴时期的社会大变革，极大地促进了自然科学技术的发展，人们长期被神权压抑的创造力得到极大释放，自由探讨学术问题的气氛空前高涨。其中制造一台能帮助人们进行数值计算的机器，就是自然科学技术发展的一个崇高目标。一位又一位富于智慧与创新精神的科学家、工程师为实现这一伟大目标进行了不懈的努力。虽然受当时自然科学技术总体水平的限制，很多设计方案没能成为现实，但为后来计算机的发展奠定了坚实的基础。

英国数学家约翰·纳皮尔（John Napier，1550—1617）以发明对数而闻名，1614年他发明了一种能简化乘除运算的骨质拼条，称为纳皮尔骨条。1620年，英国数学家埃德蒙·冈特（Edmund Gunter，1581—1626）发明了对数计算尺，利用对数原理，把要计算的数字转换成度量尺的数码，然后对这些数码进行处理，得出计算结果。1624年，英国数学家威廉·奥垂德（William Oughtred，1575—1660）也是根据对数原理发明了圆形滑动计算尺。17世纪中叶以后，出现了带有游标与滑尺的现代型计算尺。当时，计算尺是很流行的计算工具。图1.3所示是早期的一种计算尺。

1623 年，德国人威尔赫姆·谢克哈特（Wilhelm Schickard，1592—1635）给出了一个能进行加减乘除运算，并能通过铃声输出答案的计算器（称为"计算钟"）的设计方案，这是世界上第一台机械式计算设备，利用齿轮的转动来完成计算。可惜的是，一场大火烧毁了制作过程中的样机模型。

物理学中著名的帕斯卡定律的发现者，法国著名的物理学家、数学家和哲学家帕斯卡（Blaise Pascal，1623—1662）为了帮助身为地方税务官的父亲算账，1642 年，在他年仅 19 岁时发明了齿轮式能实现加减法运算的计算器，如图 1.4 所示，称为 Pascaline。为了纪念帕斯卡在计算机研制上的开创性工作，1971 年瑞士计算机科学家尼克莱斯·沃思（Niklaus Wirth，1934—　）将自己发明的一种程序设计语言命名为 Pascal 语言，这是一种很好的结构化程序设计语言，在 20 世纪 80 年代末至 90 代初曾得到广泛学习和使用。

图 1.3　计算尺

图 1.4　帕斯卡计算器

莱布尼茨（Gottfried W. Leibnitz，1646—1716）是德国伟大的数学家和思想家，他和牛顿同时创立了微积分。1673 年，莱布尼茨建造了一台能进行加减乘除四则运算的机械式计算器，如图 1.5 所示。莱布尼茨的这台计算器，在进行乘法运算时，采用进位加（shift add）的方法，这种方法，后来演化为二进制算术运算规则，被现代电子计算机采用。

1777 年，英国的查尔斯·马洪（Charls Mahon，1753—1816）发明了逻辑演示器。这是一个非常小巧的简单机器，能解决传统的演绎推理、概率以及逻辑形式的数值问题，被称为计算机决策与逻辑功能的先驱。

1804 年，法国人约瑟夫·雅各（Joseph M. Jacquard，1752—1834）发明了穿孔卡片织布机，该机器能够根据穿孔卡片上的"信息"自动编织出相应的图案，引起法国丝织工业的革命。雅各织布机虽然不是能进行计算的机器，但它对穿孔卡片输入输出装置的设计开发具有很好的启发作用。基于穿孔卡片的信息输入输出和机器操作（运行）控制方式，对后来计算机的发展产生了重要影响。

1820 年，法国人德·考尔玛（Charles de Colmar，1785—1870）改进了莱布尼茨的设计，研制出第一台能够实际应用的机械计算器，并生产了 1500 台。

1847 年，英国数学家、逻辑学家乔治·布尔（George Bool，1815—1864）开始创立逻辑代数（也称为布尔代数），1854 年出版了专著《布尔代数》（*Boolean Algebra*）。他的逻辑理论建立在两个逻辑值 0、1 和三个逻辑运算符"与"（and）、"或"（or）、"非"（not）的基础上，这种简化的二值逻辑为数字计算机的二进制数计算、开关逻辑元件和逻辑电路的设计奠定了基础。同为英国逻辑学家的威廉·杰文斯（William Jevons，1835—1882）认为布尔代数是自亚里士多德以来逻辑学中最伟大的进展。亚里士多德(Aristotle,公元前384—公元前322,古希腊人),是世界古代史上最伟大的哲学家、科学家和教育家之一,创立了形式逻辑学。

1872年,美国人弗兰克·鲍德温(Frank Baldwin,1838—1925)开始建立美国的手摇计算器工业。这些手摇计算器在1960年电子计算器出现之前,一直是广泛使用的机械计算器,不同的是逐渐由手摇变为了电动。图1.6所示就是一台手摇计算器。

图1.5 莱布尼茨计算器 　　　　　　　　　　图1.6 手摇计算器

　　上面介绍的计算器基本上都属于手动机械式计算装置。除了鲍德温的手摇计算器逐渐变为电动外,英国数学家查尔斯·巴贝奇(Charles Babbage,1792—1871)也取得了突破性进展,使计算机不但能快速地完成加、减、乘、除运算,还能够自动完成复杂的运算,从手动机械进入自动机械的新时代。

　　巴贝奇在剑桥大学求学期间,正是英国工业革命兴起之时,当时为了解决航海、工业生产和科学研究中复杂的计算,许多数学表,如对数表、函数表应运而生。这些数学表尽管给计算工作带来了很大的方便,但其中的错误也很多,巴贝奇决心研制新的计算工具,用机器取代人工来计算这些实用价值很高的数学用表,以保证表中数据的正确。

　　巴贝奇研制的第一台差分机(difference engine)于1822年完成,以蒸汽机为动力,由多个直立的铜柱组成,每个铜柱上等距离地垂直装配有6个齿轮,每个齿轮对应的字轮上都刻有数字0~9,不同位置的字轮代表十进制数的不同位,通过齿轮彼此间的咬合传动完成自动计算,计算精度达到6位小数,可用于计算数的平方、立方、对数和三角函数等值,如图1.7所示。这台差分机的创新之处,一是有三组字轮作为"寄存器"来存放计算中涉及的数据,二是可以按预先安排好的计算步骤进行一连串的计算,可以看作是"程序自动控制"思想的萌芽。

　　之后,巴贝奇又开始了第二台差分机的研制,其目标是能计

图1.7 差分机

算具有20位有效数字的6次多项式的值。当时该项设计得到了英国议会与政府的资助,他还动用了自己继承的财产。由于当时机械加工技术难以达到设计精度,以及巴贝奇又开始了一个新的研究计划而失去了对差分机的研制兴趣等原因,巴贝奇的第二台差分机研制计划没有完成。

　　新的计划是就是研制分析机(analytical engine),1833年巴贝奇参照穿孔卡片原理,设计出了分析机模型。分析机的创新之处在于它包括了现代计算机所具有的5个基本组成部分,简要描述如下。

（1）输入装置：用穿孔卡片输入数据。

（2）存储装置：巴贝奇称它为仓库（store）。该装置被设计为能存储 1000 个 50 位十进制数的容量，它既能存储运算数据，又能存储运算结果。

（3）资料处理装置：巴贝奇称它为工厂（mill），用来完成加、减、乘、除运算，还能根据运算结果的符号改变计算的进程，用现代术语来说，就是实现了条件转移。

（4）控制装置：使用指令进行控制，通过程序自动改变操作次序，指令是通过穿孔卡片顺序输入处理装置的。

（5）输出装置：用穿孔卡片或打印机输出。

巴贝奇先进的设计思想超越了当时的科学技术水平。由于当时的机械加工技术还达不到所要求的精度，使得这台以齿轮为基本元件、以蒸汽机为动力的机器一直到巴贝奇去世也没有完成。

英国著名诗人拜伦的女儿爱达·奥古斯塔·拉夫拉斯伯爵夫人（Ada Augusta Lovelace，1815—1852）是一位思维敏捷的数学家，她的母亲也是一位天赋很高的数学家。1842 年在剑桥大学帮助巴贝奇研制分析机时，她对分析机的浓厚兴趣和独到见解对巴贝奇是很大的鼓舞。分析机庞大且超前的设计方案遭到许多人的非议和反对，据说当时只有三个人是巴贝奇的支持者，其中一位就是爱达。

爱达意识到巴贝奇的理论设计是完全可行的，她支持这项工作，帮助改正其中的错误，并建议用二进制存储取代原设计的十进制存储。她指出分析机可以像雅各织布机一样由穿孔卡片上的"程序"控制机器运行，并发现了进行程序设计（programming）的基本要素，还为某些计算开发了一些指令，例如可以重复使用某些穿孔卡片，按现代的术语来说这就是"循环程序"和"子程序"。爱达在她短暂生命的最后 10 年，全力以赴地投入到分析机的研制工作中，甚至在经费困难时不惜典当自己的珠宝来支持巴贝奇渡过难关。

由于她在程序设计上的开创性工作，被誉为世界上第一位程序员。爱达的形象完美地体现了一位程序员应具有的科学家与艺术家的双重气质，既有数学家严密的逻辑思维，又有艺术家良好的形象思维。

1975 年 1 月，美国国防部（Department of Defence，DoD）提出开发一种通用高级语言的任务，并为此进行了国际范围的设计招标。1979 年 5 月确定了新设计的语言，并命名为 Ada，用于纪念爱达。

虽然巴贝奇没能亲自把设计方案变成现实，但新型差分机和分析机最终都得以研制成功。经过 16 年的努力，按照巴贝奇的设计方案，瑞典人乔治·舒尔茨（George Scheutz）和学机械工程的儿子在 1854 年建成了世界上第一台全操作性的差分机。在一次实验中，用 8 个小时计算出了 31～1000 的对数值。1906 年，在巴贝奇的儿子小巴贝奇的监造下，分析机也得以问世，这台机器能够把圆周率 π 的值自动计算到小数点后第 29 位。

1.1.3　机电计算机

美国每 10 年进行一次全国人口普查，由于全部是人工统计，1880 年的普查数据统计工作用了 7 年的时间才完成。由于人口的不断增加，预计 1890 年的统计时间将会超过 10 年，这样的人口普查就没有意义了。美国人口普查部门希望能得到一台机器帮助提高统计效率。1886 年，美国人口统计局的赫尔曼·霍勒瑞斯（Herman Hollerith，1860—1929）博士，借鉴了雅各织布机的穿孔卡原理，用穿孔卡片存储数据，用电磁继电器代替一部分机械元件来控制穿孔卡片,研制出第一台机电式穿孔卡系统——制表机(tabulating machine)。这台机器参与了1890年的美国人口普查工作,结果仅用了6周的时间就得出了准确的人口总数(626 222 50人),完成全部的统计工作用了1年零7个月的时间。这次人口普查工作完成后,霍勒瑞斯于1896年创建了制表机公司(Tabulating Machine Company,TMC),1911年TMC公司与另外两家公司合并,成立了CTR公司。1924年,CTR公司改名为国际商业机器公司(International Business Machines Corporation,IBM),这就是长期占据大型计算机制造业霸主地位的IBM公司的由来。

第一位全部采用电器元件来制造计算机的是德国工程师康拉德·祖斯(Konrad Zuse,1910—1995)。早在1934年,祖斯就致力于计算机的研制,他设计的第一台计算机Z-1于1938年完成,这是一台纯机械结构的机器,运算速度慢,可靠性也差。在Z-1完成之前,祖斯就已开始考虑Z-2的设计,计划采用电器元件,由于受战争及经费的影响,Z-2的研制没有成功。1939年,在德国空气动力研究所的资助下,开始研制Z-3并于1941年研制成功,如图1.8所示,这是世界上第一台完全由程序控制的机电式计算机。Z-3不仅全部采用继电器,同时采用了浮点记数法、二进制运算、带数字存储地址的指令格式等。这些设计思想虽然在祖斯之前已经提出,但祖斯第一次具体实现。

图1.8　Z-3计算机

1936年,美国哈佛大学应用数学教授霍华德·艾肯(Howard Aiken,1900—1973)在读过巴贝奇和爱达关于分析机的设计笔记后,深受启发,提出用机电的方法,而不是纯机械的方法来实现分析机的想法,这就是马克一号(Mark-I)机电计算机的设想。1944年,得到IBM公司资助的Mark-I计算机研制成功并在哈佛大学投入运行,如图1.9所示。Mark-I的另一个名称是哈佛-IBM自动序列控制计算机(Harvard-IBM Automatic Sequence Controlled Calculator)。

图1.9　马克一号计算机

Mark-I 长 15.5m,高 2.4m,由 75 万个零部件组成。它使用了大量的继电器作为开关元件,并且与巴贝奇一样用十进制计数齿轮组作为存储器,它还采用了穿孔纸带进行程序控制,它的计算速度是,每次加法用 0.3s,每次乘法用 6s,运行时噪音很大。尽管它的可靠性不够高,但仍然在哈佛大学使用了 15 年。Mark-I 只是部分采用了继电器,1945—1947 年,艾肯又领导研制成功一台全部使用继电器的计算机——马克二号(Mark-II),在计算机发展史上,Mark-I 和 Mark-II 均占有一席之地,有一定代表性。

1945 年,在 Mark-II 的研制过程中,研制人员发现在一个失效的继电器中夹着一只压扁的小飞虫,他们小心地把它取出并贴在工作记录本上,在标本的下面注上了首次发现飞虫故障的实际情况。从此以后,飞虫(bug)就成为计算机硬件故障和软件缺陷的代名词,而调试(debugging)就成为排除故障的专业术语,常用的 debug 程序就是一种具有查错排错功能的调试程序。

艾肯等人制造的机电计算机的主要部件是普通继电器,继电器比较慢的开关速度限制了运算速度的提高。制造继电器计算机是计算工具发展史上必要的科学尝试,为早期电子计算机的设计制造积累了经验,为现代电子计算机的发展奠定了理论和实践基础。

1.1.4　电子计算机

20 世纪是动荡的世纪,也是科学技术大发展的世纪。人类掌握了电子技术,分裂了原子,经历了两次世界大战。就是在第二次世界大战的隆隆炮声中,具有划时代意义的计算工具——电子计算机诞生了。当然,现在电子计算机的应用已远远超出了传统计算的范畴,已经广泛应用到人类生活的各个领域,极大地促进了人类智力解放的进程。

早在 20 世纪 30 年代后期,一些有远见的科学家已经看到了使用电子器件来大幅度提高计算机运算速度的可能性。最早探索研制电子计算机的是阿塔纳索夫(John V. Atanasoff,1903—1995)。

阿塔纳索夫是美国衣阿华州立学院的数学物理学教授。同当时多数计算机设计者一样,他也是由于在求解数学物理微分方程时遇到计算困难而对计算技术产生了兴趣。从 1935 年开始探索运用数字电子技术进行计算工作的可能性,经过反复研究实验与冥思苦想,提出了电子数字计算机设计方案,并与当时还在读研究生的贝利(Clifford Berry,1918—1963)于 1942年合作完成了研制工作,命名为 ABC(Atanasoff-Berry Computer),A、B 分别取俩人名字的第一个字母,C 为“计算机”(Computer)的第一个字母,由于所委托律师的疏忽弄丢了专利申请材料,专利申请工作没有完成。阿塔纳索夫的方案是计算机设计中采用电子技术的最早方案,1941 年 6 月,ENIAC 的设计者约翰·莫奇利(John W. Mauchly,1907—1980)曾到衣阿华州立学院的实验室参观了接近完成的 ABC 计算机,阿塔纳索夫向莫奇利详细介绍了 ABC 的研制过程,莫奇利阅读了阿塔纳索夫关于电子计算机的设计方案与图纸。

20 世纪 70 年代,美国的两家计算机公司为 ENIAC 的专利权对簿公堂,ENIAC 是莫齐利和埃克特等人于 1946 年研制成功的电子数字计算机,并为此申请了发明专利。1973 年 10 月19 日,美国明尼苏达州一家地方法院经过 135 次马拉松式的开庭审理,判决莫奇利和埃克特的专利无效,理由是 ENIAC 的研制利用了阿塔纳索夫发明 ABC 计算机的构思。对这个判决,学术界和舆论界分歧很大,支持和反对的人都不少。在计算机领域,除了美国计算机学会设立的图灵奖外,还有一个重要奖项,就是电气电子工程师学会计算机协会(IEEE-CS)设立的计算机先驱奖,阿塔纳索夫、莫奇利和埃克特都被授予了计算机先驱奖,肯定了 3 位科学家各自对世界上第一台通用电子数字计算机 ENIAC 的贡献，这是一个更容易让人们接受的结果。

第二次世界大战中，美国宾夕法尼亚大学莫尔学院同阿伯丁弹道研究实验室共同负责为陆军每天提供 6 张火力表，这项任务非常困难和紧迫。因为，每张火力表都要计算几百条弹道，而一个熟练的计算员计算一条飞行时间 60s 的弹道需要 20h，借助于大型微分分析仪也需15min。战争一开始，阿伯丁实验室就不断地对微分分析仪作技术上的改进和完善，同时聘用了二百多名计算员，即使这样，计算一张火力表也往往要算两三个月的时间，很难满足军方的需要。当时，负责阿伯丁实验室同莫尔学院联系的军方代表是年轻的赫尔曼·戈尔斯坦（Herman H. Goldstine，1913—2004）中尉，入伍前在一所大学任数学助理教授。他的朋友莫奇利这时正好在莫尔学院任教。莫奇利在参观阿塔纳索夫的实验室一年后，1942 年 8 月写了一份题为《高速电子管计算装置的使用》的备忘录，它实际上成为第一台通用电子计算机 ENIAC 的初始设计方案。这一备忘录曾在莫奇利的一些同事中传看，特别是引起了研究生约翰·埃克特（John P. Eckert，1919—1995）的浓厚兴趣，埃克特后来成为研制 ENIAC 的总工程师。莫奇利也多次对戈尔斯坦介绍自己关于电子计算机的设计方案，并得到了戈尔斯坦及其上级的大力支持。1943 年 4 月 2 日，莫尔学院向军方提交了一份为阿伯丁弹道研究实验室制造一台电子数字计算机的书面报告并很快获得批准。

1943 年 6 月 5 日，莫尔学院和军械部正式签订了研制计算机的合同，机器被命名为"电子数字积分和计算机"（Electronic Numerical Integrator and Computer，ENIAC）。

承担设计制造 ENIAC 的莫尔学院研制小组是一个年轻的团队。24 岁的埃克特是总工程师，负责解决一系列困难复杂的工程设计与实现问题。莫奇利是位 36 岁的物理学家，他提出了电子计算机的总体设计方案。30 岁的戈尔斯坦中尉不仅能在数学上提供有益的建议，而且是研制工作有力的组织协调者。另两位主要成员是阿瑟·伯克斯（Arthur Burks，1915—2008）和哈利·赫斯基（Harry D. Huskey，1916—2017），当时分别是 28 岁和 27 岁。这 5 人都曾获得 IEEE-CS 的计算机先驱奖。经过两年多的辛勤工作，1945 年底，这台标志人类计算工具历史性变革的巨型机器宣告研制成功，1946 年 2 月 15 日举行了正式的揭幕典礼，1947 年被运往阿伯丁弹道研究实验室。ENIAC 起初是专门用于弹道计算，后来经过多次改进而成为能进行各种科学计算的通用计算机，用于天气预报、原子核能和风洞实验设计等。

如图 1.10 所示，ENIAC 占地面积达 170m²；使用了大约 18 000 只电子管，1500 个继电器，70 000 只电阻，18 000 只电容；开始预算经费是 15 万美元，实际耗资近 49 万美元，重 30t；运算速度为 5000 次/秒加法，计算一条弹道只需 30s；耗电量很大，功率为 150kW，工作时，常常因为电子管烧坏而不得不停机检修。尽管如此，在人类计算工具发展史上，它仍然是一座不朽的里程碑。1955 年 10 月 2 日，ENIAC 正式退休，实际运行了 80 223h。

ENIAC 的最大特点就是采用了电子线路来执行算术运算、逻辑运算和存储信息。为了执行加减运算和存储数据，采用了 20 个加法器，每个加法器由 10 组环形计数器组成，可以保存一个字长 10 位的十进制数（ENIAC 采用十进制）。为了执行其他的运算，ENIAC 还采用了乘法器以及除法和开方部件。

由于广泛采用了电子线路，ENIAC 的运算速度比已有的计算机快了 1000 倍，这就使它能够胜任相当广泛的现代科学计算任务。由于有 20 个加法器，ENIAC 的另一个重要的优点是能同时执行几个加法或减法。

但是，就连 ENIAC 的研制者也感到，虽然 ENIAC 是第一台正式运行的通用电子数字计算机，但它的基本结构和机电式计算机没有本质的差别。ENIAC 显示了电子器件在提高运算速度上的可能性,却没有最大限度地发挥出电子技术的巨大潜力。ENIAC 存在着一些明显的不足:首先,它的存储容量太小,至多只能存储 20 个字长为 10 位的十进制数;其次,它与后来的"存储程序"式的计算机不同,它的程序是"外插"型的,即用线路连接的方式来实现,执行程序前要进行复杂的线路连接,很不方便,为了完成几分钟或几小时的计算任务,准备工作就要用去几小时甚至一两天的时间。

　　作为世界上第一台真正能运行和使用的大型通用电子数字计算机,ENIAC 的研制成功开启了计算机快速发展的新时代。

图 1.10　电子计算机 ENIAC

1.2　计算机的发展

　　自从第一台通用电子数字计算机 ENIAC 诞生以来,到现在虽然只有七十余年的时间,但计算机的发展速度是惊人的,从 ENIAC 的 5000 次/秒加法到美国 IBM 公司的 Summit 超级计算机的 20 亿亿次/秒浮点运算,与此相关的计算机系统结构、元器件、存储容量、外部设备、软件配置和应用领域等都发生了巨大的变化,本节对这些变化和发展作简要介绍。

1.2.1　第一代计算机

　　第一代计算机(1946—1958)的特点如下:

　　(1) 用电子管代替机械齿轮和继电器作为基本元器件,也可以称为电子管计算机,运算速度一般为几千次至几万次/秒,计算机的体积庞大,成本很高,可靠性较低。

　　(2) 采用二进制代替十进制,即所有指令与数据都用 0 和 1 组成的数字串表示。1952 年之前用机器语言编写程序,既枯燥又费时。1952 年出现了汇编语言,使程序编写相对容易一些。

　　(3) 程序可以存储,最初使用水银延迟线或静电存储管作主存储器,容量很小。后来使用了磁鼓和磁芯,存储容量有了大幅度提高。

　　(4) 输入输出装置主要用穿孔卡片,速度很慢。

　　(5) 在主要用于科学计算的同时,开始应用于数据处理领域。

　　在此期间,基本形成了计算机工业体系,计算机由科研样机转变为工业产品,IBM 公司开发出了系列计算机产品。

第一台批量生产的计算机是通用自动计算机一号（UNIVersal Automatic Computer-Ⅰ，UNIVAC-Ⅰ），该机是在冯·诺依曼等人提出的 EDVAC 方案的基础上，由埃克特-莫奇利公司（ENIAC 的主要研制者埃克特和莫奇利离开宾夕法尼亚大学莫尔学院后成立的一家计算机公司）研制的，1951 年 3 月研制成功并用于 1952 年的美国总统大选，极大地提高了统计选票的速度。

UNIVAC-Ⅰ用了 3500 个电子管，使用水银延迟线作主存储器，使用磁带机做辅助存储器，加法 2000 次/秒，乘法 400 次/秒。作为当时埃克特-莫奇利公司的科学家，程序语言的创始人格瑞丝·霍普（Grace M. Hopper，1906—1992）先后为 UNIVAC-Ⅰ开发了 A-0 和 A-2 两个符号语言程序，她曾编写了第一个实际的编译程序。也可能是不善经营和管理，1950 年，埃克特-莫奇利公司被雷明顿-兰德（Remington-Rand）公司兼并，UNIVAC-Ⅰ由雷明顿-兰德公司生产了 20 台。

比雷明顿-兰德公司更具竞争力，在计算机领域发挥了更大、更持久作用的是 IBM 公司。在第一代计算机发展时期，IBM 公司开发出了系列计算机产品 IBM 701、IBM 702、IBM 704、IBM 705、IBM 650、IBM 709 等。

1952 年 IBM 公司的第一台用于科学计算的大型机 IBM 701 问世，这台计算机字长 36 位，使用了 4000 个电子管和 12 000 个锗晶体二极管，定点加法运算速度为 1.2 万次/秒。采用静电存储管（威廉管）作主存，容量为 2048 字，采用磁鼓作辅存（磁鼓是利用表面涂以磁性材料的高速旋转的鼓轮和读写磁头配合起来进行信息存储与读写的磁记录装置），配备了磁带机、卡片输入输出机和打印机等外部设备。1954 年又推出第一台用于数据处理的大型机 IBM 702 和小型机 IBM 650。1955 年推出 IBM 701 的后继产品 IBM 704，1956 年推出 IBM 702 的后继产品 IBM 705，这两种机器使用了磁芯存储器，扩大了存储容量，提高了存取速度。IBM 704 还使用了浮点运算部件，提高了浮点运算速度，1957 年出现的高级语言 FORTRAN 首先用于 IBM 704 计算机。1958 年，IBM 704 的改进型 IBM 709 研制成功，而且实现了与 IBM 704 的程序兼容（原来运行在 704 计算机上的程序，不用修改可以直接在 709 机上运行），既扩充了功能，又能使用原有的程序，兼容思想在以后计算机软硬件系统的升级换代上发挥了重要作用，既方便了用户使用，又保证了商家的销售市场。

1.2.2　第二代计算机

第二代计算机（1959—1964）的特点如下：

（1）用晶体管代替电子管作为计算机的基本元件，也可以称为晶体管计算机。相对于电子管，晶体管有体积小、耗电省、速度快、成本低、可靠性高等一系列优点。用它作元件，使计算机体系结构与性能都发生了很大变化。

（2）普遍采用磁芯存储器作主存，采用磁盘与磁带作辅存，使存储容量增大，存取速度加快，可靠性提高，为系统软件的开发和运行创造了条件，出现了监控程序，后来发展成操作系统。

（3）作为现代计算机体系结构的许多新技术相继出现，例如变址寄存器、浮点数据表示、间接寻址、中断、I/O（输入输出）处理机等。

（4）程序设计语言大发展，先是用汇编语言代替了机器语言，接着又出现了高级语言 FORTRAN、ALGOL 和 COBOL 等。高级语言的出现使程序编写工作更为简单和方便。

（5）应用范围进一步扩大，除了科学计算和数据处理外，开始进入实时过程控制领域。输入输出设备也有了很大发展。

晶体管是 1948 年由美国贝尔实验室(Bell Labs)的三位物理学家巴丁(John Bardeen, 1908—1991)、布拉顿(Walter H. Brattain,1902—1987)和肖克莱(William Shockley,1910—1989)发明的。由于这项影响深远的重大发明,他们共同荣获了 1956 年度的诺贝尔物理学奖。贝尔实验室也因此成了晶体管计算机的发源地,1954 年贝尔实验室研制出第一台晶体管计算机 TRADIC,使用了 800 个晶体管。1955 年全晶体管计算机 UNIVAC-Ⅱ问世。

在这一时期,高级程序设计语言也快速发展。首先,IBM 公司的一个小组在巴科斯(John Backus,1924—2007)领导下,1954 年开始设计第一个用于科学与工程计算的 FORTRAN 语言并于 1957 年推出第一个版本。1958 年 ALGOL 58 研制成功,1959 年以霍普为首的一个委员会提出了 COBOL 语言并于 1960 年正式公布 COBOL 60。

第二代计算机的主流产品是 IBM 7000 系列。1960 年开始生产的大型科学计算用计算机 IBM 7090,实现了晶体管化,主存采用磁芯存储器,辅存采用磁鼓和磁盘,比 IBM 709 快几十倍,并配置了 FORTRAN 和 COBOL 等高级语言。1960 年晶体管化的 7000 系列完全代替电子管的 700 系列,如 IBM 7094-Ⅰ、IBM 7094-Ⅱ科学计算用大型计算机,IBM 7080 大型数据处理机,IBM 7074、IBM 7072 等中小型通用晶体管计算机,还开发出了小型数据处理晶体管计算机 IBM 1401。IBM 公司在科学计算大型机、数据处理大型机、中小型通用机上都开发出了系列产品,以满足不同用户的需要。

晶体管的发明为进一步提高计算机的运算速度带来了可能,美国、英国和日本的多家公司分别研制出了更高性能的计算机。其中最有影响的是 IBM 公司的 STRETCH 和 CDC 公司的 CDC 6600。

1961 年,IBM 完成了第一台流水线(pipeline)计算机 STRETCH(IBM 7030)的研制,中央处理器(CPU)既有执行定点操作和字符处理的串行运算器,又有执行快速浮点运算的并行运算器,采用最多可重叠执行 6 条指令的控制方式。为提高速度,使用 NPN 和 PNP 高速漂移晶体管作元件。配置了字长为 72 位、存储容量为 16 384 字的磁芯存储器。为提高可靠性,采用了哈明(Richard. W. Hamming,1915—1998)纠错码。此外,还采用了多道程序技术,并且能使 CPU 与输入输出设备并行工作。STRETCH 计算机原计划达到 100 万次/秒浮点加法运算,实际达到了原计划的 50%～60%。在原子能、大气研究等领域完成了一些以前无法完成的计算任务。

1964 年,美国控制数据公司(Control Data Corporation,CDC)完成了早期超级计算机 CDC 6600 的研制。CPU 有 10 个彼此独立的专用运算器,当执行一条指令时,可以有几个运算器同时工作,有 10 台外围处理机,可以并行执行输入输出操作。该机运算速度为 300 万次/秒,主存容量 13 万字,字长 60 位,分为 32 个磁芯体交叉存取,采用功能分散方法来提高系统性能是 CDC 6600 的主要创新。1965 年,CDC 6600 开始批量生产,成为当时美国大型科学计算的主力计算机。

1960 年美国贝思勒荷姆钢厂成为第一家利用计算机处理订货、管理库存并进行实时生产过程控制的公司,1963 年《俄克拉何马日报》成为第一份利用计算机编辑排版的报纸,1964 年美国航空公司建立了第一个实时订票系统,计算机应用的深度和广度进一步扩展。

1.2.3　第三代计算机

第三代计算机(1965—1970)的特点如下:

（1）用集成电路取代了晶体管,最初是小规模集成电路,后来是大规模集成电路。集成电路芯片几乎永不失效,缺点是在抗损坏性方面比较脆弱。

（2）用半导体存储器取代了磁芯存储器,存储器也实现了集成化,存储容量大幅度提高,为建立存储体系与存储管理创造了条件。

（3）普遍采用了微程序设计技术,设计了具有兼容性的体系结构,使计算机产品走向系列化、通用化和标准化。

（4）系统软件与应用软件都有很大发展,操作系统的功能有很大的提高和完善。为了提高软件开发的质量和效率,出现了结构化、模块化程序设计方法。

（5）为了满足中小企事业单位与政府部门计算机应用的需要,出现了成本较低的小型计算机。

集成电路(integrated circuit,IC)是使用半导体工艺或薄膜、厚膜工艺,将电路元件及相互之间的连线制作在半导体或绝缘基片上,形成具有一定功能的整体电路,集成电路与用晶体管等分离元件构成的电路相比,具有体积小、成本低、功耗小、可靠性高等优点。所以,基于集成电路的第三代计算机具有更高的性能。

第三代计算机的代表性产品是 IBM 360 系统,IBM 公司在 1961 年 12 月提出了“360 系统计划”,1964 年 4 月 7 日 IBM 宣布 360 系统研制成功,1965 年 360 系统的各种型号陆续进入市场。1969 年推出的 IBM 360/85 首次采用微程序和高速缓存(cache)技术,主存容量为100 万～400 万字节,运算速度为 200 万次/秒。

IBM 360 系统的主要特点如下:

（1）通用化。克服了以前根据不同用途设计不同类型计算机的弱点,集科学计算、数据处理、实时控制等功能于一机。命名 360 的含义是指一个圆的 360°,表示全方位的应用服务。

（2）系列化和标准化。360 系统的主要型号有 20 型、25 型、30 型小型机,40 型、44 型、50 型中型机;65 型、75 型、85 型大型机;91 型、95 型超级计算机。360 系统的型号虽多,但采取了标准化措施,统一的指令格式、数据格式、字符编码、I/O 接口、中断系统和人机对话方式等。从而保证了程序兼容,原来在低档机上编写的程序可以直接在高档机上运行,为用户使用计算机带来了很大的方便,当然也就促进了该类计算机的市场销售。

（3）渐进性。既采用了崭新的技术,又留有继续发展的余地。360 系统在处理机设计中采用了微程序技术,为系列机功能的扩充创造了条件。为使 I/O 操作进一步独立于 CPU,采用了通道技术。在可靠性、可用性、可维护性方面,对指令与数据进行奇偶校验,对存储进行4 位编码的存储键保护。对于高档机型还采用了高速缓存、流水线控制、超长精度运算和冗余技术等。

（4）方便性。360 系统配有操作系统、汇编语言和 FORTRAN、COBOL 等高级语言,使用比较方便。

在此期间,许多实力较小的公司则专注开发小型机,比较成功的是数据设备公司(Digital Equipment Corporation,DEC)。该公司 1959 年推出了它的第一台小型计算机 PDP-1,以后又推出了 PDP-5、PDP-8,成为商用小型机的优秀代表,它们是 12 位字长的机器,结构简单,售价低廉,很受一些中小单位的欢迎。进入 20 世纪 70 年代后,该公司又陆续开发了 PDP-11 系列、VAX-11 系列等 32 位小型机,使 DEC 成为小型机市场的霸主。1968 年新建的 DG 公司(Data General Corporation)于 1969 年推出第一台 16 位小型诺瓦(Nova)机,以后陆续推出了三个系列的诺瓦机,这些机型在我国得到应用并对我国计算机的发展有过较大影响。

　　这一时期,在程序设计方面也有很大发展。1964 年 5 月 1 日,美国达特茅斯学院的凯默尼(John G. Kemeny,1926—1992)和库尔泽(Thomas E. Kurtz,1928—　)发明了 BASIC 语言。1968 年荷兰计算机科学家迪克斯特拉(Edsgar W. Dijkstra,1930—2002)发表了《goto 语句值得考虑的害处》的短文,指出调试修改程序的困难与包含的 goto 语句数成正比,如果取消 goto 语句,将会大幅度减少程序设计中的错误。从此,结构化程序设计思想逐步得到人们的广泛接受。

1.2.4　第四代计算机

　　第四代计算机(1971—　)的特点如下:

　　(1) 用微处理器或超大规模集成电路取代了普通集成电路。

　　(2) 计算机的存储容量进一步扩大,输入采用了光学字符识别(optical character recognition,OCR)、条形码及语音技术,开始使用光盘和激光打印机,高级程序设计语言 Pascal、Ada、C、C++、C♯、Java、Python 等得到广泛使用。

　　(3) 微型计算机诞生,并得到迅速发展和广泛深入的普及,进入了千家万户,成为人们工作、学习、生活、娱乐的基本工具。超级计算机也有很大发展。

　　(4) 数据通信、计算机网络、分布式处理有了很大的发展,计算机技术与通信技术的紧密结合——互联网(Internet)及各种计算机网络把世界各地紧密地联系在一起,形成所谓的“地球村”,极大地影响着经济建设、社会发展、科技进步及人们的日常生活。

　　(5) 计算机应用朝着更深更广的方向发展,在多媒体技术、人工智能/机器人、信息检索、信息安全、数据库/数据仓库/数据挖掘、电子商务/电子政务等领域取得了丰硕的应用成果。

　　实际上,由于从 1971 年到现在都属于第四代计算机时期,这一长达近 50 年的时期是计算机软硬件技术和产品突飞猛进发展的时期,和人们日常生活密切相关并在一定程度上改变着人们日常生活方式的微型计算机和计算机网络也是在这一时期出现并迅速发展起来的,系统总结这一时期的工作是一件十分困难的事情。

　　1970 年 IBM 公司开始推出 370 系统取代 360 系统,它继承了 360 的体系结构,全面采用微程序设计,使操作系统的部分功能向微码级垂直迁移,在扩展功能和提高效率方面取得极大成功。370 系统采用了半导体存储器并实现了虚拟存储,它还增强了数据通信和数据库能力,提高了输入输出设备的功能。370 系统有 135、145、155、158、165、168 等型号,其中 168 为最高档机型,运算速度达到 230 万次/秒。

　　1977 年 IBM 公司又推出 3030 系列,包括 3031、3032、3033 等型号,除继承了 IBM 370 体系结构与操作系统外,并大幅度扩充了主存和高速缓存的容量,缩短机器周期,加强流水线控制,进一步提高了性能。3033 计算机运算速度达 500 万次/秒。

　　第四代计算机的主流产品是 1979 年 IBM 推出的 4300 系列、3080 系列以及 1985 年推出的 3090 系列。它们都继承了 370 系统的体系结构,使功能得到进一步的加强,例如虚拟存储、数据库管理、网络管理、图像识别、语言处理等。1990 年 IBM 推出了 390 系统,2000 年推出全新设计的大型机 IBM eServer z900,2003 年推出 IBM eServer z990,2004 年推出 IBM eServer z890,2012 年后推出 IBM zEnterprise EC12、IBM z13、IBM z14 等系列大型计算机。

　　这一时期微型机、巨型机也得到了快速发展。

　　1971 年诞生的微处理器(microprocessor)是将运算器和控制器集成在一起的大规模/超大规模集成电路(very large scale integration,VLSI)芯片,称为中央处理单元(central processing unit,CPU)或中央处理机或中央处理器。以微处理器为核心再加上存储器和接口

芯片，便构成了微型计算机。虽然 MITS 和苹果等公司都先于 IBM 公司推出微型计算机，但 1981 年 IBM 公司推出微型计算机 IBM PC(personal computer,个人计算机)后迅速成为微型机的主导机型,IBM PC 还被美国著名的《时代》杂志评为 1982 年度风云"人物"。如图 1.11 所示就是当时 IBM PC 的样式,这台机器的 CPU 为 Intel 8088,主频为 4.77MHz,主板上配有 64KB 主存,可扩展至 640KB。微型计算机的型号与所选用的微处理器型号相关,后来市场上逐渐推出了 286、386、486、奔腾、酷睿等系列微型计算

图 1.11　个人计算机 IBM PC

机。与巨型机和大型机不同,微型机价格低廉,可以应用于大大小小的企事业单位和千家万户,市场是巨大的。目前,个人计算机的供应商主要有联想公司、惠普公司、戴尔公司等。

研制巨型计算机是为了满足国家安全、空间技术、天气预报、石油勘探等领域的高强度计算需要。20 世纪 70 年代巨型机的代表是克雷研究公司的克雷-1(Cray-1),该机有 12 个功能部件,可以同时进行加法和乘法等不同操作,每个功能部件又以流水线方式快速处理,向量运算速度达到 8000 万次/秒,1985 年推出的 Cray-2 浮点运算速度达到 8 亿次/秒。

2008 年,IBM 公司研制出当时世界上最快的超级计算机"走鹃"(Roadrunner),运算速度达到 1.03 千万亿次/秒。2010 年,我国国防科技大学研制成功"天河一号"超级计算机(二期系统),峰值运算速度达到 4700 万亿次/秒。2011 年,日本研制成功超级计算机"京"(K Computer),峰值运算速度达到 1.13 亿亿次/秒。2012 年,IBM 公司研制出超级计算机"红杉"(Sequoia),峰值运算速度达到 2.01 亿亿次/秒;美国克雷公司研制出超级计算机"泰坦"(Titan),峰值运算速度达到 2.7 亿亿次/秒。2013 年,我国国防科技大学研制成功"天河二号"超级计算机,峰值运算速度达到 5.49 亿亿次/秒。2016 年,我国国家并行计算机工程技术研究中心研制的"神威・太湖之光"超级计算机,峰值运算速度达到 12.5 亿亿次/秒。2018 年,IBM 公司研制出超级计算机"顶点"(Summit),峰值运算速度达到 20 亿亿次/秒,是目前世界上运算速度最快的计算机。

1.2.5　第五代计算机

20 世纪 80 年代开始,日本、美国等国家先后提出了研制第五代计算机的计划,研究的目标是能够打破以往计算机固有的体系结构,使计算机能够具有像人一样的思维、推理和判断能力,向智能化发展,实现接近人的思维方式。由于各种因素的制约,并没有完全实现预期的研究目标,所以目前的计算机仍属于第四代计算机。但这一时期在智能计算机领域完成了大量的基础性研究工作,促进了人工智能理论和智能机器人技术的发展。

1. 日本的 FGCS

1981 年,在日本举行了"第五代计算机"国际学术会议,计划为期 10 年(1982—1991)的"知识信息处理系统"开始研制。日本政府为了实现这一宏伟目标,筹资 1000 亿日元,并专门成立了"新一代计算机技术研究所"(ICOT)。

知识信息处理系统(knowledge information processing system,KIPS)就是人们通常所说的第五代计算机系统(fifth generation computer system,FGCS),又称智能计算机,由如下几个主要部分组成:

（1）知识库、知识库机和知识库管理系统。

（2）问题求解和推理机。

（3）智能接口系统。

（4）应用系统。

第五代计算机系统预期达到的目标如下：

（1）用自然语言、图形、图像和文件进行输入输出。

（2）用自然语言进行对话方式的信息处理，为非专业人员使用计算机提供方便。

（3）能处理和保存知识，以供使用；配备各种知识数据库，起顾问作用。

（4）能够自学习和推理，帮助人类扩展自己的智能。

由此可知，第五代计算机与传统计算机的主要差别如下：

（1）处理的信息是知识，而不是数据。

（2）信息的传送是知识的传送，而不是字符串的传送。

（3）信息的处理是对问题的求解和推理，而不是按既定程序进行计算。

（4）信息的管理是对知识的获取和利用，而不是数据的收集、积累和检索。

2. 美国的 MCC

1982 年 2 月日本宣布 FGCS 计划后，美国 CDC 公司立即发起并召开了成立联合风险研究机构的会议，同年 8 月组建了由十大公司联合支持的 MCC 公司（Microelectronic and Computer Technology Corporation），研究确定了对未来计算机系统影响深远而且经济潜力最大的 4 个主要技术领域，即软件技术、VLSI/CAD、组装与互连、高级计算机体系结构，分别成立了 4 个研究部。

MCC 的高级计算机体系结构研究部是最有特色的一个部门，下设 5 个实验室：

（1）核心科学实验室，担负长期性的核心研究课题，为公司提供未来科学技术的窗口，其他 4 个则为相关领域。

（2）人工智能实验室，设计了一种新的综合知识表达语言，能模拟真实世界的知识，开发了专家系统开发环境，研制了一个大规模的知识库，包括百科全书与普通常识，具有半自动知识获取、模拟推理、自然语言理解、影像识别的综合智能系统的基础。

（3）人机接口实验室，长远目标是开发一个集成化的软件工具智能用户接口管理系统，用以设计制作各种人机接口。

（4）系统技术实验室，研究任务包括并行体系结构、高级并行语言的优化编译和分布式知识库与数据库的管理等。

（5）实验系统成套工具室，其任务是开发各种技术以便尽快研制出高性能计算机系统的实验原型机。

总之，MCC 认为新一代计算机系统将会拥有智能特性，带有知识表示与推理能力，可以模拟人的设计、分析、决策、计划以及其他智能活动并具有人机自然通信能力，可作为各种信息化企业的智能助手。

欧洲共同体也曾经制定了关于第五代计算机的对策与发展战略。

现在得到广泛应用的电子计算机提高性能的一个重要途径，就是不断提高集成电路芯片的集成度（现在一个 CPU 芯片上已能集成几十亿个晶体管）。但是，受到芯片散热、器件工艺技术及制造成本等因素的制约，芯片集成度的持续提高将会遇到很大的困难，进而影响到计算机速度新的突破。

在人们继续开发新技术提高芯片集成度的同时,也在进行生物计算机、光计算机和量子计算机等非电子计算机的研究和探索。

生物计算机(biological computer)是一种利用生物系统信息处理机制实现数据存储与数据处理的计算机。如 DNA 计算机就是以 DNA 分子作为数据存储器,以生物酶和生物操作等作为数据处理工具的。脱氧核糖核酸(deoxyribonucleic acid,DNA)可以存储巨量的信息。

光计算机(optical computer)是一种利用光学技术和光学器件实现数据存储和数据处理的计算机。

量子计算机(quantum computer)是一种基于量子力学理论和量子器件进行数据存储和数据处理的计算机。量子器件是以量子效应为工作基础的器件。量子计算机被认为是最有应用前景的新一代计算机技术,在破解最复杂的密码系统、设计新材料、模拟气候变化以及实现超级人工智能等方面将会发挥重要作用。近几年,量子计算机的研制不断取得新的进展,在2019 年初举行的美国消费类电子产品展览(CES)大会上,IBM 推出了首个专为科学和商业用途设计的集成通用量子计算机 IBM Q System One,向量子计算机的商业化又前进了一步。

虽然从原理和思路上看,这几种计算机在存储容量、运算速度和能耗等方面有着很好的优势和发展前途,但要达到实用,仍有许多难题需要研究解决。

1.2.6　计算机的发展趋势

人类的实践活动产生需求并具备了一定的技术条件,就有新的计算机产生。虽然计算机技术取得了非常巨大的进步,但随着人类社会的不断发展,科学技术的不断进步,人类实践活动的不断拓展,对计算机技术也在不断提出新的需求,计算机技术(包括硬件技术和软件技术)都还要继续发展,其发展趋势可以归纳为以下几个方面。

1. 巨型化

这里的巨型化是指计算机存储容量特别大、运算速度特别快、功能特别强,当然体积也大、成本也高。巨型机(也称为超级计算机)的发展集中体现了计算机科学技术的发展水平,它可以推动多个学科的发展,可以解决一些特别复杂的高强度计算难题,如核武器模拟、中长期天气预报、地质勘探等。

2. 微型化

微型化是指在保持计算机功能的前提下,使其体积越来越小,微型计算机已经形成了台式机、笔记本、平板电脑和嵌入式计算机多个系列,随着微处理器技术的发展,还要开发更微小的计算机,以满足人们更广泛的需要。

3. 网络化

社会中的各组成要素是相互联系、相互依存的,实现网络化,才能真正做到资源共享和协同工作,计算机才能在社会发展、经济建设及科技进步中发挥更大的作用,给人们的日常生活带来更大的便利。

4. 智能化

到目前为止,计算机处理过程化的计算工作、事务处理工作已经达到了相当高的水平,是人力望尘莫及的,但在智能化工作方面,计算机还远远不如人脑。如何让计算机具有人脑的智能,模拟人的推理、联想、思维等功能,在一定程度上代替人的脑力劳动,是计算机科学技术的一个重要发展方向。近几年,在机器翻译、机器视觉、语音识别、无人驾驶等领域的实用化方面取得了重要进展。

1.3　计算机的分类

可以根据信号类型、用途、规模与性能等对计算机进行分类。

按所处理信号的不同可以分为数字计算机和模拟计算机。数字计算机处理的是以电压的高低等形式表示的离散的物理信号，该离散信号可以表示 0 和 1 组成的二进制数字，即数字计算机处理的是数字信号（0 和 1 组成的数字串）。数字计算机的计算精度高，抗干扰能力强。现在使用的计算机都是数字计算机。模拟计算机处理的是连续变化的模拟量，如电压、电流、温度等物理量的变化曲线。这种计算机精度低，抗干扰能力差，应用面窄，19 世纪末到 20 世纪 30 年代，模拟计算机的研制曾活跃过一个时期，但最终还是被数字计算机所取代。

按用途的不同可以分为通用计算机和专用计算机。通用计算机硬件系统是标准的，并具有较好的扩展性，可以运行多种解决不同领域问题的软件，现在使用的计算机大多是通用计算机。专用计算机的软硬件全部根据应用系统的要求配置，专门用于解决某个特定问题，如工业控制计算机、自动售票机、飞船测控计算机等。

按规模与性能的不同可以分为超级计算机、大型计算机、小型计算机、工作站、微型计算机和服务器，这也是比较常见的一种分类方法。

1.3.1　超级计算机

超级计算机（supercomputer）体积最大、速度最快、功能最强，价格也最高。超级计算特别强调运算能力的提高，主要为国家安全、空间技术、天气预报、石油勘探、生命科学等领域的高强度计算服务。

目前，世界上运算速度最快的计算机是美国 IBM 公司研制的名为"顶点"（Summit）的超级计算机，如图 1.12 所示，其浮点运算速度可达 20 亿亿次/秒。假如一个人每秒可进行一次运算，那么 Summit 在一秒内完成的运算量需要 63 亿人计算一年。Summit 由 4608 台计算服务器组成，每个服务器包含两个 22 核 Power 9 处理器（IBM 生产）和 6 个英伟达 Tesla V100 图形处理单元加速器（GPU）。IBM 历时 4 年研制出 Summit，耗资 2 亿美元，占地大小相当于两个网球场。

图 1.12　超级计算机 Summmit

超级计算机的研制水平、生产能力和相应的软件开发能力以及应用水平,已成为衡量一个国家经济实力与科技水平的重要标志。国际上,研制超级计算机的公司主要有 IBM、HP、Cray、Dell、SGI 等,国内研制超级计算机的单位主要有国防科技大学、国家并行计算机工程技术研究中心、曙光信息产业有限公司等。

1.3.2 大型计算机

大型计算机(large scale computer/mainframe)是一类高性能、大容量的通用计算机,具有很强的综合处理能力,有着标准化的体系结构和批量生产能力,在银行、税务、大型企业、大型工程设计和天气预报等领域得到广泛应用。IBM 360、IBM 4300、IBM 3090、IBM 390、IBM eServer z900、IBM eServer z890、IBM z13、IBM z14 等是大型计算机的典型代表。

1.3.3 小型计算机

小型计算机(minicomputer)是介于微型计算机和大型计算机之间的一种计算机。计算机发展的早期主要是研制大型计算机,大型计算机性能高、计算能力强,但成本也高,限制了其应用范围的拓展。DEC 公司 1959 年推出了第一台小型计算机 PDP-1,以后又推出了 PDP-5、PDP-8、PDP-11 系列、VAX-11 系列等,生产小型机的厂商还有 IBM、HP、DG 等公司,小型机结构简单、价格低廉,有着很好的市场需求。20 世纪 70—80 年代,小型机发展迅速,许多行业和部门都配置了小型机。20 世纪 90 年代开始,随着微型计算机性能的不断提高,小型机市场受到很大冲击,一些原来使用小型机的单位纷纷转向选用高性能微机。

1.3.4 工作站

工作站(workstation)可看作是一种高档微型机,在微型计算机发展的早期,其性能还不是太强。工作站就是在微型机的基础上,配备有大屏幕显示器、大容量存储器和图形加速卡等,多用于计算机辅助设计和图像处理等,这些领域需要有大屏幕用于显示复杂的图形(图像),需要有比较强的图形处理能力适应三维图形(图像)计算的需要,需要有比较大的存储器存储更多的信息,图形和图像占用的存储空间是比较大的。

1.3.5 微型计算机

1981 年,IBM 公司基于 Intel 8088 微处理器推出具有划时代意义的 IBM PC,开启了微型计算机(microcomputer)快速发展的序幕,在近 40 年的时间里,微型计算机已应用到千家万户,2018 年全球台式机、笔记本计算机和平板计算机的销售总量已超过 4.07 亿台。微型计算机主要包括台式计算机、笔记本计算机和平板计算机,单片机和嵌入式计算机也是计算机微型化的产品,并得到了广泛的应用。

台式计算机(desktop computer)就是普通的微型机,由于体积比较大,一般要摆放在桌子上使用。

笔记本计算机(notebook computer)更多的时候称为笔记本电脑或简称笔记本,是一种大小和稍大一点的纸介笔记本相当的计算机,特点是体积小、携带方便。在功能上,笔记本计算机和台式机没有什么区别,但笔记本的主板、内存、外存、显示器、电源等各种部件要做得更小些,增加了生产成本,所以比同档次的台式机价格要高。

平板计算机(tablet personal computer)也称为平板电脑,是一种小型、方便携带的个人计算机,以触摸屏作为基本的输入设备,用户可以通过内建的手写识别、屏幕上的软键盘和语音识别等方式进行输入操作。平板电脑分为 ARM 架构(代表产品是 iPad 和安卓平板电脑)和 x86 架构(代表产品是 Surface Pro 和 Wbin Magic),x86 架构平板电脑一般采用 Intel 处理器及 Windows 操作系统,具有完整的普通电脑及平板电脑功能。

单片计算机(single chip computer)简称单片机,是将中央处理器、存储器和输入输出接口集成在一个芯片上的微型计算机,主要用于智能家电、工业控制、高科技控制等控制领域。

嵌入式计算机系统(embedded computer system)简称为嵌入式系统或嵌入式计算机。嵌入式计算机是以应用为中心,以计算机技术为基础,软硬件可裁剪的,适合应用系统对功能、可靠性、成本、体积、功耗等有严格要求的专用计算机系统。简单说,就是嵌入到其他设备中并控制其工作的计算机系统,具有软件代码小、高度自动化、响应速度快等特点,特别适合于要求实时和多任务的环境。嵌入式系统主要由嵌入式处理器、相关支撑硬件、嵌入式操作系统及应用软件等部分组成。嵌入式计算机可以看作是单片机的高端产品,比单片机具有更强的性能、更好的灵活性和更广泛的应用领域。

1.3.6　服务器

服务器(server)是指通过网络为客户端计算机提供各种服务的高性能计算机。服务器在网络操作系统的控制下,将与其相连的硬盘、光盘阵列、磁带、打印机等设备提供给网络上的客户机共享,也能为网络用户提供集中计算、信息发布及数据管理等服务。服务器的高性能主要体现在高速的运算能力、长时间的可靠运行、强大的外部数据吞吐能力等方面。在银行、电信等大型企业的核心系统中,使用大型机作服务器比较多。近几年在更多的中小单位中 PC 服务器得到了广泛使用,PC 服务器虽然在构成上与普通 PC 基本相同,有微处理器、硬盘、内存、系统总线等,但它们是针对具体的网络应用特别制定的,因而在处理能力、稳定性、可靠性、安全性、可扩展性、可管理性等方面明显优于普通 PC。

按功能分类,有数据库服务器、域名服务器、文件服务器、邮件服务器、Internet 服务器和应用服务器等。

1.4　计算机的特点

1. 运算速度快

现代计算机一诞生就显示了其在运算速度上的优势,第一台计算机的运算速度是 5000 次/秒加法,虽然现在看起来是非常慢的,但在当时却是世界上运算速度最快的计算工具。现在世界上最快的计算机的运算速度已达到 20 亿亿次/秒浮点运算。

在国防建设、石油勘探、航空航天和天气预报等领域,快速的高性能计算机有着特殊重要的作用。

2. 运算精度高

现在 CPU 的字长达到了 64 位,这样就能使数值有很高的有效位数,还可以用多个字表示一个数,这样就可以使数值达到非常高的计算精度。我国古代著名数学家祖冲之计算出圆周率 π 的值为 3.141 592 6～3.141 592 7,这是当时非常了不起的成就。

英国数学家威廉·尚克斯(William Shanks,1812—1882)花费了 15 年的时间,才在 1873

年把圆周率 π 的值计算到小数点后 707 位，但后人经验证发现从第 528 位开始是错误的。2009 年，日本科学家借助将 640 台高性能计算机连接起来所形成的并行超级计算机系统，仅用 73 小时 36 分就把圆周率计算到小数点后 25 769.8037 亿位。

在宇宙飞船测控、导弹制导等应用场合，真可以说是"失之毫厘，差之千里"，超高精度的计算是非常必要的。

3. 记忆能力强

计算机中的存储器，包括内存储器和外存储器，用于存储（记忆）信息。随着存储技术的快速发展，计算机的存储容量快速变大。目前，8GB 内存、1TB 外存的微型机是比较常见的，一本 1433 页的《计算机科学技术百科全书（第三版）》有近 300 万字，如果按纯文本方式存储，一个汉字占 2 字节的存储空间，1TB 的硬盘可以存储 16 万多部这样的大部头书籍。"深蓝"计算机中存储了近 100 年来的 60 万盘国际象棋高手的棋谱。

相对于人来说，计算机有着惊人的记忆力，其实计算机所表现出的智能，在一定程度上就是根据现场情况来从自己的记忆中搜索应对方案。由于计算机记忆力十分强大，可以把尽可能多的方案存储起来，所以计算机所搜索出的应对方案一般是比较好的。仍需要进一步研究解决的问题是以什么样的结构来存储这巨量的应对方案（也可以称之为知识）及如何快速找到最优方案。

4. 判断能力好

现在的计算机系统（包括硬件和相应的软件系统）具有比较好的逻辑判断能力，能够完成一些智能性工作。如 AlphaGo 围棋程序在和国际围棋大师对弈时，就需要根据对手的走步，判断出其意图，然后给出自己的走步，化解对方的威胁，增加自己的优势，直至获胜。智能机器人在足球比赛场上，也要根据千变万化的比赛格局，在正确判断的基础上完成自己的跑动、带球和射门等动作。

5. 按存储程序自动运行

作为一种工具，计算机的最大特点就是自动运行，可以在无人操作控制的条件下，自动运行数小时、数天以至更长的时间。计算机自动运行的依据是什么？计算机自动运行的依据是程序，是人们事先编好并存储在计算机中的程序。控制器从存储器中逐一取出程序的指令，并指挥计算机其他组成部分按指令要求完成相应操作，根据程序规模与功能的不同，计算机自动运行时间也不尽相同。也就是说，一旦程序编写完成（程序要正确）并开始执行，之后的计算机运行可以不再需要人的干预和控制，直至程序执行结束完成相应的功能。

1.5　计算机的应用领域

最初研制电子计算机的目的就是为了完成复杂的科学计算，这也是计算机名称的由来。但随着计算机技术的发展，特别是微型机、计算机网络和多媒体技术的出现和快速发展，计算机应用的深度和广度不断拓展，现在的计算机应用已经深入到人类生活的各个领域，可以归纳为 6 个方面。

1. 科学计算

科学计算也称为数值计算，科学计算的特点是数据量不大，但计算强度非常大。这是计算机应用最早也是最成熟的应用领域。随着人们对客观世界认识的日益深化，越来越多的工作需要定量计算，数学模型和计算规模也越来越庞大。因此，在现代科学研究和工程设计中，计算机已成为必不可少的计算工具。大型工程设计（如三峡工程）、人造卫星运行轨道计算、石油勘探、核能利用、地震预报与监测和天气预报等都是高强度计算领域,也都是计算机用于科学计算的用武之地。天气预报越来越准确,而且还能为卫星发射等大型活动提供特定服务,都是得益于超级计算机在科学计算领域的应用。

2. 信息处理

信息处理也称为数据处理。现代社会正在逐步进入信息化社会,各行各业积累了大量的信息,这些信息和能源、物资一样,也是社会发展和经济建设的重要资源。如何有效、充分地利用信息资源就是信息处理要解决的问题,信息处理涉及的面很宽,政府部门及大大小小的企事业单位所用计算机大部分用于信息处理。信息处理的特点是数据量很大、访问量很大,但所需数学运算相对简单,主要是完成信息的输入、修改、删除、排序、查询、统计、分析和制表等工作,如铁路售票系统、医院管理系统、企业信息系统、财务管理系统、税务管理系统、人力资源管理系统和办公自动化系统等都属于信息处理的范畴。

3. 过程控制

过程控制又称实时控制,在宇宙探索、国防建设和工业生产等方面有广泛的应用。例如,火星探测器的飞行、落地及自动拍照,宇宙飞船的飞行与返回;汽车自动装配生产线、数控机床;无人侦察机的飞行与返航,导弹的巡航飞行与目标锁定。这些都是计算机过程控制的典型应用。

4. 计算机辅助系统

计算机帮助人们做的工作越来越多,出现了各种功能的计算机辅助系统。计算机辅助设计(computer aided design,CAD)、计算机辅助制造(computer aided manufacturing,CAM)、计算机辅助测试(computer aided testing,CAT)、计算机集成制造系统(computer integrated manufacturing system,CIMS)、计算机辅助软件工程(computer aided software engineering,CASE)、计算机辅助教学(computer assisted instruction,CAI)等。计算机在各行各业中发挥着越来越重要的作用,极大地减轻了从业人员的工作强度,提高了工作效率和学习效率。

5. 人工智能

随着计算机应用的不断深入,人们对计算机的功能也提出了更高的要求,要求计算机完成一些智能性工作,具有类似于人的判断、推理、决策等功能。指纹识别系统、智能家电、各种专家系统、各类智能机器人都是人工智能应用的实例,典型的代表有 IBM 公司研制的专门用于国际象棋对弈的"深蓝"计算机系统、谷歌公司研制的围棋程序 AlphaGo。1997 年 5 月,在与俄罗斯的国际象棋特级大师卡斯帕罗夫的 6 局对抗中,"深蓝"以 2 胜 1 负 3 平的成绩战胜1985 年以来一直占据世界冠军宝座的卡斯帕罗夫。2016 年 AlphaGo 以 4∶1 的总比分战胜围棋世界冠军、职业九段棋手李世石;2017 年 5 月,在中国乌镇围棋峰会上,AlphaGo Master与排名世界第一的世界围棋冠军柯洁对战,以 3∶0 的总比分获胜。近几年,随着深度学习和强化学习的应用,机器翻译、人脸识别、语音识别、无人驾驶汽车、智能问答等领域已有实用化产品出现。

6. 网络应用

以上是计算机传统的应用领域,在国家的经济建设、国防建设和社会进步中发挥了巨大的作用。但真正与人们的日常生活密切相关、更多的普通人可以一试身手的是网络应用。微型机的快速发展使计算机进入了千家万户,以互联网为代表的网络技术的快速发展使计算机之间的相互通信与资源共享成为现实,多媒体技术的快速发展为人们提供了丰富多彩的网上资源。数亿人成了网民,上网成了一个最大众化的计算机应用领域。

根据中国互联网络信息中心（CNNIC）的统计，截至 2020 年 3 月，我国网民规模达到 9.04 亿人，互联网普及率为 64.5%。网络应用主要包括即时通信、网络新闻、信息检索、网络视频、网络音乐、网络购物、网上支付、地图查询、网络游戏、网上银行、旅行预订、电子邮件、在线学习等。

其实，有时一项计算机应用涉及多个领域。例如，火星探测器的设计、测试、发射、飞行、拍照与图像回传是综合运用了科学计算、信息处理、过程控制、计算机辅助设计与测试、人工智能和计算机网络等功能。

1.6　中国计算机发展简史

我国的计算机事业始于 1956 年。1956 年 4～6 月，时任国务院总理的周恩来亲自主持制定了《1956—1967 年科学技术发展远景规划纲要》，即人们通常所说的《十二年科学技术规划》，在规划中把计算技术、半导体、自动化和电子学并列为当时必须采取的四大紧急措施。计算技术规划组组长，我国最早倡导研究计算技术的著名数学家华罗庚（1910—1985）教授起草了发展电子计算机的措施。

20 世纪 40 年代后期，华罗庚在美国普林斯顿大学做研究工作时，与冯·诺依曼和戈尔斯坦相识，经常在一起讨论学术问题，对 ENIAC 等计算机比较了解。

1956 年 8 月，成立了以华罗庚为主任的中国科学院计算技术研究所筹备委员会，并组织了计算机设计、程序设计和计算机方法专业训练班，首次派出一批科技人员赴苏联实习和考察，引进了苏联当时的 M-3 小型机和 ВЭСМ 大型机。自此以后，国内计算机的研制、生产和使用逐渐广泛地开展起来，并且逐步形成了计算机工业。

1958 年 8 月 1 日，在参考苏联的 M-3 小型机图纸资料的基础上，我国第一台通用小型电子数字计算机——103 机研制成功，也称为"八一型"计算机，这台运算速度为 30 次/秒的电子管计算机，填补了我国现代电子计算机的空白。增加了自行研制的磁芯存储器后，运算速度提高到 1800 次/秒。生产时定名为 DJS-1 型计算机。

1959 年 10 月 1 日，我国第一台大型通用电子数字计算机——104 机研制成功，运算速度为 10 000 次/秒，接近当时英国、日本计算机的性能指标。生产时定名为 DJS-2 型计算机。104 机的研制依据的是苏联 ВЭСМ 大型机的资料。

1960 年，我国第一台自行设计的通用电子数字计算机——107 机研制成功，运算速度为 250 次/秒。

1964 年，我国第一台自行设计的大型通用电子数字计算机——119 机研制成功，浮点运算速度为 50 000 次/秒。

1965 年 4 月，我国第一台自行设计的晶体管计算机 441-B 通过国家鉴定，运算速度为 12 000 次/秒浮点运算。1965 年末，又研制成功 441-B-Ⅱ型计算机。多台 441-B 系列计算机装备到全国各重点院校和科研院所，是我国 20 世纪 60—70 年代中期的主流应用机型之一。

1967 年 9 月，大型通用晶体管计算机 109 丙研制成功，浮点运算速度为 11.5 万次/秒。为完成我国核武器的研制和东方红卫星的发射作出了重要贡献，被誉为"功勋计算机"。

1972 年正式交付使用的 111 计算机，采用小规模集成电路，是我国最早研制成功的第三代计算机之一。

1973 年 8 月，集成电路计算机 150 机研制成功，这是我国第一台自行设计的运算速度为

100 万次/秒的计算机,也是第一台配有多道程序和自行设计操作系统的计算机。

1975 年,江南计算机技术研究所研制成功 905 乙机,这是我国第一台双处理器大型电子数字计算机,单机速度 200 万次/秒,双机速度 350 万次/秒。

1977 年底,我国第一台全国产化 16 位大规模集成电路微型计算机 LS-77 研制成功。1985 年,电子工业部计算机管理局研制成功与 IBM PC 兼容的长城 0520CH 微机,并组建了长城计算机公司,批量生产长城 0520CH,这是国产商品化微型计算机的开始,之后,联想等公司也进入微型计算机市场。并发出了 286/386/486/奔腾等各个系列的微型计算机。

1983 年 11 月,中国科学院计算机技术研究所等单位联合研制成功我国第一台大型向量机-757 机,由一台向量处理机(主机)和一台外围机组成,16 台主存储体交叉并行工作,向量运算的平均速度为 1000 万次/秒,标量运算平均速度为 280 万次/秒,向量机字长和指令字长均为 64 位。

同样是在 1983 年 11 月,由国防科技大学研制成功我国第一台运算速度为 1 亿次/秒的向量巨型计算机银河-Ⅰ,填补了我国巨型计算机的空白,使我国跨进世界研制巨型计算机的行列。1992 年 11 月研制成功 10 亿次/秒并行巨型计算机银河-Ⅱ。1997 年 6 月研制成功银河-Ⅲ并行巨型计算机,其峰值运算速度达到 130 亿次/秒浮点运算。

1993 年 10 月,中国科学院计算技术研究所研制成功曙光一号智能化共享存储多处理机系统(简称曙光一号)。1995 年 5 月研制成功曙光 1000 大规模并行计算机系统(简称曙光 1000),实际运算速度达到 15.8 亿次/秒。1999 年 12 月,曙光 2000 通用超级服务器系统(简称曙光 2000)研制成功。2001 年 2 月,曙光 3000 超级服务器(简称曙光 3000)研制成功。2004 年 6 月,曙光 4000A 超级服务器(简称曙光 4000A),运算速度超过 8.06 万亿次/秒浮点运算,在 2004 年 6 月公布的国际 500 强超级计算机排行榜中名列第 10。

2008 年 6 月,超级计算机曙光 5000A 研制成功,使用了 6600 颗 AMD 巴塞罗那型 4 核处理器,浮点运算峰值速度为 233 万亿次/秒,内存 122.88TB,在 2008 年 11 月 17 日公布的第 32 次国际 500 强超级计算机排行榜中,曙光 5000A 排名第 10。

2010 年 6 月,曙光星云超级计算机研制成功,峰值速度达到 3000 万亿次/秒浮点运算。

1996 年 10 月,国家并行计算机工程技术研究中心研制成功神威 Ⅰ 计算机系统,峰值运算速度达到 3120 亿次/秒浮点运算。2004 年研制完成的神威-新世纪-256P 集群,峰值速度达到 1.2 万亿次/秒。

2000 年 10 月,中国科学院计算机技术研究所开始进行龙芯系列高性能通用处理器的研制。2002 年 9 月,我国首枚具有自主知识产权的高性能通用 CPU 芯片——龙芯 1 号通过鉴定,最高主频达到 266MHz,字长 32 位,定点和浮点最快运算速度均达到 2 亿次/秒。2005 年 1 月,龙芯 2 号通过鉴定,主频达到 500MHz,字长 64 位,支持多媒体指令扩展,定点和双精度浮点运算速度均达到 10 亿次/秒,单精度浮点运算速度达到 20 亿次/秒。2006 年 9 月,增强型龙芯 2 号——龙芯 2E 通过鉴定,主频最高达到 1GHz,定点运算速度达到 20 亿次/秒,双精度浮点运算速度达到 40 亿次/秒,单精度浮点运算速度达到 80 亿次/秒。

2007 年 7 月 31 日,龙芯 2F 流片成功。龙芯 2F 为龙芯第一款产品芯片。龙芯 2F 是一款低功耗、低成本、高性能的系统芯片。它采用 90 纳米工艺,片内集成了龙芯 2 号 CPU 核、DDR2 内存控制器、PCI/PCIX 控制器、Local I/O 控制器等,集成晶体管 5100 万个。2009 年 9 月 28 日,4 核 CPU 龙芯 3A 流片成功。2012 年 10 月,8 核 CPU 龙芯 3B1500 流片成功。2013 年 4 月,龙芯 1C 芯片流片成功,可应用于指纹生物识别、物联传感等领域。

2014 年 3 月，龙芯 1D 芯片的量产版本（LS1D4）完成流片封装。2014 年 4 月，龙芯公司推出了龙芯 3B 6 核桌面解决方案。2015 年 8 月，龙芯 3A2000 和龙芯 3B2000 发布。

2002 年 8 月，联想"深腾 1800"研制成功，实际运算速度超过 1 万亿次/秒浮点运算。2003 年 11 月，又研制出运算速度超过 4 万亿次/秒的"深腾 6800"超级计算机，在 2003 年 11 月公布的国际 500 强超级计算机排行榜中，"深腾 6800"名列第 14 位。

2007 年 12 月 26 日，花费不足 80 万元，占地只有一台家用冰箱大小的我国首台采用国产高性能通用处理器芯片"龙芯 2F"的万亿次高性能计算机"KD-50-Ⅰ"在中国科技大学研制成功，它的理论运算峰值为 10 080 亿次/秒，集成了 336 颗"龙芯 2F"处理器。

2010 年 8 月，我国国防科技大学研制成功的"天河一号"超级计算机（二期系统），峰值运算速度达到 4700 万亿次/秒。2013 年 5 月，我国国防科技大学研制成功的"天河二号"超级计算机峰值运算速度达到 5.49 亿亿次/秒。在 2010 年 11 月公布的国际 500 强超级计算机排行榜中，"天河一号"名列第一，在 2013 年 6 月至 2015 年 11 月公布的国际 500 强超级计算机排行榜中，"天河二号"连续 6 次名列第一。1993 年开始，国际上每年分两次（分别在 6 月和 11 月）公布 500 强超级计算机排行榜。

"天河二号"超级计算机包含 16 000 个运算结点，每结点配备 2 颗 Intel Xeon E5 12 核心的 CPU、3 个 Intel Xeon Phi 57 核心的运算协处理器。共计包含 32 000 颗 Xeon E5 主处理器和 48 000 个 Xeon Phi 协处理器，共 312 万个运算核心。峰值运算速度为 5.49 亿亿次/秒，持续运算速度达到 3.39 亿亿次/秒。

"天河二号"每个结点拥有 64GB 内存，而每个 Xeon Phi 协处理器板载 8GB 内存，每结点共 88GB 内存，整台计算机的内存总计为 1.408PB（1408 万亿字节）。外存为 12.4PB（12 400 万亿字节）容量的硬盘阵列。配置的操作系统为具有自主知识产权的国产麒麟操作系统。

"天河二号"由 170 个机柜组成，包括 125 个计算机柜、8 个服务机柜、13 个通信机柜和 24 个存储机柜，占地面积 720m²。每个计算机柜容纳 4 个机架，每个机架容纳 16 块主板，每个主板设置有两个运算结点。由 280 人历时两年多研制完成，耗资约 1 亿美元。

"天河二号"的系统存储总容量相当于 600 亿册、每册 10 万字的图书。假设每人每秒进行一次运算，"天河二号"运算一小时，相当于 13 亿人同时用计算器算上 1000 年。使用"天河二号"可以模拟到 5000 年前甚至更远的气候变化；传统手段研发新车一般要经过上百次碰撞实验，历时两年多才能完成，而利用"天河二号"进行模拟只需 3 到 5 次实车碰撞，两个月即可完成。

目前，国内运算速度最快的计算机为国家并行计算机工程技术研究中心研制的"神威·太湖之光"超级计算机，如图 1.13 所示。"神威·太湖之光"安装了 40 960 个中国自主研发的"申威 26010"众核处理器，峰值运算速度为 12.5 亿亿次/秒，持续运算速度为 9.3 亿亿次/秒。2016 年 6 月至 2017 年 11 月，"神威·太湖之光"超级计算机连续 4 次名列国际 500 强超级计算机排行榜的榜首。在 2018 年 11 月最新公布的国际超级计算机 500 强榜单中，"神威·太湖之光"位列第三名。

图 1.13　超级计算机"神威·太湖之光"

1.7　小　　结

计算工具在经历了算筹、算盘、计算尺、机械计算机和机电计算机的漫长历史后,1946 年取得里程碑式的突破,大型通用电子数字计算机 ENIAC 诞生了。之后,陆续研制出了电子管计算机、晶体管计算机、集成电路/大规模集成电路计算机、超大规模集成电路计算机,使计算机的性能不断快速提高,ENIAC 的运算速度为 5000 次/秒加法运算。而目前世界上运算速度最快的计算机是美国 IBM 公司研制的名为"顶点"(Summit)的超级计算机,其浮点运算速度达到 20 亿亿次/秒。

与此同时,计算机体系结构、存储器、程序设计语言、操作系统和数据库管理系统的研究与应用也都取得了巨大成就。微型计算机及互联网的出现及快速普及,极大地拓展了计算机应用的广度和深度,逐渐改变了人们的生活方式。

按规模与性能的不同,计算机可以分为超级计算机、大型计算机、小型计算机、工作站和微型计算机。计算机具有运算速度快、运算精度高、记忆能力强、判断能力好、按存储程序自动运行等特点。计算机的应用范围可以分为科学计算、信息处理、过程控制、计算机辅助系统、人工智能和网络应用等领域。

了解计算机的发展简史,对于我们从计算机发展的历史事件中学习成功的经验、吸取失败的教训,学习科学家们勇于创新、勇于探索、辛勤工作、锲而不舍的科学精神,学习业界精英们的经营理念和商战谋略,这不仅对于大学期间的学习,而且对于日后的实际工作也是非常有益的。

拓展阅读：Intel 公司与 IBM 公司

1. Intel 公司

Intel(英特尔)公司成立于 1968 年,名字取自两个英文单词 Integrated(集成)和Electronic(电子)的组合,当时只有 8 个人。罗伯特·诺伊斯(R. Noyce,1927—1990)、戈登·摩尔(G. Moore,1929—　)和安迪·葛洛夫(A. Grove,1936—　)是公司的主要创始人并领导公司在微处理器领域取得了辉煌的成就。信息技术(information technology,IT)领域著名的摩尔定律就是由摩尔提出的,定律的内容是"集成电路上可容纳的晶体管个数,约每隔 18 个月便会增加一倍,性能也将提升一倍"。

Intel 公司的早期产品主要是存储器,用半导体存储器取代了磁芯存储器,大大提高了存储容量和数据存取速度。1971 年,当时还处在早期发展阶段的 Intel 公司推出了世界上第一枚微处理器 4004,这是第一个用于计算器的 4 位微处理器。4004 含有 2300 个晶体管,现在看来功能有限,速度也不快。但是,辉煌成就就是从这开始的,从此以后,Intel 公司逐步占据微处理器市场的霸主地位。1972 年推出 8 位的 8008,1974 年推出比 8008 更先进的 8080。

1978 年,首次生产出名为 8086 的 16 位微处理器,同时生产了与之相配合的数字协处理器 8087,在 8087 指令集中增加了一些专门用于对数、指数和三角函数等数学计算的指令,以提高数学运算的速度。由于这些指令集应用于 8086 和 8087,所以人们也把这些指令集统一称之为 x86 指令集。虽然以后 Intel 又陆续生产出第二代、第三代等若干代更先进和更快速的新型微处理器,但都兼容原来的 x86 指令,而且 Intel 在后续微处理器的命名上沿用了原先的

x86 序列,直到后来因商标注册问题,才放弃了继续使用阿拉伯数字命名的做法,新起名为"奔腾"(Pentium)。

1979 年,Intel 公司推出了 8088 芯片,属于准 16 位微处理器,内部数据总线是 16 位,外部数据总线是 8 位,内含 29 000 个晶体管,时钟频率为 4.77MHz,地址总线为 20 位,可使用 1MB 内存。

1981 年,8088 芯片首次用于 IBM PC 中,使微型计算机的发展进入了一个新的时代。也正是从 8088 开始,PC 的概念开始在全世界范围内流行起来。

1982 年,Intel 推出了新产品 80286 芯片,该芯片比 8086 和 8088 都有很大的改进,虽然它仍旧是 16 位结构,但是在 CPU 的内部含有 13.4 万个晶体管,时钟频率由最初的 6MHz 逐步提高到 20MHz。其内部和外部数据总线均为 16 位,地址总线 24 位,寻址能力扩大到 16MB 内存。从 80286 开始,CPU 的工作方式也变成实模式和保护模式两种方式。

1985 年,Intel 推出了 80386 芯片,它是 80x86 系列中的第一款 32 位微处理器,而且制造工艺也有了很大的进步,80386 内部集成有 27.5 万个晶体管,时钟频率为 12.5MHz,后提高到 20MHz、25MHz、33MHz 几个档次。80386 的内部和外部数据总线都是 32 位,地址总线也是 32 位,可寻址高达 4GB 的内存。它除具有实模式和保护模式外,还增加了一种叫虚拟 86 的工作方式,可以通过同时模拟多个 8086 处理器来提供多任务处理能力。

1989 年,80486 芯片由 Intel 推出,80486 是将 80386 和数字协处理器 80387 以及一个 8KB 的高速缓存(cache)集成在一个 CPU 芯片内,这种芯片集成了 120 万个晶体管。80486 的时钟频率从 25MHz 逐步提高到 33MHz、50MHz,并且在 80x86 系列中首次采用了精简指令集计算机(reduced instruction set computing,RISC)技术,可以在一个时钟周期内执行一条指令。它还采用了突发总线方式,大大提高了与内存的数据交换速度。由于这些改进,80486 的性能比带有 80387 数字协处理器的 80386 提高了 4 倍。

Intel 于 1993 年推出了全新一代的高性能处理器 80586。由于 CPU 市场的竞争越来越激烈,提出了商标注册问题,但美国法律不允许用阿拉伯数字注册商标,于是 Intel 公司用新的名字——Pentium 注册了商标。Pentium 中的 Pent 来自希腊语,意思是 5,ium 使芯片看起来像基本元素(确实是组成计算机系统的基本元素)。Intel 公司还给它起了一个非常好听的中文名字——"奔腾"。Pentium 内部集成的晶体管数量高达 310 万个,时钟频率由最初的 60MHz 和 66MHz,逐步提高到 200MHz。66MHz 的 Pentium 比 33MHz 的 80486 要快 3 倍多。

1995 年,Intel 推出了第 6 代 x86 系列 CPU——Pentium Pro。Pentium Pro 内部集成有 550 万个晶体管,内部时钟频率为 133MHz,处理速度大约是 100MHz 的 Pentium 的 2 倍。Pentium Pro 的一级(片内)缓存为 8KB 指令和 8KB 数据。在 Pentium Pro 的一个封装中除 Pentium Pro 芯片外,还包括有一个 256KB 的二级缓存芯片。

1996 年又推出了 Pentium 系列的改进版本——多能奔腾(Pentium MMX)。MMX 技术是 Intel 发明的一项多媒体增强指令集技术,为 CPU 增加了 57 条 MMX 指令,还将 CPU 芯片内的一级缓存由原来的 16KB 增加到 32KB(16KB 指令＋16KB 数据),MMX CPU 比普通 CPU 在运行含有 MMX 指令的程序时,处理多媒体的能力提高了 60%左右。

1997 年 5 月,Intel 又推出了 Pentium Ⅱ。Pentium Ⅱ采用了与 Pentium Pro 相同的核心结构,但它加快了段寄存器写操作的速度,并增加了 MMX 指令集,以加快 16 位操作系统的执行速度。Pentium Ⅱ比 Pentium Pro 多集成了 200 万个晶体管。

1998 年推出了面向低端市场,性能价格比较高的赛扬处理器(Celeron CPU)。去掉了二级缓存,因而可以降低计算机系统的成本。

1998—1999 年,Intel 公司还推出一款比 Pentium Ⅱ 功能还要强大的至强处理器(Xeon CPU)。至强处理器的目标就是挑战高端的、基于 RISC 的工作站和服务器。赛扬处理器和至强处理器的推出就是要全方位占领微处理器市场,满足各种不同用户的需要。

PentiumⅢ处理器是 Intel 的又一代产品,内部集成了 960 万个晶体管,拥有 32KB 一级缓存和 512KB 二级缓存,增加了能够增强音频、视频和 3D 图形效果的数据流单指令多数据扩展 (streaming SIMD extensions,SSE)指令集,和 Pentium Ⅱ Xeon 一样,Intel 公司也推出了面向服务器和工作站系统的高性能 CPU——Pentium Ⅲ Xeon。最初发布的 Pentium Ⅲ 有 450MHz 和 500MHz 两种规格。

1999 年 10 月底,Intel 正式发布代号为 Coppermine 的新一代 Pentium Ⅲ 处理器,CPU 主频最高达到 733MHz。Coppermine 采用全新的核心设计,内置 256KB 与 CPU 主频同步运行的二级缓存,新一代的 Coppermine 处理器的集成度大为提高,它的核心集成了 2800 万个晶体管。CPU 芯片可以做得更小,从而使芯片面积更小,功耗大为减小,成本也得以降低。所以,该款 CPU 适用于笔记本计算机使用。

2000 年 11 月,Intel 推出了功能更为强大的 Pentium 4。Pentium 4 采用了 Intel 的 NetBurst 技术,与 Pentium Ⅲ 相比,体系结构的流水线深度增加了一倍,达到了 20 级。集成了 4200 万个晶体管,时钟频率高达 1.4GHz 和 1.5GHz。改进的浮点运算功能使 Pentium 4 提供更加逼真的视频和三维图形,带来更加精彩的游戏和多媒体享受。算术逻辑单元以双倍的时钟速度运行,从而提高了总体运算速度。

2003 年,Intel 发布了专门用于移动运算的 Pentium M 处理器。Pentium M 处理器结合了 855 芯片组与 Intel PRO/Wireless 2100 网络联机技术,成为 Centrino(迅驰)移动运算技术的最重要组成部分。

2005 年,Intel 推出了双核心处理器 Pentium D 和 Pentium Extreme Edition,同时推出 945/955/965/975 芯片组来支持新推出的双核心处理器。

2006 年 7 月,Intel 发布了酷睿 2(Core 2 Duo),酷睿 2 是一个跨平台的构架体系,包括服务器版、桌面版、移动版三大领域。

2010 年 6 月,Intel 发布了 Core i3/i5/i7,Core i3/i5/i7 基于全新的 sandy bridge 微架构,具有更低的功耗、更高的性能、更强的浮点运算与加密解密运算能力。2012 年 4 月,Intel 发布了 ivy bridge(IVB)处理器。2013 年 6 月,Haswell CPU 问世。2017 年 5 月,Intel 发布了 Core i9 处理器,Core i9 最多可包含 18 个内核,主要面向游戏和高性能需求。

在高性能的微处理器研发中使用了超线程技术和多核技术。超线程技术(hyper threading technology)就是利用特殊的硬件指令,把处理器内部的两个逻辑内核模拟成两个物理芯片,从而使单个处理器能够使用线程级的并行计算。多线程技术可以在支持多线程的操作系统和软件上,有效地增强处理器在多任务、多线程处理上的处理能力。对于单线程芯片来说,虽然也可以每秒钟处理成千上万条指令,但是在某一时刻,只能够对一条指令(单个线程)进行处理,而超线程技术则可以使处理器在某一时刻,同步并行处理更多指令和数据。多核技术指在一个处理器上集成多个运算核心,从而提高处理器的计算能力。

Intel 除了传统的微处理器、芯片组、板卡市场,近几年在向可穿戴设备、人工智能领域拓展,2018 年营业收入 708 亿美元。

2. IBM 公司

IBM 公司的前身是计算制表记录公司（Computing Tabulating Recording Company，CTR 公司）。1911 年，制表机公司（Tabulating Machine Company）、计算度量公司（Computing Company）和国际时间记录公司（International Time Recording Company）合并，成立了计算制表记录公司。其中的制表机公司的创始人就是 1886 年建造第一台机电式制表机的赫尔曼·霍勒瑞斯。霍勒瑞斯当时在美国人口统计局工作，发明了自动穿孔卡片制表机，1896 年霍勒瑞斯创办了自己的制表机公司，生产改进型的制表机。

计算制表记录公司有 1200 多人，是个集秤磅、时钟、计算制表机于一体的经营多种业务的公司，公司成立不久就欠债近 400 万美元。为摆脱困境，公司于 1914 年聘请小有名气的现金出纳机推销商托马斯·沃森（Thomas J. Watson）为经理。沃森看中了霍勒瑞斯发明的制表机，认为这种机器只要经过改进，肯定会在快速发展的美国工商业中得到广泛应用，穿孔卡片的自动功能会对各大公司繁重的账目报表处理大有帮助。

1924 年，计算制表记录公司更名为国际商业机器公司（International Business Machines Corporation），即计算机领域人们非常熟悉的 IBM 公司。

沃森对公司的经营管理确实在行，他执掌的 IBM 公司果然给美国商界和产业界带来一场管理上的革命，这场革命的主角就是沃森慧眼相中的制表机，而制表机的主角又是打孔卡片。自第一次世界大战以来，打孔卡片就开始广为人知，美国军方用它来进行军备、医药等方面的数据管理，规范、简明、系统性好。接着又用于企业的管理，每个雇员或每一产品的各种信息，都可以按时分类，在一张张卡片上记录下来，自动制表机定期自动加减乘除，累计存档，印成报表。自罗斯福新政后，企业需要向联邦政府提供大量的统计报表，处理这些报表，当时最好的方法就是使用制表机。

成百上千台 IBM 制表机卖给政府部门，被称为 IBM 卡的打孔卡片融入人们的日常生活，上班要打卡，就医要打卡，就餐也要打卡。

在第二次世界大战中，IBM 公司生产的打孔卡片制表机在后勤系统和前线指挥系统受到广泛欢迎，成千上万的军官和士兵的军购要制成图表，轰炸机的命中率、伤亡和战俘等信息，巨大战争机器上的每一个细节，都可用 IBM 卡片一一记录下来。当时每位应征入伍的人都有一张卡片，记录了详细的个人信息。IBM 公司在为战争提供有力支持的同时，自身也得以快速发展，公司销售额从 1940 年美国参战前的 4600 万美元，变为战后 1945 年的 1.4 亿美元，成为全美知名的大企业。

但是，打孔卡片制表机的成功，却使 IBM 公司没有及时跟上现代计算机的发展节奏。

1935 年推出的 IBM 601 计算器，能在一秒钟内完成乘法运算。1936 年美国哈佛大学教授霍华德·艾肯基于巴贝奇的设计方案，用机电方法实现了分析机，这就是 Mark-Ⅰ机电式计算机，在研制过程中，得到了 IBM 公司的资助。

1946 年 3 月，IBM 公司的执行副总裁查理·柯克和他的助理小托马斯·沃森（老托马斯·沃森的儿子）到宾夕法尼亚大学莫尔学院参观刚刚研制完成的 ENIAC，详细了解了这台机器的用途：为了提高火炮的射程和精度，必须计算弹道也即炮弹在每一个飞行瞬间的位置，这种计算量大得惊人，以前用手工计算，需要一天的时间，用计算分析仪，也得 15min，而现在用 ENIAC 计算只要 20s。

虽然这次莫尔学院之行给小托马斯·沃森和查理·柯克留下了深刻的印象，但当时却没有意识到，这样一个庞大、昂贵、又不可靠的机器会成为商品（作为公司的经营者，他们要的不仅是先进的研究成果,更注重的是这样的成果能不能转化成商品,能否给公司带来实际的收益),而且会体积越来越小、功能越来越强、成本越来越低、使用越来越方便,直到有一天进入千家万户,无情地淘汰 IBM 公司引以为自豪的打孔卡片制表机。

1947 年,IBM 公司的一位老资格工程师提出一个研制计划,与埃克特-莫奇利公司竞争,制造一台磁带和穿孔卡片两用的计算机,预计投资 75 万美元,而通常穿孔卡片制表机只要 2 万美元,老沃森否决了这一计划。这使得 IBM 公司进入现代电子数字计算机领域的时间延后了 5 年。也就是说,在 1946—1950 年这一现代计算机的初创阶段,IBM 公司没有参与。这对于靠第一台机电计算机起家的 IBM 公司来说,不能不说是一个遗憾。实际上,包括老沃森在内的 IBM 公司的一些领导人一度认为只需要 25 台通用计算机就能满足全美国的需要。好在沃森父子及时改变了看法,才使 IBM 公司凭借自己强大的财力和市场竞争力,后来居上并长期保持计算机制造业霸主地位,其设计理念和技术标准对计算机的发展起了决定性作用。

计算机技术在快速发展,IBM 公司的老用户对日益增多的卡片不断提出抱怨,促使沃森父子不得不重新审视计算机的开发问题。1951 年,IBM 公司决定开发商用电子计算机,聘请冯·诺依曼担任公司的科学顾问,1952 年 12 月 IBM 公司研制出第一台存储程序电子数字计算机——IBM 701。IBM 701 采用一地址、并行运算结构,字长 36 位,内存容量 2048 字,配备有磁鼓、磁带机、卡片机等输入输出设备,使用了 4000 个电子管和 12 000 个锗晶体二极管,运算速度为 1.2 万次/秒定点加法运算。

从 IBM 701 开始,IBM 公司逐步占据了计算机制造业的霸主地位。

第一代电子管计算机主要有科学计算用计算机 IBM 701、IBM 704、IBM 709,数据处理用计算机 IBM 702、IBM 705、IBM 650 等。

第二代晶体管计算机的主流产品有科学计算用大型计算机 IBM 7090、IBM 7094-Ⅰ、IBM 7094-Ⅱ,数据处理用大型计算机 IBM 7080,中小型通用晶体管计算机 IBM 7074、IBM 7072,小型数据处理用晶体管计算机 IBM 1401 等。

第三代计算机的代表性产品是 IBM 360 系列,该机型实现了计算机生产的通用化、系列化和标准化。主要产品还有 IBM 370 系列、IBM 3030 系列等,3030 系列中的 3033 计算机运算速度达到 500 万次/秒。

第四代计算机的主流产品是 1979 年 IBM 公司推出的 4300 系列、3080 系列以及 1985 年的 3090 系列。1982 年推出的 3084K 计算机,运算速度达 2500 万次/秒。1990 年之后,IBM 公司陆续推出 IBM 390 系列、IBM eServer z 系列、zEnterprise EC12 系列、IBM z13、IBM z14 大型计算机。

多年来,IBM 公司一直在高性能计算机领域保持着竞争优势。1991 年,IBM 公司的"深思Ⅱ"(Deep ThoughtⅡ)计算机获得美国计算机学会举办的计算机国际象棋锦标赛冠军,1997 年 5 月,"深思"的换代产品——"深蓝"计算机战胜俄罗斯的国际象棋特级大师卡斯帕罗夫。2008 年 6 月,IBM 公司推出当时世界上最快的超级计算机"走鹃"(Roadrunner),运算速度超过 1000 万亿次/秒浮点运算。2012 年,IBM 公司研制出的超级计算机"红杉"(Sequoia),其峰值运算速度达到 2.01 亿亿次/秒。2018 年,IBM 公司研制出目前世界上速度最快的超级计算机"顶点"(Summit),其峰值运算速度达到 20 亿亿次/秒。2018 年 11 月公布的全球 10 台最高性能的超级计算机中,有 3 台是 IBM 研制的超级计算机。近几年,IBM 积极参与人工智能技术的研发,2011 年 2 月,IBM "沃森"(Watson)系统在美国的一档智力竞猜电视节目中击败该节目历史上两位最成功的人类选手,Watson 所基于的自然语言处理和机器学习技术已经在时尚、金融、医疗、旅游、法律、教育、交通等领域得到应用。

IBM 公司在微型机领域也曾有不俗的表现，一度成为事实上的产品标准，其他厂商的微型机只有和 IBM 公司微型机兼容才能销售出去，而也正是这些兼容厂商在激烈的竞争发展中分享了 PC 市场。2005 年 5 月 1 日，我国的联想集团以 17.5 亿美元正式完成对 IBM 公司全球 PC 业务的收购，至此 IBM 公司退出了 PC 市场，专注于服务器、大型机和巨型机市场以及云计算、人工智能、物联网、大数据分析和安全领域的服务与解决方案提供，2018 年营业收入796 亿美元。

IBM 公司的成功得益于科学的市场经营战略，基于以往的市场营销经验，从一开始进入计算机领域就面向商业、面向产品、面向服务。IBM 公司是从穿孔卡片发展起来的，拥有一大批商业客户。当它转向生产计算机时就想到了这些宝贵的客户资源，着重研制商用计算机，把具有通用化、系列化、标准化和良好兼容性的计算机产品推销给老客户，不仅产品质量好，而且服务周到。IBM 公司信奉这样一个理念——聪明的客户并不是买最好的计算机，而是买最能解决问题的计算机。因此，尽管当时有些公司的计算机的性能比 IBM 公司的好，但还是 IBM公司的产品更受欢迎。在美国，人们常称 IBM 公司为"蓝色巨人"。一方面反映了它的实力雄厚，另一方面代表了售后服务做得好，IBM 公司的工作人员，经常是身穿蓝色西服上门服务。

习　　题

1. 简述 ENIAC 之前计算工具的发展历程。
2. 对比说明四代计算机各自的特点。
3. 微型计算机是如何发展起来的？ 微型计算机的快速发展有什么重要意义？
4. 简要说明第五代计算机的含义，如何评价第五代计算机的研究。
5. 简述计算机的发展趋势与分类。
6. 简述计算机的特点与应用领域。
7. 简述中国计算机的发展历程。

思　考　题

1. Intel、IBM 两家公司各自的业务领域和各自的成功之道是什么？
2. 如何理解微型计算机和计算机网络的出现与发展的重要意义？
3. 查阅有关文献或互联网，了解量子计算机的基本含义与发展现状。
4. 从互联网上查找算筹、算盘、计算尺、机械计算机、机电计算机及各代次有代表性计算机的图片，了解其样式和基本结构。
5. 学完本章内容，有什么体会和感想，对今后的学习和职业规划有什么想法？

课外阅读建议

陈意云、王行刚等编著的《计算机发展简史》，赵免辉著的《激动人心——电脑史话》，李彦编著的《IT 通史：计算机技术发展与计算机企业商战风云》三本书从作者各自不同的视角介绍了计算机的发展历史。从书的名字就可以看出，《计算机发展简史》叙述严谨、学术味较浓；

《激动人心——电脑史话》配合一些故事和大量的图片，文笔生动形象，引人入胜；《IT 通史：计算机技术发展与计算机企业商战风云》对计算机领域各主要公司的经营策略有更为翔实的介绍，信息量大。本章中涉及计算机的诞生、发展及国外公司和科学家的介绍等内容的编写参考了这几本书的内容。

到 2006 年，中国计算机事业已有 50 年的历史，中国计算机学会组织编写的《中国计算机事业创建 50 周年大事》对中国计算机发展历史上的重要事件、机型和人物等有简要介绍，本章的中国计算机发展简史部分的编写参考了这本文集的内容。

由于篇幅的限制，本章中各部分内容只是做了非常简要和概括的介绍，作为补充阅读，有兴趣的读者可以阅读上述文献。

## 第2章

计算机专业知识体系

作为计算机专业(包括计算机科学与技术、软件工程、网络工程、信息安全、物联网工程等专业)的学生,通过 4 年的学习,应具备什么样的知识体系、能力和素质才能成为一名合格的大学毕业生,才能适应继续深造或从事实际工作的需要。本章在这些方面作些介绍,使学生在大学生活的开始就知道构建一个什么样的知识体系及如何构建这个知识体系,只有在具备了扎实的基础理论知识的基础上,才能培养能力、提高素质。

2.1 计算机专业学生应具备的素质和能力

为了适应 21 世纪经济建设、社会发展和科技进步对人才的需要,各高等学校都及时地修订、完善了培养方案和教学计划。虽然各学校根据自身的特点各有不同,但大体上都遵循了一个基本的指导思想:坚持传授知识、培养能力与提高素质协调发展,更加注重能力和素质培养,着力提高大学生的学习能力、实践能力和创新能力,全面推进素质教育。为经济建设和社会发展培养基础扎实、知识面宽,富有创新精神和创业能力的复合型高素质专门人才。

2.1.1 专业认证对学生能力和素质的要求

计算机专业是工科专业,属于工程教育范畴。在国际上,最有影响的工程教育专业认证组织是《华盛顿协议》组织。1989 年,由来自美国、英国、加拿大、爱尔兰、澳大利亚和新西兰 6 个国家的民间工程专业团体签署了《华盛顿协议》(Washington Accord,WA)。该协议是针对本科工程教育(一般为 4 年)进行专业认证的,只要通过一个成员的认证,就会得到其他签约成员的认可。2016 年 6 月 2 日,我国成为《华盛顿协议》组织的正式成员。目前《华盛顿协议》组织有 18 个正式成员,除上述几个创始成员外,还包括后来加入的日本、俄罗斯、印度、韩国、新加坡等成员。

华盛顿协议对包括计算机专业在内的工程类专业的本科生应具备的素质与能力归纳为如下 7 个方面:

(1) 在系统、工艺和机器的设计、操作和改进过程中,能够应用数学、自然科学和工程技术知识。

(2) 发现并解决复杂工程问题。

(3) 了解并解决环境、经济和社会与工程相关的问题。

(4) 具有有效沟通能力。

(5) 能够接受终身学习并促进职业发展。

(6) 遵守工程职业道德。

(7) 能够在当今社会中发挥作用。

我国近年来在积极推进工程教育专业认证工作,并在 2017 年对原有的《工程教育专业认证标准》进行了修订,要求专业必须具有明确的培养目标,符合学校办学理念,培养的学生必须达到如下的知识、能力与素质基本要求。

(1) 工程知识:能够将数学、自然科学、工程基础和专业知识用于解决复杂工程问题。

(2) 问题分析:能够应用数学、自然科学和工程科学的基本原理,识别、表达、并通过文献研究分析复杂工程问题,以获得有效结论。

(3) 设计/开发解决方案:能够设计针对复杂工程问题的解决方案,设计满足特定需求的系统、单元(部件)或工艺流程,并能够在设计环节中体现创新意识,考虑社会、健康、安全、法律、文化以及环境等因素。

(4) 研究:能够基于科学原理并采用科学方法对复杂工程问题进行研究,包括设计实验、分析与解释数据、并通过信息综合得到合理有效的结论。

(5) 使用现代工具:能够针对复杂工程问题,开发、选择与使用恰当的技术、资源、现代工程工具和信息技术工具,包括对复杂工程问题的预测与模拟,并能够理解其局限性。

(6) 工程与社会:能够基于工程相关背景知识进行合理分析,评价专业工程实践和复杂工程问题解决方案对社会、健康、安全、法律以及文化的影响,并理解应承担的责任。

(7) 环境和可持续发展:能够理解和评价针对复杂工程问题的工程实践对环境、社会可持续发展的影响。

(8) 职业规范:具有人文社会科学素养、社会责任感,能够在工程实践中理解并遵守工程职业道德和规范,履行责任。

(9) 个人和团队:能够在多学科背景下的团队中承担个体、团队成员以及负责人的角色。

(10) 沟通:能够就复杂工程问题与业界同行及社会公众进行有效沟通和交流,包括撰写报告和设计文稿、陈述发言、清晰表达或回应指令,并具备一定的国际视野,能够在跨文化背景下进行沟通和交流。

(11) 项目管理:理解并掌握工程管理原理与经济决策方法,并能在多学科环境中应用。

(12) 终身学习:具有自主学习和终身学习的意识,有不断学习和适应发展的能力。

2.1.2 教学质量标准对学生能力和素质的要求

为建立健全教育质量保障体系,提高人才培养质量,2018 年 1 月教育部发布了《普通高等学校本科专业类教学质量国家标准》,这是我国发布的第一个高等教育教学质量国家标准。《标准》明确了包括计算机专业在内的 92 个本科专业类的培养目标和培养规格等内容。

《标准》对计算机专业培养目标的描述是:本专业培养具有良好的道德与修养,遵守法律法规,具有社会和环境意识,掌握数学与自然科学基础知识以及与计算系统相关的基本理论、基本知识、基本技能和基本方法,具备包括计算思维(computational thinking)在内的科学思维能力和设计计算解决方案、实现基于计算原理的系统的能力,能清晰表达,在团队中有效发挥作用,综合素质良好,能通过继续教育或其他的终身学习途径拓展自己的能力,了解和紧跟学科专业发展,在计算机系统研究、开发、部署与应用等相关领域具有就业竞争力的高素质专门技术人才。

高等学校的计算机专业主要是为我国的信息化建设培养高级人才,而信息化建设需要多种类型的人才,如研究型人才、工程型人才和应用型人才等。

研究型人才需要系统且扎实地掌握计算机科学基础理论知识、计算机软硬件系统知识及计算机应用知识,具备较强的创新能力和实践能力。将来主要是在研究机构、高等学校及大型

IT 公司的研发中心从事计算机基础理论与核心技术的创新性研究工作。

工程型人才需要系统地掌握计算机科学理论、计算机软硬件系统知识及计算机应用知识，具备较强的工程实践能力，将来主要是在 IT 公司从事系统集成、网络设计、软件开发等工作，把计算机领域的基本理论和技术用于解决具有一定规模的工程问题。

应用型人才需要较好地掌握计算机科学基础理论知识、计算机软硬件系统知识及计算机应用知识，具备较强的实践能力和动手能力。将来主要是在各种企事业单位从事所在单位的信息化建设工作，也包括大型信息系统及网络环境的日常维护工作。

相对来说，研究型人才更加强调基础理论知识的掌握和创新能力的培养，需要通过攻读硕士、博士学位进一步强化基础理论知识的掌握；工程型人才更加强调把计算机软硬件系统知识与技术应用于解决实际工程问题，更加注重通过实际工作培养工程实践能力；应用型人才更加强调计算机应用知识的掌握和所在单位业务知识与管理模式的了解及组织协调能力的培养。当然，三者之间没有严格的界限，只是有所侧重而已，而且在一定条件下可以相互转变。

实践表明，不管哪种类型的人才，不管从事何种工作，一个人事业的成功，只靠专业知识是远远不够的。还需要有远大的理想、宽广的胸怀、持之以恒的奋斗、良好的团队意识等。

自 2000 年我国设立国家最高科学技术奖以来，计算机领域有王选、吴文俊和金怡濂三位科学家获此殊荣。三位科学家所取得的成就都是几十年持之以恒、辛勤工作的结果。

王选院士在 1976—1993 年的 18 年中几乎放弃了所有的节假日，每天都是分上午、下午和晚上三段工作。他说，献身于科学技术就没有权利再像普通人那样，必然会失掉常人所能享受到的不少乐趣，但也会得到常人享受不到的很多乐趣。科技成就是智慧和勤奋的结晶，没有长时期持之以恒的努力很难有大的作为。王选院士把他的成功首先归功于他领导的团队。他认为，善于看到别人，尤其是同事的长处，是具有良好的团队精神的基础。他在回顾所从事的三个重大科研项目的研究时，经常提起他的同事。他说，那种只想个人冒尖、不善与人合作的人，很难取得大成绩。而在团队中往往更能够充分体现个人的价值，因而宽容、善于合作、具有团队精神的人取得成就的机会就更大。

中国科学院数学研究所的一位研究员曾目睹，20 世纪 80 年代末的一个农历除夕晚上 8 点多钟，吴文俊院士还在计算机房上机。那时计算机尚未进入家庭，上机条件也是比较苦的，而年近古稀的吴文俊院士在大年三十晚上还在继续钻研课题。

印制电路板被称为巨型机研制中的"极限"工艺，为了达到自己提出的"零缺陷"要求，金怡濂院士就泡在噪音震耳、化学气味刺鼻的车间里，跟踪观察全过程，和工作人员一起经常加班到深夜两三点钟。

学习知识、提升综合能力、培养综合素质是大学生四年大学生活的主要任务，也是日后继续深造学习和从事实际工作的重要基础。

2.2　计算机专业知识体系

知识、能力、素质是相互联系、相互影响的，没有合理的知识体系支撑，就不可能有强能力和高素质，知识是能力和素质的基础，具备了较强的能力和较高的素质又可以更好、更快地获取知识。教育部高等教育司组织高等学校教学指导委员会研究制定的《普通高等学校本科专业类教学质量国家标准》对计算机专业的培养目标和核心课程给出了明确说明。

2.2.1 计算机科学与技术专业知识体系

培养学生将基本原理和技术运用于计算机科学研究以及计算机系统设计、开发与应用等工作的能力。教学内容应包含数字电路、计算机系统结构、算法设计、程序设计语言、软件工程、并行分布计算、智能技术、计算机图形学、人机交互等知识领域的基本内容。

核心课程包括计算概论(计算机导论)、程序设计基础、集合论与数理逻辑、图论与组合数学、代数结构与初等数论、数据结构、操作系统、计算机组成原理、数字逻辑与数字电路、计算机网络、编译原理、数据库原理、算法设计与分析、人工智能、计算机图形学。

2.2.2 软件工程专业知识体系

培养学生将基本原理和技术运用于对复杂软件系统进行分析、设计、验证、确认、实现、应用和维护以及软件系统开发管理等工作的能力。教学内容应包含软件建模与分析、软件设计与体系结构、软件质量保证与测试、软件过程与管理等知识领域的基本内容。

核心课程包括程序设计基础、面相对象程序设计、软件工程导论、离散结构、数据结构与算法、工程经济学、团队激励与沟通、软件工程职业实践、计算机系统基础、操作系统、数据库概论、网络及其计算、人机交互的软件工程方法、软件工程综合实践、软件构造、软件设计与体系结构、软件质量保证与测试、软件需求分析、软件项目管理。

2.2.3 网络工程专业知识体系

培养学生将基本原理和技术运用于计算机网络系统规划、设计、开发、部署、运行、维护等工作的能力。教学内容应包含数字通信、计算机系统平台、网络系统开发与设计、软件安全、网络安全、网络管理等知识领域的基本内容。

核心课程包括离散数学、计算机原理、计算机程序设计、数据结构、操作系统、计算机网络、数据通信、互联网协议分析与设计、网络应用开发与系统集成、路由与交换技术、网络安全、网络管理、移动通信与无线网络、网络测试与评价。

2.2.4 信息安全专业知识体系

培养学生将基本原理和技术运用于信息安全科学研究、技术开发和应用服务等工作的能力。教学内容应包含信息科学基础、信息安全基础、密码学、网络安全、信息系统安全、信息内容安全等领域知识的基本内容。

核心课程包括信息安全导论、信息安全数学基础、模拟电路与逻辑、程序设计、数据结构与算法、计算机组成与系统结构、EDA 技术及应用、操作系统原理及安全、编译原理、信号与系统、通信原理、密码学、计算机网络、网络与通信安全、软件安全、逆向工程、可靠性技术、嵌入式系统安全、数据库原理及安全、取证技术、内容安全。

2.2.5 物联网工程专业知识体系

培养学生将基本原理和技术运用于物联网及其应用系统的规划、设计、开发、部署、运行、维护等工作的能力。教学内容应包含电路与电子技术、标识与感知、物联网通信、物联网数据处理、物联网控制、物联网信息安全、物联网工程设计与实施等领域知识的基本内容。

核心课程包括离散数学、程序设计、数据结构、计算机组成、计算机网络、操作系统、数据库系统、物联网通信技术、RFID 原理及应用、传感器原理及应用、物联网中间件设计、嵌入式系统与设计、物联网控制原理与技术。

通过学习专业课程，系统掌握本专业的基本知识和基本技能，构成一个比较完整的专业知识体系，学会用专业知识分析和解决实际问题。

2.2.6 主要课程内容介绍

1. 高等数学（advanced mathematics）

通过本课程的学习，使学生掌握高等数学的基本概念、基本理论和基本运算技能，具备学习其他后续课程所需要的高等数学知识，培养学生综合运用数学方法分析问题、解决问题的能力，培养学生的抽象概括能力、逻辑推理能力和空间想象能力。本课程主要包括函数与极限、导数与微分、微分中值定理、不定积分、定积分、空间解析几何与向量代数、多元函数微积分、重积分、曲线积分与曲面积分、无穷级数和微分方程等内容。

2. 线性代数（linear algebra）

通过本课程的学习，使学生掌握必要的代数基础及代数的逻辑推理思维方法，培养学生运用线性代数的知识解决实际问题的能力，培养学生逻辑思维能力和推理能力，为相关后续课程的学习打下良好的代数基础。本课程主要包括行列式、矩阵的基本运算、线性方程组、向量空间与线性变换、特征值与特征向量和二次型等内容。

3. 概率统计（probability theory and mathematical statistics）

通过本课程的学习，使学生掌握概率论与数理统计的基本概念和方法，学会处理随机现象的基本思想和方法，培养学生用概率统计知识解决实际问题的能力，培养学生的抽象思维和逻辑推理能力，为后续课程的学习打下必要的概率统计基础。本课程主要包括随机事件与概率、随机变量的分布及其数字特征、随机向量、抽样分布、统计估计、假设检验和回归分析等内容。

计算机专业类硕士研究生招生考试（初试）中，全国统考课程的数学（一）试卷包括高等数学、线性代数和概率统计的内容，可见这三门课程在计算机专业知识体系中的重要地位。

4. 离散数学（discrete mathematics）

离散数学是以离散结构为主要研究对象且与计算机科学技术密切相关的一些现代数学分支的总称。本课程主要包括命题逻辑、谓词逻辑、集合与关系、函数、代数结构、格与布尔代数和图论等内容，形式化的数学证明贯穿全课程。该课程是后续若干门专业（基础）课程的先修课程。图论的概念用于计算机网络、操作系统和编译原理等课程，集合论用于软件工程和数据库原理及应用等课程，命题逻辑和谓词逻辑用于人工智能等课程。

5. 普通物理学（common physics）

物理学是研究物质的基本结构、相互作用和物质最基本最普遍的运动形式及其相互转化规律的学科。通过本课程的学习，使学生系统地掌握物理学的基本原理和基本知识，培养学生利用物理学知识分析问题、解决问题的能力，也为电路分析、数字电路、模拟电路等后续课程的学习打下物理学知识基础。本课程主要包括力和运动、运动的守恒量和守恒定律、刚体和流体的运动、相对论基础、气体动理论、热力学基础、静止电荷的电场、恒定电流的磁场、电磁感应与电磁场理论、机械振动和电磁振荡、机械波和电磁波、光学、量子论和量子力学基础、激光固体的量子理论、原子核物理和粒子物理等内容。

6. 电路分析（circuit analysis）

通过本课程的学习，使学生掌握电路分析的基本概念、基本理论和基本方法，具有初步的分析、解决电路问题的能力,该课程是学习数字电路和模拟电路的先修课程。本课程主要包括电路模型及电路定律、电阻电路的等效变换、电阻电路的一般分析、电路定理、含有运算放大器的电阻电路、一阶电路和二阶电路、相量法、正弦稳态电路的分析和含有耦合电感的电路等内容。

7. 模拟电路(analog circuit)

通过本课程的学习,使学生掌握主要半导体器件的原理、特性及参数,基本放大电路的工作原理及分析方法,负反馈放大电路的原理及分析方法,集成运算放大器的原理及应用,低频半导体模拟电子线路的基本概念、基本原理和基本分析方法。具有初步分析、设计实际电子线路的能力,并为学习计算机组成原理等课程打下基础。本课程主要包括半导体器件、放大电路的基本原理、集成运算放大电路、放大电路中的反馈、模拟信号运算电路与信号处理电路、波形发生电路与功率放大电路和直流电源等内容。

8. 数字电路(digital circuit)

通过本课程的学习,使学生掌握数字电路的基础理论知识,理解基本数字逻辑电路的工作原理,掌握数字逻辑电路的基本分析和设计方法,具有应用数字逻辑电路知识初步解决数字逻辑问题的能力,为学习计算机组成原理、微机原理及应用、单片机原理等后续课程以及从事数字电子技术领域的工作打下扎实的基础。本课程主要包括代数基础、门电路、组合逻辑电路、触发器、时序逻辑电路、脉冲的产生与整形电路和数模与模数转换电路等内容。

9. 计算机导论(introduction to computer science)

计算机导论是学习计算机知识的入门课程,是计算机专业完整知识体系的绪论。通过本课程的学习,可以使学生对计算机的发展历史、计算机专业的知识体系、计算机学科方法论及计算机专业人员应具备的业务素质和职业道德有一个基本的了解和掌握,这对于计算机专业学生 4 年的知识学习、能力提高、素质培养和日后的学术研究、技术开发、经营管理等工作具有十分重要的基础性和引导性作用。本课程主要包括计算机发展简史、计算机基础知识、计算机专业知识体系、操作系统与网络知识、程序设计知识、软件开发知识、计算机系统安全知识与职业道德、人工智能知识和计算机领域的典型问题等内容。

10. 高级语言程序设计(high level language programming)

计算机专业学生应具备的重要能力之一就是程序设计能力,通过本课程的学习,使学生在掌握一种高级语言(C 或 C++)的基本语法规则和基本的程序设计方法的基础上,提高编写程序和调试程序的能力,培养程序设计思维。本课程主要包括概述、运算符与表达式、变量的数据类型与存储类别、程序的基本结构、函数的定义和调用、数组、指针、用户建立的数据类型和文件操作等内容。

11. 计算机组成原理(computer organization and architecture)

作为计算机专业的学生,不仅要能够熟练使用计算机,还要能够比较深入地理解计算机的基本组成和工作原理,这既是设计开发高质量计算机软硬件系统的需要,也是学习操作系统、计算机网络、计算机体系结构等后续课程的基础。通过本课程的学习,使学生掌握计算机系统的基本组成和结构的基础知识,尤其是各基本组成部件有机连接构成整机系统的方法,建立完整清晰的整机概念,培养学生对计算机硬件系统的分析、设计、开发、使用和维护的能力。本课程主要包括计算机系统的硬件结构、系统总线、存储器、输入输出系统、计算机的运算方法、指令系统、CPU 的功能与结构、控制单元的功能等内容。

12. 数据结构（data structure）

本课程主要介绍如何合理地组织和表示数据，如何有效地存储和处理数据，如何设计出高质量的算法以及如何对算法的优劣作出分析和评价，这些都是设计高质量程序必须要考虑的。通过本课程的学习，使学生深入理解各种常用数据结构的逻辑结构、存储结构及相关算法；全面掌握处理数据的理论和方法，培养学生选用合适的数据结构，设计高质量算法的能力；提高学生运用数据结构知识编写高质量程序的能力。本课程主要包括线性表、栈、队列、串、数组、树与二叉树、图与图的应用、查找与排序等内容。

13. 操作系统（operating system）

操作系统是管理计算机软硬件资源、控制程序运行、方便用户使用计算机的一种系统软件，为应用软件的开发与运行提供支持。由于有了高性能的操作系统，才使我们对计算机的使用和操作变得简单方便。通过本课程的学习，使学生掌握操作系统的功能和实现这些功能的基本原理、设计方法和实现技术，具有分析实际操作系统的能力。本课程主要包括操作系统概论、进程管理、线程机制、CPU 调度与死锁、存储管理、I/O 设备管理、文件系统、操作系统实例等内容。

14. 数据库原理及应用（principle and application of database）

对信息进行有效管理的信息系统（数据库应用系统）在大大小小的政府部门及企事业单位中发挥着重要作用，而设计开发信息系统的核心和基础就是数据库的建立。通过本课程的学习，使学生掌握建立数据库及开发数据库应用系统的基本原理和基本方法，具备建立数据库及开发数据库应用系统的能力。本课程主要包括数据模型、数据库系统结构、关系数据库、关系数据库标准语言 SQL、数据库安全性、数据库完整性、关系数据理论、数据库设计、数据库编程、关系查询处理和查询优化、数据库恢复技术、并发控制、数据库管理系统、数据库技术新发展等内容。

15. 软件工程（software engineering）

软件工程的含义就是用工程化方法来开发大型软件，以保证软件开发的效率和软件的质量。通过本课程的学习，使学生掌握软件工程的基本概念、基本原理和常用的软件开发方法，掌握软件开发过程中应遵循的流程、准则、标准和规范，了解软件工程的发展趋势。本课程主要包括软件工程概述、可行性分析、需求分析、概要设计、详细设计、系统实现、软件测试、系统维护、面向对象软件工程、软件项目管理等内容。

16. 编译原理（principle of compiler）

相对于机器语言和汇编语言，用高级语言编写程序简单方便，编写出的程序易于阅读、理解和修改，但高级语言源程序并不能直接在计算机上执行，需要将其翻译成等价的机器语言程序才能在计算机上执行，完成这种翻译工作的程序就是编译程序。通过本课程的学习，使学生掌握设计开发编译程序的基本原理、基本方法和主要技术。本课程主要包括文法和语言、词法分析、语法分析、语法制导翻译和中间代码生成、代码优化、课程符号表、目标程序运行时的存储组织、代码生成、编译程序的构造等内容。

17. 计算机网络（computer network）

微型机的出现和计算机网络技术的快速发展促进了计算机应用的广泛普及，网络已成为人们工作、学习、娱乐和日常生活的重要组成部分。构建网络环境、编写网络软件、维护网络安全是计算机专业毕业生的重要就业领域。通过本课程的学习，使学生对计算机网络的现状和发展趋势有一个全面的了解，深入理解和掌握计算机网络的体系结构、核心概念、基本原理、相关协议和关键技术。本课程主要包括数据通信基础、广域网、局域网、网络互联和 IP 协议、IP

路由、网络应用、网络安全等内容。

18. 计算机体系结构（computer architecture）

计算机体系结构培养学生从总体结构、系统分析这一角度来研究和分析计算机系统的能力，帮助学生从功能的层次上建立整机的概念。通过本课程的学习，使学生掌握有关计算机体系结构的基本概念、基本原理、设计原则和量化分析方法，了解当前技术的最新进展和发展趋势。本课程主要包括计算机系统设计技术、指令系统、存储系统、输入输出系统、标量处理机、向量计算机、互连网络与消息传递机制、SIMD 计算机、多处理机、多处理机算法、计算机体系结构的新发展等内容。

19. 人工智能（artificial intelligence）

本课程介绍如何用计算机来模拟人类智能，即如何用计算机完成诸如判断、推理、证明、识别、感知、理解、设计、思考、规划、学习和问题求解等智能性工作。通过本课程的学习，使学生掌握人工智能的基本概念、基本原理和基本方法，激发学生对人工智能的兴趣，掌握人工智能求解方法的特点，会用知识表示方法、推理方法和机器学习等方法求解简单问题。本课程主要包括知识表示方法、搜索推理技术、神经计算、模糊计算、进化计算、专家系统、机器学习、自动规划、自然语言理解、智能机器人等内容。

20. 计算机图形学（computer graphics）

计算机图形学的主要研究内容就是如何在计算机中表示图形以及利用计算机进行图形的计算、处理和显示的相关原理与算法。本课程主要包括图形学概述、计算机图形学的构成、三维形体的创建、自由曲面的表示、三维形体在二维平面上的投影、三维形体的变形与移动及隐藏面的消去方法、计算机动画、科学计算可视化与虚拟现实简介等内容。

2.3　计算机专业实践教学体系

在组成计算机专业知识体系的课程中，有多门课程除理论教学外，还有相应的实践教学。实践教学是计算机专业培养方案和教学计划的重要组成部分，实践教学与理论教学相辅相成，对于学生深入理解理论课程的内容，提高动手能力和综合运用所学知识解决实际问题的能力，培养创新意识和团队精神具有十分重要的作用，同时对于提高学生对实际工作的适应能力、提高学生的就业竞争力也十分重要。

实践教学对于提高教学质量具有重要作用。所谓高质量的教学，就是让学生能够真正理解教师所讲解的内容，并用所学到的知识去解决实际问题。计算机专业中大量的基本概念和基本原理需要经过实践过程才能真正理解，如操作系统的基本原理、计算机网络的基本原理、编译系统的基本原理等，如果只是听教师的讲解和看书，没有相应的实践环节，是很难真正理解的。再如高级语言程序设计、数据结构、数据库原理及应用等课程，如果不实际编写、分析一定量的程序，也是很难提高程序设计能力、算法设计能力和系统开发能力的。

实践教学对于培养高素质人才具有重要作用。科学的教学指导思想应该是，坚持传授知识、培养能力和提高素质协调发展，更加注重能力培养，着力提高大学生的学习能力、实践能力和创新能力，全面推进素质教育。作为一个高素质的计算机专业大学毕业生，实践能力和创新能力是必不可少的，而这些能力的培养和提高更多的是通过科学的实践教学体系来完成的。

实践教学对于提高学生的就业竞争力和对工作的适应性具有重要作用。在现实的就业环境下，既具有扎实的基础理论知识，又具有较强的实际动手能力，能够尽快适应实际工作环境的毕业生更容易找到比较理想的工作单位和工作岗位,动手能力的培养,对实际工作的适应性,对理论知识的深入理解都需要高质量的实践教学的支持。

教师和学生都要充分认识到实践教学的重要性,教师要像对待理论教学一样,认真备课、认真准备教学环境,高质量完成实践教学任务;学生要像学习理论知识一样,认真完成各实践教学环节的学习任务。

要想充分发挥实践教学的重要作用,真正培养出基础理论知识扎实、具有较强的实践能力和创新能力的高素质人才,需要科学合理的实践教学体系支撑。一个完整的实践教学体系包括课程实验、课程设计、研发训练、毕业设计(论文)等层次的实践教学活动。教学质量国家标准中要求 4 年总的实验当量不少于 2 万行代码。

课程实验是与理论教学课程配合的实验课程,主要是以单元实验为主,辅以适当的综合性实验,以本学科基础知识与基本原理的理解、验证和基本实验技能的训练为主要实验内容,与学科基础课程的理论知识体系共同构成本学科专业人才应具备的基础知识和基本能力。课程实验中的单元实验主要是为配合理论课程中某个知识点的理解而设计的实验项目,综合性实验是为综合理解和运用理论课程中的多个知识点而设计的实验项目。

课程设计是独立于理论教学课程而单独设立的实验课程,以综合性和设计性实验为主,需要综合几门课程的知识来完成实验题目。如在软件工程课程设计中需要综合运用软件工程、高级语言程序设计及数据结构等课程的知识;在数据库课程设计中需要综合运用数据库、高级语言程序设计、软件工程等课程的知识;在操作系统课程设计中需要综合运用操作系统、高级语言程序设计、软件工程、数据结构等课程的知识;在计算机系统结构课程设计中需要综合运用计算机组成原理、微机原理及应用等课程的知识等。

研发训练是鼓励和支持学有余力的高年级本科生参与教师的研发项目或独立承担研发项目(在教师的指导下),鼓励和支持学生积极参加各种面向大学生的课外科技活动,如程序设计大赛、数学建模竞赛等。研发训练项目是一种研究性实验、一种探索性实验。研发训练能够提高学生的探究性学习能力,使学生尽早进入专业科研领域,接触学科前沿,了解本学科发展动态,形成合理的知识结构;为那些成绩优秀、学有余力的学生提供发挥潜能、发展个性、提高自身素质的有利条件;对于提高学生的实践能力和创新能力效果显著。

计算机专业的学生做毕业设计并撰写毕业论文是整个本科教学计划的重要组成部分。毕业设计对于培养和提高学生的实践能力、研发能力和创新能力,培养和提高学生综合运用所学专业知识独立分析问题解决问题的能力,培养学生严肃认真的工作态度和严谨务实的工作作风,培养学生的书面表达能力和口头表达能力,培养学生组织协调能力和团结协作精神,具有至关重要的作用,也是其他教学环节不能替代的。毕业设计是一个综合性的实践教学环节,不仅要在教师的指导下独立完成设计任务,还要查阅资料,撰写论文,参加答辩,是对学生综合能力和综合素质的训练。在毕业设计期间,根据具体情况,学生在求职单位或学校指定的实习基地完成毕业实习环节,在实际工作环境中培养学生的实践能力和适应实际工作的能力。

2.4　小　　结

上大学的目的是为 4 年之后走上工作岗位或进一步深造打下一个比较坚实的基础,这个基础包括学习知识、提高能力和培养素质。作为计算机专业的学生,在努力学习专业知识的同时,还要选修一些人文、法律、管理、历史、艺术等方面的课程,拓宽知识面,增强社会适应能力和发展后劲。用 4 年的时间使自己成为知识丰富、能力强、素质高的合格大学毕业生,为事业的成功及个人才智的展现做好充分准备。

从专业知识和专业能力来讲,计算机专业的学生,在比较扎实地掌握计算机基本理论、基本知识及先进的软硬件开发环境的基础上,要具备较强的程序设计能力、较强的系统(包括软件系统和软硬件结合系统)开发及维护能力、较强的网络组建及维护能力,了解计算机领域的发展趋势。为此,专业课程、专业基础课程、公共基础课程的学习,构建科学合理的专业知识体系是非常必要的,计算机专业是一个实践性很强的专业,在学习理论知识的同时,一定要重视实践知识的学习,注重理论知识与实践知识的融合,注重提高实践能力和创新能力。

拓展阅读:图灵与图灵奖

世界上第一台电子计算机 1946 年 2 月诞生于美国宾夕法尼亚大学莫尔学院。但电子计算机的理论和模型却是始于英国科学家图灵在 1936 年发表的论文 *On Computable Numbers With an Application to Entscheidungs Problem*。

因此,当美国计算机学会在 1966 年纪念电子计算机诞生 20 周年的时候,决定设立计算机界的第一个奖项,命名为“图灵奖”(Turing Award),以纪念这位计算机科学理论的奠基人。

阿伦·图灵(Alan Mathison Turing,1912—1954),1912 年 6 月 23 日出生于伦敦,上中学时数学特别优秀。1931 年中学毕业以后,图灵进入剑桥大学的国王学院(King's College)攻读数学,研究量子力学、概率论和逻辑学。1936 年图灵就概率论研究所发表的论文获得史密斯奖(Smith Prize)。

1935 年,图灵开始对数理逻辑的研究发生兴趣。数理逻辑(mathematical logic)又叫形式逻辑(formal logic)或符号逻辑(symbolic logic),是逻辑学的一个重要分支。数理逻辑用数学方法,也就是用符号和公式、公理的方法去研究人的思维过程、思维规律,其起源可追溯到 17 世纪德国的大数学家莱布尼茨,其目的是建立一种精确的、普遍的符号语言,并寻求一种推理演算,以便用演算去解决人如何推理的问题。在莱布尼茨的思想中,数理逻辑、数学和计算机三者均出于一个统一的目的,即人的思维过程的演算化、计算机化,以致在计算机上实现。但莱布尼茨的这些思想和概念还比较模糊,不太清晰和明朗。两个多世纪以来,许多数学家和逻辑学家沿着莱布尼茨的思路进行了大量实质性的工作,使数理逻辑逐步完善和发展起来,许多概念开始明朗起来。但是,“计算机”到底是怎样一种机器? 应该由哪些部分组成? 如何进行计算和工作? 在图灵之前没有任何人清楚地说明过。正是图灵 1936 年发表那篇论文第一次回答了这些问题,提出了一种理想的计算机器的抽象模型,后人称作“图灵机”(Turing machine)。图灵机的提出奠定了现代计算机的理论基础,也奠定了图灵在计算机发展史上的重要地位。

第二次世界大战的爆发,打乱了图灵的研究计划。像许多同时代的科学家一样,图灵进入英国外交部下属的一个绝密机构中工作,主要任务是为军方破译密码。图灵的工作非常出色,曾研制出一台破译密码的机器,破译了德军的很多密码,为战胜德国法西斯作出了贡献。为此,1945 年图灵退役时被授予最高荣誉奖章。战争结束后,图灵去了英国国家物理实验室(National Physical Laboratory,NPL)开始了研制电子计算机的工作。

图灵的另一个重大贡献是他在 1950 年发表的论文 *Computing Machinery and Intelligence*。在论文中，图灵提出了"机器能思维吗？"这样一个问题，并给出了测试机器是否有智能的方法，人们称为"图灵测试"（Turing test）。图灵预言，到 2000 年，计算机能够通过这种测试。2014 年，英国雷丁大学宣称，其研制的聊天机器人尤金·古斯曼是第一个通过图灵测试的系统，但还没有得到普遍的认可。

由于图灵在计算机科学理论与实践上的奠基性贡献，1951 年当选为英国皇家学会院士。令人十分惋惜的是，1954 年 6 月 7 日科学奇才图灵在不满 42 周岁时去世了，实在是计算机界的一个重大损失。

人们为纪念这位计算机科学理论的重要奠基人，2001 年 6 月 23 日，在英国曼彻斯特的 Sackville 公园竖立了一尊和真人一样大小的青铜坐像，铜像是在有悠久铸造历史的中国铸造的。

1966 年是世界上第一台电子数字计算机诞生 20 周年，美国计算机学会（ACM）在这一年设立了图灵奖，专门奖励那些在计算机科学领域的学术研究中作出创造性贡献，对推动计算机科学技术发展具有持久作用的杰出科学家。图灵奖一般每年只奖励一名计算机科学家，只有少数年度有两人或三人共享此奖（在同一研究方向有重大贡献）。图灵奖是目前计算机界最崇高的荣誉，有"计算领域的诺贝尔奖"（Nobel prize in computing）之称。目前的图灵奖由 Google 公司资助，每年的奖金为 100 万美元。

也许是图灵偏重于计算机科学理论的研究，图灵奖偏重于在计算机科学理论与软件方面作出重大贡献的科学家。1966—2018 年的 53 届图灵奖，共计有 70 名科学家获此殊荣。在这 70 名获奖者中，除少数几位科学家是偏重于在计算机的研制及体系结构设计上的贡献而获奖外，其他绝大部分学者都是因为在理论研究和软件研发上的突出贡献而获奖。

70 位获奖者的简要情况介绍如下。

1966 年，艾伦·佩利（Alan J. Perlis，1922—1990），发明 ALGOL 语言的关键人物。作为第一届图灵奖的唯一获得者，佩利在 ALGOL 语言的形成与完善及编译器的构建上发挥了关键作用。ALGOL 语言在我国曾得到广泛学习和使用，第一个面向对象语言 Simula 和风行一时的结构化程序设计语言 Pascal 都是在 ALGOL 语言的基础上发展而来的。

1967 年，莫里斯·威尔克斯（Maurice V. Wilkes，1913—2010），研制出世界上第一台存储程序式计算机的英国科学家。虽然 ENIAC 是世界上第一台电子计算机，但 ENIAC 不具备存储程序的能力，威尔克斯于 1949 年研制成功的 EDSAC 是世界上第一台存储程序式电子计算机。

1968 年，理查德·哈明（Richard W. Hamming，1915—1998），纠错码的发明人。网络中计算机之间的通信也好，计算机内部各部件之间的数据传输也好，都存在由于各种原因造成的数据传输错误问题。哈明设计了一种编码方法（哈明码），能够发现数据传输过程中的错误并加以纠正。哈明码对通信领域和计算机领域都是非常重要的。

1969 年，马文·明斯基（Marvin L. Minsky，1927—　），人工智能之父和框架理论的创立者。1956 年和麦卡锡等人发起召开了关于用机器模拟人类智能的"达特茅斯会议"，会上首次提出了人工智能概念。明斯基提出的框架理论用于知识表示，在人工智能领域具有重要影响。

1970 年，詹姆斯·威尔金森（James H. Wilkinson，1919—1986），数值分析领域杰出的英国科学家。把复杂的科学计算（求解方程与函数计算等）用数学方法转换成通过编写程序让计算机能直接完成的一系列算术运算，就是数值分析要完成的工作。威尔金森的研究工作有助于高速计算机在数值计算领域的应用。

1971 年,约翰·麦卡锡(John McCarthy,1927—2011),人工智能概念的创立者和 LISP 语言的发明人。1956 年和明斯基等人发起召开了关于用机器模拟人类智能的"达特茅斯会议",会上麦卡锡首次提出了人工智能概念。麦卡锡还发明了在人工智能领域得到广泛应用的 LISP 语言。

1972 年,埃德斯加·狄克斯特拉(Edsgar W. Dijkstra,1930—2002),最先察觉"goto 有害"的荷兰计算机科学家。现在的程序员都知道,程序设计语言中的 goto 语句既方便实现程序中的转移,也容易导致程序的混乱。最先觉察"goto 有害"的是狄克斯特拉,并创立了结构化程序设计思想,为后来人们开发高质量的大型软件奠定了基础。狄克斯特拉在算法设计和操作系统等领域有着重大贡献。

1973 年,查尔斯·巴赫曼(Charles W. Bachman,1924—),网状数据库技术与标准的创立者。虽然现在人们使用的都是关系数据库,但最早的数据库产品是层次数据库和网状数据库,网状数据库的设计方案和技术标准对后来数据库技术的发展有重要影响。

1974 年,唐纳德·克努特(Donald E. Knuth,1938—),经典巨著《计算机程序设计艺术》的作者。《计算机程序设计艺术》(*The Art of Computer Programming*)计划出 7 卷,到现在已出版了 3 卷,第 4 卷也以分册的形式在陆续出版。我国出版有中译本,对于计算机专业人员,特别是算法设计人员和软件工程师具有非常重要的参考价值。

1975 年,赫伯特·西蒙(Herbert A. Simon,1916—2001)、艾伦·纽厄尔(Allen Newell,1927—1992),人工智能符号主义学派的创始人。西蒙是纽厄尔的老师,两人合作研究长达 42 年。两人与他人合作成功开发了世界上最早的启发式程序"逻辑理论家",用该程序及其改进版本证明了《数学原理》第二章的全部 52 个定理。

1976 年,米凯尔·拉宾(Michael O. Rabin,1931—)、达纳·斯科特(Dana S. Scott,1932—),非确定自动机理论的创立者。自动机理论在编译程序开发、机器翻译和文献检索等应用中具有重要作用。拉宾是以色列计算机科学家。

1977 年,约翰·巴克斯(John W. Backus,1924—2007),FORTRAN 语言和巴克斯范式的发明人。FORTRAN 语言非常适合于编写科学计算程序,至今仍在科学计算领域得到广泛应用。巴克斯范式(BNF)是一种规范的标记工具,用于形式化描述上下文无关的程序设计语言,在编译程序的开发中有重要作用。

1978 年,罗伯特·弗洛伊德(Robert W. Floyd,1936—2001),对设计高效可靠软件有重要贡献的科学家。弗洛伊德在语法分析理论、程序设计语言语义学、自动程序验证、自动程序合成和算法分析等领域也作出了重要贡献。

1979 年,肯尼思·艾弗森(Kenneth E. Iverson,1920—2004),发明了 APL 的加拿大计算机科学家。APL 曾经在科学计算、统计分析、财会等领域得到应用,并对后来程序设计语言的发明与改进有重要影响。

1980 年,查尔斯·霍尔(Charles A. R. Hoare,1934—),在程序设计语言的定义和设计上作出杰出贡献的英国计算机科学家。在数据结构课程中将会学到霍尔设计的快速排序算法——Quicksort,在程序设计课程中将会看到霍尔发明的多条件选择语句——CASE 语句的使用。

1981 年,埃德加·科德(Edgar F. Codd,1923—2003),关系数据库理论的创立者。虽然数据库技术及产品始于层次数据库和网状数据库,但科德的关系模型及关系数据库理论出现之后,数据库技术和产品才得以快速发展和广泛普及,现在人们使用的数据库管理系统都是关系型的,关系数据库在信息管理领域发挥了非常重要的作用。

1982年,斯蒂芬·库克(Stephen A. Cook,1939—　),NP完全性理论的奠基人。库克在计算复杂性理论,特别是在NP完全性理论研究上有重大贡献,这一领域仍有许多问题需要研究解决。库克获奖时是加拿大多伦多大学教授。

1983年,肯尼思·汤普森(Kenneth L. Thompson,1943—　)、丹尼斯·里奇(Dennis M. Ritchie,1941—　),发明C语言和开发UNIX操作系统的关键人物。C及C++是目前应用最为广泛的程序设计语言,UNIX是最流行的操作系统之一。两人因在通用操作系统理论,特别是在实现UNIX操作系统上的贡献而获得图灵奖。

1984年,尼克莱斯·沃思(Niklaus Wirth,1934—　),发明了Pascal语言的瑞士计算机科学家。Pascal语言是一种优秀的结构化程序设计语言,按照Pascal语法规则编写的程序具有良好的结构,Pascal语言能够培养编程人员良好的程序设计风格,在C语言出现之前,曾得到广泛学习和应用。

1985年,理查德·卡普(Richard M. Karp,1935—　),算法理论大师。卡普在算法理论,特别是NP完全性理论上有重要贡献。卡普的研究工作对于解决"组合爆炸"问题有很好的效果,能有效降低问题的复杂性。

1986年,约翰·霍普克洛夫特(John E. Hopcroft,1939—　)、罗伯特·陶尔扬(Robert E. Tarjan,1948—　),算法设计与分析领域的开拓者。两人在数据结构和算法分析与设计领域取得了奠基性的成就,提出了在图论研究中有重要影响的深度优先搜索算法。

1987年,约翰·科克(John Cocke,1925—2002),RISC体系结构的奠基人。科克在计算机体系结构和优化编译器设计上有重要贡献。精简指令集计算机(reduced instruction set computer,RISC)已成为最重要的一种计算机体系结构。

1988年,伊万·萨瑟兰(Ivan E. Sutherland,1938—　),计算机图形学发展的重要推动者。萨瑟兰在读博士期间研发的三维交互式图形系统Sketchpad,极大地促进了计算机图形学的发展,Sketchpad也被称为图形用户接口的先驱。计算机辅助设计(CAD)、虚拟现实和动画制作等都是计算机图形学的用武之地。

1989年,威廉·卡亨(William M. Kahan,1933—　),对浮点计算有重要贡献的加拿大计算机科学家。正是卡亨在浮点计算部件的设计和浮点计算标准的制定上的卓有成效的工作,才使计算机能够进行真正意义上的浮点计算。

1990年,费尔南多·考巴脱(Fernando J. Corbato,1926—　),分时操作系统开发的组织者。考巴脱主持了分时操作系统CTSS和MULTICS的开发,分时操作系统能够使多个用户共享使用同一台计算机,能够有效提高计算机的使用效率和效益。

1991年,罗宾·米尔纳(Robin Milner,1934—　),在计算机科学的多个领域有重要贡献的英国科学家。米尔纳在定理证明、程序验证、并发计算和通信系统演算等多个领域有开创性的研究工作。

1992年,巴特勒·兰普森(Bulter W. Lampson,1943—　),研制个人计算机系统的先驱。兰普森主持了Alto系统的研制,1973年诞生的Alto系统配置有全屏显示器、三按钮鼠标和图形用户界面,被认为是第一台事实上的个人计算机。

1993年,尤里斯·哈特马尼斯(Juris Hartmanis,1928—　)、理查德·斯特恩斯(Richard E. Stearns,1936—　),计算复杂性理论的主要创立者。两人在前人研究工作基础上的创新性工作,建立了比较完整的计算机复杂性理论体系。

1994 年,爱德华·费根鲍姆(Edward A. Feigenbaum,1936—　)、拉吉·瑞迪(Raj Reddy,1937—　),设计和构建大型人工智能系统的先驱。两人分别开发的大型人工智能系统,展示了人工智能技术重要的实用价值和潜在的商业影响,极大地推动了人工智能理论和实践的发展。

1995 年,曼纽尔·布卢姆(Manuel Blum,1938—　),计算复杂性理论的主要创立者之一。布卢姆的主要贡献是计算复杂性理论的基础研究以及计算复杂性理论在密码学和程序检测中的应用。

1996 年,阿米尔·伯努利(Amir Pnueli,1941—　),以色列著名计算机科学家。伯努利把时态逻辑引入计算机科学进行程序和系统的验证,为软件工程的发展作出了重要贡献。

1997 年,道格拉斯·恩格尔巴特(Douglas Engelbart,1925—2013),鼠标器的发明人和超文本研究的先驱。鼠标器的发明和图形界面软件的诞生,使人们对计算机的交互式操作变得非常简单和方便,设想一下,如果没有鼠标,将如何进行上网操作。

1998 年,詹姆斯·格雷(James Gray,1944—2007),数据库领域事务处理研究和技术实现的开创者。事务处理理论的提出和技术实现有效地解决了大型数据库的安全性、完整性、并发控制和数据恢复等重大问题,保证了多用户对大型数据库的共享使用。

1999 年,弗雷德里克·布鲁克斯(Frederick P. Brooks,1931—　),研制 IBM 360 系列计算机和开发 OS/360 操作系统的负责人。IBM 360 系列计算机是第三代计算机的杰出代表,在计算机发展史上具有重要地位,实现了计算机生产的通用化、系列化和标准化。

2000 年,姚期智(Yao Chi-Chih,1946—　),计算理论领域的杰出科学家。姚期智是第一位获得图灵奖的美籍华人,在计算理论领域(包括基于复杂性的伪随机数生成理论、密码学和通信复杂性等)作出了根本性的贡献。姚期智教授现在清华大学理论计算机科学研究中心工作。

2001 年,奥利·约翰·戴尔(Ole-John J. Dahl,1931—2002)、克利斯登·奈加特(Kristen Nygaard,1926—2002),发明了面向对象程序设计语言 Simula 的挪威计算机科学家。两人在开发面向对象程序设计语言 Simula I 和 Simula 67 时,首次提出的对象、类、子类、继承等概念,对后来面向对象语言的发展有重要影响。

2002 年,罗纳德·利维斯特(Ronald L. Rivest,1947—　)、阿迪·沙米尔(Adi Shamir,1952—　)、伦纳德·阿德勒曼(Leonard M. Adleman,1945—　),公共密匙算法 RSA 的发明人。在 RSA(Rivest-Shamir-Adleman)算法中,加密密钥和加密算法公开,需要保密的是解密密钥,而通过加密密钥去破解解密密钥是非常困难的。RSA 算法在信息安全领域得到了广泛应用。

2003 年,艾伦·凯(Alan Kay,1940—　),面向对象程序设计思想的创立者之一,是发明面向对象的程序设计语言 Smalltalk 的关键人物。

2004 年,文登·塞夫(Vinton Cerf,1943—　)、罗伯特·卡恩(Robert E. Kahn,1938—　),互联网通信协议 TCP/IP 的发明人。正是有了 TCP/IP 协议,才有了互联网的快速发展,使互联网应用成为目前最为普及的计算机应用领域,广泛应用于人们的工作、学习、生活和娱乐中。

2005 年,彼得·诺尔(Peter Naur,1928—　),改进了巴克斯范式和 ALGOL 语言的丹麦计算机科学家。诺尔的主要贡献是:在改进 ALGOL 58 的基础上形成了 ALGOL 60;改进和完善了巴克斯范式,称为巴克斯-诺尔范式。

2006 年,弗朗西丝·艾伦(Frances E. Allen,1932—　),编译器优化领域理论与实践的开创者。弗朗西丝·艾伦是第一位获得图灵奖的女科学家,她的成就主要包括编译器的基本原理、代码优化和并行编译等,她不仅提出了许多优化理论和算法,而且还在实际的编译系统中实现了这些优化算法。

2007年,爱德蒙·克拉克（Edmund M. Clarke,1945—　）、艾伦·爱默生（Allen Emerson）、约瑟夫·斯发基斯（Joseph Sifakis,1946—　）,模型检测的开创者。三人的创造性工作将模型检测发展为软硬件中广泛采用的自动验证技术,是一套用于验证软硬件设计的规范化的方法。Intel研究中心一位副总裁的评价是:Intel和整个计算机工业都从他们的贡献中直接获益。

2008年,芭芭拉·利斯科夫（Barbara Liskov,1939—　）,程序设计语言领域的创新者。芭芭拉·利斯科夫是美国的第一位计算机科学女博士,第二位获得图灵奖的女科学家。她的创新性工作为目前流行的面向对象语言（C++、Java、C♯等）奠定了重要基础。

2009年,查尔斯·萨克尔（Charles Thacker,1943—　）,第一款现代PC的设计、制造者。萨克尔被誉为现代个人电脑之父,1974年发明了第一台现代个人计算机Alto,为PC产业奠定了基础。

2010年,莱斯利·瓦伦特（Leslie Valiant,1949—　）,对众多计算理论作出变革性贡献。瓦伦特的主要贡献之一是PAC模型（probably approximately correct,概率近似正确）,该模型可有效解决信息分类问题,对机器学习、人工智能等领域都产生了重要影响。

2011年,朱迪亚·珀尔（Judea Pearl,1936—　）,通过概率论和因果推理在人工智能领域作出根本性贡献。珀尔是最早将贝叶斯网络和概率方法引入人工智能的先锋之一,也是在经验科学中数学化因果模型的先锋。他的研究为语音识别和无人驾驶汽车奠定了基础。

2012年,莎菲·歌德瓦尔赛（Shafi Goldwasser,1958—　）、希尔维奥·米卡利（Silvio Micali,1954—　）,在密码学和复杂理论领域做出开创性工作。两位教授开创了可证明安全性领域的先河,奠定了现代密码学理论的数学基础,其研究成果在广泛应用于通信协议、网上交易和云计算等领域。

2013年,莱斯利·兰伯特（Leslie Lamport,1941—　）,在提升计算机系统的可靠性及稳定性方面作出杰出贡献。

2014年,迈克尔·斯通布雷克（Michael Stonebraker,1943—　）,对现代数据库系统底层的概念与实践作出基础性贡献。

2015年,惠特菲尔德·迪菲（Whitfield Diffie,1944—　）、马丁·赫尔曼（Martin Hellman,1945—　）,非对称加密的创始人。

2016年,蒂姆·伯纳斯·李（Tim Berners-Lee,1955—　）,万维网的发明人。

2017年,约翰·轩尼诗（John Hennessy,1953—　）、大卫·帕特森（David Patterson, 1947—　）,开创了一种系统的、定量的方法来设计和评价计算机体系结构,并对RISC微处理器行业产生了持久的影响。

2018年,约书亚·本吉奥（Yoshua Bengio,1964—　）、杰弗里·辛顿（Geoffrey Hinton, 1947—　）、杨乐昆（Yann LeCun,1960—　）,三位科学家被称为"深度学习三巨头",三位科学家在概念和工程方面的突破性工作使深度神经网络成为计算的一个关键组成部分。近年来,深度学习技术在计算机视觉、语音识别、自然语言处理和机器人等人工智能应用领域取得了重大突破。

习　　题

1. 计算机专业学生应具备什么样的知识、能力和素质？

2. 以计算机专业为背景,简述知识、能力与素质三者之间的关系。

3. 对计算机专业而言,实践教学有哪些重要作用？

思　考　题

1. 对于计算机专业教学体系,数学类课程的作用是什么？

2. 我国著名的计算机科学家王选、吴文俊和金怡濂的事迹带给我们什么启示？可自行查阅更多的关于三位科学家的介绍。

3. 如何处理好基本理论、基本知识学习和实践技能学习的相互关系？

4. 查阅有关文献,了解什么是计算思维,如何培养计算思维。

5. 大学生活与高中生活有什么重要区别？如何适应大学生活,自主处理好专业学习、课外活动、休息娱乐等环节的时间安排？

## 第3章

计算机基础知识

一个完整的计算机系统由硬件子系统和软件子系统两大部分组成,硬件包括中央处理器、存储器、输入设备和输出设备,软件包括系统软件和应用软件。计算机能够处理文本、图形、图像、视频、动画和音频等多种媒体信息,但所有信息在计算机内部都以二进制数据存在,数据以文件的形式存储,按层次组织文件以提高文件的管理效率和存储空间的利用率。本章对这些计算机基础知识作简要介绍,更详细的系统介绍在后续有关课程中进行。

3.1 计算机的基本组成及工作原理

计算机是一种能够按照程序对数据进行自动处理的电子设备。这里所说的计算机是指存储程序式电子数字计算机,组成计算机硬件的主体是电子器件和电子线路,计算机存储和处理的是数字信息,存储在计算机中的程序通过控制器控制计算机的信息处理工作。按字面理解,计算机就是用于计算的机器,其实最初研制计算机的目的就是为了帮助人们完成复杂的计算任务,第一台电子计算机 ENIAC 就是为了计算弹道曲线而设计的。当然,现在计算机的功能已远远超出传统计算的范畴,可以称之为信息处理机。

3.1.1 计算机的基本组成

一个完整的计算机系统包括硬件子系统和软件子系统两大部分。组成一台计算机的物理设备的总称叫做计算机硬件子系统,是看得见摸得着的实体,是计算机工作的物质基础。驱动计算机工作的各种程序的集合称为计算机软件子系统,是计算机的灵魂,是控制和操作计算机工作的逻辑基础。计算机工作时软硬件协同配合,缺一不可。没有高性能的软件,就不能充分发挥硬件的作用;没有高性能的硬件环境支持,就编写不出高性能的软件,即使有高性能的软件,也无法高效运行甚至根本无法运行。

从组成计算机系统的硬件部分来看,现在使用的计算机属于冯·诺依曼型计算机,其基本组成结构由冯·诺依曼等人在 1945 年完成的"关于电子计算装置逻辑结构设计"研究报告中给出。计算机由控制器、运算器、存储器、输入设备和输出设备 5 个部分组成,如图 3.1 所示。图中实线为数据线,虚线为控制线和反馈线。

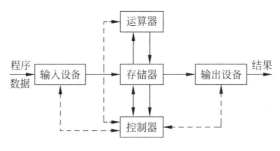

图 3.1 计算机组成结构

计算机各组成部分的主要功能分别如下：

- 运算器(arithmetic unit)用来完成算术运算和逻辑运算。
- 存储器(memory)用来存放数据和程序。
- 控制器(control unit)用来协调与控制程序和数据的输入、程序的执行以及运算结果的处理。控制器工作的依据是存储在存储器中的程序,即控制器是按程序的要求控制计算机各个部分协调一致地工作,完成程序规定的任务。
- 输入设备(input device)用于将数据与程序输入计算机,常用输入设备有键盘、鼠标和扫描仪等。
- 输出设备(output device)用于将程序执行结果输出,常用输出设备有显示器、打印机和绘图仪等。

3.1.2　计算机的工作原理

要让计算机完成某一任务,大体上按如下步骤进行。

（1）根据要完成任务的详细工作步骤,编写出相应的程序,程序由若干条指令组成,每条指令完成一个特定的小功能,其实程序就是告诉计算机如何一步一步地完成所要完成的任务。

（2）通过键盘等输入设备把编好的程序输入到计算机的存储器中,存储器是由大量的存储单元组成的。输入的程序按顺序存放在若干存储单元中,一条指令根据其功能的不同,可能占用一个单元,也可能占用若干单元。

（3）程序输入到存储器后就可以执行了。程序执行时,控制器从存储器中读出程序的第一条指令,然后分析该指令的功能,即该指令要求计算机做什么。根据指令的功能要求,控制器指挥计算机的其他部分完成相应的工作。如需要输入数据,就让键盘来做;如需要计算,就让运算器来做;如需要输出数据,就通知输出设备来完成。

（4）一条指令执行完,控制器读取下一条指令,按同样的方式分析指令的功能,指挥其他部分完成指令的功能,一直到把所有的指令执行完,让计算机完成的任务也就完成了。

以上只是对计算机工作原理和工作步骤的一个非常概括的描述,随着本课程后面内容及后续课程的介绍,对计算机的工作原理会有逐步深入的理解。

3.2　计算机硬件子系统

计算机硬件(hardware)子系统主要包括运算器、控制器、存储器、输入设备和输出设备。运算器和控制器合称中央处理器。存储器又分为内存储器和外存储器。输入设备、输出设备和存储器中的外存储器合称外部设备或外围设备,简称外设。在微型计算机中,各个组成部分通过主板和总线组织在一起,形成一个有机整体。

3.2.1　中央处理器

1. 基本组成和功能

中央处理器(central processing unit,CPU),也称中央处理机或中央处理单元,由运算器和控制器组成。更微观一点说,中央处理器还包括寄存器(register)。运算器负责完成算术运算和逻辑运算;寄存器临时保存将要被运算器处理的数据和处理后的结果;控制器负责从存储器读取指令,并对指令进行分析,然后按照指令的要求指挥各部件工作。

中央处理器是计算机内部对数据进行处理并对处理过程进行控制的部件。随着大规模集成电路技术的迅速发展，芯片集成度越来越高，CPU 可以集成在一个半导体芯片上，这种具有

图 3.2　酷睿 i9 CPU

中央处理器功能的大规模集成电路芯片，称为微处理器（microprocessor）。微处理器就是芯片化的 CPU，所以在多数场合二者具有相同的含义。微处理器不仅是微型计算机的核心部件，也广泛应用在录像机、智能洗衣机、移动电话、汽车引擎控制装置、数控机床和导弹精确制导仪等数字化智能设备上。目前的超高速巨型计算机、大型计算机等高端计算系统也都采用大量的通用高性能微处理器建造。

目前，微处理器的主要生产厂家有 Intel 公司、AMD 公司、IBM 公司等。图 3.2 所示为 Intel 公司的一款酷睿 i9 CPU。

2. 主要性能指标

评价 CPU 的性能要考虑多种指标，而且不同用途的计算机，其侧重面也不一样。下面介绍针对通用计算机的主要性能指标。

1）兼容性

每种微处理器都有特定的指令集，指令集就是某款 CPU 能够识别的指令集合。适用于特定 CPU 的机器语言必须使用该 CPU 的指令集。

由于各微处理器都有特定的指令集，为某款 CPU 的计算机设计的程序在另一款 CPU 的计算机上可能无法运行。

微处理器制造商在推出新产品时，必须认真考虑兼容性问题。如果运行在旧款 CPU 上的程序不用修改，就能直接在新款的 CPU 上运行，就称新款 CPU 向下兼容旧款 CPU。向下兼容有利于新型 CPU 及相应计算机的推广，人们一般不会购买无法运行已有程序的计算机。因此，如今的个人计算机所使用的 CPU 都是向下兼容的。

2）字长

字长是指 CPU 一次能够处理的数据的二进制位数，一个二进制位称为一个比特（bit，简记 b）数，字长的大小直接反映计算机的数据处理能力，字长越长，一次可处理的二进制数据位数越多，运算速度就越快。例如，要完成两个 64 位二进制数据的加法运算，32 位的 CPU 需要做两次加法操作，而 16 位的 CPU 需要做 4 次加法，如果是 64 位的 CPU，做一次加法就可以了。当然，字长越长，制作的技术难度就越大，成本也就越高。

3）主频

主频是指 CPU 的时钟频率（clock speed），它决定了 CPU 每秒钟可以有多少个指令周期，可以执行多少条指令。主频越高，CPU 的运算速度也就越快。需要说明的是，时钟频率并不等于处理器一秒钟执行的指令条数，因为一条指令的执行可能需要多个指令周期。

对 CPU 的评价，在具有兼容性的前提下，主要是看其速度，而决定其速度的主要因素是字长和主频，主频越高，字长越长，速度就越快，成本也越高。当然，CPU 的速度还受地址总线宽度、数据总线宽度、外频和内部缓存等因素的影响。

3.2.2　主存储器

存储器分为主存储器（main memory）和辅助存储器（auxiliary memory），也分别称为内存（内存储器）和外存（外存储器）。内存用于存放要执行的程序和相应的数据，外存作为内存的后援设备，存放暂时不需要执行而将来要执行的程序和相应的数据。没有内存，程序就不能输

入到计算机中,因而也就无法执行;没有外存,输入的程序及相应的数据及各种信息就不能长期保存(关机后内存中的数据会丢失),下次用到该程序还得重新输入。

　　构成存储器的存储介质,目前主要采用半导体器件和磁性材料等。一个双稳态半导体电路或磁性材料的存储元都可以存储一个二进制位,称为一个存储位或一个存储元,由若干存储元组成一个存储单元,存储器就是由很多个存储单元组成的。每一个存储单元有一个编号,称为存储单元的地址。一个存储器中存储单元的个数称为该存储器的存储容量,存储容量越大,存储的信息就越多。存储容量常用字节数来表示,8 个二进制位(bit,简记 b)组成一个字节(Byte,简记 B),常用的度量单位有千字节(KB)、兆字节(MB)、吉字节(GB)、太字节(TB)、拍字节(PB)、艾字节(EB)、泽字节(ZB)等。其中,1ZB = 1024EB,1EB = 1024PB,1PB = 1024TB,1TB = 1024GB,1GB=1024MB,1MB=1024KB,1KB=1024B。

　　作为计算机硬件子系统的重要组成部分,内存的设备形态有一个发展变化过程。最早的内存是以磁芯的形式排列在线路上,每个磁芯与晶体管组成一个双稳态电路可以存储一个二进制位的数据,一位的存储器体积有玉米粒大小,其整体存储容量受到很大限制。随着集成电路的出现和不断发展,出现了能够焊接在主板上的集成内存芯片,提高了存储容量。随着CPU 的发展和升级,对内存的性能提出了更高的要求,出现了内存条——将内存芯片焊接到事先设计好的印制线路板上,而在计算机主板上留有相应的内存插槽,内存条可以方便地插拔和更换,为灵活配置和扩充内存容量带来了方便。

　　计算机中常见的内存种类主要有随机存取存储器、只读存储器和高速缓存,但说到内存,更多的时候是指随机存取存储器。

1. 随机存取存储器

　　随机存取是相对于顺序存取来说的,顺序存取指一种只能按地址顺序从存储单元中读取数据或存储数据的访问方式。例如,要想从 5 号单元中读取数据,得依次找到 0～4 号单元,才能读取 5 号单元中的数据。很显然,这种存取方式的存取速度很慢。随机存取指可以根据地址直接存取任一单元中的数据,这种存取方式的存取速度要快得多。

　　随机存取存储器(random access memory,RAM)可分为静态随机存取存储器(static RAM,SRAM)和动态随机存取存储器(dynamic RAM,DRAM)。在通电情况下,SRAM 中存储的数据不会丢失,所以不需定时刷新,存取速度快。其不足是集成度较低、体积比较大、成本比较高,主要用于要求速度快、但容量较小的高速缓存。DRAM 存储单元需要定时刷新,否则存储的数据就会丢失,存取速度比较慢,但集成度高、体积小、成本低,RAM 内存主要选用 DRAM。图 3.3 所示是一款 RAM 内存条。

图 3.3　RAM 内存条

　　随着计算机系统不断要求提高对内存的存取速度,出现了同步动态随机存取存储器(synchronous DRAM,SDRAM),SDRAM 比标准动态存储器具有更快的数据存取速度。在此基础上出现了单倍数据速率 SDRAM(single data rate SDRAM,SDR-SDRAM),简称 SDR;双倍数据速率 SDRAM(double data rate SDRAM,DDR-SDRAM),简称 DDR;4 倍数据速率SDRAM(quad data rate SDRAM,QDR-SDRAM),简称 QDR。SDR 在一个时钟周期内只传输一次数据,它是在时钟的上升期进行数据传输;DDR 在一个时钟周期内传输两次数据,它能够在时钟的上升期和下降期各传输一次数据;QDR 在一个时钟周期内传输 4 次数据。现在用得比较多的是 DDR 内存，DDR 内存经历了 DDR1、DDR2、DDR3、DDR4 的发展，存储容量越来越大，存取速度越来越快。

在通电的情况下，RAM 中的数据能够保持，关机或停电将导致 RAM 中的数据丢失。

2. 只读存储器

与既可以向 RAM 中存入数据，也可以从中读出数据不同，只读存储器（read only memory，ROM）中的数据一旦写入，只能读，不能改写。ROM 中的数据一般是在计算机出厂前由制造商写入的，在停电或关机后数据也不会丢失。主要用于存放系统引导程序、开机自检程序和系统参数等。随着技术的进步及为了满足现实的需要，陆续出现了多种可由用户写入数据的 ROM。

向半导体只读存储器写入数据的过程称为对 ROM 编程。根据编程方式的不同，半导体 ROM 可以分为三类：可编程只读存储器（programmable ROM，PROM），只允许写入数据一次，之后只能读，不能再写，如果写错，该 PROM 报废；可擦可编程只读存储器（erasable programmable ROM，EPROM），通过紫外线照射可以多次擦除和重写数据，但需用紫外光长时间照射才能擦除，使用很不方便；电可擦可编程只读存储器（electrically erasable programmable ROM，EEPROM），通过高于普通电压的作用来擦除和重写数据，但集成度不高，价格较贵，于是人们又开发出一种新型的存储单元结构同 EPROM 相似的快闪存储器（闪存）。快闪存储器集成度高、功耗低、体积小，又能在线快速擦除，因而很快发展起来，已经取代了软盘的使用。

3. 高速缓存

随着集成电路和芯片技术的不断发展，微处理器的主频不断提高。内存由于容量大、寻址系统和读写电路复杂等原因，工作速度大大低于微处理器的工作速度，很多时间耗费在了对内存单元的读写上，影响了 CPU 性能的充分发挥，因而影响了计算机的总体性能。为了解决内存与微处理器工作速度上的矛盾，设计者在微处理器和内存之间增设了一级容量不大、但速度很快的高速缓冲存储器，简称高速缓存（cache），现在一般都把高速缓存直接集成在 CPU 内部。cache 中存放部分正在运行的程序和数据，当 CPU 访问程序和数据时，首先从 cache 中查找，找到则直接执行；如果所需程序和数据不在 cache 中，再到内存中读取，并同时写入 cache 中。因此采用 cache 可以提高系统的运行速度。早期的 cache 只有一级，集成在 CPU 内部，后来出现了二级 cache 和三级 cache，第二级和第三级 cache 有集成在 CPU 内部的，也有集成在主板上的。cache 由静态存储器（SRAM）构成，cache 的容量早期在 KB 级，现在达到了 MB 级。

3.2.3 辅助存储器

由于计算机的内存（主要是指 RAM）具有易失性，必须将数据由内存传递给磁盘之类的永久性存储设备才能长久保存。这类存储器通常称为辅助存储器或外存储器（外存），只要用户需要，它们可以长期地保存大量的数据。外存主要包括软盘、硬盘、固态硬盘、光盘和 U 盘等。

1. 软盘

1967 年，IBM 公司推出世界上第一张软盘（floppy disk），直径 32in（英寸）。4 年后又推出一种直径 8in 的软盘，1976 年 8 月，5.25in 的软盘问世，1979 年索尼公司推出 3.5in 软盘。

曾得到广泛应用的软盘，按盘片的直径可以分为 8in、5.25in 和 3.5in，分别称为 8 寸盘、5 寸盘和 3 寸盘；按存储信息的面数可分为单面盘和双面盘；按存储密度可分为单密度盘、双密度盘和高密度盘。现在基本上已被容量更大、体积更小、携带更为方便的 U

盘取代。图 3.4 所示为 3.5in 软盘的外观。

软盘的结构如图 3.5 所示。软盘内部是一种表面涂覆一层均匀磁性材料的圆形盘片（圆形盘片由塑料等软质材料做成），用于存储信息，它被封装在一个方形的保护套中，构成一个整体。当软盘驱动器从软盘中读写数据时，软盘保护套被固定在软盘驱动器中，而封套内的盘片在电机的驱动下旋转以便磁头进行读写操作。

图 3.4 软盘外观

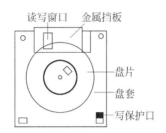

图 3.5 软盘结构

软盘上还有一个写保护口，位于磁盘边角的一个方孔处，当拨动滑块露出方孔时，磁盘处于写保护状态，此时只能读出数据，不能写入和删除数据，也不会遭受计算机病毒的侵袭。当拨动滑块遮住方孔时，磁盘处于非写保护状态，此时既可读出又可写入数据，当然也可能传染上计算机病毒。

软盘存储的数据是按一系列同心圆记录在其表面上的，每一个同心圆称为一个磁道（track）。磁道从外向内依次编号为 0 道、1 道、2 道……每个磁道又划分为若干弧段，称为扇区，扇区是磁盘的基本存储单位，每个扇区的存储容量为 512B，扇区按 1、2、3…的顺序编号。

软盘的存储容量＝盘面数×每面磁道数×每磁道扇区数×每扇区字节数。

3.5in 双面高密度软盘，每面有 80 个磁道，每个磁道分为 18 个扇区，因此其存储容量为 $2×80×18×512＝1.44MB$。

使用软盘时不要用手或物品接触到盘片，以免盘片被划伤或弄污；避免弯曲或挤压软盘，以防软盘变形受损；软盘要远离磁场；存有重要数据的软盘要处于写保护状态，以防误操作或感染病毒而造成数据的丢失；对外来的软盘，一定要经过检查，确保没有病毒后方可使用。

软盘的使用要有软盘驱动器（floppy disk driver，FDD）的配合，计算机需要通过软盘驱动器才能够读写软盘上的数据。软盘和软盘驱动器是分离的，需要读写数据的时候，把软盘插入软盘驱动器，读写完毕，可以把软盘取出带走。软盘是最早使用的移动存储介质，在计算机网络、移动硬盘和 U 盘没有普及的年代，在不同的计算机之间复制程序和数据文件主要用的是软盘。

2. 硬盘

硬盘（hard disk）最早出现在 1956 年，由 IBM 公司研制，存储容量只有 5MB。1968 年 IBM 公司推出温彻斯特（Winchester）技术，其主要特点是密封、固定并高速旋转的镀磁盘片，磁头沿盘片径向移动，磁头悬浮在高速转动的盘片上方，而不与盘片直接接触。1973 年 IBM 公司制造出第一台采用温彻斯特技术的硬盘，也称温盘，存储容量达到 60MB。

法国科学家阿尔贝·费尔（Albert Fert，1938— ）和德国科学家彼得·格林贝格尔（Peter A. Grünberg，1939— ）因分别独立发现巨磁阻效应而共同荣获 2007 年度诺贝尔物理学奖。现在的硬盘体积虽小,容量却很大,完全得益于巨磁阻效应的发现。

1988 年,费尔和格林贝格尔各自独立发现了一个特殊现象:非常弱小的磁性变化就能导致磁性材料发生非常显著的电阻变化。那时,法国的费尔在铁、铬相间的多层膜电阻中发现,微弱的磁场变化可以导致电阻大小的急剧变化,其变化的幅度比通常高十几倍,他把这种效应命名为巨磁阻(giant magneto-resistive,GMR)效应。就在此前三个月,德国的格林贝格尔教授领导的研究小组在具有层间反平行磁化的铁/铬/铁三层膜结构中也发现了完全相同的现象。

硬盘要向小体积高密度方向发展,势必要求磁盘上每一个被划分出来的独立区域越来越小,这就导致了每个独立区域所能记录的磁信号也越来越弱。借助巨磁阻效应,人们能够制造出更加灵敏的数据读写头,将越来越弱的磁信号读出后因为电阻的巨大变化而转换成为明显的电流变化,使得大容量的小硬盘成为可能。1991 年 IBM 公司生产的使用了 GMR 磁头的 3.5 英寸硬盘的存储容量首次达到了 1GB。2000 年,还是 IBM 公司,使用玻璃取代传统的铝作为盘片材料,这为硬盘带来更大的平滑性及更高的坚固性,玻璃材料在高转速时具有更高的稳定性,存储容量达到 75GB。

与软盘不同,硬盘与硬盘驱动器是封装在一起的,所以硬盘和硬盘驱动器两个词有时具有相同的含义。硬盘的盘片是铝、玻璃等硬质材料。图 3.6 所示为硬盘的外观和内部结构。

(a) 外观   (b) 内部结构

图 3.6   硬盘的外观和内部结构

一个硬盘可以有多张盘片,所有盘片按同心轴方式固定在同一轴上,每片磁盘都装有读写磁头,在控制器的统一控制下沿着磁盘表面径向同步移动。每张盘片也与软盘一样按磁道、扇区来组织硬盘数据的存取。由于硬盘有多个记录面,不同记录面的同一磁道称为柱面。

$$硬盘的存储容量＝磁头数×柱面数×每磁道扇区数×每扇区字节数$$

硬盘转动时不要关闭电源;防止震动和碰撞;防止病毒对硬盘数据的破坏,应注意对重要数据的备份;未经允许严禁对硬盘进行低级格式化、分区和高级格式化等操作。

硬盘的发展过程中,体积越来越小、容量越来越大,并出现了移动硬盘,即不用固定在机箱内部,可以通过 USB 等接口热插拔的小型硬盘,主要有 2.5in 和 3.5in 两种,存储容量为几十吉字节到几千吉字节。

3. 固态硬盘

固态硬盘(solid state disk,SSD)简称固盘,是用固态电子存储芯片阵列制成的硬盘。固态硬盘的存储介质分为两种,一种是采用闪存作为存储介质,另外一种是采用 DRAM(动态随机存取存储器)作为存储介质。基于闪存的固态硬盘是目前的主流产品,其内部主体是一块印制电路板(printed circuit board,PCB),PCB 上最主要的部件是控制芯片、缓存芯片(部分低端固态硬盘没有缓存芯片)和闪存芯片阵列。控制芯片的主要作用是合理调配数据在各个闪存芯片上的存储及对外接口,缓存芯片辅助控制芯片进行数据处理,闪存芯片阵列用于存储数据。固态硬盘的接口、功能及使用方法与普通硬盘相同,在产品外形和尺寸上也与普通硬盘一致。相对于普通硬盘,固态硬盘的优点是读写速度快、防震动抗摔碰性能好、无噪声、更轻便,缺点是价格比较高、擦写次数有限制、硬盘损坏后数据难以恢复。

现在同时配置机械硬盘和固态硬盘的双硬盘台式机越来越多了,固态硬盘用于安装系统软件和常用软件,保证计算机有比较快的启动和运行速度,机械硬盘用于存储文档、PPT、图片、视频、音乐等数据文件,保证有比较大的存储空间。

4. 光盘

光盘存储信息的原理是很简单的(但实现起来并不简单),在其螺旋形的光道上,刻上能代表数字 0 或 1 的一些凹坑;读取数据时,用激光去照射旋转着的光盘片,从凹坑和非凹坑处得到的反射光,其强弱是不同的,根据这样的差别就可以判断出不同位置存储的是 0 还是 1,从而形成 0、1 数字串。

常用光盘有 CD、VCD 和 DVD 等。

1) CD

CD(compact disc)有三种格式:只读光盘(CD-read only memory,CD-ROM)中的数据出厂前由生产厂家写入,用户只能读出,不能改变其内容;一次写入型光盘(CD-recordable,CD-R)刚生产出来时是无内容的,可供用户写入内容一次;可重复写光盘(CD-rewriteable,CD-RW)可供用户多次写入内容,但不超过 1000 次。常用 CD 的存储容量有 650MB 和 700MB 两种。

2) VCD

视频 CD(video CD,VCD)可存储约 70min 基于 MPEG-1 标准的影视节目。CD 只能播放音乐,不能播放视频信息。VCD 的存储容量与 CD 相同。

3) DVD

数字视频光盘(digital video disk,DVD),现在称为数字通用光盘(digital versatile disk,DVD)。随着 MPEG-2 的成熟,促使具有更高密度、更大容量的 DVD 的产生,DVD 大小和普通的 CD-ROM 完全一样。它采用与普通 CD 相类似的制作方法,但具有更密的数据轨道、更小的凹坑和较短波长的红激光激光器,大大增加了光盘的存储容量。DVD 定义了 4 种规格:单面单层、单面双层、双面单层和双面双层,容量分别是 4.7GB、8.5GB、9.4GB 和 17GB。

DVD 有 5 种格式:DVD-Video 用于存储和播放电影和其他可视娱乐节目,DVD-ROM 用于存储数据,DVD-R 可供用户写入一次数据,DVD-RAM 能随机存取并可以重写 100 000 次,DVD-RW 采用顺序存取方式并可以重写 1000 次,DVD Audio 用于存储音频数据并且比标准 CD 具有更好的音质。

光盘要有光盘驱动器(光驱)与之配合,通过光盘驱动器来读取和播放光盘中存储的信息。光驱是一个结合光学、机械及电子技术的产品。在光学和电子结合方面,激光光源来自于一个激光二极管,光束首先打在光盘上,再由光盘反射回来,根据凹点和非凹点反射信号的不同识别出存储的数据是 0 还是 1,完成读取数据操作。

数据传输率是光驱的基本参数,指光驱在 1s 内所能读出的最大数据量。早期的光驱数据传输率为 150KB/s,称为单倍速光驱,目前的光驱已超过了 72 倍速。

DVD 驱动器是用来读取 DVD 盘上数据的设备,从外形上看和 CD-ROM 驱动器一样,但 DVD 驱动器的读盘速度更快。DVD 的技术核心是 MPEG-2 标准,MPEG-2 标准的图像格式共有 11 种组合,DVD 采用的是其中"主要等级"的图像格式,使其图像质量达到广播级水平

（最高质量水平）。DVD 驱动器也完全兼容现在流行的 VCD、CD-ROM 和 CD-R。但是普通的光驱却不能读 DVD 光盘。

5. U 盘

U 盘是 USB 盘的简称，通过 USB 接口与计算机相连。通用串行总线（universal serial bus，USB），是一个外部总线标准，用于规范个人计算机与外部设备的连接和通信，1994 年底由 Intel、康柏、IBM、微软等多家公司联合提出，现在已经发展到 3.0 版本，成为目前个人计算机的标准扩展接口。USB 具有传输速度快（USB 3.0 达到 5.0Gb/s，是 USB 2.0 的 10 倍）、使用方便、支持热插拔和连接灵活等优点，可以连接鼠标、键盘、打印机、扫描仪、摄像头、U 盘、手机、数码相机、移动硬盘、外置软驱、外置光驱、USB 网卡和 ADSL 调制解调器等几乎所有的外部设备。

U 盘具有体积小、存储容量大和价格便宜等优点，是目前人们最常用的移动存储设备，存储容量从早期的几十兆字节到几百兆字节，发展到目前常用的几十吉字节，还会陆续推出容量更大的 U 盘。对于安装有目前常用 Windows 操作系统或苹果操作系统的计算机，将 U 盘直接插到机箱前面板或后面板的 USB 接口上，系统就会自动识别，使用很方便。

U 盘是一种基于闪存（flash memory）技术的移动存储设备，闪存用快可擦可编程只读存储器芯片（flash erasable programmable read only memory chip，Flash EPROM 芯片）来存储数据。Flash EPROM 芯片可分为主要用于程序存储和执行的 NOR 结构和主要用于数据存储的 NAND 结构，NOR 闪存适用于手机和个人数字助理等，NAND 闪存适用于制作各种闪存卡（flash card）和 U 盘等。与传统的电磁存储技术相比有许多优点，闪存技术在存储信息的过程中没有机械运动，使得它的运行非常稳定，从而提高了它的抗震性能，使其成为目前所有存储设备中最不怕震动的设备；不存在类似软盘、硬盘和光盘等存储设备中高速旋转的盘片，所以它的体积往往可以做得很小。目前闪存技术广泛应用于数码相机、数码摄像机、手机、个人数字助理的各种闪存卡，小型闪存（compact flash，CF）卡、智慧（smart media，SM）卡、记忆棒（memory stick，MS）、xD 图像卡（xD-Picture card，xD 卡）、多媒体卡（multiMedia card，MMC 卡）和安全数字卡（secure digital，SD 卡）都是基于闪存技术的存储设备。

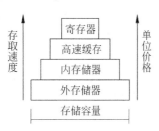

图 3.7　存储器结构

衡量存储器的指标主要有存取速度、存储容量和单位价格，为计算机配置存储器就是在三者之间达到综合最优。可以按照图 3.7 所示的结构配置存储系统，即存取速度快、单位价格高的存储器容量小一些，存取速度慢、单位价格低的存储器容量大一些。这样，既能保证较好地完成程序执行和数据存储工作，又能有较低的价格。

3.2.4　输入设备

给计算机输入程序、数据和图片等要用输入设备，目前常用的输入设备有键盘、鼠标和扫描仪等，比较常用的输入设备有跟踪球和触摸屏等。

1. 键盘

键盘（keyboard）是最常用也是最主要的输入设备，通过键盘，可以将英文字母、数字和标点符号等输入到计算机中，也可以输入汉字。通过键盘这种输入设备，可以向计算机输入数据，也可以输入命令控制计算机的运行。

在 DOS 作为主流操作系统的时代,83 键的键盘为主流产品。随着 Windows 取代 DOS 成为主流操作系统,83 键键盘被 101 键和 104 键键盘取代。在 104 键键盘之后出现的是新兴多媒体键盘,在传统的键盘基础上又增加了不少常用快捷键或音量调节装置,对于收发电子邮件、打开浏览器和启动多媒体播放器等都只需要按一个特殊按键即可,使微型机的操作进一步简化。

2. 鼠标

随着图形界面的 Windows 成为主流操作系统,鼠标(mouse,形状像一只老鼠而得名)也成为微型机常用的输入设备,鼠标的使用给人们操作各种图形界面软件带来了极大的方便,省却了记忆各种操作命令的烦扰。鼠标的发明人是美国著名计算机科学家道格拉斯·恩格尔巴特。恩格尔巴特获得 1992 年度的 IEEE-CS 计算机先驱奖和 1997 年度的 ACM 图灵奖。

常见的鼠标类型有机械式、光电式和无线遥控式。机械式鼠标内有一个实心橡皮球,当鼠标移动时,橡皮球滚动,通过相应装置将移动的信号传送给计算机。光电式鼠标的内部有红外光发射和接收装置,它利用光的反射来确定鼠标的移动,是目前常用的一种鼠标。无线遥控式鼠标又可分为红外无线型鼠标和电波无线型鼠标。

鼠标上一般有两个按键,左键用作确定操作,右键用作弹出菜单等特殊功能。现在人们使用的滚轮鼠标,是在原有两键鼠标的基础上增加了一个滚轮键,它拥有特殊的滑动和放大功能,手指轻轻滑动滚轮就可以使页面上下翻动,对于翻页比较多的操作非常方便。

常见的鼠标接口有串口、PS/2 接口和 USB 接口等,现在主要用的是 USB 接口。

3. 扫描仪

扫描仪(scanner)是一种将图像信息输入计算机的输入设备,它将大面积的图像分割成条或块,逐条或逐块依次扫描,利用光电转换元件转换成数字信号并输入计算机。利用扫描仪可以输入图像和图片,也可以输入文字。例如,要输入一本书的内容,可以一页一页地扫描,形成图像信息,再通过合适的软件把每一个字切分识别出来进行存储,用键盘输入的效果是相同的,但速度要快很多,错误率也很低。

4. 跟踪球

跟踪球(track ball)看上去像一个倒置的鼠标,功能类似于鼠标。跟踪球常被附加在或内置于键盘上,特别是笔记本键盘上。其主要的优点是它比鼠标需要的桌面空间要小,用手指触摸跟踪球就可完成相应的鼠标操作。

5. 触摸屏

触摸屏(touch screen)是一种用手指或笔触及屏幕上所显示的选项来完成指定操作的人机交互式输入设备。触摸屏由三个部分组成,一是传感器,把人手或笔触及的地方检测出来;二是控制卡,触及信号经过模数转换器形成位置数据,经接口送入计算机;三是驱动程序,即相应的管理软件。触摸屏是平板电脑的主要输入设备,触摸屏还广泛应用于笔记本电脑、手机、自动售票、交通信息查询、旅游景点介绍等设备上,极大地方便了用户操作。

此外,还有数码相机、数码摄像头、语音识别器、光笔和游戏操纵杆等输入设备。

3.2.5 输出设备

计算机处理信息的结果要输出,常用的输出设备有显示器、打印机、3D 打印机和绘图仪等。

1. 显示器

显示器（display device）用来显示字符与图形图像信息，是计算机必配的输出设备。

常用的显示器有 CRT 显示器和液晶显示器，早期台式计算机主要配置 CRT 显示器，液晶显示器刚出现时主要供笔记本计算机使用，但近几年台式计算机使用液晶显示器也越来越多，基本上取代了 CRT 显示器。

CRT 显示器是一种使用阴极射线管（cathode ray tube，CRT）的显示器，其基本原理是使用电子枪发射高速电子，经过垂直和水平的偏转线圈控制高速电子的偏转角度，最后高速电子击打屏幕上的荧光物质使其发光，通过电压来调节电子束的功率，就会在屏幕上形成明暗不同的光点以显示各种图形和文字。彩色屏幕上的每一个像素点都由红、绿、蓝三种涂料组合而成，由三束电子束分别激活这三种颜色的荧光涂料，以不同强度的电子束调节三种颜色的明暗程度就可得到所需的颜色。

液晶显示器（liquid crystal display，LCD）是在两片平行的玻璃当中放置液态的晶体，两片玻璃中间有许多垂直和水平的细小电线，通过通电与否来控制杆状水晶分子改变方向，将光线折射出来产生画面。LCD 显示器具有体积小、重量轻、省电、无闪烁和不产生辐射等优点。

显示器还有发光二极管显示器（light emitting diode，LED）和等离子体显示器（plasma display panel，PDP）等。

衡量一个显示器的性能，有如下主要参数。

（1）屏幕尺寸：指显示器对角线长度，以 in 为单位（1in＝2.54cm），常见的显示器有 15in、17in、19in、22in、24in 等。

（2）最佳分辨率：显示器可以在多种分辨率模式下工作，但只有在最佳分辨率模式下才能提供最清晰、稳定的显示效果。对于液晶显示器，最佳分辨率等于液晶面板生产时的物理像素数量，通常写成"水平像素数×垂直像素数"的形式，如 1280×1024、1680×1050、1920×1200 等。

（3）点距：对于液晶显示器点距指屏幕上相邻像素点之间的距离。点距越小，显示器的分辨率越高，显示效果越好。常见的点距有 0.24mm、0.25mm、0.26mm、0.28mm 等。

（4）响应时间：响应时间是液晶显示器各像素点对输入信号的反应时间，即像素由暗转亮或由亮转暗所需要的时间。常说的 25ms、16ms 就是指的这个反应时间，反应时间越短则视觉效果越好。

显示器要通过显示适配器（video adapter）才能与主机相连，显示适配器是连接微处理器与显示器的接口电路，一般做成插卡的形式，所以人们习惯称其为显示卡或显卡（video card）。

显卡主要由显示芯片、显示内存、RAMDAC 芯片、显卡 BIOS 和连接主板总线的接口组成。显示芯片是显卡的核心部件，现在常用的显卡都具有图像处理功能，3D 图形加速卡将图像处理任务集中在显卡内，使 CPU 可以有更多时间完成其他工作，能够提高整个计算机系统的运行速度。显示内存用来存放显示芯片处理后的数据，其容量和存取速度影响着显卡的整体性能，对显示器的分辨率及色彩的位数也有影响。RAMDAC 芯片将显示内存中的数字信号转换成能在显示器上显示的模拟信号，其转换速度影响着显卡的刷新频率和最大分辨率，DAC 是数模转换（digital to analog converter）的简称。显卡 BIOS 中存放显示芯片的控制程序，同时还存放有显卡的名称和型号等信息。总线接口是显卡与总线的通信接口，实现显示器与主机的连接与通信，近几年使用较多的是外设部件互连（peripheral component interconnect，PCI）接口、PCI Express（PCI-E）接口和图形加速端口（accelerate graphical port，AGP）接口。

2. 打印机

打印机（printer）也是一种常用的输出设备，用于将计算机运行结果打印在纸上。利用打印机不仅可以打印文字，也可以打印图形和图像。打印机按工作方式可分为击打式打印机和非击打式打印机。目前常用的打印机有针式打印机、激光打印机和喷墨打印机，其中针式打印机属于击打式打印机，激光打印机和喷墨打印机属于非击打式打印机。

针式打印机也称点阵式打印机，打印头上有若干根打印针，打印时相应的打印针撞击色带来完成打印工作，常用的是 24 针打印机。针式打印机的优点是价格低，打印成本低；缺点是打印速度慢，打印质量低，噪声大。曾经在办公领域流行过好长一段时间，随着激光打印机价格的不断降低，逐渐被淘汰。现在只有在银行、超市和邮局等需要多联票据打印的地方还在使用。

喷墨打印机的打印头上有许多小喷嘴，使用液体墨水，精细的小喷嘴将墨水喷到纸面上来产生字符或图像等要打印的内容。喷墨打印机的优点是价格便宜，打印精度较高，噪声低；缺点是墨水消耗量大，打印速度慢。彩色喷墨打印机比较适合于打印量不大的家庭与办公场所使用。

激光打印机采用激光和电子放电技术，通过静电潜像，再用碳粉使潜像变成粉像，加热后碳粉固定，最后印出内容。激光打印机的优点是打印精度高，噪声低，打印速度快；缺点是对打印纸的要求较高。随着其价格的不断降低，黑白激光打印机已成为办公与家庭用的主流打印机。

选用打印机可以从打印分辨率、打印速度和打印纸最大尺寸等方面综合考虑。

3. 3D 打印机

3D 打印（3D printing）其实是一种快速成形技术，以数字模型文件为基础，运用粉末状塑料、树脂、陶瓷、金属等可黏合材料，通过逐层打印的方式来构造物体。

每一层的打印过程分为两步，首先在需要成形的区域喷洒一层液态黏合剂，然后喷洒一层均匀的粉末，粉末遇到黏合剂会迅速固化粘结，这样在一层液态黏合剂一层粉末的交替下，实物被逐渐打印成形。也可以采用基于激光烧结技术的打印方式：按形状先喷洒一层粉末，然后通过激光高温烧结后，再喷洒一层粉末，再通过激光高温烧结，层层累加，打印出实物。

基于 3D 打印技术，完成 3D 打印工作的设备称为 3D 打印机（3D printer）。最早的 3D 打印机出现在 20 世纪 80 年代，近几年得到广泛关注和快速发展。从长远来看，3D 打印将会冲击基于车床、钻头、冲压机、制模机等工具的传统制造业；但从目前看，由于受到打印材料、打印性能、打印成本和打印速度等因素的制约，主要还是用于产品模型、设计样品、玩具、装饰品等的打印，还难以规模化打印实用产品。

4. 绘图仪

绘图仪（plotter）是一种能在纸张、薄膜和胶片等记录介质上绘出计算机生成的各种图形或图像的设备。绘图仪的种类很多，按结构和工作原理可以分为滚筒式和平台式两大类。绘图仪除了必要的硬件设备之外，还必须配备丰富的绘图软件。只有软件与硬件结合起来，才能实现自动绘图。现代的绘图仪已具有智能化的功能，它自身带有微处理器，可以使用绘图命令，具有直线和字符演算处理以及自检测等功能。

3.2.6　主板

从前面的介绍可知，组成一台微型机需要微处理器、内存、硬盘、光盘驱动器、键盘、鼠标、显示器和打印机等各种部件和设备,这些部件需要以适当的方式有机地连接起来,彼此之间相互通信、协调工作。微型机研制人员以主板和总线的方式把这些部件组织在一起,通过主板上的插槽和接口,将各种部件连接在一起,通过总线来实现各部件之间的相互通信。这种方式有利于计算机结构和计算机组装的标准化。

主板(mainboard)也称为系统板(systemboard)或母板(motherboard),是微型机最基本的也是最重要的部件之一,是其他部件组装和工作的基础。主板的主要功能有两个:一是提供插接微处理器、内存条和各种功能卡的插槽,部分主板甚至将一些功能卡(如显卡和声卡等)集成在主板上;二是为各种常用外部设备,如键盘、鼠标、显示器、打印机、扫描仪、硬盘和 U 盘等提供通用接口。主板采用了开放式结构,主板上大都有 6～8 个扩展插槽,供外部设备的控制卡(适配器)插接。通过更换这些插卡,可以对微型机的相应子系统进行局部升级,使厂家和用户在配置机型方面有更大的灵活性。主板的类型和档次决定着整个微型机系统的类型和档次,主板的性能影响着整个微型机系统的性能。

主板由芯片、扩展槽和对外接口三个主要部分组成。

1. 芯片部分

芯片组:芯片组是主板的核心,由北桥芯片和南桥芯片组成。芯片组主要负责 CPU、内存和显卡接口之间的通信以及硬盘等存储设备和总线接口之间的通信。芯片组中的芯片焊接在主板上,不像 CPU 和内存条等通过插槽可进行简单的升级替换。

RAID 控制芯片:相当于一块 RAID 卡的作用,可支持多个硬盘组成各种 RAID 模式。RAID 是 redundant array of independent disk 的缩写,中文含义是独立冗余磁盘阵列。使用冗余磁盘阵列技术的目的是为了把多台小容量的硬盘组合成一台大容量的硬盘,以降低大批量数据存储的成本,同时也希望采用冗余信息的方式,使得磁盘失效时能够有效保护数据不受损失,具有一定的数据保护功能,并且能适当地提高数据传输速度。

BIOS 芯片:基本输入输出系统(basic input/output system,BIOS)芯片保存着计算机系统中的基本输入输出程序、系统设置信息、自检程序和系统启动自举程序等。现在主板的BIOS 还具有电源管理、CPU 参数调整、系统监控和病毒防护等功能。BIOS 为计算机提供最基本、最直接的硬件控制功能。

早期的 BIOS 通常采用 PROM 芯片,用户不能改写其中的数据,即不能更新 BIOS 中的程序版本。目前主板上的 BIOS 芯片采用快闪只读存储器(flash ROM)。由于快闪只读存储器可以电擦除,因此可以更新 BIOS 的内容,升级比较方便,但也成为主板上唯一可被病毒攻击的芯片,CIH 病毒就是专门攻击 BIOS 系统的,BIOS 中的程序一旦被破坏,主板将不能工作,需要到原生产厂家重新写入正确的 BIOS 程序。

CMOS 芯片:互补金属氧化物半导体(complementary metal oxide semiconductor,CMOS)芯片用来存放系统硬件配置和一些用户设定的参数,如计算机是从硬盘启动还是从光盘启动等。参数丢失,系统将不能正常启动,必须对其重新设置。设置方法是系统启动时按设置键(通常是 Del 键)进入 BIOS 设置窗口,在窗口内进行 CMOS 的设置。CMOS 开机时由系统电源供电,关机时靠主板上的电池供电。在电池正常工作的前提下,即使关机,CMOS 中的数据也不会丢失。

2. 扩展槽部分

内存插槽:通过该插槽可以更换或加插内存条,以扩充内存容量,但要注意内存条与插槽的匹配。

AGP 插槽：位于北桥芯片和 PCI 插槽之间。AGP 插槽主要针对图形显示进行优化，在 PCI Express 出现之前，AGP 显卡较为流行，其传输速度最高可达到 2.1GB/s。

PCI 插槽：可以插接声卡、网卡和多功能卡等设备。

PCI Express 插槽：随着 3D 性能要求的不断提高，AGP 已越来越不能满足视频处理带宽的要求，目前主流主板上显卡接口多转向 PCI Express(PCI-E)。

3. 对外接口部分

硬盘接口：硬盘接口可分为 IDE 接口和 SATA 接口。在型号老些的主板上，一般集成 2 个集成设备电路(integrated device electronics，IDE)口，可以插接两个 IDE 硬盘。而新型主板上，IDE 接口代之以 SATA 接口。串行高级技术附件(serial advanced technology attachment，SATA)接口是一种基于行业标准的串行硬件驱动器接口，主要用作硬盘接口，提高了硬盘的读写速度。

COM 接口(串口)：大多数主板都提供两个 COM 接口，分别为 COM1 和 COM2，作用是连接串行接口鼠标和外置 modem 等设备。早期台式机多使用串行接口鼠标。

PS/2 接口：用于连接 PS/2 接口的键盘和鼠标。

USB 接口：USB 接口是现在最为流行的接口，可以接键盘、鼠标和打印机等设备，最多可以支持 127 个外设。USB 接口支持热拔插，真正做到了即插即用。

LPT 接口(并口)：一般用来连接打印机或扫描仪。

音频接口：音频接口分为 SPEAKER、MIC、LINE IN/OUT 等，分别用于连接音箱/耳机、麦克风、线路输入输出设备，进行声音的播放与录制。

3.2.7 总线

计算机系统中功能部件必须互连，但如果将各部件和每一种外部设备都分别用一组线路与微处理器直接连接，那么连线将会错综复杂，难以实现。为了简化和标准化系统结构，常用一组线路，配以适当的接口电路，与各部件和外围设备连接，这组多个功能部件共享的信息传输线称为总线。采用总线结构便于部件和设备的扩充，使用统一的总线标准，不同设备间互连将更容易实现。

所谓总线(bus)，是指将信息从一个或多个源部件传送到一个或多个目的部件的一组传输线，是计算机中传输数据的公共通道。

微型机中总线一般有内部总线、系统总线和外部总线之分。内部总线指芯片内部连接各元件的总线。系统总线指连接微处理器、存储器和各种输入输出模块等主要部件的总线。外部总线则是微型机和外部设备之间的总线。

系统总线根据传送信息内容的不同，分为数据总线、地址总线和控制总线。

数据总线(data bus，DB)：用于微处理器与内存、微处理器与输入输出接口之间传送信息。数据总线的宽度(根数)决定着每次能同时传输信息的位数。因此数据总线的宽度是决定计算机性能的一个重要指标。目前，微型计算机中常用的数据总线有 PCI 总线和 PCI-E 总线。

PCI 总线定义了 32 位数据总线，可扩展为 64 位，典型工作频率是 33.33MHz。标准的 32 位 PCI 总线的传输带宽为 133MB/s，64 位 PCI 总线的传输带宽可达 266MB/s。PCI 总线属于并行传输方式，即使用多条信号线同时并行传输多位数据。PCI-E 总线采用的是每次 1 位的串行传输方式，其单个传输通道的最高数据传输带宽为 250Mb/s。为了进一步提升带宽，

PCI-E 总线还支持数据多通道传输模式，PCI-E 总线有×1、×2、×4、×8、×12、×16 和×32 等多种多通道方式，成倍地增加传输带宽。目前主流显卡使用 PCI-E×16 多通道连接模式，其数据传输带宽最高可达 4Gb/s。

地址总线（address bus，AB）：从内存单元或输入输出端口中读出数据或写入数据，首先要知道内存单元或输入输出端口的地址，地址总线就是用来传送这些地址信息的。地址总线的宽度决定了微处理器能访问的内存空间大小，若某款微处理器有 36 根地址线，则最多能访问 64GB 的内存空间（$2^{36}=64G$）。

控制总线（control bus，CB）：用于传输控制信息，进而控制对内存和输入输出设备的访问。

至此，对计算机硬件的各基本组成部分作了一个简要介绍。对于选购台式计算机，可以直接购买品牌机，或购买部件组装。对于直接购买品牌机，根据自己的需要，只要在品牌、性能和价格之间做出一个综合比较就可以决定购买哪一款了。如果是组装计算机，就要认真选择主板、CPU、内存条、硬盘、光驱、键盘、显示器、鼠标、电源和机箱等，如果需要还要选择打印机、扫描仪等。要注意各部件在厂家、档次和型号上的匹配，否则在使用时容易出现故障。当然，初次购买计算机时，最好是在有经验人员的指导下进行。

实际上，作为计算机来说，只有硬件是不够的，还需要有相应的软件，才能让计算机运行起来，才能充分发挥硬件的作用。一般我们在购买计算机时，商家会预装一些常用的软件，如操作系统（Windows）、字处理软件（Word）、电子表格软件（Excel）等。更多的软件，则要根据使用计算机时的实际需要自行安装。

3.3 计算机软件子系统

只有硬件的计算机是不能完成任何工作的，在硬件的基础上，配置合适的软件，才能充分发挥计算机的整体功能。硬件是计算机的躯体，软件是计算机的灵魂。

软件（software）一词源于程序。在计算机发展的初期，只有程序这个概念，程序是完成一定功能的指令或语句的集合。20 世纪 60 年代初，随着计算机硬件技术的发展和计算机应用的深入，需要计算机解决的问题越来越复杂，编写的程序规模越来越大，传统的强调依靠个人编程技巧的编程方式越来越难以保证较大规模程序的质量。为解决这个问题，人们开始重视程序编写的过程化管理，在编写程序的同时，把编写程序过程中的需求分析、系统设计、系统测试等文档资料也规范化并保存下来。软件就是程序及其相关的文档。有了这些规范化的文档资料，程序出现错误后，能够比较快地发现和改正错误，从而在一定程度上保证了程序的质量。在进行较大规模的软件开发时，区分软件和程序的不同含义是必要的，一般情况下，软件和程序两个概念可以等同使用。

软件通常分为系统软件（system software）和应用软件（application software）。系统软件靠近硬件层，其功能主要是管理计算机软硬件资源，与具体应用领域无关，为应用软件提供一些基本的、共同的功能支持。应用软件在系统软件的支持下，用于解决特定领域的具体问题。例如，操作系统和数据库管理系统都是系统软件，并不能解决什么具体应用问题。学生成绩管理系统是应用软件，能够完成学生成绩的输入、修改、查询和统计等功能，但学生管理系统这个应用软件要在操作系统和数据库管理系统的支持下才能运行，才能完成相应的功能。

3.3.1　系统软件

系统软件主要包括操作系统、语言翻译程序和数据库管理系统等。

1. 操作系统

操作系统是最靠近硬件的软件。能否充分发挥计算机硬件的性能,操作系统起着非常重要的作用;使用者能否方便地操作使用计算机,操作系统同样发挥着重要作用。从微型机到超级计算机都必须在其硬件平台上加载相应的操作系统之后,才能构成一个完整的、功能强大的计算机系统。只有在操作系统的指挥控制下,各种计算机资源才能得到合理分配与高效使用;也只有在操作系统的支持下,其他系统软件和各种应用软件才能开发和运行。如果没有高性能的操作系统的支持,整个计算机系统的性能都会受到严重影响。

操作系统(operating system,OS)可定义为有效地组织和管理计算机系统中的硬件和软件资源,合理地组织计算机工作流程,控制程序的执行,并向用户提供多种服务功能及友好界面,方便用户使用计算机的系统软件。简单地说就是管理计算机资源、控制程序执行、提供多种服务和方便用户使用。

操作系统具有处理器管理、存储器管理、设备管理、文件管理和网络与通信管理等功能。此外,为了方便用户使用操作系统,还需向用户提供一个使用方便的用户界面。目前,常用的操作系统是 Windows、UNIX 和 Linux。

2. 语言翻译程序

编写程序(软件)需要合适的程序设计语言。从 1946 年现代计算机诞生到现在,程序设计语言大体经历了机器语言、汇编语言和高级语言三个阶段。用机器语言编写程序的优点是,程序能够直接在计算机上执行。在机器语言中,用二进制代码表示指令和数据,记忆指令困难,编写程序困难,修改程序更困难,很难编写出功能较为复杂的程序。为此,人们相继发明了汇编语言和高级语言。汇编语言用类似于英文单词的形式表示指令和数据;高级语言用英文单词表示语句,用类似数学公式方式表示运算表达式,用十进制形式表示数据。汇编语言和高级语言的出现(特别是高级语言的出现),给语言学习和程序设计带来了极大的方便。但是,用汇编语言或高级语言编写出的源程序,计算机并不能直接执行,需要翻译成功能等价的机器语言程序才能执行。这种翻译工作如果手工完成,工作量非常大,也容易出错。人们开发了相应的翻译程序,用于汇编语言源程序的翻译程序叫汇编程序,用于高级语言源程序的翻译程序叫编译程序。各种汇编程序和编译程序都属于系统软件,借助于这样的系统软件,才能使用汇编语言或高级语言编写、执行解决实际问题的应用软件。例如,安装 C 语言编译程序后,就能在其提供的环境下编写和运行 C 语言程序,完成所需要的功能。

目前常用的高级语言有 C、C++、C♯、Java 和 Python 等。

3. 数据库管理系统

计算机应用面最广的一个领域是信息管理,信息管理的关键技术是数据库技术,把信息存入数据库中并编写相应的数据库应用程序是开发信息管理系统的主要工作。如果没有数据库管理系统提供支持环境,数据库的建立及数据库应用程序的开发是很困难的,甚至无法实现。数据库管理系统是一个帮助人们建立数据库和开发数据库应用程序的系统软件,有了这个系统软件的支持,建立数据库变得容易了,开发数据库应用程序也变得容易了。开发的数据库应用程序就是一个应用软件。

目前常用的数据库管理系统有 Oracle 公司的 Oracle、MySQL,微软公司的 SQL Server、

Access，IBM 公司的 DB2 等。

3.3.2 应用软件

应用软件用于解决实际问题，可以将应用软件分为通用应用软件和专用应用软件。通用软件可以为多个行业和领域的人们使用，完成各自的任务，如办公软件中的 Excel 就是一个通用的应用软件。教师可以用 Excel 处理学生考试成绩，财务人员可以用 Excel 处理账目报表，银行职员可以用 Excel 计算存款利息等。专用软件只供某个行业或某些人使用，如火车票售票软件只能用于火车站或售票点售卖火车票。

具体来说，应用软件包括软件开发环境、办公软件、辅助设计软件、多媒体制作软件、网页制作软件、网络通信软件、工具软件和实际应用软件等，前 7 种属于通用软件，最后一种属于专用软件。

1. 软件开发环境

软件开发环境（software development environment，SDE）指在基本硬件和基础软件的基础上，为支持系统软件和应用软件的工程化开发与维护而使用的一组软件。它由软件工具和环境集成机制构成，前者用以支持软件开发的相关过程、活动和任务，后者为工具集成和软件的开发、维护及管理提供统一的支持。在软件开发环境的支持下，能够有效地保证完成大型软件的分析、设计、测试等工作，从而保证软件开发的质量和效率。

Rational 系列软件是软件开发环境的代表。

2. 办公软件

办公软件指用于人们日常办公用的系列软件，主要包括字处理软件、电子表格软件和演示文稿制作软件等，对人们日常办公起到了非常好的辅助作用。目前，比较常用的有 Microsoft Office 和 WPS Office，前者是微软公司的产品，后者是金山公司的产品。

3. 辅助设计软件

计算机辅助设计是计算机的一个重要应用领域，计算机辅助设计已广泛应用于机械、汽车、电子、建筑和服装等行业，对提高这些行业的工作效率起了非常重要的作用。常用的辅助设计软件有 AutoCAD 和 Protel 等。AutoCAD 用于机械、汽车、建筑和服装等行业的辅助设计，提供了丰富的绘图和图形编辑功能，便于进行二次开发。Protel 是一个专门用于各种电子线路设计的软件，具有原理图设计、印制电路板设计、层次原理图设计、电路仿真及逻辑器件设计等功能。

4. 多媒体制作软件

目前，多媒体技术得到了广泛应用，制作多媒体系统也是一个重要的应用领域，用于图形、图像、视频、音频、动画及多媒体素材合成的软件有 Photoshop、Video Studio、Sound Forge、3ds MAX、Authorware 和 Flash 等。

5. 网页制作软件

常见的网页制作软件有 FrontPage 和 Dreamweaver。FrontPage 是 Microsoft Office 中的一个软件。Dreamweaver 是 Macromedia 公司开发的一个专业的开发、编辑与维护 Web 网页的工具；它是一个"所见即所得"式的网页编辑器，不仅提供了可视化网页开发工具，同时又不会降低对 HTML 源代码的控制；它能让用户准确无误地切换于预览模式与源代码编辑器之间。Dreamweaver 是一个针对专业网页开发者的可视化网页设计工具。

6. 网络通信软件

网络通信软件的主要功能是浏览 WWW、收发电子邮件(E-mail)和即时通信。常用的浏览器软件有 Internet Explorer(IE)、Opera 和 Firefox 等,常用的收发电子邮件软件有 Outlook、Foxmail 等,常用的即时通信软件有 MSN、QQ、微信等。

7. 工具软件

计算机中常用的工具软件很多,主要有压缩解压缩软件、杀毒软件、翻译软件、多媒体播放软件、图片浏览软件等。

8. 实际应用软件

实际应用软件是针对各行各业及大大小小的单位开发的满足实际需要的软件,如机场航空管制系统、教学管理系统、人事管理系统、税务管理系统和保险管理系统等。这些软件可以委托软件公司开发,也可以由使用单位自行开发。

3.4 数 据 表 示

计算机的功能就是进行数据处理(信息处理),目前的计算机,不仅能处理数值型数据,还能处理非数值型数据,包括英文字符、汉字、图像、音频和视频等多种媒体数据。数据在计算机中的表示与存储是数据处理的基础。

3.4.1 计算机中的数制

1. 基本概念

按进位的原则进行计数称为进位计数制,简称"数制"。日常生活中,人们习惯于用十进制进行计数。但在计算机内部,为了便于数据的表示和计算,采用二进制计数方法。二进制数在计算机中易于表示(只有 0 和 1 两种形式)、易于存储,但二进制数的一个很大缺点是表示一个数所需多位,人们阅读、书写、记忆等不太方便。例如十进制数$(1000)_{10}$,用二进制数表示则需要 10 位二进制数字$(1111101000)_2$。为了便于人们阅读和书写,在编写程序时,也经常使用十进制数、八进制数和十六进制数。

不同数制有不同的基数和位权。

1) 基数

每种数制中数码的个数称为该数制的基数。例如,二进制中只有两个数码(0 和 1),其基数为 2,计算时逢 2 进 1;十进制中有 10 个数码(0~9),其基数为 10,计算时逢 10 进 1。

2) 位权

在每种数制中,一个数码所处位置的不同,代表的数值大小也不同,称为具有不同的位权。例如,十进制数 9999,最左边的 9 代表 9 千,最右边的 9 代表 9 个。这就是说,该数从右向左的位权依次是个(10^0)、十(10^1)、百(10^2)和千(10^3)。

在编写程序时,根据需要,可以用二进制、十进制、八进制或十六进制来表示数据,但在计算机内部,只能以二进制形式表示和存储数据。所以计算机在运行程序时,经常需要先把其他进制转换成二进制再进行处理,处理结果(二进制形式)在输出前再转换成其他进制,以方便用户阅读和使用。表 3.1 给出了常用计数制的基数和所需要的数码,表 3.2 给出了常用计数制的表示方法。

表 3.1　常用数制的基数和数码

数　　制	基　　数	数　　　　　码
二进制	2	0　1
八进制	8	0　1　2　3　4　5　6　7
十进制	10	0　1　2　3　4　5　6　7　8　9
十六进制	16	0　1　2　3　4　5　6　7　8　9　A　B　C　D　E　F

表 3.2　常用数制的表示方法

十 进 制 数	二 进 制 数	八 进 制 数	十六进制数
0	0	0	0
1	1	1	1
2	10	2	2
3	11	3	3
4	100	4	4
5	101	5	5
6	110	6	6
7	111	7	7
8	1000	10	8
9	1001	11	9
10	1010	12	A
11	1011	13	B
12	1100	14	C
13	1101	15	D
14	1110	16	E
15	1111	17	F
16	10000	20	10

2. 书写规则

为了便于区分各种数制的数据，常采用如下方法进行书写：

(1) 在数字后面加写相应的英文字母作为标识，这种方式便于计算机识别。

B(binary)表示二进制数，二进制数的 101 可写成 101B。

O(octonary)表示八进制数，八进制数的 101 可写成 101O 或 101Q(由于字母 O 与数字 0 容易混淆，常用 Q 代替 O)。

D(decimal)表示十进制数，十进制数的 101 可写成 101D(D 可省略)。

H(hexadecimal)表示十六进制数，十六进制数 101 可写成 101H。

(2) 在括号外面加数字下标，这种方式便于人工阅读。

$(101)_2$ 表示二进制数的 101。

$(101)_8$ 表示八进制数的 101。

$(101)_{10}$ 表示十进制数的 101，十进制数可省略下标。

$(101)_{16}$ 表示十六进制数的 101。

3. 各种数制相互转换

二进制数转换成十进制数，按权展开相加即可。二进制数转换成八进制数,以小数点为界,分别向左向右分成 3 位一组,不够 3 位补 0,分完组后对应成八进制数。二进制数转换成十六进制数,以小数点为界,分别向左向右分成 4 位一组,不够 4 位补 0,对应成十六进制数。

【例 3.1】 把二进制数$(1011001.10111)_2$转换成十进制、八进制和十六进制数。

$(1011001.10111)_2$

$=1\times2^6+1\times2^4+1\times2^3+1\times2^0+1\times2^{-1}+1\times2^{-3}+1\times2^{-4}+1\times2^{-5}$

$=64+16+8+1+0.5+0.125+0.0625+0.03125$

$=(89.71875)_{10}$

$(1011001.10111)_2$

$=(001\quad011\quad001\quad.101\quad110)_2$

$=(131.56)_8$

$(1011001.10111)_2$

$=(0101\quad1001\quad.1011\quad1000)_2$

$=(59.B8)_{16}$

十进制数转换成二进制数,有两种方法可用:①十进制数的整数部分用除 2 取余法求得对应二进制数的整数部分,小数部分用乘 2 取整法求得对应二进制数的小数部分;②先把十进制数分解成若干个数相加,每个数都是 2 的若干次幂,然后对应成二进制数。八进制数转换成二进制数,每一个八进制位展开成 3 个二进制位即可。十六进制数转换成二进制数,每一个十六进制位展开成 4 个二进制位即可。

【例 3.2】 把十进制数$(98.75)_{10}$、八进制数$(276.15)_8$和十六进制数$(3AC.1E)_{16}$分别转换成二进制数。

$(98.75)_{10}=64+32+2+0.5+0.25=(1100010.11)_2$

$(276.15)_8=(010\ 111\ 110.001\ 101)_2=(10111110.001101)_2$

$(3AC.1E)_{16}=(0011\ 1010\ 1100.0001\ 1110)_2=(1110101100.0001111)_2$

3.4.2　数值型数据的表示

对于无符号的整型数值型数据,无论用何种进制书写,都可以按一定规则转换成二进制形式在计算机内部表示和存储。任何符号在计算机内部都只能以二进制形式表示,包括带符号数中的正、负号及小数中的小数点都以二进制形式表示。在计算机内部将数值型数据全面、完整地表示成一个二进制数(机器数),应该考虑三个因素:机器数的范围、机器数的符号和机器数中小数点的位置。

1. 机器数的范围

机器数的表示范围由 CPU 中的寄存器决定。如果使用的是 16 位的寄存器,则字长为 16 位,一个无符号整数的最大值是$(1111111111111111)_2=(65\,535)_{10}$,机器数的范围为 0～65 535。也就是说,对于 16 位寄存器,只能表示 0～65 535 之间的无符号整数,超过 65 535 的数要用多个寄存器表示。对于带符号数,8 位寄存器的表示范围是−128～+127,16 位寄存器的表示范围是−32 768～+32 767。

2. 机器数的符号

在计算机内部,任何数据(符号)都只能用二进制的两个数码 0 和 1 表示。带符号数的表示也是如此,除了用 0 和 1 组成的数字串来表示数值的绝对值大小外,其正负号也必须用 0 和

1 表示。通常规定最高位为符号位,并用 0 表示正,用 1 表示负。在一个字长为 8 位的计算机中,数据的表示如图 3.8 所示。

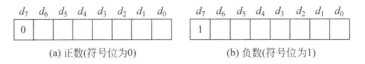

(a) 正数(符号位为0)　　　　　　　　　(b) 负数(符号位为1)

图 3.8　带符号数据的表示

最高位 d_7 为符号位, $d_6 \sim d_0$ 为数值位。这种把符号数字化,并和数值位一起编码的方法,有效地解决了带符号数的表示及计算问题,通常有原码、反码和补码三种不同的具体表示形式,补码比较容易实现带符号数的算术运算。

【例 3.3】　求十进制数+57 和−57 的原码、反码和补码。

无符号十进制数 57 的二进制形式为 111001。

+57 的原码表示为 00111001(正数的原码最高位为 0,数值位补足 7 位)。

−57 的原码表示为 10111001(负数的原码最高位为 1,数值位补足 7 位)。

+57 的反码表示为 00111001(正数的反码与其原码相同)。

−57 的反码表示为 11000110(负数的反码,符号位不变,数值位为原码数值位取反)。

+57 的补码表示为 00111001(正数的补码与其原码相同)。

−57 的补码表示为 11000111(负数的补码为在其反码的末位加 1)。

3. 定点数和浮点数

在计算机内部表示小数点比较困难,人们把小数点的位置用隐含的方式表示。隐含的小数点位置可以是固定的,也可以是变动的,前者称为定点数,后者称为浮点数。

1）定点数

在定点数中,小数点的位置一旦确定,就不再改变。定点数中又有定点整数和定点小数之分。

小数点的位置约定在最低位的右边,用来表示定点整数。小数点的位置约定在符号位之后,用来表示小于 1 的定点小数。

【例 3.4】　设计算机的字长为 16 位,用定点整数表示 387。

因为 387＝(110000011)₂,所以计算机内表示形式如图 3.9 所示。

符号位　　　　　数值部分　　　　　小数点位置

图 3.9　计算机内的定点整数

【例 3.5】　用定点小数表示 0.625。

因为 0.625＝(0.101)₂,其计算机内表示形式如图 3.10 所示。

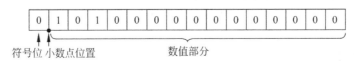

符号位　小数点位置　　　　　数值部分

图 3.10　计算机内的定点小数

2）浮点数

如果要处理的数既有整数，也有小数，则难以用定点数表示。对此人们采用浮点数的表示方式，即小数点位置不固定。

将十进制数 758.2、−75.82、0.075 82、−0.007 582 用指数形式表示，它们分别可以表示为 0.7582×10^3、$−0.7582 \times 10^2$、0.7582×10^{-1}、$−0.7582 \times 10^{-2}$。

可以看出，在原数据中无论小数点前后各有几位数，它们都可以用一个纯小数（称为尾数，有正负之分）与 10 的整数次幂（称为阶码，也有正负之分）的乘积形式来表示，这就是浮点数的表示法。

同理，一个二进制数 N 也可以表示为 $N = \pm S \times 2^{\pm P}$。

其中的 N、P、S 均为二进制数。S 称为 N 的尾数，即全部的有效数字（数值小于 1），S 前面的 $\pm$ 是尾数的符号；P 称为 N 的阶码（通常是整数），即指明小数点的实际位置，P 前面的 $\pm$ 是阶码的符号。

在计算机中一般浮点数的表示形式如图 3.11 所示。

阶符	阶码 P	尾符	尾码 S

图 3.11　浮点数的表示形式

在浮点数表示中，尾数的符号和阶码的符号各占一位，阶码是定点整数，阶码的位数决定了所表示的浮点数的范围，尾数是定点小数，尾数的位数决定了浮点数的精度。阶码和尾数都可以用补码表示。在字长有限的情况下，浮点数表示方法既能扩大数的表示范围，又能保证一定的有效精度。

【例 3.6】　如果计算机的字长为 8 位，一个字长内，带符号十进制数的表示范围为 −128～+127。如果用浮点数，可以表示出 +256。+256 写成浮点数形式如下：

$$+256 = (100000000)_2 = 0.10 \times 2^{1001}$$

用一个 8 位字长表示，阶码数值位为 1001，符号位为 0，共 5 位；尾数为 10，符号位为 0，共 3 位。合起来就是 01001010B。

3.4.3　字符型数据的编码表示

计算机不仅能处理数值型数据，还能处理字符型数据，如英文字母、标点符号等。对于数值型数据，可以按照一定的转换规则转换成二进制数在计算机内部表示，但对于字符型数据，没有相应的转换规则可以使用。人们可以规定每个字符对应的二进制编码形式，但这种规定要科学、合理，才能得到多数人的认可和使用。当输入一个字符时，系统自动将输入的字符按编码的类型转换为相应的二进制形式存入计算机存储单元中。在输出过程中，再由系统自动将二进制编码数据转换成用户可以识别的数据格式输出。

常用的字符型数据编码方式主要有 ASCII 码、EBCDIC 码等，前者主要用于小型计算机和微型计算机，后者主要用于超级计算机和大型计算机。

1. ASCII 码

目前微型计算机中使用最广泛的字符编码是 ASCII 码，即美国标准信息交换码（American standard code for information interchange，ASCII）。ASCII 码包括 32 个通用控制字符（最左边两列）、10 个十进制数码、52 个英文大小写字母和 34 个专用符号（标点符号等），共 128 个符号，故需要用 7 位二进制数进行编码。通常使用一个字节（即 8 个二进制位）表示一个 ASCII 码字符，规定其最高位总是 0，后 7 位为实际的 ASCII 码。ASCII 码如表 3.3 所示。

表3.3　7位ASCII码编码表

低　位	高　位							
	000	**001**	**010**	**011**	**100**	**101**	**110**	**111**
0000			空格	0	@	P	'	p
0001			!	1	A	Q	a	q
0010			"	2	B	R	b	r
0011			♯	3	C	S	c	s
0100			$	4	D	T	d	t
0101	32		%	5	E	U	e	u
0110	个		&	6	F	V	f	v
0111	控		`	7	G	W	g	w
1000	制		(	8	H	X	h	x
1001	字		)	9	I	Y	i	y
1010	符		*	:	J	Z	j	z
1011			+	;	K	[	k	{
1100			,	<	L	\	l	|
1101			—	=	M	]	m	}
1110			.	>	N	^	n	~
1111			/	?	O	_	o	Del

【例3.7】　英文单词Computer的二进制书写形式的ASCII编码为01000011　01101111　01101101　01110000　01110101　01110100　01100101　01110010，在计算机中占用8字节，即1个字符占用1字节。写成十六进制形式为43 6F 6D 70 75 74 65 72。

2. EBCDIC码

EBCDIC(extended binary coded decimal interchange code)码是对BCD码的扩展，称为扩展BCD码。BCD(binary coded decimal)码又称"二-十进制编码"，用二进制编码形式表示十进制数。BCD码的编码方法很多，有8421码、2421码和5211码等。最常用的是8421码，其方法是用4位二进制数表示一位十进制数，自左至右每一位对应的位权分别是8、4、2、1。4位二进制数有0000～1111共16种状态，而十进制数只有0～9共10个数码，BCD码只取0000～1001 10种状态。8421码如表3.4所示。由于BCD码中的8421码应用最广泛，所以一般说BCD码就是指8421码。

表3.4　8421码表

十进制数	8421码	十进制数	8421码
0	0000	8	1000
1	0001	9	1001
2	0010	10	0001　0000
3	0011	11	0001　0001
4	0100	12	0001　0010
5	0101	13	0001　0011
6	0110	14	0001　0100
7	0111	15	0001　0101

【例 3.8】　写出十进制数 7852 的 8421 编码。

十进制数 7852 的 8421 码为 0111　1000　0101　0010 B,实际存储时可以占用 4 字节(每个字节的高 4 位补成 0000 B),称为非压缩 BCD 码,也可以用 2 字节存储,称为压缩 BCD 码。

IBM 公司于 1963—1964 年推出了 EBCDIC 编码,除了原有的 10 个数字之外,又增加了一些特殊符号、大小写英文字母和某些控制字符的表示。所以,EBCDIC 也是一种字符编码,如表 3.5 所示,主要用于超级计算机和大型计算机。

表 3.5　EBCDIC 码

高位	低位															
	0000	0001	0010	0011	0100	0101	0110	0111	1000	1001	1010	1011	1100	1101	1110	1111
0000	NUL	SCH	STX	ETX	PF	HT	LC	DEL		RLF	SMM	VT	FF	CR	SR	SI
0001	DLE	DC1	DC2	TM	RES	NL	BS	IL	CAN	EM	CC	CU1	IFS	IGS	IRS	IUS
0010	DS	SOS	FS		BYP	LF	ETB	ESC			SM	CU2		ENQ	ACK	BEL
0011			SYN		PN	RS	UC	EQT			GU3	DC4	NAK			SUB
0100	SP										[	。	<	(	+	!
0101	&										]	$	*	)	;	^
0110	—	/									|	,	%	—	>	?
0111	—										:	#	@	'	=	"
1000		a	b	c	d	e	f	g	h	i						
1001		j	k	l	m	n	o	p	q	r						
1010		—	s	t	u	v	w	x	y	z						
1011																
1100	{	A	B	C	D	E	F	G	H	I						
1101	}	J	K	L	M	N	O	P	Q	R						
1110	\		S	T	U	V	W	X	Y	Z						
1111	0	1	2	3	4	5	6	7	8	9						

3.4.4　汉字的编码表示

汉字与英文字母类似,也没有可用的转换规则直接转换成二进制形式,也需要规定出每个汉字对应的二进制编码,用于汉字在计算机中的表示与存储。汉字有一些与英文字母不同的方面,常用汉字的个数比较多,不能直接对应到键盘上(一个英文字母对应一个按键),所以还要设计汉字的输入编码,即每个汉字通过哪几个按键输入。经过多年的努力,我国在汉字信息处理技术的研究和开发方面取得了很多重要成果,形成了一套比较完整的汉字信息处理技术。有用于汉字输入的输入码,用于规范汉字表示的国标码,用于存储的机内码和用于输出的字形码。

1. 汉字输入码

在计算机系统处理汉字时,首先遇到的问题是如何输入汉字。汉字输入码是指从键盘输入汉字时采用的编码,又称为外码,主要有数字码、拼音码和字形码等。

(1) 数字码:常用的是国标区位码,用数字串代表一个汉字的输入码。区位码是将国家标准局公布的 6763 个常用汉字分为 94 个区,每个区再分为 94 位,实际上把汉字组织在一个二维数组中,每个汉字在数组中的下标就是区位码。区码和位码各两位十进制数字,因此输入一个汉字需按键 4 次。例如,"中"字位于第 54 区 48 位,区位码为 5448。

(2) 拼音码:拼音码是以汉语拼音为基础的输入码,如搜狗拼音输入法、全拼输入法、微软拼音输入法、紫光输入法和智能 ABC 输入法等。

(3) 字形码:字形码是根据汉字的形状形成的输入码。汉字个数虽多,但组成汉字的基本笔画和基本结构并不多。因此,把汉字拆分成基本笔画和基本结构,按笔画或基本结构的顺序依次输入,就能表示一个汉字。五笔字型编码是最有影响的一种字形码方法。

数字码记忆量太大(每个汉字有一个唯一的数字编码),一般人难以掌握。拼音码易于学习和掌握,凡熟悉汉语拼音的人,不需训练和记忆,即可使用,但打字速度不容易提高。字形码的拆字规则(把一个字拆成基本笔画或基本结构,再对应到键盘的按键上)较复杂,学习起来较为困难,一旦学会并熟练掌握,能有比较快的输入速度。专业打字人员使用字形码(五笔字型)的比较多,一般人员使用拼音码的比较多。

为了提高汉字输入速度,在上述方法的基础上,发展了词组输入、联想输入等多种快速输入方法。另外的输入方式是利用语音或图像识别技术自动将文字输入到计算机中,这种技术已经在一定程度上实现了,但键盘输入仍是最基本的输入方式。键盘输入、语音输入和基于图像识别技术的扫描输入各有其特点及适用场合。

2. 汉字国标码

1980 年我国公布了《通用汉字字符集(基本集)及其交换码标准》——GB 2312—1980,简称国标码,规定每个汉字编码由两个字节构成,定义了 6763 个常用汉字和 682 个图形符号。为了进一步满足信息处理的需要,在国标码的基础上,2000 年 3 月我国又推出了《信息技术信息交换用汉字编码字符集基本集的扩充》新国家标准 GB 18030—2000,共收录了 27 000 多个汉字。GB 18030 的最新版本是 GB 18030—2005,以汉字为主并包含多种我国少数民族文字,收入汉字 70 000 多个。

3. 汉字机内码

汉字机内码是指计算机内部存储和处理汉字时所用的编码,要求它与 ASCII 码兼容但又不能相同,以便实现汉字和英文的混合存储与处理。输入码经过键盘被计算机接收后就由有汉字处理功能的操作系统的"输入码转换模块"转换为机内码。一般要求机内码与国标码之间有较简单的转换规则,通常将国标码每个字节的最高位置 1 作为汉字的机内码,国标码由两个字节表示一个汉字。由于英文符号的 ASCII 码的最高位为 0,而汉字符号的机内码的每个字节的最高位都为 1,易于区分出某个字节数据表示的是一个英文字符,还是汉字字符的组成部分。

随着互联网的快速发展,需要满足跨语言、跨平台进行文本转换和处理的要求,还要与 ASCII 码兼容,因此 Unicode 诞生了。Unicode(统一码、万国码、单一码)试图为每种语言中的每个字符设定统一并且唯一的二进制编码。Unicode 的优点是包括了所有语言的字符,但也有其不足。我们知道,英文字母只用 1 字节表示就够了,但如果用定长方式表示,每个符号的 Unicode 编码需要用 4 字节表示,那么每个英文字母前都必然有 3 字节是 0,这对于存储空间来说是很大的浪费,文本文件的大小会因此大出二三倍。

Unicode 在很长一段时间内无法推广,直到互联网的出现。为解决 Unicode 如何在网络上传输的问题,于是面向网络传输的多种通用字符集传输格式(UCS transfer format,UTF)标准出现了,UCS 是 universal character set(通用字符集)的缩写形式。UTF-8 是在互联网上使用最为广泛的一种 Unicode 的实现方式,它每次可以传输 8 个数据位。变长编码方式是 UTF-8 的最大特点,它可以使用 1~4 字节表示一个符号,根据不同的符号而变化字节长度。当字符在 ASCII 码的范围时,就用 1 字节表示,保留了 ASCII 字符 1 字节的编码作为它的一部分。UTF-8 的一个中文字符占 3 字节。从 Unicode 到 UTF-8 并不是直接对应的,而是要经过一些算法和规则的转换。

4. 汉字字形码

汉字字形码又称汉字字模,用于汉字的显示或打印机输出。汉字字形码有两种主要表示方式:点阵方式和矢量方式。字形码是指汉字信息的输出编码。汉字在计算机内部是以机内码的形式存储和处理的,当需要显示或打印这些汉字时,必须通过字形码将其转换为人们能看懂且能表示为各种字型字体的图形格式,然后通过输出设备输出。

字形码通常采用点阵形式,不论一个字的笔画多少,都可以用一组点阵表示。每个点即二进制的一位,由 0 和 1 表示不同状态,如黑白颜色等。一种字形码的全部汉字编码就构成字模库,简称字库。根据输出字符要求的不同,每个字符点阵中点的个数也不同。点阵越大,点数越多,输出的字形也就越清晰美观,占用的存储空间也就越大。汉字字型有 16×16、24×24、32×32、48×48、128×128 点阵等,不同字体的汉字需要不同的字库。点阵字库存储在文字发生器或字模存储器中。字模点阵的信息量是很大的,所占存储空间也很大。以显示用的 16×16 点阵为例,每个汉字就要占用 32 字节。打印一般用 24×24 的点阵形式,每个汉字就要占用 72 字节。对于 128×128 点阵形式,每个汉字就要占用 2048 字节,将导致整个字库占用大量的存储空间。图 3.12 所示是汉字"英"的点阵及对应编码。

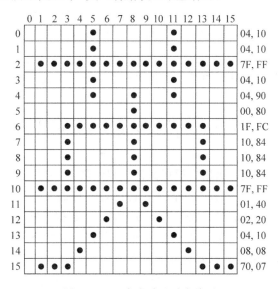

图 3.12 汉字点阵及对应编码

对于矢量方式的字形码,存储的是一种数学函数描述的曲线字库,采用了几何学中二次曲线及直线来描述字体的外形轮廓,含有字形构造、颜色填充、数字描述函数、流程条件控制、栅格处理控制、附加提示控制等指令。当要输出汉字时,通过计算机的计算,由汉字字形描述生成所需大小和形状的汉字。由于是指令对字形进行描述,与分辨率无关,均以设备的分辨率输出,既可以屏幕显示,又可以打印输出,字符缩放时总是光滑的,不会有锯齿出现,因此可产生高质量的汉字输出。

点阵方式和矢量方式各有特点。前者编码、存储方式简单、无须转换直接输出,字号变大后显示或打印效果较差,甚至模糊不清;后者输出时需要进行转换,但字号变大后不会降低显示或打印质量。

汉字通常通过输入码输入到计算机内,再由汉字系统的输入管理模块进行查表或计算,将输入码(外码)转换成机内码存入计算机存储器中,对汉字的处理也是以机内码形式进行的。当存储在计算机内的汉字需要在屏幕上显示或在打印机上输出时,要借助汉字机内码在字模库中找出汉字的字形码,在输出设备上将该汉字的图形信息显示出来。

声音与图像的编码(把用模拟信号表示的声音或图像转换为二进制形式的数字信号)在3.6节介绍。

3.5 数据存储

通过键盘、扫描仪、语音设备和网络下载等方式,可以给计算机输入数字、文字、图像、声音和程序等信息,这些信息如果需要长久保存和使用,就需要以文件的形式存储到软盘、硬盘和U盘等外存储器中。

3.5.1 文件命名

文件(file)是存放在计算机外存上的相关数据的集合。同一外存上可能有很多文件,为了便于对文件的识别和管理,要给每个文件规定一个唯一的文件名。例如,班主任把所带班级每个学生的基本情况和联系方式输入到计算机中,保存在自己的U盘上,起一个名字:"学生基本情况与联系方式",这样就生成了一个学生联系方式文件,需要时就可以在计算机上打开这个文件,查看某个学生的基本情况或联系方式。

严格说来,一个规范的文件名包括主文件名和扩展名两部分,格式如下:

<主文件名>[.扩展名]

一个文件可以有扩展名,也可以没有扩展名(用方括号表示),但必须要有主文件名(用尖括号表示),如果有扩展名,要用点(.)与主文件名分开。

主文件名代表文件的特点,由用户根据文件内容命名,主文件名最好能反映代表的文件内容,做到见名知义,便于对文件的查找和管理。特别是管理的文件很多时尤显重要,如我们撰写的实验报告,主文件名分别命名为操作系统实验报告、数据结构实验报告和C语言实验报告等,日后找起来就非常方便,看到名字就知道内容了。如果分别命名为T11、T12和T13等,找起来就比较麻烦,需要逐一打开这些文件查看内容,才能找到需要的那个文件。

扩展名代表文件属于哪一类,一般使用计算机系统已经规定好的一些名字,在使用一些软件系统建立文件时使用系统默认的扩展名即可,用户不必自己命名扩展名。表3.6列举了一些常用的文件扩展名。

表 3.6 常见的文件扩展名

扩 展 名	文 件 类 型
doc/docx	Microsoft Word 文档文件
xls/xlsx	Microsoft Excel 电子表格文件
ppt/pptx	Microsoft PowerPoint 演示文稿文件

续表

扩　展　名	文 件 类 型
pdf	Adobe 文档文件
c	C 语言程序源文件
cpp	C++程序源文件
py	Python 程序源文件
exe	可执行程序文件
bmp	位图格式图片文件
jpg	JPEG 格式图片文件
gif	GIF 格式图片文件
wav	Microsoft Windows 声音文件
avi	Microsoft Windows 视频文件
mpg	MPEG 格式视频文件
zip	ZIP 格式压缩文件
rar	RAR 格式压缩文件

对于需要用户自己命名的主文件名部分，原来的 DOS 平台限制比较多，现在的 Windows 平台限制就少多了，汉字、英文字母和除 /、\、：、＊、？、"、"、＜、＞、| 之外的其他符号都可以使用。

当文件比较多时，需要建立文件夹（子目录），把不同性质的文件分门别类地存放在不同的文件夹中，在加上文件命名时遵循见名知义的原则，会大大提高文件管理的效率，提高工作效率。需要注意的是，在同一个文件夹中，不允许有文件名完全相同的文件（主文件名和扩展文件名都相同），否则新文件的建立会覆盖旧文件，导致旧文件内容的丢失。

3.5.2　按层次组织文件

外存的容量一般是比较大的，可以存放成千上万个文件，这么多的文件如果没有一个好的组织结构，会导致文件管理效率低下，如在一万个 Word 文档中找出"2013 年工作计划"文件并不是一件很容易的事情。如果记得住文件名，还可以用文件搜索的方式；如果连文件名都没有记住，就是一件很困难的事情了。

按层次组织文件，会大大提高文件管理效率，特别是文件查找效率。

【例 3.9】　张教授既承担教学工作，也承担科研工作。教学工作包括本科生教学工作和研究生教学工作，还要指导本科生和研究生提交的论文。科研工作包括项目研究和撰写论文，论文有已发表论文和待发表论文。几年下来，光是 Word 文档就会积累下成百上千个，采用层次结构，会帮助张教授有效管理这些文件，提高工作效率。

在 Windows 系统中，可以通过逐层建立文件夹，并把不同文件放入不同文件夹的方式来实现文件的层次化管理，张教授可以建立的层次文件夹如图 3.13 所示。

Windows 等图形用户界面操作系统都包含有文件管理器之类的实用工具，文件管理器能够帮助用户容易地在各文件夹之间进行文件的移动、复制、重命名和删除等操作。

一个文件夹对应外存中的一块存储区域，文件夹中的文件内容

图 3.13　文件的层次结构

就存放在这块区域中，这块存储区域分成两个部分。其中，一小部分存放每个文件的目录信息（文件名、文件大小、建立日期、文件内容存放位置等），另外一大部分存放每个文件的实际内容。所谓删除一个文件，只是在该文件的目录信息部分作一个标记，告诉文件管理器该文件所占用的存储空间（包括目录区和内容区）可以被其他文件使用了。如果文件刚删除，还没有写入新的文件或还没有占用删除文件所使用的区域，这个被删除的文件是可以恢复的，用有关工具软件把删除标记改过来即可。

3.6 多媒体技术基础

随着计算机软硬件技术的快速发展，出现了多媒体技术。多媒体技术是集文字、声音、图形、图像、视频和计算机技术于一体的综合技术，它促进了计算机应用在深度和广度上的快速发展。视频会议系统、网上医疗系统、网络游戏、网上视频聊天和虚拟现实等都可以看作是多媒体技术的应用。

3.6.1 多媒体概述

媒体（medium）在计算机领域中有两种含义，一是指用以存储信息的实体，如磁盘、磁带、光盘和U盘等；二是指信息的载体，如文本、声音、图形和图像等。多媒体（multimedia）中的媒体指的是后者。多媒体技术是指利用计算机技术综合处理文本、图形、动画、图像、音频和视频等信息的技术。

多媒体技术的主要特性有多样性、集成性和交互性。多样性是指媒体信息的多样性和处理技术的多样性。集成性既是指多种不同媒体信息的集成，也是指处理媒体的各种技术及其设备的集成。交互性是指人能与系统方便地进行人机交互，人可以更多地按照自己的意愿选择和接收信息。

1. 文本与超文本

文本（text）是指由文字组成的文件，分为非格式化文本文件和格式化文本文件。非格式化文本文件是指只有文本信息没有任何格式信息的文件，如纯文本文件（TXT文件）。格式化文本文件是指带有各种排版信息等格式信息的文本文件，如Word文档（DOC文件），排版信息包括字型、字号、色彩等。

除普通文本外，随着WWW的快速发展，超文本（hyper text）也成为多媒体的重要元素，超文本是用超链接的方法，将各种不同空间的文字信息组织在一起的网状文本，用以显示文本及与文本之间相关的内容。目前，超文本普遍以电子文档方式存在，其中的文字包含有可以链接到其他位置或者文档的连接，允许从当前阅读位置直接切换到超文本链接所指向的位置。超文本的格式有很多，目前最常使用的是超文本标记语言（hyper text markup language，HTML）格式和富文本格式（rich text format，RTF）。

2. 图形

图形（graphic）是从简单的点、线、面到复杂的三维几何图。图形主要是由直线和弧线（包括圆）等线条实体组成。直线和弧线比较容易用数学方法来表示，即用几个参数来表示一条直线或弧线。这种矢量表示法能大大节省图形的存储空间，图形也称为矢量图。

常用的矢量图形文件格式有3DS和DXF等。

3DS是一种用于三维图形的文件格式。

绘图交换格式(drawing exchange format,DXF)是 Autodesk 公司的 AutoCAD 软件与其他软件之间进行数据交换的图形文件格式,大多数 CAD 系统都支持 DXF 格式。

3. 图像

图像(image)也称为静态图像,指由数码相机等设备拍摄的实际场景画面或通过扫描仪等设备输入的任意画面。图像不像图形那样有明显规律的线条,难以用矢量表示,只能用点阵来表示。由若干个点来表示一幅图像,点称之为像素(pixel),图像也称为位图。图像文件在计算机中的存储格式有多种,如 BMP、JPG、GIF、PCX、TIF、TGA、PSD 等,由于是用点阵的方式存储,占用的存储空间比较大,但能比较好地表示丰富的色彩信息。

位图(bitmap,BMP)是一种无压缩的存储格式,占用的存储空间大。

JPG 是采用联合图像专家组(joint photographic experts group,JPEG)压缩标准的存储格式,可以压缩到原数据量的几十分之一,能有效减少存储空间。

图像交换格式(graphics interchange format,GIF)是采用 LZW 压缩算法的存储格式,用于网上传输图像比较合适。

4. 视频

视频(video)也称动态图像,是一组连续播放的静态图像,它与电影和电视的播放原理是相同的,都是利用人眼的视觉暂留现象,将足够多的帧(frame)连续播放,只要能够达到 20 帧/秒以上,人的眼睛就察觉不出画面之间的间隔。

以每秒播放 25 帧计算,一个小时就能播放 90 000 幅静态图像。若一幅静态图像的存储容量为 1MB,则一个小时的播放量就能达到 90 000MB,约为 90GB。这给存储和网上传输带来了很大的困难,所以需要进行压缩处理。视频中相邻图像之间的差别是很小的,有着很大的压缩空间。

视频文件的格式主要有 AVI、MPG 和 ASF 等。

音频视频交互(audio video interleaved,AVI)是 Windows 使用的视频文件格式,将语音和影像同步组合在一起,对视频信息进行了压缩。主要应用在多媒体光盘上,用来保存电视、电影等影像信息。

MPG 是采用活动图像专家组(moving pictures experts group,MPEG)压缩标准的视频文件格式,具有比较高的压缩比,广泛应用于 VCD 和 DVD 的制作。

高级流媒体格式(advanced stream format,ASF)是微软公司采用的视频文件格式,比较适合在网上进行连续的视频播放。

常用的视频文件格式还有 RM、RMVB 和 WMV 等。

5. 动画

动画(animation),也称为动态漫画(动漫),是动态生成相关系列画面以产生运动视觉的技术,简单地说就是动起来的画。和视频相同之处是也需要在一定时间内有足够多的帧连续播放(如 20 个/秒以上画面),不同之处是,动画中的画面通常是人工创作出来的,当然现在可以借助计算机进行创作。

存储动画文件的格式有 FCL/FLC、MPG、AVI、GIF、RMVB 等。制作动画的软件有 Autodesk 公司的 3ds Max 和 Adobe 公司的 ImageReady 等。

计算机处理模拟图像、视频和动画信息需要有视频卡的支持。视频卡也叫视频采集卡(video capture card)。视频卡是将模拟摄像机、录像机、LD 视盘机、电视机输出的视频数据或者视频音频混合数据输入计算机,并转换成计算机可识别的数字信息,存储在计算机中,成为可编辑处理的视频数据文件。按照其用途可分为广播级视频采集卡、专业级视频采集卡和民用级视频采集卡，它们档次的高低主要是采集图像的质量不同。广播级视频采集卡采集的图像分辨率高、图像质量好，缺点是视频文件所需存储空间大。

6. 音频

音频（audio）就是声音，包括音乐、语音及各种音响效果。声音一般用一种模拟的连续波

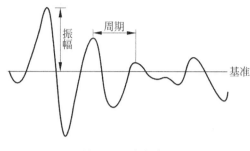

图 3.14　声音波形

形表示，如图 3.14 所示。声音波形可以用两个参数来描述：振幅和频率。振幅的大小表示声音的强弱，频率的大小反映了音调的高低。

由于声音是模拟量，需要将模拟信号转换成数字信息后才能输入计算机进行处理，即模拟信号的数字化。数字化就是以固定的时间间隔对模拟信号的幅度进行测量并转换为二进制的数字信息，形成波形声音文件（WAV 文件），这类文件数据量比较大，不利于网上传输和存储，压缩后再进行存储和传输。播放时，首先将压缩文件解压缩，还原成压缩前的原始波形，通过扬声器等设备播放出来。

声音的数字化质量与采样频率、采样精度和声道数有关。

采样频率是指每秒钟采集声波幅度样本的次数，频率越高，质量越好。例如，每秒采样 2000 次显然比每秒采样 1000 次能够更好地表示实际的声波信息。

采样精度是指表示采样值的数据位数，位数越多，采样值越精细，质量越好。例如，8 位（二进制）数据能够表示 256 个级差，16 位数据能够表示 65 536 个级差，16 位比 8 位能够更好地描述音质。

声道数是指声音通道的个数，分为单声道和多声道（立体声）。

采样频率越高、采样精度越高、声道数越多，声音的数字化质量就越高，所需存储的数据量也就越大。实际数字化时要在质量和存储容量之间做出综合选择。

采样后的声音以文件方式存储，常用的音频文件格式有 WAV、MID、MP3、WMA 等。

WAV（wave 的字头）文件是微软公司推出的一种声音文件格式，用于保存 Windows 平台的音频信息，被 Windows 平台及其应用程序广泛支持。它实际上是通过对声波（wave）的高速采集直接得到的，虽然有压缩，但数据量仍比较大。

MID 是一种符合音乐设备数字接口（musical instrument digital interface，MIDI）标准的文件格式。MID 文件并不记录声音采样数据，而是包含了编曲的数据，它需要具有 MIDI 功能的乐器（如 MIDI 琴）的配合才能编曲和演奏。由于不存声音采样数据，所以所需的存储空间非常小。

MP3（MPEG audio layer-3）是一种音频压缩技术，将音乐以 10∶1 甚至 12∶1 的压缩率，压缩成数据量较小的文件。即能够在音质损失很小的情况下把文件压缩到很小的程度，能够非常好地保持原来的音质。每分钟音乐的 MP3 格式只有约 1MB 大小，使用合适的播放器对 MP3 文件进行实时的解压缩（解码），就能播放出高品质的 MP3 音乐，是目前非常流行的一种音频文件格式。

Windows 媒体音频（windows media audio，WMA）是微软公司推出的与 MP3 格式同样流行的一种新的音频格式。WMA 在压缩比和音质方面都超过了 MP3，即使在较低的采样频率

下也能产生较好的音质。

计算机处理音频信息,需要有声卡的支持。声卡(sound card)也称为音频卡,是实现声波/数字信号相互转换的一种硬件设备。声卡可以把来自话筒、收录音机、激光唱机等设备的语音、音乐等声音信息变成数字信号交给计算机处理,并以文件形式存储,还可以把数字信号还原成为真实的声音输出。声卡上的数模转换芯片(digital to analog converter,DAC)用于把数字化的声音信息转换成模拟信号,模数转换芯片(analog to digital converter,ADC)用于把模拟信号转换成数字信息。声卡上面有连接麦克风、音箱、游戏杆和 MIDI 设备的接口。

3.6.2　多媒体领域的关键技术

多媒体技术的出现与快速发展,极大地拓展了计算机应用的深度和广度,使计算机应用深入到了人类生活的各个方面,出现了 VCD 录放机、DVD 录放机、数字投影仪、数码相机和数字摄像机等,可以视频聊天、视频点播、远程医疗和网上购物等,在一定程度上影响和改变着人们的生活方式。多媒体领域的关键技术有多媒体数据压缩技术、多媒体数据管理技术和多媒体网络传输技术。

1. 多媒体数据压缩技术

多媒体技术的优点是可使计算机综合处理人们在工作、学习和生活中遇到的各种媒体信息,但多媒体信息的一个重要特点是数据量十分巨大。对于分辨率为 1024×768 的全屏幕真彩色(24 位)图像,以每秒播放 30 帧计算,播放 1s 的视频画面的数据量为$(1024 \times 768 \times 24/8) \times 30 = 67.5MB$,播放 90min(一部电影的放映时间)的数据量为 356GB。如此巨大的数据量,给图像的存储及传输带来了很大的困难,音频信息和动画也有类似问题。虽然可以增加存储容量和网络带宽,但并不能从根本上解决问题,开发有效的数据压缩算法更为重要。数据压缩算法可分为无损压缩和有损压缩两种。

1) 压缩算法分类

(1) 无损压缩。

无损压缩是指压缩后不损失任何信息,解压缩之后的信息与压缩前的原始信息完全相同。无损压缩的压缩比较小,一般为 2∶1 到 5∶1。主要用于文本文件、指纹图像、医学图像的压缩等。

(2) 有损压缩。

有损压缩是压缩后有信息的损失,但解压缩之后的信息使用户感觉不出有信息损失,或虽有感觉但并不影响信息的使用。有损压缩的压缩比较高,可以达到几十比一,甚至于几百比一,主要用于图像、视频和音频信息的压缩。由于人的眼睛和耳朵分辨能力的限制,对于图像、视频和音频信息压缩后,如果信息损失限制在一定范围内,是感觉不出来的。

2) 压缩的国际标准

用于多媒体信息压缩的国际标准主要有 JPEG、MPEG 和 H.261 三种。

(1) JPEG 标准。

JPEG 标准是由联合图像专家组制定的图像压缩标准,用有损压缩算法去除冗余的图像数据,压缩比一般为 10∶1～40∶1。它既适合于黑白图像(灰度图像),也适合于彩色图像。

(2) MPEG 标准。

MPEG 标准是由动态图像专家组制定的用于视频信息和与其伴随的音频信息的压缩标

准。在视频压缩方面,利用具有运动补偿的帧间压缩技术以减小时间冗余度,利用 DCT 技术以减小空间冗余度,利用熵编码以减小统计冗余度,几种技术的综合运用,大大增强了压缩性能。MPEG-1 用于 VCD 光盘,MPEG-2 用于 DVD 光盘,MPEG-4 用于网络传输,MPEG-7 用于支持多媒体信息的基于内容检索,MPEG-21 用于建立多媒体框架。

（3）H.261 标准。

H.261 标准是为基于综合业务数字网（integrated service digital network,ISDN）的视频会议制定的视频压缩标准,后来又推出了 H.263、H.264 和 H.265 标准。

2. 多媒体数据管理技术

随着多媒体技术的不断进步和多媒体应用的不断深入,逐渐积累下大量的多媒体数据,如大量的图片、视频和 MP3 歌曲会存储在计算机中。如何有效地管理和检索这些多媒体数据,日益重要起来。对于数值型和字符型数据,现有的关系数据库管理系统能够进行有效的管理,数据的插入、删除、修改、查询和统计等功能都能比较容易实现,为日常管理工作带来了很大的帮助。建立多媒体信息系统,实现对大文本文件、图像、视频及音频的有效管理,还有许多问题需要研究解决。目前的关系数据库管理系统或对象-关系数据库管理系统虽然具有一定的处理多媒体信息的能力,但还不能像处理数值型数据和字符型数据那样有效和方便,多媒体数据的插入、删除和统计等功能,特别是基于内容的检索功能（如检索一场足球比赛录像中的所有射门的镜头）实现起来还有一定的难度。

3. 多媒体网络传输技术

多媒体信息的网络传输也是多媒体领域的重要问题。多媒体信息的特点是数据量大、声像同步、实时性强,对计算机网络提出了更高的要求：要有足够大的带宽,以适应多媒体信息数据量大的问题；要有足够小的延时,以满足多媒体信息声像同步、实时播放的要求。

随着计算机网络技术和通信技术的快速发展,出现了一些比较适合于传输多媒体信息的网络技术,如 FDDI、ATM 和快速以太网等。

光纤分布式数据接口（fiber distributed data interface,FDDI）是由美国国家标准化组织（ANSI）制定的在光缆上传输数字信号的一组协议。FDDI 基于令牌环网技术,但使用双环结构（一个主环和一个辅环）,提高了网络的可靠性和健壮性,采用改进的定时令牌传送机制,实现了多个数据帧同时在环上传输,提高了传输速度,传输速率可以达到 100Mb/s。FDDI-2 是 FDDI 的扩展协议,支持音频、视频及一般数据传输。由于支持高宽带和远距离通信,FDDI 通常用于主干网的建设。

异步传输模式（asynchronous transfer mode,ATM）是一种快速分组交换技术,是 20 世纪 80 年代后期由国际电信联盟远程通信标准化组（ITU-T）针对电信网支持宽带多媒体业务而提出的,并推荐其为 B-ISDN（宽带 ISDN）的交换技术。ATM 网络不提供任何数据链路层功能,而是将差错控制、流量控制等工作都交给终端去完成,简化了交换过程。再加上采用易于处理的固定信元格式,使传输延时减小,大大提高了数据传输速率,可以达到155~622Mb/s,支持数据、传真、音频、图像和视频等多媒体信息的传输。

快速以太网是在传统的 10Mb/s 以太网（ethernet）的基础上发展起来的,使网络速度达到了 100Mb/s,后来又推出了千兆位以太网（gigabit ethernet）、万兆位以太网（10 gigabit ethernet）和 40G 以太网（40 gigabit ethernet）,这些快速以太网和高速以太网能够有效支持多媒体数据的传输。

3.6.3　多媒体技术的应用

多媒体技术的应用面非常广,大到火星探测器拍摄图片的传输,小到个人多媒体网页的制作。多媒体技术的应用可以归类为多媒体信息管理系统、多媒体通信、虚拟现实和多媒体制作等。

1. 多媒体信息管理系统

过去开发一个普通人事管理系统,只涉及每个人的姓名、年龄、学位、职称等字符型数据和数值型数据,关系数据库管理系统能够有效支持对这些数据的管理,基于数值型、字符型数据的人事管理系统能够很好地满足当时人们的需要。现在要开发一个高级人才管理系统,有了新的要求,除姓名、年龄、学位、职称等信息外,每个人的标准照片、代表性论文、获奖证书照片、学术报告录像等都要成为管理的内容。这实际上就是要开发一个多媒体信息管理系统。

开发多媒体信息管理系统的基础是建立多媒体数据库,把相关的多媒体信息存入数据库。目前多媒体数据库主要通过三种方式来实现:一是在现有关系数据库管理系统的基础上增加接口,满足多媒体信息处理的需求;二是建立专用的多媒体信息管理系统;三是从分析多媒体数据的特性着手,建立全新的通用多媒体数据库管理系统。建立功能完善、使用方便的多媒体信息管理系统仍有许多问题需要研究解决。

2. 多媒体通信

基于多媒体通信的应用主要有视频会议系统、视频点播系统、远程医疗系统、远程教育系统等。视频会议系统是一个以网络为媒介的多媒体会议平台,使用者可突破时间与地域的限制,通过互联网实现面对面般的交流效果。视频点播(video on demand,VOD)能根据用户的需要播放相应的视频节目,更好地满足用户的个性化需要。远程医疗系统能通过多媒体视频、音频实现异地诊断和治疗。远程教育系统能实现远程授课、辅导并有良好的师生交互,类似于教师与学生在同一个教室。

3. 虚拟现实

虚拟现实(virtual reality,VR)利用以计算机技术为核心的众多现代高新技术手段,在特定范围内生成逼真的视觉、听觉、味觉和触觉一体化的虚拟环境。用户借助必要的设备(如特制的头盔和手套等),以自然的方式与虚拟环境中的对象进行交互,相互影响,从而产生身临其境的感受和体验。简单地说,虚拟现实就是用计算机等高新技术制作出来的虚拟环境,但人感觉和真实环境一样。虚拟战场、虚拟飞机驾驶训练、虚拟汽车驾驶训练、虚拟手术仿真训练等既能有真实操作的感觉,又能大大节约成本,避免不必要的损失。在虚拟现实的基础上又出现了增强现实和混合现实。

增强现实(augmented reality,AR)是通过计算机技术,将虚拟的信息应用到真实世界,真实的环境和虚拟的物体实时地叠加到同一个画面或空间同时存在。这是一种实时地计算摄影机影像的位置及角度并加上相应图像的技术,这种技术的目标是在屏幕上把虚拟世界套在现实世界并进行互动。具体来说,它是一种将真实世界信息和虚拟世界信息"无缝"集成的新技术,是把原本在现实世界的一定时间空间范围内很难体验到的实体信息(视觉、听觉、味觉、触觉等),通过计算机技术,模拟仿真后再叠加,将虚拟的信息应用到真实世界,被人类感官所感知,从而达到超越现实的感官体验。

混合现实(mix reality,MR)是指合并现实世界和虚拟世界而产生的新的可视化环境,既包括增强现实,又包含虚拟现实。在新的可视化环境里物理和数字对象共存,并实时互动。混合现实的实现需要在一个能与现实世界各事物相互交互的环境中。如果一切事物都是虚拟

的,那就是 VR 的领域了。如果展现出来的虚拟信息只能简单叠加在现实事物上,那就是
AR。MR 的关键点就是与现实世界进行交互和信息的及时获取。

4. 多媒体制作

目前,多媒体技术更广泛的应用是制作各种多媒体系统,如动画、计算机游戏、电视广告、演
示系统、信息查询系统和多媒体课件等。多媒体作品质量主要取决于 4 个方面:好的创意、丰富
的素材、先进的制作工具和对制作工具的熟练使用。多媒体制作工具主要有字处理软件、图形制
作软件、图像制作软件、视频制作软件、音频制作软件、动画制作软件和多媒体素材合成软件等。

字处理软件主要有 Word、WPS 等。

图形制作软件主要有 Adobe Illustrator、AutoCAD、CorelDRAW 等。

图像制作软件主要有 Photoshop、Fireworks、PhotoStudio 等。

视频制作软件主要有 Premiere、Personal AVI Editor、VideoStudio 等。

音频制作软件主要有 Sound Forge、Cool Edit、GoldWave 等。

动画制作软件主要有 ImageReady、Animator、3ds MAX 等。

多媒体素材合成软件主要有 Authorware、Director、Dreamweaver、Flash 等。

3.7　小　　结

本章对计算机的基础知识做了一个简要介绍。一个完整的计算机系统由硬件和软件两大
部分组成。硬件包括中央处理器、存储器、输入设备和输出设备。中央处理器包括寄存器、运
算器和控制器,存储器包括内存和外存,输入设备和输出设备也各有多种不同的种类。软件包
括系统软件和应用软件,系统软件包括操作系统、语言编译程序和数据库管理系统等,应用软
件更是多种多样。硬件和软件都在快速地发展着,技术越来越先进,功能越来越强,种类越来
越丰富。本章只是对一些最基本的知识进行了介绍,通过相关书籍、杂志和互联网及时了解计
算机软硬件技术和产品的最新发展是非常必要的。

计算机能够处理数字、文本、图形、图像、视频、动画和音频等多种媒体信息,虽然展现的这
些信息千姿百态、异彩纷呈,但所有信息在计算机内部都是以二进制数据形式存在的。数据以
各种格式的文件存储,按层次组织文件以提高文件的管理效率和存储空间的利用率。作为计
算机专业的学生,深入理解各种信息到二进制数据的转换与存储,深入理解文件的含义与文件
的组织形式,对于深入理解计算机的工作原理与学习后续内容都是非常有益的。

拓展阅读:冯·诺依曼与冯·诺依曼计算机

1944 年夏的一天,美国弹道试验场所在地阿伯丁火车站,ENIAC
研制组的戈尔斯坦看到冯·诺依曼正在等车,戈尔斯坦以前听过冯·
诺依曼教授的学术报告,但一直无缘直接交往。机会难得,戈尔斯坦
主动上前自我介绍,当戈尔斯坦讲到正在研制的电子计算机时,平易
近人的数学大师顿时严肃起来。据戈尔斯坦回忆,此后的谈话好像博
士学位答辩。显然,ENIAC 深深地打动了具有敏锐科学洞察力的
冯·诺依曼教授,几天之后,他就专程到莫尔学院考察正在研制中的
ENIAC,并参加了为改进 ENIAC 而举行的一系列学术会议。

这次偶然的车站相遇,对计算机的发展具有决定性的作用,既确定了现代计算机的基本逻辑结构,也奠定了冯·诺依曼在计算机发展史上的重要地位。

冯·诺依曼(John von Neumann,1903—1957),出生于匈牙利布达佩斯,中学时期他受到特殊、严格的数学训练,19 岁时就发表了有影响的数学论文,在校期间他学习拉丁语和希腊语卓见成效,这对锻炼他的记忆力非常有帮助,他掌握了 7 种语言,成为从事科学研究强有力的工具。后来又游学于著名的柏林大学、洪堡大学和普林斯顿大学,成为德国大数学家戴维·希尔伯特(David Hilbert,1862—1943)的得意门生,1933 年,他被聘为美国普林斯顿大学高等研究院的终身教授,成为著名物理学家爱因斯坦(Albert Einstein,1879—1955)最年轻的同事。冯·诺依曼才华横溢,在数学、应用数学、物理学、博弈论和数值分析等领域都有杰出的贡献。他的数学功底为进行计算机的逻辑设计奠定了坚实的基础。戴维·希尔伯特于 1900 年 8 月 8 日在巴黎召开的第二届国际数学家大会上,提出了 20 世纪数学家应当努力解决的 23 个数学问题,对这些问题的研究有力地推动了 20 世纪数学的发展,产生了深远的影响。我们熟知的和我国著名数学家陈景润名字联系在一起的哥德巴赫猜想也是其中的问题之一。

当冯·诺依曼从戈尔斯坦那里听说他们正在制造电子计算机的时候,他正参加第一颗原子弹的研制工作,遇到原子核裂变反应过程的大量计算的困难,这涉及数十亿次初等算术运算和初等逻辑运算。为此,曾有成百名计算员一天到晚用计算器计算,然而,结果还是不能满足需要。这使他马上意识到研制电子计算机的重要意义,决定参与到这一工作中来。

ENIAC 并不是存储程序式的,程序要通过外接线路输入,非常不方便。1944 年 8 月到 1945 年 6 月,在莫尔学院定期举行会议,针对 ENIAC 遇到的问题,提出各种研究报告。冯·诺依曼与莫尔学院研制小组积极合作,经过 10 个月的紧张工作,提出了一个全新的存储程序通用电子计算机方案——离散变量自动电子计算机(electronic discrete variable automatic computer,EDVAC)。人们通常称它为冯·诺依曼机,时至今日,所用的计算机都没有突破冯·诺依曼机的基本结构。EDVAC 方案的讨论过程与 ENIAC 的研制是同时进行的,再改动 ENIAC 的结构已来不及了,所以 ENIAC 仍是外插程序式计算机。

1945 年 6 月 30 日,莫尔学院发布了长达 101 页的 EDVAC 方案,这是冯·诺依曼和莫尔学院研制小组的专家们集体的研究成果,冯·诺依曼运用其非凡的分析、综合能力及深厚的数理基础知识,在 EDVAC 的总体结构和逻辑设计中起到了关键的作用。

EDVAC 方案明确规定了计算机有 5 个基本组成部分:用于完成算术运算和逻辑运算的运算器,基于程序指令控制计算机各部分协调工作的控制器,用来存放程序和数据的存储器,把程序和数据输入到存储器的输入装置,以显示、打印等方式输出计算结果的输出装置。相对于 ENIAC,EDVAC 方案有两个重大改进:一是用二进制代替了十进制,便于电子元件表示数据,简化了运算器的设计,提高了运算速度;二是提出了"存储程序"的概念,程序和数据都存放在存储器中,实现了基于程序的计算机自动执行,实现了程序执行中的"条件转移"。

1945 年底,ENIAC 刚刚完成,设计组就因发明权的争执而解体,影响了 EDVAC 的研制进度。世界上第一台存储程序式计算机是英国剑桥大学研制的电子延迟存储自动计算机(electronic delay storage automatic calculator,EDSAC),使用水银延迟线作存储器,1949 年投入运行,EDSAC 的主要研制者莫里斯·威尔克斯(Maurice V. Wilkes,1913—2010)因此获得第二届图灵奖。而 EDVAC 直到 1952 年才研制完成。

习　题

1. 名词解释：计算机、中央处理器、主频、字长、运算器、控制器、存储器、内存、外存、输入设备、输出设备、主板、总线、数据总线、地址总线、控制总线、软件、系统软件、应用软件、数制、ASCII 码、EBCDIC 码、文件、多媒体技术、超文本、图形、图像、视频、动画、音频、数据压缩、无损压缩、有损压缩、JPEG、MPEG。

2. 简述冯·诺依曼体系结构计算机的基本组成及工作原理。

3. 对比说明内存和外存的不同特点与不同作用。

4. 内存有哪些主要类型？各有什么特点？

5. 外存有哪些主要类型？各有什么特点？

6. 常用的输入设备有哪些？对每种作简要说明。

7. 常用的输出设备有哪些？对每种做简要说明。

8. 分别将下列数值转换成二进制数。

$(216.75)_{10}$　　　$(7563.42)_8$　　　$(1A4E.3B)_{16}$

9. 分别将下列二进制数转换成十进制数、八进制数和十六进制数。

$(101101111.10111)_2$　　　$(10110110.110111)_2$

10. 分别将下列十进制数转换成八进制数和十六进制数。

$(175.25)_{10}$　　　$(357)_{10}$

11. 字长为 8 位时，分别求 $(+62)_{10}$ 和 $(-62)_{10}$ 的原码、反码和补码。

12. 对比说明数字、英文字符、汉字、图像和声音是如何转换成二进制数据的。

思　考　题

1. 冯·诺依曼体系结构有什么缺点？能给出新的体系结构吗？

2. 自行查阅相关文献，说明磁盘、光盘和 U 盘三种存储介质的工作原理的区别。

3. 按层次组织文件有什么优点？

4. 如何理解系统软件与应用软件的不同与联系？

5. 系统软件中操作系统、语言编译程序和数据库管理系统的功能分别是什么？在开发应用软件时，它们各自的作用分别是什么？

6. 打开主机箱，对照主板上的组成部件理解书中关于主板和总线的介绍。

7. 图像和声音能够压缩但又不影响看和听的原因是什么？

## 第4章

操作系统与网络知识

操作系统的出现和功能不断完善,给人们操作使用计算机带来了很大的方便。有了计算机硬件系统后,首先需要安装的计算机软件就是操作系统,操作系统是最靠近硬件的一种系统软件,是所有其他软件开发和运行的基础。微型计算机和计算机网络的出现,特别是互联网的出现和快速发展,促进了计算机应用的广泛普及,使计算机逐步成为人们学习、工作和娱乐的基本工具,网络应用成为目前计算机最广泛的应用领域。本章对操作系统和计算机网络知识作简要介绍。

4.1 操作系统的形成与发展

在计算机的发展进程中,计算机的性能越来越高,操作使用越来越方便。虽然计算机性能提高的物质基础是计算机硬件技术的快速发展,但操作系统的发展保证了硬件功能的充分发挥。早期的计算机只有计算机专业人员才能使用,而现在的计算机已进入了千千万万个家庭,操作系统的出现与发展起了非常重要的作用。包括操作系统在内的计算机软硬件技术的快速发展,使计算机的功能越来越强,计算机的使用越来越方便。

4.1.1 操作系统概念

1. 计算机系统

计算机是一种能够按照程序对数据进行自动处理的电子设备。计算机系统的基本层次结构如图 4.1 所示。计算机系统由硬件和软件组成,软件又分为系统软件和应用软件。直接面向用户、解决实际问题的软件是应用软件,功能各异的应用软件帮助人们完成各种实际工作,发挥了十分重要的作用,是计算机应用的最终体现。系统软件为应用软件的开发与运行提供支持。在系统软件中,最重要的是操作系统,操作系统是其他系统软件和应用软件运行的基础。

2. 操作系统

操作系统是最靠近硬件的软件,有没有高性能是由计算机硬件决定的,能否把高性能发挥出来,操作系统起着决定性的作用。从微型机到超级计算机都必须在其硬件平台上加载相应的操作系统之后,才能构成一个可以协调运转的计算机系统。只有在操作系统的指挥控制下,各种计算机资源才能得到合理分配与

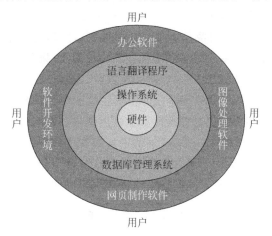

图 4.1 计算机的层次结构

高效使用；也只有在操作系统的支持下，其他系统软件和各种应用软件才能开发和运行。如果操作系统的功能不强，计算机硬件、其他系统软件和应用软件的功能很难充分体现。

操作系统（operating system，OS）可定义为：有效地组织和管理计算机系统中的硬件和软件资源，合理地组织计算机工作流程，控制程序的执行，提供多种服务功能及友好界面，方便用户使用计算机的系统软件。简单地说就是管理计算机资源、控制程序执行、提供多种服务、方便用户使用。

操作系统有多种类型，不同类型的操作系统其目标有所侧重，但共同的一般性目标主要有方便性、有效性、可扩充性、开放性、可靠性和可移植性等，其中方便性和有效性是最主要的。对于超级计算机、大型计算机和小型计算机，由于价格昂贵，使用的人少且多为专业人员，比较强调有效性，即如何有效提高硬件资源的利用率和程序执行效率。微型计算机出现后，计算机使用者越来越多，而且多为非专业人员，方便性成为操作系统关注的重点。Windows 系列操作系统之所以广受欢迎，一个重要因素就是其学习和使用的方便性。

（1）方便性。没有操作系统，就只能通过控制台输入控制命令。以这种方式使用计算机是让人非常头疼的一件事情。有了操作系统，特别是像有了 Windows 这类功能强大、界面友好的操作系统，使计算机的操作使用变得非常容易和方便，轻点鼠标和键盘就能实现很多功能。

（2）有效性。在未配置操作系统的计算机系统中，中央处理器等资源，会经常处于空闲状态而得不到充分利用；存储器中存放的数据由于无序而浪费了存储空间。配置了操作系统后，可使中央处理器等设备由于减少等待时间而得到更为有效的利用，使存储器中存放的数据有序而节省存储空间。此外，操作系统还可以通过合理地组织计算机的工作流程，进一步改善系统的资源利用率及提高系统的输入输出效率。

（3）可扩充性。随着大规模集成电路技术和计算机技术的迅速发展，计算机硬件和体系结构也随之得到迅速发展，它们对操作系统提出了更高的功能和性能要求。因此，操作系统在软件结构上必须具有很好的可扩充性才能适应发展的要求，不断扩充其功能。在各种操作系统的系列版本中，新版本就是对旧版本的扩充。

（4）开放性。20 世纪末出现了各种类型的计算机硬件系统，为了使不同类型的计算机系统能够通过网络加以集成，并能正确、有效地协同工作，实现应用程序的可移植性和互操作性，要求操作系统具有统一的开放的环境。操作系统的开放性要通过标准化来实现，要遵循国际标准和规范。

（5）可靠性。可靠性包括正确性和健壮性，正确性是指能正确实现各种功能，健壮性是指在硬件发生故障或某种意外的情况下，操作系统应能做出适当的应对处理，而不至于导致整个系统的崩溃。

（6）可移植性。可移植性指把操作系统软件从一个计算机环境迁移到另一个计算机环境并能正常执行的特性。迁移过程中，软件修改越少，可移植性就越好。操作系统的开发是一项非常复杂的工作，良好的可移植性可方便开发出在不同机型上运行的多种版本。在开发操作系统时，使与硬件相关的部分相对独立，并位于软件的底层，移植时只需根据变化的硬件环境修改这一部分，这样就能提高可移植性。

4.1.2　操作系统的形成

计算机硬件技术的发展目标是提高计算机的性能，代表性指标就是运算速度。早期主要是提高单处理器的性能，20 世纪 70 年代后出现了多处理器系统，通过多个处理器的合作来提高计算机的整体性能。操作系统的发展目标是提高处理器的利用率,使计算机的硬件特性能够充分发挥出来。1956 年出现了第一个操作系统 GM-NAA I/O,该系统是鲍勃·帕特里克(Bob Patrick)在美国通用汽车的系统监督程序(system monitor)的基础上,为美国通用汽车和北美航空公司在 IBM 704 计算机上设计的基本输入输出系统,可以成批地处理作业,在一个作业结束之后,它会自动执行新的作业。

1. 人工操作

1956 年之前,没有操作系统,用汇编语言或机器语言编写程序,程序员或操作员用手工方式直接控制和使用计算机硬件系统,用穿孔机将编写好的程序及相应的数据穿孔在纸带/卡片上,通过纸带/卡片机输入计算机。然后启动计算机执行程序,通过控制台上的开关、按钮和指示灯来操作和控制程序的执行,程序执行完并取走计算结果后,下一个用户才可以使用该计算机。

人工操作方式有两个主要缺点:

(1) 用户独占整个计算机。一台计算机的全部资源由一个用户独占使用。

(2) CPU 利用率偏低。当用户装卸纸带/卡片、纸带/卡片机运行、打印输出结果时,CPU处于空闲状态。

相对于 CPU 的运行速度,手工操作和纸带/卡片机、打印机等外设的速度是很慢的,使得高速的 CPU 绝大部分时间在等待慢速的手工操作和外设运行,计算机资源得不到有效利用。要知道这一时期都是价格昂贵的大型计算机。

2. 批处理操作系统

批处理操作系统指操作员将用户提供的若干个作业以"成批"的方式,同时交给计算机系统。作业(job)指用户在一次数据处理中要求计算机所做的全部工作的总和,由用户程序、数据和作业说明书组成。作业曾经是早期操作系统的一个重要概念,现代操作系统中已经很少使用这个概念。批处理操作系统分为单道批处理操作系统和多道批处理操作系统。

1) 单道批处理操作系统

操作员把接收到的一批用户作业存放在外存,由操作系统自动地一次调用一道作业进入内存运行。这种处理方法减少了人工操作的干预时间,提高了计算机的利用率。但是一个作业在运行时,若提出输入或输出请求,那么 CPU 就必须等待输入或输出的完成,这就意味着CPU 仍可能长时间空闲。这就是早期的单道批处理操作系统的工作模式,虽然减少了等待人工操作的时间,但仍需要等待输入或输出操作时间。

单道批处理操作系统的代表是 FMS(FORTRAN monitor system,FORTRAN 监控系统)和 IBM 公司为 IBM 7094 计算机配置的 IBM SYS 操作系统。

2) 多道批处理操作系统

多道批处理操作系统改进了单道批处理操作系统的不足。从外存中把多个作业同时调入内存,当某个作业需要输入或输出时,CPU 为该作业启动相应的输入或输出操作后就转去执行下一道作业。这样,第二道作业的执行与第一道作业的输入或输出并行工作,从而进一步减少 CPU 的等待时间。但多道批处理操作系统仍有其不足,用户不能干预自己作业的执行,即使发现错误也不能及时改正,即没有人机交互。

用于 IBM 4300 系列大型机的 IBM DOS/VS 和 IBM DOS/VES 操作系统是多道批处理操作系统的代表。

把一批作业放入外存(当时主要用的是磁带)可以有脱机方式和联机方式。脱机方式是指事先将描述作业的纸带/卡片装入纸带/卡片输入机,在一台外围机的控制下把纸带/卡片上的作业输入到磁带上。当 CPU 需要这些作业时,再从磁带上高速地调入内存。类似地,当 CPU 需要输出时,可由 CPU 直接高速地把数据从内存送到磁带上,然后再在另一台外围机的控制下,将磁带上的结果通过相应的输出设备输出。由于作业的输入输出都是在外围机的控制下完成的,或者说它们是在脱离主机的情况下进行的,故称为脱机输入输出方式。与此对应,在主机的直接控制下进行输入输出的方式称为联机输入输出方式。

脱机输入输出方式的主要优点如下。

(1) 减少了 CPU 的空闲时间。装卸纸带/卡片、作业从低速的纸带/卡片机送到高速的磁带上,都是在脱机情况下进行的,不占用主机时间,从而有效地减少了 CPU 的空闲时间。

(2) 提高了输入输出速度。当 CPU 在运行中需要输入或输出数据时,是直接通过高速的磁带机进行,节省了输入输出时间,进一步减少了 CPU 的空闲时间。

总之,脱机方式的实现有效地提高了 CPU 的利用率。

3. 分时操作系统

所谓分时,就是把计算机的系统资源(主要是 CPU)在时间上加以分割,形成一个个微小的时间段,每个微小时间段称为一个时间片,每个用户依次使用一个时间片,从而可以将 CPU 的工作时间轮流地提供给多个用户使用。一台计算机可以连接多个控制台或终端,从而使多个用户通过这些控制台和终端共享使用一台计算机。由于时间片非常小,用户感觉不到有别人在和自己共享使用计算机,就如同自己的专用计算机一样。同时每个用户可以通过控制台或终端控制自己程序的运行,具有人机对话功能,这就克服了批处理系统的不足。需要说明的是,根据计算机的性能高低,对连接终端的个数是有一定限制的,超出这个限制,会感觉计算机的速度很慢。

1961 年,美国麻省理工学院开发出第一个分时操作系统 CTSS,运行在 IBM 709 和 IBM 7094 大型机上,更有名的分时操作系统是麻省理工学院、贝尔实验室和通用电气公司共同开发的 MULTICS。

4. 实时操作系统

实时系统是一种能在限定时间内对外部事件作出响应和处理的计算机系统,可以分为实时控制系统和实时信息系统。

实时控制系统是以计算机为中心的过程控制系统,如自动化生产线控制系统、无人侦察机控制系统等。实时控制系统属于硬实时任务,系统必须满足对限定时间的要求,否则会产生严重的后果。实时信息系统通常是指实时信息处理系统,如航空订票系统、信息检索系统等。实时信息系统属于软实时任务,系统对限定时间的要求并不十分严格,偶尔的超时也不会产生严重后果。

能够满足实时系统要求的操作系统称为实时操作系统,实时系统的最重要特性就是及时响应性和可靠性。当然,一个计算机系统的实时性既依赖于实时操作系统,也和计算机的硬件性能密切相关。

现在的嵌入式操作系统都是实时操作系统,如 Windows CE、VxWorks 等。

5. 通用操作系统

同时具有分时、实时和批处理功能的操作系统称作通用操作系统。显然,通用操作系统规模更为庞大,结构更为复杂,功能也更为强大。开发通用操作系统的目的是为用户提供多模式的服务,同时进一步提高系统资源的利用效率。

在通用操作系统中,可能同时存在 3 类任务:实时任务、分时任务和批处理任务。这 3 类任务通常按照其急迫程度加以分组:实时任务级别最高,分时任务次之,批处理任务级别最低。当有实时请求时,系统优先处理;当没有实时任务时,系统为分时用户服务;仅当既无实时任务也无分时任务时,系统才执行批处理任务。

UNIX 的早期版本就是当时通用操作系统的典型代表,现在常用的操作系统 Windows、UNIX 和 Linux 都属于通用操作系统。

4.1.3　操作系统的发展

操作系统的形成已有近 60 年的历史。经过 20 世纪 60—70 年代的大发展时期,到 80 年代已趋于成熟。但随着超大规模集成电路的发展和计算机体系结构的变化,操作系统也在不断发展和完善,先后出现了微机操作系统、多处理器操作系统、网络操作系统、分布式操作系统和嵌入式操作系统等。

1. 微机操作系统

配置在微机上的操作系统称为微机操作系统。最早出现的微机操作系统是使用在 8 位微机上的 CP/M。一般把微机操作系统分为单用户单任务操作系统、单用户多任务操作系统和多用户多任务操作系统。

单用户单任务的含义是,只允许一个用户使用计算机,且只允许该用户运行一个程序。这是一种最简单的微机操作系统,主要配置在早期的 8 位微机和 16 位微机上。最有代表性的单用户单任务操作系统是 CP/M 和 MS-DOS。

单用户多任务的含义是,只允许一个用户使用计算机,但允许该用户提交多个程序并发执行,即可以同时完成多个任务,从而有效地改善系统的性能。目前,在微机上配置的操作系统大多数是单用户多任务操作系统,其中最有代表性的是 Windows,用户可以一边调试执行程序一边听音乐,还可以同时收发电子邮件。

多用户多任务的含义是,允许多个用户通过各自的终端,使用同一台主机,共享主机系统中的各类资源,而每个用户又可以提交几个程序,使它们并发执行,从而进一步提高资源利用率和增加系统吞吐量。本来多用户多任务操作系统一般是用于大、中、小型计算机的,随着微型机性能的不断提高,在高档微机上也可以安装多用户多任务操作系统。其中,最有代表性的是微机版的 UNIX 和 Linux 操作系统。

2. 多处理器操作系统

从计算机的发展历史可以看出,提高计算机系统性能的主要途径有两个:一是提高构成计算机系统的元器件的运行速度;二是改进计算机系统的体系结构。早期的计算机系统基本上都是单处理器系统,重点在于提高处理器及相关器件的性能。20 世纪 70 年代出现了多处理器系统(multi-processor system,MPS),试图通过改进计算机体系结构来提高系统性能。近年来推出的超级计算机、大型机和小型机,大多采用多处理器结构,甚至高档微机也出现了这种趋势。

根据多个处理器之间耦合的紧密程度,可把 MPS 分为两类:紧耦合 MPS 和松耦合 MPS。紧耦合 MPS 是指多个处理器通过高速线路互连,共享内存、外存和外设,多处理器系统一般是指紧耦合 MPS;松耦合 MPS 是指每个处理器有各自的内存、外存和外设,实际上是构成了一台独立的计算机,多台计算机通过通信线路互连,松耦合 MPS 也可以称为多计算机系统或计算机网络。

在多处理器系统中配置的操作系统称为多处理器操作系统，主要有两种模式：

（1）非对称模式，又称为主-从模式。在非对称模式中，把处理器分为主处理器和从处理器两类。主处理器只有一个，其上安装有操作系统，用于管理整个系统的资源，并负责为各从处理器分配任务及协调从处理器的运行。从处理器可有多个，它们执行预先规定的任务及由主处理器所分配的任务。主-从式操作系统易于实现，但资源利用率比较低。

（2）对称模式。在对称模式中，所有处理器的地位都是相同的。在每个处理器上运行一个相同的备份操作系统，用它来管理本地资源和控制进程的运行以及各处理器之间的通信。对称模式操作系统资源利用率和整体性能比较高，但实现起来比较复杂。

代表性的多处理器操作系统有 SUN 公司的 Solaris、AT&T 公司的 UNIX System V4.0 MP 版本、DG 公司的 DG/UX 等。

3. 网络操作系统

计算机网络可以定义为自主计算机的互连集合，自主计算机是指一台独立的计算机，互连是表示计算机之间能够实现相互通信和资源共享。计算机网络是在计算机技术和通信技术快速发展与相互结合的基础上发展起来的。

运行在计算机网络环境上的网络操作系统应具有如下 4 个方面的功能。

（1）网络通信。这是网络最基本的功能，其任务是在源主机和目标主机之间实现无差错的数据传输。为此，应有的主要功能包括建立和拆除通信链路、传输控制、差错控制、流量控制和路由选择等。

（2）资源管理。对网络中可共享的软硬件资源实施有效的管理，协调和控制各用户对共享资源的使用，保证数据的安全性和一致性。常用的共享资源有硬盘、打印机、软件和数据文件等。

（3）网络服务。这是在网络通信和资源管理的基础上，为了方便用户而直接向用户提供的多种有效服务，主要有电子邮件、文件传输、网络新闻、信息检索、即时通信和电子商务等服务。

（4）网络管理。网络管理最基本的任务是安全管理，通过存取控制技术来确保存取数据的安全性，通过容错技术来保证系统出现故障时数据的安全性，通过反病毒技术、入侵检测技术和防火墙技术等来确保计算机系统免受非法攻击。此外，还应对网络性能进行监测，对使用情况进行统计分析，以便为网络性能优化和网络维护等提供必要的信息。

常见的网络操作系统有 Windows Server、网络版的 UNIX 和 Linux 等。

4. 分布式操作系统

在分布式概念提出之前的计算机系统中，其处理和控制功能都高度地集中在一台主机上，所有的任务都由主机处理，这样的系统称为集中式处理系统。

在分布式处理系统中，系统的处理和控制功能分散在系统的各个处理单元上。系统中的所有任务也可动态地被分配到各个处理单元上去，使它们并行执行，实现分布处理。分布式处理系统最基本的特征是处理上的分布性，而分布处理的实质是资源、功能、任务和控制都是分布的。所谓分布式处理系统（distributed processing system），指由多个分散的处理单元经互连网络的连接而形成的系统，简称分布式系统。其中，每个处理单元既具有高度的自治性，又与其他处理单元相互协同，能在系统范围内实现资源管理，动态地分配任务，并能并行地运行分布式程序。在分布式系统中，如果每个处理单元都是计算机，则可称为分布式计算机系统，它通常就是计算机网络。分布式系统一般是指其处理单元只是由处理器和局部存储器组成。

在分布式系统上配置的操作系统,称为分布式操作系统。

代表性的分布式操作系统有荷兰自由大学的 Amoeba 和法国 INRIA 学会的 Chorus 等,但并没有得到广泛的应用。

5. 嵌入式操作系统

嵌入式操作系统指运行在嵌入式电子设备中的操作系统,嵌入的计算机及其操作系统与这些设备的其他部件密切地结合成一体。嵌入式电子设备泛指内部嵌有计算机的各种电子设备,其应用范围涉及网络通信、国防安全、航空航天、智能电器、家庭娱乐等多个领域。与一般操作系统相比,嵌入式操作系统具有微型化、可定制、实时性好、可靠性高和易移植等特点。嵌入式操作系统也是实时操作系统。

常用的嵌入式操作系统有 Windows CE、VxWorks 和嵌入式 Linux 等。

4.1.4　操作系统的特征

虽然不同类型的操作系统各有其特点,但一般都具有并发性、共享性、虚拟性和异步性等共同的基本特征。

1. 并发性

并发(concurrence)指两个或多个事件在同一时间段内发生,而并行指两个或多个事件在同一时刻发生。并发和并行是有区别的,在多处理器系统中,可以有多个进程并行执行,一个处理器执行一个进程。在单处理器系统中,多个进程是不可能并行执行的,但可以并发执行,即多个进程在一段时间内同时运行,但在每一时刻,只能有一个进程在运行,多个并发的进程在交替地使用处理器运行,操作系统负责这些进程之间的执行切换。简单地说,进程就是指处于运行状态的程序。

并发性改进了在一段时间内一个进程对 CPU 的独占,可以让多个进程交替地使用 CPU,从而有效提高系统资源的利用率,提高系统的处理能力,但也使系统管理变得复杂,操作系统要具备控制和管理各种并发活动的能力。

2. 共享性

共享(sharing)指系统中的资源可供多个并发执行的进程共同使用。共享可以提高系统资源的利用率,为每个进程分别提供其所需的所有资源是非常浪费的,也没这个必要。

并发性和共享性是操作系统的两个最基本的特征,它们互为存在条件。一方面,资源共享是以进程的并发执行为条件的,若系统不允许进程并发执行,也就不存在资源共享问题;另一方面,若操作系统不能对资源共享实施有效管理,则必将影响到进程正确地并发执行,甚至根本无法并发执行。

3. 虚拟性

操作系统中的虚拟(virtual)指通过某种技术把一个物理实体变成若干个逻辑上的对应物。物理实体是实际存在的,对应物是虚的,是用户感觉到的。例如,在分时系统中,虽然只有一个 CPU,但每个终端用户都认为有一个 CPU 在专门为自己服务,即利用分时技术可以把物理上的一个 CPU 虚拟为逻辑上的多个 CPU,逻辑上的 CPU 称为虚拟处理器。类似地,也可以把一台物理输入输出设备虚拟为多台逻辑上的输入输出设备(虚拟设备),把一条物理信道虚拟为多条逻辑信道(虚拟信道)。在操作系统中,虚拟主要是通过分时使用的方式实现的。

4. 异步性

在多道程序环境下,允许多个进程并发执行,但由于资源及控制方式等因素的限制,进程的执行并非一次性地连续执行完,通常是以"断断续续"的方式进行。内存中的每个进程在何时执行,何时暂停,以怎样的速度向前推进,每个进程总共需要多长时间才能完成,都是不可预知的。先进入内存的进程不一定先完成,而后进入内存的进程也不一定后完成,即进程是以异步(asynchronism)方式运行的。操作系统要严格保证,只要运行环境相同,多次运行同一进程,都应获得完全相同的结果。

4.2　操作系统的功能

操作系统具有处理器管理功能、存储器管理功能、设备管理功能、文件管理功能和网络与通信管理功能。此外,为了方便用户使用操作系统,还需向用户提供一个使用方便的用户接口。

4.2.1　处理器管理功能

处理器管理的主要任务是对中央处理器进行分配,对其运行进行有效的控制和管理,最大限度地提高处理器的利用率,减少其空闲时间。在多道程序环境下,处理器的分配和运行都是以进程为基本单位的,因而对处理器的管理可归结为对进程的管理。进程(process)指程序的一次执行过程。进程是操作系统中最基本、最重要的一个概念,是在多道程序系统出现后,为描述程序运行的动态特性而引入的概念。进程是一个动态概念,其静态实体需要一种数据结构来表示,描述程序运行中的状态。

在多道程序环境下,处理器在多个程序之间切换,一个程序的执行可能是断断续续的,经历多次的执行、等待交替才能完成整个程序的执行,程序由执行变为等待,再由等待变为执行,接着上次执行的断点继续执行,断点处的状态信息要保存,需要有合适的数据结构。在多道程序环境中,允许有多个程序并发执行,就可能出现一个程序被多次调用而参与到并发执行中,一个程序并发性地被多次执行,每一次执行看作是一个进程,一个程序对应多个进程,需要保存每个进程的状态信息,也需要合适的数据结构。

处理器管理要保证处理器在多个进程间进行有效的切换,既保证各进程执行的正确,也保证处理器具有比较高的利用率。处理器管理主要包括进程控制、进程同步、进程通信和处理器调度4个方面。

1. 进程控制

在多道程序环境下,要使程序运行,必须先为它创建一个或几个进程,并为之分配必要的资源。当进程运行结束时,要立即撤销该进程,以便及时回收该进程所占用的各类资源。进程控制的主要任务是为程序创建进程,撤销已结束的进程,以及控制进程在运行过程中的状态转换。进程有3个状态：运行状态、就绪状态和等待状态。运行状态是进程占用处理器运行的状态;就绪状态是进程具备运行条件,只要分配给处理器就能运行的状态;等待状态是进程不具备运行条件,正在等待某个事件完成的状态。

2. 进程同步

一般来说,相互无关的多个进程是以异步方式运行的,并以人们不可预知的速度向前推进。有时多个进程也存在一定的制约关系,如多个进程共享同一独占型资源或多个进程协作完成同一项任务,为了保证这些相互有关的进程能够正确地运行,系统中必须设置进程同步机制。进程同步的主要任务是对存在制约关系的多个进程的运行进行协调,主要有同步和互斥两种协调方式。

（1）进程同步方式。多个进程协作完成同一项任务，进程之间在执行次序上有制约关系，应有同步机构对这些进程的执行加以协调，保证按正确的先后次序进行。

（2）进程互斥方式。多个进程在对独占型资源进行共享访问时，按照一定的策略逐次使用资源，如先来先服务、短者优先等策略。互斥也可以看作是一种特殊的同步方式，是对进程访问资源顺序的一种协调。

实现进程互斥常用加锁机制，进程 P1 获得独占型资源 R 的使用权，就对资源 R 加锁，此时进程 P2 也想使用资源 R，必须等待，直到 P1 使用完并释放 R。这种加锁机制也有副作用，有时会导致死锁或饥饿现象，死锁（deadlock）指一组分别占有一定资源的进程相互等待其他进程的资源而永远也得不到，导致各进程都无法执行。饥饿（starvation）指由于资源分配策略不当等方面的原因，使某一进程永远也得不到所需资源而导致无法执行。所以，操作系统在引入加锁机制的同时，还要有相应地解决死锁或饥饿问题的有效方法，完全避免死锁或饥饿是很困难的，只能是尽可能减少死锁或饥饿的发生。

3. 进程通信

在多道程序环境下，可由系统建立多个进程，这些进程相互合作去完成一共同任务，在这些相互合作的进程之间，往往需要交换信息。例如，有 3 个相互合作的进程，它们分别是输入进程、计算进程和打印进程。输入进程负责将所输入的数据传送给计算进程，计算进程利用输入数据进行计算，并把计算结果传送给打印进程，由打印进程把结果打印出来。进程通信的任务是实现相互合作进程之间的信息交换。

当相互合作的进程处于同一计算机系统时，通常是采用直接通信方式。由源进程利用发送命令的方式直接将消息挂到目标进程的消息队列上，以后由目标进程利用接收命令从其消息队列中取出消息。

当相互合作的进程处于不同的计算机系统中时，常采用间接通信方式，由源进程利用发送命令将消息送入一个存放消息的中间实体中，以后由目标进程利用接收命令从中间实体中取走消息。该中间实体通常称为邮箱，相应的通信系统称为电子邮件系统。

4. 处理器调度

处理器调度的主要任务是为并发执行的多个进程分配处理器资源，分为 3 级：高级调度、中级调度和低级调度。

高级调度也称为作业调度，作业调度的基本任务是从存放在外存中的后备作业队列中，按照一定的算法选择若干个作业调入内存准备执行。

中级调度也称为交换调度，根据进程的当前状态决定外存和内存的进程交换，当内存容量不足时，把暂不执行的进程从内存调至外存（这种作用的外存称为虚拟内存），将需要执行的进程调入内存，这种方式可以提高内存资源的利用率。

低级调度也称为进程调度，进程调度的任务则是从进程的就绪队列中，按照一定的算法选出一个进程，把处理器分配给它，并为它设置运行环境，使该进程进入运行状态。

作业调度是多道批处理系统的重要功能，现代操作系统中不再有作业调度，只有中级调度和进程调度。

进程作为资源分配和并发调度的基本单位，提高了 CPU 等系统资源的利用率。但由于系统的地址空间和资源有限，限制了系统中所允许的并发进程的个数。同时，并发进程之间的执行切换也消耗了比较多的处理器时间。为进一步提高并发程度和减少进程切换的时间消耗,20 世纪 80 年代中期提出了线程的概念,线程(thread)指进程内部一个可独立执行的实体。在一个进程中可以创建多个线程,实现多个线程的并发执行,即一个进程的多个部分可以并发执行,进一步提高了 CPU 的利用率,减少了进程切换次数及时间消耗。

4.2.2　存储器管理功能

存储器管理的主要任务是管理内存资源,为并发进程的执行提供内存空间;提高内存空间的利用率,并能从逻辑上扩充内存空间以适应大进程和更多进程并发执行的需要。存储器管理应具有内存分配、内存保护、地址映射和内存扩充等功能。

1. 内存分配

内存分配的主要任务是为需要执行的进程分配适当的内存空间,及时回收执行完的进程所释放的内存空间;尽量减少不可用的内存空间,提高内存空间的利用率。

2. 内存保护

内存保护的主要任务是确保并发执行的每个进程都在自己的内存空间中执行,互不干扰,防止一个进程访问其他进程的内存空间进而影响那个进程的正常执行。特别是不允许用户进程访问操作系统所占用的内存区域,否则可能造成整个系统的瘫痪。

为了确保每个进程只在自己的内存区内执行,操作系统要有内存保护机制。一种比较简单的方法是使用两个寄存器,分别存放一个进程占用内存空间的上界和下界。对进程中每条指令所访问的内存地址进行检查,如果超出了所分配的内存空间范围,便停止该进程的执行。

3. 地址映射

高级语言源程序经编译和连接后形成可装入内存的程序,这时程序中第一条指令的地址是从 0 开始的,后面的指令依次编址,由这些指令在程序中的地址所构成的地址范围称为地址空间,其中的地址称为逻辑地址或相对地址。由内存中的若干存储单元所构成的地址范围称为内存空间,其中的地址称为物理地址。

在进程并发执行的环境下,地址空间中的逻辑地址和内存空间中的物理地址是不一致的,地址映射功能是将地址空间中的逻辑地址转换为内存空间中的物理地址,即实现逻辑地址到物理地址的变换,这样才能保证每个进程都分配到合适的内存空间并正确执行。

4. 内存扩充

虽然随着计算机硬件技术的快速发展,计算机的内存容量也相应地有了大幅度提高,但计算机要完成任务的规模也在逐渐增大,内存容量满足不了用户(解决大规模问题)需要的可能性一直存在。内存扩充的任务是借助于虚拟存储技术(把一部分外存虚拟成内存使用)从逻辑上扩充内存容量,而不是真正增加物理内存的容量。这种虚拟存储技术在不增加硬件成本的前提下,扩充了逻辑内存,能够执行更大的进程或使更多的进程能并发执行,提高了系统性能。

这实际上是改变了初始的进程执行模式:要执行的进程及相应的数据需要全部调入内存才能执行。现在的模式是,先调入部分指令和数据就能启动进程执行,在执行过程中,根据需要逐步把后续指令和数据调入内存,同时把暂时不需要的已经执行过的指令和数据调至特定的外存区域。这样就能在不增加物理内存容量的前提下,执行更大的进程或使更多的进程并发执行,与内存配合的特定外存区域称为逻辑内存或虚拟内存。

4.2.3　设备管理功能

为方便使用计算机,计算机要配备键盘、鼠标、显示器、打印机等输入输出(I/O)设备。设备管理的主要任务是响应用户提出的输入输出请求,为其分配相应的输入输出设备;提高CPU 和输入输出设备的使用效率,提高输入输出速度;方便用户使用输入输出设备。为有效完成上述任务,设备管理应具有缓冲区管理、设备分配、设备驱动调度、设备独立性和虚拟设备等功能。

1. 缓冲区管理

缓冲区管理的基本任务是管理好各种类型的缓冲区,缓冲区指内存中的一块特定存储区域或设备本身自有的存储空间,用以缓和 CPU 和输入输出设备速度不匹配的矛盾,目的是提高 CPU 和输入输出设备的利用率。例如,需要打印输出时,可以把打印内容放入缓冲区,供打印机取出打印,此时 CPU 可以继续执行其他任务,避免了高速的 CPU 等待低速的打印机打印,实际上是 CPU 在和打印机并行工作。

2. 设备分配

设备分配的基本任务是根据用户的输入输出请求,为之分配相应的输入输出设备。

为了实现设备的有效分配,系统中应设置设备控制表等数据结构,记录设备的标识符、类型、地址和状态等信息,用以表示该设备的唯一标识、是否空闲等,作为设备分配的依据。设备使用完后,系统要及时回收以便其他用户使用,这称为设备分配。

3. 设备驱动调度

设备驱动调度的基本任务是把用户提交的输入输出请求转化为实际的输入输出操作,完成用户的输入输出请求。由 CPU 向设备控制器发出输入输出指令,启动输入输出设备完成指定的输入输出操作,并能接收由设备控制器发来的中断请求,给予及时的响应和相应的处理。设备驱动调度通过设备驱动程序来完成,设备驱动程序与硬件密切相关,其中部分代码可能需要用汇编语言编写。

4. 设备独立性

设备独立性指应用程序独立于具体的物理设备,与实际使用的物理设备无关。设备独立性不仅能提高用户程序的适应性,使程序不局限于某个具体的物理设备,而且易于实现输入输出的重定向,易于应对输入输出设备故障。

5. 虚拟设备

虚拟设备指通过某种方法(如分时方法)把一台独占型物理设备改造成能供多个用户共享使用的逻辑设备,这种逻辑设备称为虚拟设备。虚拟设备技术能够有效提高设备的利用率,使每个共享使用设备的用户都感觉自己在独自使用该设备。

4.2.4　文件管理功能

要执行一个程序,需要将这个程序送入内存,要编辑修改一个数据文件(如一个 Word 文档),需要把这个文件送入内存。暂时不需要执行的程序或不用的文件要存放在硬盘等外存上,以备需要时直接调入内存。操作系统要具备文件管理功能,对存放在外存上的大量文件(程序也是一种文件)进行有效的管理,以方便用户操作使用这些文件,并保证文件内容的安全。文件管理应具有文件存储空间管理、目录管理、文件的读写管理以及文件的安全保护等功能。

1. 文件存储空间管理

建立一个新的文件时,系统要为其分配相应的存储空间;删除一个文件时,系统要及时收回其所占用的空间。为了实现对文件存储空间的管理,系统应设置相应的数据结构,用于记录存储空间的使用情况，作为为新建文件分配存储空间的依据。为了提高存储空间的利用率和空间分配效率，对存储空间的分配通常是采用非连续分配方式，并以块为基本分配单位，块的大小通常为 512B～4KB 甚至更大。一个文件的内容可能存放在多段物理存储区域中，系统要有一种良好的机制把它们从逻辑上连接起来。

2. 目录管理

外存上可能存放有成千上万个文件，为了有效管理文件并方便用户查找文件，文件的存放分目录区和数据区。目录区用于存放文件的目录项，每个文件有一个目录项，包含文件名、文件属性、文件大小、建立或修改日期、文件在外存上的开始位置等信息。数据区用于存放文件的实际内容。目录管理的主要任务是为每个文件建立目录项，并对由目录项组成的目录区进行管理，能有效提高文件操作效率。例如，只检索目录区就能知道某个特定的文件是否存在；删除一个文件只在该文件的目录项上做一个标记即可，这也正是一个文件删除后还有可能恢复的原因。

3. 文件的读写管理

文件的读写管理就是根据用户的请求，从文件中读出数据或将数据写入文件。在进行文件读（写）时，首先根据用户给出的文件名，去查看文件目录区，找到该文件在外存中的开始存放位置；然后，对文件进行相应的读（写）操作。文件读写也称为文件存取。

4. 文件的安全保护

为了防止文件内容被非法读取和篡改，保证文件的安全。文件系统需要提供有效的安全保护机制。一般采取多级安全控制措施，一是系统级控制，没有合法账号和密码的用户不能进入计算机系统，自然也就无法访问系统中的文件；二是用户级控制，对有合法账号和密码的用户分配适当的文件存取权限，使其只能访问有访问权限的文件；三是文件级控制，通过设置文件属性（如只读）、密码保护、文件加密等措施来进一步限制用户对文件的存取。

文件管理功能由操作系统中的文件系统提供。Windows 文件系统主要有文件分配表（file allocation table，FAT）和新技术文件系统（new technology file system，NTFS）两种格式。在 Windows 9x 中，FAT16 支持的硬盘分区最大为 2GB；在 Windows 2000、Windows XP 中，FAT32 支持的硬盘分区最大为 32GB，但单个文件大小不能超过 4GB；NTFS 兼顾了磁盘空间的使用和访问效率，单个文件大小可以超过 4GB，硬盘分区可达到 2TB，在文件和文件夹权限设置、文件加密、设置磁盘配额和文件压缩等方面具有更好的性能。为解决 FAT32 不支持 4GB 以上文件的限制，引入扩展 FAT 文件系统（extended FAT，exFAT），exFAT 只适用于闪存等移动存储设备。

4.2.5　网络与通信管理功能

随着计算机网络的快速发展与普及，操作系统要具备网络与通信管理功能，以保证网络功能的正常、高效实现，主要包括资源管理、通信管理和网络管理等。

资源管理要保证网络资源的共享，管理用户对资源的访问，保证信息资源的安全性和完整性。通信管理就是通过通信软件，按照通信协议的规定，完成网络上计算机之间的信息传送。网络管理就是保证网络的安全、高效运行，并对出现的网络故障有合适的应对技术，包括故障管理、安全管理、性能管理、日志管理和配置管理等。

4.2.6　用户接口

为了方便用户使用操作系统，操作系统应向用户提供一个友好的接口。该接口通常是以命令或系统调用的形式供用户使用,前者提供给用户在直接操作时使用,后者则提供给用户在编程时使用。在 Windows 等操作系统中,又向用户提供了图形接口。

1. 命令接口

为了便于用户直接或间接地控制自己的程序,操作系统向用户提供了命令接口。用户可通过该接口向计算机发出命令以实现相应的功能。该接口又可进一步分为联机用户接口和脱机用户接口。

(1) 联机用户接口。由一组键盘操作命令及对应的命令解释程序所组成。当用户在终端或控制台上输入一条命令后,系统便立即转入命令解释程序,对该命令进行解释并执行该命令。在完成指定功能后,控制又返回到终端或控制台上,等待用户输入下一条命令。DOS 操作系统提供的就是联机用户接口。

(2) 脱机用户接口。该接口是为批处理作业的用户提供的,也称为批处理用户接口。它由一组作业控制语言组成。批处理作业的用户不能直接与自己的作业交互作用,只能委托系统代替用户对作业进行控制和干预。早期使用的批处理操作系统提供脱机用户接口。

2. 程序接口

程序接口是为用户程序访问系统资源而设置的,是用户程序取得操作系统服务的唯一途径。现在的操作系统都提供程序接口,如 DOS 操作系统是以系统功能调用的方式提供程序接口,为用户提供的常用子程序有 80 多个,可以在编写汇编语言程序时直接调用。Windows 操作系统是以应用程序编程接口(application programming interface,API)的方式提供程序接口,WIN API 提供了大量的具有各种功能的函数,直接调用这些函数就能编写出各种界面友好、功能强大的应用程序。在可视化编程环境(VB、VC++、Delphi 等)中,提供了大量的类库和各种控件,如微软基础类(microsoft foundation classes,MFC),这些类库和控件都是构建在 WIN API 函数之上的,并提供了方便的调用方法,极大地简化了 Windows 应用程序的开发。

3. 图形接口

虽然用户可以通过联机用户接口来取得操作系统的服务,并控制自己的应用程序运行,但要求用户能熟记各种命令的名字和格式,并严格按照规定的格式输入命令,这既不方便又费时间。于是,图形用户接口应运而生。

图形用户接口(graphical user interface,GUI)采用了图形化的操作界面,用非常容易识别的各种图标将系统的各项功能、各种应用程序和文件直观、逼真地表示出来。可通过鼠标、菜单和对话框来完成对各种应用程序和文件的操作。此时用户已完全不必像使用命令接口那样去记住命令名及格式,轻点鼠标就能实现很多功能。用户被从繁琐且单调的操作中解放出来,能够为更多的非专业人员使用。Windows 系列操作系统因提供方便用户使用的图形用户接口而得到广泛应用。

4.2.7　操作系统的启动过程

目前操作系统启动过程主要有两种模式,一种是基于基本输入输出系统(basic input output system,BIOS)的传统启动模式,另一种是基于统一可扩展固件接口(unified extensible firmware interface,UEFI)的新型启动模式。提出统一可扩展固件接口的主要目的是为了提供一组在操作系统启动之前在所有平台上一致的、正确的启动服务,被看作是 BIOS 的代替者。新型号的 PC 大都支持 UEFI 启动模式。UEFI 启动模式具有更好的兼容性、可扩展性和运行性能,操作配置也更为简单方便。

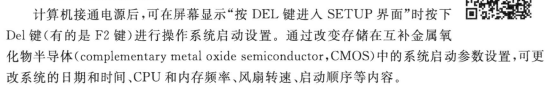

下面以 Windows 10 为例，分别说明 BIOS 模式和 UEFI 模式的计算机启动过程。

1. BIOS 模式启动过程

计算机接通电源后，可在屏幕显示"按 DEL 键进入 SETUP 界面"时按下 Del 键（有的是 F2 键）进行操作系统启动设置。通过改变存储在互补金属氧化物半导体（complementary metal oxide semiconductor，CMOS）中的系统启动参数设置，可更改系统的日期和时间、CPU 和内存频率、风扇转速、启动顺序等内容。

计算机的启动首先是从执行 BIOS 中自检程序开始的（BIOS 存储在 ROM 中，ROM 中主要存储的是自检程序和引导程序），这时可以看到计算机面板上的指示灯依次闪烁。自检顺序为：先进行 CPU、内存等关键部件的诊断测试，接着识别并检查显卡、硬盘等外部设备。自检通过后，BIOS 引导程序开始执行，寻找磁盘上的主引导记录（master boot record，MBR）。MBR 位于硬盘的 0 柱面、0 磁头、1 扇区（称为主引导扇区），大小与普通扇区一样占用 512 字节，MBR 中存储着计算机的磁盘分区表与主磁盘引导程序。主要功能用于当磁盘启动后，将系统控制权转交给硬盘分区表中的某个操作系统。然后 MBR 开始读取扇区内的硬盘分区表（disk partition table，DPT），并找到活动分区（Windows 10 往往在安装系统时会建立一个 100MB 的活动分区）中的分区引导记录（partition boot record，PBR），然后把控制权交给 PBR。PBR 搜索活动分区中的启动管理器 BOOTMGR，并将控制权交给 BOOTMGR。

BOOTMGR 寻找活动分区中 boot 文件夹下的 BCD 文件（启动配置参数），如当主分区位于 C 盘时，BCD 文件默认位于 C:\boot 路径下。找到 BCD 后，BOOTMGR 首先从 BCD 中读取 BOOTMGR 菜单的语言版本信息，然后再调用相应语言的启动菜单，之后在显示器上显示多操作系统选择画面（如果存在多个操作系统且系统设置的等待时间不为 0，那么屏幕上就会显示多个操作系统的选择界面）。如果只有 Windows 10 操作系统，那么将直接进入 Windows 10 系统，不显示选择界面。接着，BOOTMGR 就会读取 Windows 10 系统所在盘中的 Windows\System32\winload.exe 文件，并且将控制权交给 winload.exe。

winload.exe 加载 Windows10 内核、硬件、服务等，然后加载个人设置、桌面等信息，从而完成整个 Windows 10 系统的启动。

2. UEFI 模式启动过程

在传统 BIOS 模式下启动系统时需要进行硬件自检、寻找主引导分区 MBR、读取硬盘分区表、寻找活动分区、寻找活动分区中的分区引导记录、再启动 BOOTMGR、执行 BCD 的过程。

UEFI 模式相对于 BIOS 启动的一大特点在于其不必进行硬件自检，直接查找 EFI 系统分区（EFI system partition，ESP）。ESP 中主要存储 UEFI 模式下系统的启动引导程序。BIOS 启动过程中分区表存于 MBR 扇区之中，在 UEFI 模式下，出于兼容 BIOS 模式的考虑，通常让硬盘从第 2 个扇区开始存放 GUID 分区表（GUID partition table，GPT），第一个扇区仍存储 MBR。BIOS 模式下启动过程中需要查找主分区、寻找活动分区的分区引导记录，在 UEFI 模式下，可直接在 ESP 分区中找到后续启动过程所需要的文件，首先找到并执行 ESP 分区下的 EFI/Microsoft/Boot/bootmgfw.efi。bootmgfw.efi 会找到同一相对路径下的 BCD 文件，与 BIOS 模式中相似，从 BCD 文件中读取语言版本信息，然后调用相应语言的启动菜单，之后在显示器上显示多操作系统选择画面，待选择系统进入后读取\Windows\System32 文件夹下的 winload.efi，加载内核启动系统。而上述过程中的 .efi 文件中调用的即是可扩展固件接口，而上面提到的 .efi 文件即为可以直接在 UEFI 下运行的程序。

4.3　操作系统实例

最初的计算机没有操作系统,人们通过各种按钮和开关来直接控制计算机运行,自第一个操作系统出现到现在,经过近六十年的发展,推出了众多的操作系统,为使用各种计算机提供了非常大的方便。下面对几个著名的操作系统进行简要介绍。

4.3.1　CP/M 操作系统

最早的操作系统是出现在 1956 年的 GM-NAA I/O。微型计算机的第一个操作系统则是诞生于 1974 年的控制程序/监控程序(control program/monitor,CP/M)。

CP/M 是加里·基尔达尔(Gary Kildall,1942—1994)领导的 Digital Research 公司为 8 位微型机开发的操作系统,它能够进行文件管理,具有磁盘驱动功能,可以控制磁盘的输入输出、显示器的显示以及打印机的输出,它是当时操作系统的标准。CP/M 曾经有多个版本,运行在 Intel 8080 CPU 上的 CP/M-80,运行在 8088/8086 CPU 上的 CP/M-86,运行在 Motorola 68000 CPU 上的 CP/M-68K 等。

4.3.2　DOS 操作系统

1981 年 IBM 公司首次推出了 IBM-PC 个人计算机,该机上安装了微软公司开发的 MS-DOS 操作系统。该操作系统在 CP/M 的基础上进行了较大的扩充,增加了许多内部和外部命令,使该操作系统具有较强的功能及性能优良的文件系统。又因为它是配置在 IBM-PC 上,随着该机种及其兼容机的畅销,MS-DOS 操作系统也就成了事实上的 16 位微机单用户单任务操作系统的标准。

微软-磁盘操作系统(Microsoft-disk operating system,MS-DOS)最早的版本是 1981 年 8 月推出的 1.0 版,一直发展到 1995 年的 7.0 版。在 1990 年微软推出 Windows 3.0 之前,DOS 一直占据微机操作系统的霸主地位,在和 Windows 抗争了几年之后,从 1995 年的 Windows 95 推出开始,DOS 逐步退出了操作系统市场。

早期的 DOS 是不支持汉字处理的,为了能在微型机上处理汉字,1983 年我国电子工业部第六研究所推出了基于 MS-DOS 的汉字磁盘操作系统 CC-DOS,以后又推出了若干版本。

4.3.3　Windows 操作系统

微软公司从 1983 年开始研发 Windows 操作系统,当时的目的是在 DOS 的基础上增加一个多任务的图形用户界面。1985 年和 1987 年分别推出了 Windows 1.0 和 Windows 2.0,但并没有得到用户的广泛认可,Windows 的流行是从 3.0 版开始的。

1990 年由微软公司推出的 Windows 3.0,以其易学易用、友好的图形用户界面,并能支持多任务和虚拟内存的优点,得以很快地流行开来,开始逐步占领微型机操作系统市场。Windows 95 在 1995 年 8 月正式发布,这是第一个不要求使用者先安装 MS-DOS 的 Windows 版本。从此 Windows 9x 便取代 Windows 3.x 以及 MS-DOS 操作系统,成为个人计算机平台的主流操作系统。

Windows 家族的另一个重要分支是 Windows NT,是一种面向高端微型机的操作系统,与支持个人应用的 Windows 9x 有根本的区别,采用客户机/服务器与层次式结合的模型,支持多进程并发，有较强的内置网络功能和较高的系统安全性，主要运行在小型机和服务器上。

Windows 2000 是在 Windows NT 5.0 的基础上修改和扩充而成的，分为 Windows 2000 Professional 和 Windows 2000 Sever 两种版本，前者是面向普通用户的，后者则是面向网络服务器的，能够充分发挥 32 位微型机的硬件性能，使其在处理速度、存储能力、多任务和网络计算支持等方面具有小型机的性能。

2001 年 3 月，微软公司正式宣布把个人用版本 Windows 98、Windows ME 和商用版本 Windows 2000 合二为一，推出新的版本 Windows XP（eXPerience）。2003 年 3 月推出的 Windows Server 2003 是广泛应用于服务器的操作系统。之后陆续推出了 Windows Vista、Windows 7、Windows 8、Windows 10、Windows Server 2008、Windows Server 2012 以及 2016、2018、2019 等版本。

自 DOS 退出操作系统市场后，Windows 成为人们使用最多的微机操作系统。根据 Net Applications 公司 2018 年底的统计，在桌面计算机操作系统领域，Windows 10/8/7/XP 等各版本的市场占有率合计为 86.20%，其中 Windows 10 的市场占有率为 39.22%。

4.3.4　UNIX 操作系统

UNIX 操作系统是一种典型的多用户多任务型操作系统，是一个能在微型机、工作站、小型机、大型机各种机型上使用的操作系统。

UNIX 操作系统起源于美国电报电话公司（AT&T）贝尔实验室在 1969 年开发的一种分时操作系统，最早的工作集中在文件管理和进程控制上。1970 年将该系统移植到了小型机 PDP-11 上，吸收了分时操作系统 MULTICS 的技术精华，定名为 UNIX。1971 年 11 月 3 日，UNIX 第 1 版（UNIX V1）正式诞生。1973 年 C 语言出现后，用 C 语言改写的第 3 版 UNIX 具有非常好的可读性和可移植性，为其推广普及奠定了基础。20 世纪 70 年代中后期，UNIX 源代码的免费获取引起了大学和公司的兴趣，更多人的参与为 UNIX 的改进、完善和普及起了重要作用，最著名的是加州大学伯克利分校的 BSD 版本。从 1977 年开始，各公司陆续推出了多种 UNIX 的商业化版本，如 SUN 公司的 SUN OS 和 Solaris、微软公司的 XENIX、DEC 公司的 ULTRIX、IBM 公司的 AIX、HP 公司的 HP/UX、AT&T 公司的 UNIX System Ⅲ、UNIX System Ⅴ、UNIX SVR 4.0 和 UNIX SVR 4.2 等。众多 UNIX 版本的出现，促进了 UNIX 的快速发展和应用普及，但也出现互不兼容的问题，针对此问题制定了一些 UNIX 开发标准，促进了 UNIX 的标准化。

进入 20 世纪 90 年代后，由于多处理器系统和计算机网络技术的发展，UNIX 也在适应着这一发展趋势，UNIX 开始支持多处理器系统和计算机网络，配置了图形用户界面，安全性也得到进一步加强。

4.3.5　Linux 操作系统

Linux 是芬兰赫尔辛基大学的一个大学生李纳斯·托瓦兹（Linus Torvolds）在 1991 年编写的一个操作系统内核，现在托瓦兹已成为芬兰著名的计算机科学家。托瓦兹在学习操作系统课程时自己编写了一个操作系统原型（这就是最早的 Linux），并把这个原型系统放在 Internet 上，允许自由下载，许多人对这个系统进行了改进、扩充和完善，他们上载的代码和评论对 Linux 的发展做出了重要贡献。于是，Linux 从最初的一个人的作品变成了在 Internet

上由无数志同道合的程序员们共同参与的一场软件开发活动。Linux 遵从国际上相关组织制定的 UNIX 标准 POSIX。它的结构、功能以及界面都与经典的 UNIX 并无两样。然而 Linux 的源码完全是独立编写的，与 UNIX 源码无任何关联。Linux 继承了 UNIX 的全部优点，而且还增加了一条其他操作系统不曾具备的优点，即 Linux 源码全部开放，并能在网上自由下载。

现在，Linux 操作系统是一种得到广泛应用的多用户多任务操作系统，许多计算机公司如 IBM、Intel、Oracle、SUN 等都大力支持 Linux，各种常用软件纷纷移植到 Linux 平台上。Linux 和 Windows、UNIX 一起成为操作系统市场的主流产品。

4.3.6　VxWorks 操作系统

VxWorks 是嵌入式操作系统的优秀代表，是美国 Wind River 公司的产品。VxWorks 支持各种工业标准，包括 POSIX、ANSI C 和 TCP/IP 网络协议。VxWorks 的核心是一个高效率的微内核，支持各种实时功能，包括快速多任务处理、中断支持、抢占式和轮转式调度。微内核设计减轻了系统负载，并可快速响应外部事件。

VxWorks 可广泛应用于网络通信、医疗设备、消费电子品、交通运输、工业控制、航空航天和多媒体设备等领域。2011 年 11 月 26 日发射并于 2012 年 8 月 6 日着陆(历经 8 个半月，在太空飞行 5.69 亿千米)的"好奇号"(Curiosity)火星探测器上使用的就是 VxWorks 操作系统。

4.4　计算机网络概述

1946 年在美国诞生了世界上第一台电子数字计算机，在近七十年的发展历程中，计算机在人类生活的各个领域发挥着越来越重要的作用，人们对计算机的功能也提出了越来越高的要求，计算机网络就是在这个进程中诞生的。微型计算机和互联网的出现及快速发展，极大地促进了计算机的广泛普及。现在，国家的经济建设和社会发展及人们的日常生活都已和计算机及计算机网络紧密地联系在一起。

4.4.1　计算机网络的发展历程

计算机网络是计算机技术与通信技术相结合的产物，最早出现于 20 世纪 50 年代，其发展过程可分为 4 个阶段。

(1) 计算机网络的萌芽阶段(20 世纪 50—60 年代中期)。

为了能够远程使用主机，出现了面向终端的结构形式，由一台主机和若干终端组成，如图 4.2 所示，主机(一台大型计算机)是网络的中心和控制者，终端(键盘和显示器)分布在不同的地理位置上，并通过公共交换电话网(public switched telephone network，PSTN)和调制解调器(modem)等通信线路和通信设备与主机相连，用户通过本地的终端使用远程的主机。典型应用

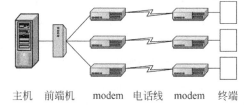

主机　前端机　modem　电话线　modem　终端

图 4.2　主机-终端结构

是美国航空公司与 IBM 公司在 20 世纪 60 年代初联合开发的飞机订票系统 SAVRE-Ⅰ，该系统由一台 IBM 计算机和全美范围内的 2000 个终端组成。严格说来，这一阶段还不能称之为计算机网络，但是有了计算机技术与通信技术的结合，可以看作是计算机网络的萌芽。

（2）计算机网络的发展阶段（20 世纪 60—70 年代中期）。

面向终端的结构只能在终端和主机之间进行通信，从 20 世纪 60 年代中期开始，出现了多个主机互连的系统，可以实现计算机与计算机之间的通信。第二阶段的典型代表是 1969 年美国国防部高级研究计划署（Advanced Research Project Agency，ARPA）建成的 ARPAnet 实验网，该网络最初只有 4 个结点，以电话线路为主干网络。两年后，建成 15 个结点，进入工作阶段，此后规模不断扩大，70 年代后期，网络结点超过 60 个，主机 100 多台，地理范围跨越美洲大陆，连通了美国东部和西部的许多大学和研究机构，而且通过通信卫星与夏威夷和欧洲地区的计算机网络相互连通。其主要特点是资源共享、分散控制、分组交换、有专门的通信控制处理器和分层的网络协议，这些特点被认为是现代计算机网络的一般特征。现在得到广泛应用的因特网（Internet，也称国际互联网）就是由 ARPAnet 发展来的。

（3）计算机网络的标准化阶段（20 世纪 70—80 年代末）。

随着计算机网络技术的成熟，网络应用越来越广泛，网络规模增大，通信变得复杂。各大计算机公司纷纷制定了自己的网络技术标准。IBM 公司在 1974 年推出了系统网络体系结构（system network architecture，SNA），DEC 公司在 1975 年宣布了数字网络体系结构（digital network architecture，DNA），UNIVAC 公司在 1976 年宣布了该公司的分布式通信体系结构（distributed communication architecture，DCA）。这些网络技术标准互不兼容，不同厂家生产的计算机和网络产品很难实现互连。这种情况不利于计算机网络的继续发展和用户的使用。

1977 年，国际标准化组织（International Standards Organization，ISO）为适应网络标准化的要求，在研究分析已有的网络体系结构的基础上，着手制定开放系统互连参考模型（open system interconnection/reference model，OSI/RM）。1984 年，ISO 公布了关于开放系统互连参考模型的正式文件。OSI/RM 对推动计算机网络理论和技术的发展，对统一网络体系结构和协议标准起到了积极的作用，促进了计算机网络的广泛应用。

（4）计算机网络的快速发展阶段（20 世纪 80 年代末至今）。

从 20 世纪 80 年代末开始，网络技术进入新的发展阶段，以光纤通信技术、多媒体技术、综合业务数字网（integrated service digit network，ISDN）、人工智能网络的出现和发展为标志。90 年代以来，计算机网络进入高速发展时期，特别是 Internet 的出现，使计算机网络的应用得到了飞速发展。随着信息高速公路——国家信息基础结构（national information infrastructure，NII）的建设，计算机网络将进入一个新的时代。

随着时间的推移，Internet 也暴露出了一些问题，主要是安全性、健壮性、易用性、可扩展性和可管理性不够，通过对现有 Internet 的改进和完善难以从根本上解决这些问题，需要设计新的体系结构和开发新的技术。早在 1997 年，美国就提出了下一代互联网计划（next generation internet，NGI）和 Internet 2 计划，研究新一代互联网的设计与开发问题。

目前，美国和欧盟等都在进行下一代互联网的研究。美国的项目名称为"网络研究的全球环境"（global environment for networking investigations，GENI），目的是探索新的互联网架构以促进科学发展并刺激创新和经济增长，GENI 计划将大大促进网络和分布式体系结构的发展。欧盟的项目名称为"未来互联网研究和实验"（future Internet research and experiment，FIRE），目的是研究新一代互联网的体系结构。

我国也在积极开展下一代互联网的研究，2003 年启动了中国下一代互联网（China next generation Internet，CNGI）示范工程，经过多年努力，在技术研发、网络建设、应用创新方面取得了重要阶段性成果。大力发展基于 IPv6 的下一代互联网，有助于提升我国网络信息技术自主创新能力和产业高端发展水平,高效支撑移动互联网、物联网、工业互联网、云计算、大数据、人工智能等新兴领域快速发展,不断催生新技术新业态,促进网络应用进一步繁荣,打造先进开放的下一代互联网技术产业生态。

4.4.2　计算机网络的定义

计算机网络是指将分布在不同地理位置的、具有独立功能的多台计算机及其外部设备,通过通信线路和通信设备连接起来,在网络操作系统、网络管理软件及网络通信协议的管理和协调下,实现资源共享和信息传输的计算机系统。简单说,计算机网络是自主计算机的互连集合。

从概念上说,计算机网络由通信子网和资源子网两部分构成。资源子网由互连的主机或提供共享资源的其他设备组成,提供可供共享的硬件、软件和信息资源。通信子网由通信线路和通信设备组成,负责计算机间的数据传输。通信子网覆盖的地理范围可以是很小的局部区域,如一个办公室、一栋楼、一个单位,也可以是很大的区域,如一个城市、一个国家或地区,甚至可以跨越多个国家。

4.4.3　计算机网络的分类

计算机网络的种类很多,根据不同的分类原则,可以得到不同类型的计算机网络。

1. 根据覆盖范围分类

(1) 个人区域网(personal area network,PAN):一般是在 100m 以内的范围,用于把 PDA、手机、数码相机、打印机和扫描仪等设备与计算机连接,一般采用无线连接方式,如蓝牙(bluetooth)技术。

(2) 局域网(local area network,LAN):覆盖的地理范围较小,一般在几千米以内,可以是一个办公室、一栋楼、一个楼群、一个校园或一个企业的厂区等。局域网具有覆盖范围小、传输速率高、传输延迟小、误码率低等特点。

常见的局域网技术有以太网、令牌环网和光纤分布式数据接口(fiber distributed data interface,FDDI),其中以太网得到最广泛的应用,陆续开发出了快速以太网(100Mb/s)、千兆位以太网(1000Mb/s)、万兆位以太网(10Gb/s)和 40G 以及网(40Gb/s),而最初的以太网的数据传输速率只有 10Mb/s。其中 b/s(bits per second)指每秒传输的二进制位数,网络传输速率按位或比特(bit,b)计,存储器的存储容量按字节(byte,B)计。

(3) 城域网(metropolitan area network,MAN):覆盖的地理范围在几千米到几十千米,一般在一个城市的范围内,城域网采用的通信技术与局域网类似。

(4) 广域网(wide area network,WAN):覆盖的地理范围从几十千米到几千千米,可以覆盖一个地区、一个国家,甚至更大的范围。

(5) 互联网(internet):无论从地理范围,还是从网络规模来讲它都是最大的一种网络。从地理范围来说,它可以是全球计算机的互连,这种网络的最大的特点就是不定性,整个网络的计算机每时每刻随着人们网络的接入在不断地变化。ARPAnet 的建立,产生了网络互连的概念,即将各个独立的网络连接成一个更大的网络,ARPAnet 采用 TCP/IP 协议后,网络互连的想法变成了现实,使用网络互连设备,出现了互连各种网络而形成的网,称为互联网。其中基于 ARPAnet 发展起来的互联网称为 Internet,第一个字母大写以示和一般 internet 的区别,Internet 翻译成中文为因特网或国际互联网。严格来说,国际互联网(因特网)和互联网是有区别的，国际互联网（因特网）是互联网中的一种，但由于国际互联网（因特网）是目前唯一得到广泛应用的互联网，所以一般情况下，人们对二者不做区分，而且把 Internet 称为互联网用得更多一些。在本书中，如不做特别说明，Internet、因特网、互联网和国际互联网的含义是相同的。

2. 根据传输技术分类

（1）广播式网络：这类网络中所有联网计算机都共享一个公共通信信道，一台计算机可以同时向多台计算机发送数据。

（2）点对点式网络：每条物理线路连接一对计算机，如果两台计算机之间没有直接连接的线路，它们之间的数据传输必须经过中间结点转发。

3. 根据传输介质分类

（1）有线网：采用双绞线、同轴电缆和光纤等作为传输介质的计算机网络。

（2）无线网：采用微波、卫星、红外线等作为传输介质的计算机网络。

4.4.4 计算机网络的拓扑结构

网络中各个站点（计算机或其他设备）及其通信线路的互连模式称为网络的拓扑结构。常见的网络拓扑结构主要有星形结构、总线结构、环形结构、树形结构和网状结构等。

1. 星形结构

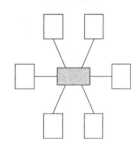

图 4.3　星形结构

星形结构的网络如图 4.3 所示，各工作站点都通过单独的通信线路与中心站点直接连接，工作站点之间的信息传输需要通过中心站点的转发才能实现。处于中心站点的设备一般是集线器或交换机，具有信息的存储转发功能。

星形结构的优点是，结构简单、易于维护和扩充；某个工作站点出现故障不会影响其他站点和全网的工作。缺点是，由于每个工作站点都需要用单独的通信线路与中心站点连接，需要的连接线较多；要求中心站点具有很高的可靠性，因为一旦中心站点出现故障，将导致整个网络瘫痪。

目前，用双绞线连接的简单局域网多采用这种结构，由一台交换机和若干台主机组成，双绞线的成本比较低。

2. 总线结构

总线结构的网络如图 4.4 所示，所有站点共享同一条通信线路（总线），任何一个站点发送的数据都会通过总线传送到每一个站点上，属于广播通信方式。每个站点在接收到其他站点发来的数据后，分析该数据的目的地址是否与本站点地址一致（即分析数据是否为发给本站点的），若一致，接收此数据，否则拒绝接收。

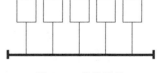

图 4.4　总线结构

总线结构的优点是，结构简单、布线容易、可靠性高、易于扩充；节省连接线，连接成本较低。缺点是，故障检测需要在各个站点进行，故障诊断相对困难；总线故障会引起整个网络的瘫痪；由于共享总线，同一时刻只能有一个站点发送数据，存在总线的使用权争用问题，必须借助相应的网络协议予以解决，如带碰撞检测的载波侦听多路访问协议；网络覆盖范围较小。

早期用同轴电缆连接的局域网多采用这种结构，可节省同轴电缆的使用。

3. 环形结构

环形结构的网络如图 4.5 所示,所有站点连接在一个封闭的环路中,一个站点发出的数据要依次通过所有的站点,最后再回到起始站点。某个站点接收到环路上传输过来的数据,要把此数据的目标地址与本站点地址进行比较,相同时才接收该数据。

环形结构的优点是,结构简单,数据在网络中沿环单向传送,不存在对中心站点的依赖。缺点是,可靠性差,任一站点或线路的故障都可能引起全网故障,而且故障检测困难;由于多个站点共享一个环路,需要一种控制方法来决定每个站点何时能够发出数据。

令牌环网采用的就是这种结构,在令牌环网中,只有拿到令牌(可以是一个特定的二进制数字串)的站点才能发出数据,发送完数据释放令牌。

4. 树形结构

树形结构的网络是从星形结构演变过来的,如图 4.6 所示,各站点按一定的层次连接起来,其形状像一棵倒置的树,顶端是一个带分支的根站点,每个分支还可延伸出子分支。

树形结构的优点是,易于扩充网络站点和分支;某一分支的站点或线路发生故障,很容易将其从整个网络中隔离出来,可靠性高。缺点是,和星形结构类似,使用的连接线较多;整个网络对根站点的依赖性大,一旦根站点出现故障,将导致全网不能正常工作。

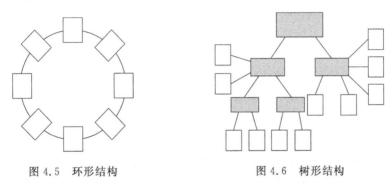

图 4.5　环形结构　　　　　　　　图 4.6　树形结构

现在复杂一点的局域网多采用这种结构,由多级交换机(非叶站点)可以连接更多的站点计算机。

5. 网状结构

网状结构网络如图 4.7 所示,每个站点通过多条线路与其他站点相连,数据从一个站点传输到另一个站点有多条路径可以选择。

网状结构的优点是,冗余的数据传输线路使网状结构具有更高的可靠性和传输速率,数据传输时通过路径选择(路由),可以绕过出现故障或繁忙的站点。缺点是,结构复杂,连接成本比较高,不易管理和维护。

网状结构适用于建立广域网,如我国的教育科研网的主干网采用的就是网状结构。

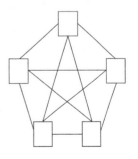

图 4.7　网状结构

4.4.5　计算机网络的功能和应用

计算机网络的主要功能有资源共享、数据通信和协同工作。

1. 资源共享

这里的资源包括硬件资源、软件资源和信息资源。

共享硬件资源可以节约成本。例如，为办公室的每位职员配备一台彩色激光打印机是不必要的浪费，购买一台并且通过网络与各职员的计算机相连，每个人都可以方便地使用这台共享打印机，既满足了工作需要，又节省了开支。可共享的硬件设备还可以是网络中的高性能计算机、大容量存储设备、扫描仪和绘图仪等。

共享软件资源既节约成本，又方便维护管理。如果需要多台计算机安装相同的软件，购买网络版软件放在连入网络的服务器上，供网络中各台计算机下载安装，比各台计算机分别购买单机版软件安装要节约成本。软件的升级、维护也比较方便。

共享信息资源能够给用户带来很大的方便。例如，学校教务处的计算机上存放有学生的考试成绩，各学院教学管理人员、任课教师和全体学生都可以通过网络按权限方便地查询/更新相关考试成绩。学院教学管理人员可以查询全院学生的考试成绩，但无权修改；教师可以在规定的时间内录入、修改、查询所主讲课程的成绩；学生只能查看自己的成绩，但无权修改。

2. 数据通信

计算机网络可以为上网用户提供强有力的通信功能，接收和发送电子邮件、网上聊天和视频会议等都是计算机网络通信功能的具体体现。

3. 协同工作

在现实生活中，多人间的协同工作是非常普遍的事情。多位软件工程师共同开发一个软件，多位医生共同为一位病人会诊，这些协同工作要求相关人员要集中在一起。通过计算机网络及相应软件的支持，可以实现分处异地的相关人员协同工作，这样可以节省时间和成本。计算机支持的协同工作（computer support cooperative work，CSCW）的研究目标就是，在计算机技术（包括计算机网络技术）的支持下，多人协同工作完成一项共同的任务。现有的计算机远程医疗系统、面向对象软件开发环境在一定程度上支持协同工作。

云计算之前，计算机领域的一个与网络密切相关的研究热点是网格计算（grid computing）。网格计算的基本含义是通过互联网把分散在不同地理位置、不同类型的物理与逻辑资源以开放和标准的方式组织起来，通过资源共享和动态协调，来解决不同领域的复杂问题的分布式和并行计算。简单来说，网格就是把整个网络整合成一台巨大的超级计算机，实现计算资源、存储资源、数据资源、知识资源和专家资源的全面共享与协同。网格计算综合了计算机网络的资源共享、通信和协同工作等所有功能。

从2008年开始，云计算得到了业界的广泛关注，云计算（cloud computing）目前还没有一个严格统一的定义，其基本含义是对于单位用户或个人用户来说，把原本在本地计算机完成的数据存储和数据处理工作更多地通过互联网上的存储和计算资源来进行，有专业公司提供基于互联网的数据存储和数据处理平台。

计算机网络已经广泛应用到工业、农业、交通运输、文化教育、商业、国防以及科学研究等领域，日益深入到人类社会的各个方面，并在一定程度上改变着人们的生活方式。

4.4.6 计算机网络的传输介质

传输介质是通信子网中数据发送方和接收方之间的物理通路。网络中常用的传输介质可分为有线和无线两大类。双绞线、同轴电缆和光纤是常用的有线传输介质。无线电、微波、红外线和激光等都属于无线传输介质。

1. 双绞线电缆

双绞线电缆(twisted pair cable)由双绞线构成,如图 4.8 所示。双绞线由螺旋状相互绞合在一起的两根绝缘铜线组成,线对绞合在一起可以减少相互之间的电磁辐射干扰,提高传输质量,是一种应用广泛、价格低廉的网络线缆。在实际应用中,一般将多对双绞线封装于绝缘套里做成双绞线电缆,称为非屏蔽双绞线电缆,如果绝缘套中还有一个屏蔽层的话,称为屏蔽双绞线电缆。屏蔽双绞线电缆性能更好,但价格相对较高,安装也比非屏蔽双绞线电缆困难。双绞线电缆一般简称为双绞线。目前,双绞线广泛应用于局域网中,通常使用的是由 4 对双绞线组成的非屏蔽双绞线,其传输距离不超过 100m。

2. 同轴电缆

同轴电缆(coaxial cable),如图 4.9 所示,由同轴的内外两个导体组成,内导体是一根金属线,外导体(也称外屏蔽层)是一根圆柱形的套管,一般是由细金属线编织成的网状结构,内外导体之间有绝缘层。常用的同轴电缆有粗缆和细缆之分。粗缆的特点是连接距离长、可靠性高,安装难度大、成本高。细缆的特点是传输距离略短,但是安装比较简单,成本较低。在早期的局域网中经常采用同轴电缆作为传输介质,现在已基本被非屏蔽双绞线取代。

3. 光缆

光纤是光导纤维的简称,是能传导光波的石英玻璃纤维,光纤非常的细,光纤外加保护层构成光缆(fiber optical cable),如图 4.10 所示,一根光缆中少则只有一根光纤,多则包括数十至数百根光纤。光纤不同于双绞线和同轴电缆将数据转换为电信号传输,而是将数据转换为光信号在其内部传输。光缆具有容量大、传输速率高、传输距离长、抗干扰能力强等优点,不足之处是成本高、连接比较困难,一般用于主干网的建设。

图 4.8　双绞线电缆

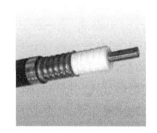

图 4.9　同轴电缆

图 4.10　光缆

4. 无线传输介质

无线传输介质通过空间传输,不需要架设或铺埋电缆或光缆。目前常用的无线传输介质有微波和卫星等。无线网络的特点是传输数据受地理位置的限制较小、使用方便,不足之处是容易受到障碍物和天气的影响。

4.4.7　网络计算模式

把不同地理位置上分布的多个计算资源通过计算机网络在逻辑上组织成一个集中的计算资源的方式,称为网络计算模式。网络计算模式主要有分时共享模式、资源共享模式、客户机/服务器模式和浏览器/服务器模式等。这里计算的含义比较广,代表计算机能完成的各种信息处理功能。

1. 分时共享模式

分时共享模式也称为主机-终端模式，就是多个终端（用户）通过分时的方式共享使用主机，是一种集中式计算模式。所有的计算任务和数据管理任务都集中在主机上，早期的终端一般只是键盘、显示器和打印机等输入输出设备。这种模式的优点是计算资源集中、容易管理、安全性高，缺点是对主机的性能要求很高，终端的性能不能充分发挥。虽然这种模式已经不再是网络计算的主流模式，但仍有用户从维护成本低、系统安全性高等因素考虑，在使用这一模式，但现在的终端大多是一台独立的计算机。

2. 资源共享模式

20 世纪 80 年代，随着个人计算机和局域网的出现而产生的一种网络计算模式。用户的应用程序和数据保存在文件服务器上，应用程序运行时需要先从文件服务器下载到终端计算机，再在终端计算机上运行。资源共享模式的出现是由于早期的硬盘等资源价格昂贵导致的，各终端计算机有一定的计算能力（有 CPU 和内存），但没有硬盘或容量很小，应用程序和数据只能存储在文件服务器上，服务器一般是一台性能比较高且存储容量较大的计算机。

3. 客户机/服务器模式

在客户机/服务器（client/server，C/S）模式中，客户机是一台能独立工作的计算机，服务器是高档微机或专用服务器。在 C/S 模式中，把计算任务分成服务器部分和客户机部分，分别由服务器和客户机完成，数据库在服务器上。客户机接收用户请求，进行适当处理后，把请求发送给服务器，服务器完成相应的数据处理功能后，把结果返回给客户机，客户机以方便用户的方式把结果提供给用户。这种方式运行在局域网上，能充分发挥服务器和客户机各自的计算能力，具有比较高的效率，安全性也比较高。不足之处是需要为每个客户机安装应用程序，程序维护比较困难。C/S 模式如图 4.11 所示。

4. 浏览器/服务器模式

浏览器/服务器（browser/server，B/S）模式，是一种三层结构的分布式计算模式。在 B/S 模式中，客户机上只需要安装一个 Web 浏览器软件，用户通过 Web 页面实现与应用系统的交互；Web 服务器充当应用服务器的角色，专门处理业务逻辑，它接收来自 Web 浏览器的访问请求，访问数据库服务器进行相应的逻辑处理，并将结果返回给浏览器；数据库服务器则负责数据的存储、访问和优化。B/S 模式的结构如图 4.12 所示，也可以把应用服务器和数据库服务器部署在一台服务器计算机上。

图 4.11　客户机/服务器模式

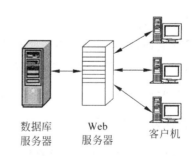

图 4.12　浏览器/服务器模式

在 B/S 模式中，由于所有的业务处理逻辑都集中到应用服务器实现和执行，大大降低了客户机的负担，因此 B/S 模式又称为瘦客户机（thin client）模式。

B/S 模式的优点是,应用程序只安装在服务器上,无须在客户机上安装应用程序,程序维护和升级比较简单;简化了用户操作,用户只需会熟练使用简单易学的浏览器软件即可;系统的扩展性好,增加客户比较容易。不足之处是效率不如 C/S 模式高。

从技术发展趋势上看,可以认为 B/S 模式最终将取代 C/S 模式,但是在目前一段时间内,将是一种 B/S 模式和 C/S 模式同时存在、混合使用的情况。C/S 模式比较适合数据处理,B/S模式比较适合数据发布。

4.5　计算机网络体系结构

计算机网络体系结构(computer network architecture)指计算机之间相互通信的层次、各层次中的协议和层次之间接口的集合。为了降低网络设计的复杂性和提高网络的可靠性,以及为了提高网络系统的开放性和互操作性,计算机网络一般都按分层的方式组织和设计协议。

分层体系结构,是将系统按其实现的功能分成若干层,每一层是功能明确的一个子部分。最低层完成系统功能的最基本的部分,并向其相邻高层提供服务。层次结构中的每一层都直接使用其低层提供的服务(最低层除外),完成其自身确定的功能,然后向其高层提供“增值”后的服务(最高层除外)。分层体系结构使得系统的功能逐层加强与完善,最终完成系统要完成的所有功能。

层次结构的优点在于使每一层实现相对独立的功能,每一层不必知道下一层功能实现的细节。只要知道下层通过层间接口提供的服务是什么以及本层应向上一层提供什么样的服务,就能独立地进行本层的设计与开发。另外,由于各层相对简单独立,故容易设计、实现、维护、修改和扩充,增加了系统的灵活性。

层次的划分要适当。层次太多会导致系统处理时间增加和数据包包头长度增加,影响网络的传输速度。层次太少会造成每层的功能不明确,相邻层之间的界面不易确定,降低协议的可靠性。大部分网络体系结构划分为 4~7 层。

计算机网络由多个互连的自主计算机组成,计算机之间的数据传输实际上是指计算机上的对等层实体之间进行数据交换,这里的实体是指计算机上能够发送和接收数据的进程或硬件设备。要想让通信双方的计算机上的两个对等层实体进行数据传输,两个实体间必须就传输内容、如何传输及何时传输等事项事先做好约定,这就是协议。协议(protocol)就是控制和管理两个实体间数据传输过程的一组规则和约定。

4.5.1　开放系统互连参考模型

开放系统互连参考模型(open system interconnection/reference model,OSI/RM)由国际标准化组织(ISO)制定,是一个标准化的、开放式的计算机网络层次结构模型。OSI/RM 由 7层组成,自下而上分别为物理层、数据链路层、网络层、传输层、会话层、表示层和应用层,如图 4.13 所示。

1. 物理层

物理层(physical layer)的功能是在传输介质(双绞线、同轴电缆和光缆等)上传输原始的由 0 和 1 组成的比特流,物理层并不关心传输数据的语义和结构。当一方发送二进制比特流时,物理层确保对方能正确地接收。在物理层,传输的双方有一致的通信规程,即物理层协议。物理层协议又称为物理层接口标准,主要定义数据终端设备和数据通信设备的物理和逻辑连

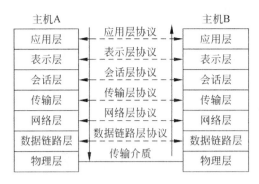

图 4.13　OSI 参考模型

接方法。

2. 数据链路层

数据链路层(data link layer)的主要功能是将原始的物理连接改造成无差错的、可靠的数据传输链路。在数据链路层要将比特流组合成帧(frame)传送，使传送的比特流具有语义和规范的结构。该层的功能还有物理地址寻址、流量控制、数据的检错和重发等。

3. 网络层

网络层将数据链路层提供的帧组成数据包(packet)，包中封装有网络层包头，其中含有逻辑地址信息——源站点和目的站点的网络地址。网络层(network layer)的功能是对通信子网的运行进行控制，主要任务是如何把网络层的协议数据单元——数据包从源站点传输到目的站点。网络层实现的功能主要包括路由选择和网络互连，路由选择为在通信子网上传输的数据包选择合适的传输途径，网络互连实现数据包的跨网传输。

4. 传输层

传输层(transport layer)也叫运输层，是工作在端到端或主机到主机的功能层次。传输层的功能就是在通信子网的环境中实现端到端的数据传输管理、差错控制、流量控制和复用管理等，为高层用户提供可靠的、透明的、有效的数据传输服务。该层的数据单元也称作数据包，但是，当使用 TCP(传输控制协议)传输数据时，数据单元称为段(segment)，当使用 UDP(数据报协议)传输数据时，数据单元称为数据报(datagram)。

5. 会话层

会话层(session layer)也称为会晤层或对话层，在会话层及以上的高层次中，数据单元统称为报文(message)。会话层不参与具体的传输，它提供包括访问验证和会话管理在内的建立和维护应用之间通信的机制，如服务器验证用户登录便是由会话层完成的。

6. 表示层

表示层(presentation layer)主要用于处理在两个通信系统中交换信息的表示方式。不同的机器系统采用的信息编码及表示方法可能不尽相同，使用的数据结构也不一样。为了解决采用不同方法表示的信息能在通信系统中进行交换，表示层采用抽象的标准方法定义数据结构，并采用标准的编码形式。数据压缩和加密也是表示层可提供的表示变换功能。

7. 应用层

应用层(application layer)是开放系统互连参考模型的最高层，其功能是为特定类型的网络应用提供访问 OSI 环境的手段。

4.5.2 TCP/IP 参考模型

从理论上来讲,OSI 参考模型所定义的网络体系结构比较完整,是国际上广泛认可的网络标准,但由于实现困难、运行效率低,实际上没有哪个商家能生产出完全符合 OSI 标准的网络产品。20 世纪 90 年代初,由 ARPAnet 发展而来的 Internet 在世界范围内得到了迅速发展和广泛应用,Internet 所采用的体系结构是 TCP/IP 参考模型。实现多个网络的无缝连接是 TCP/IP 参考模型的主要设计目标。TCP 是指传输控制协议(transmission control protocol,TCP),IP 是指网络互连协议(internet protocol,IP)。TCP/IP 参考模型共分 4 层,自下向上分别是主机-网络层、互连层、传输层和应用层,TCP/IP 参考模型与 OSI 参考模型的层次对应关系如图 4.14 所示。

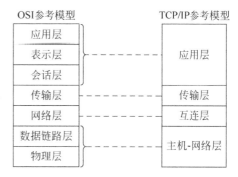

图 4.14 OSI 模型与 TCP/IP 模型对应关系

1. 主机-网络层

主机-网络层(host-to-network layer),也称为网络接口层,位于 TCP/IP 参考模型的最底层,与 OSI 参考模型的物理层、数据链路层对应,负责将相邻高层提交的 IP 报文封装成适合在物理网络上传输的帧格式并传输,或将从物理网络接收到的帧解封,从中取出 IP 报文并提交给相邻高层。

2. 互连层

互连层(internet layer)也称为网际层,负责将报文独立地从源主机传输到目的主机,不同的报文可能会经过不同的网络,而且报文到达的顺序可能与发送的顺序有所不同,但是互连层并不负责对报文的排序。互连层在功能上与 OSI 参考模型中的网络层对应。

3. 传输层

传输层(transport layer)负责在源主机和目的主机的应用程序间提供端到端的数据传输服务,使主机上的对等实体可以进行会话,相当于 OSI 参考模型中的传输层。传输层有两个协议,传输控制协议(TCP)和用户数据报协议(user datagram protocol,UDP)。TCP 是可靠的、面向连接的协议,保证通信主机之间有可靠的数据传输。UDP 是一种不可靠的、无连接的协议,优点是协议简单、效率高,缺点是不能保证正确传输。

4. 应用层

应用层(application layer)对应于 OSI 参考模型的会话层、表示层和应用层的功能,提供用户所需要的各种服务,应用层的主要协议有简单电子邮件协议(simple mail transfer protocol,SMTP),负责互联网中电子邮件的传递;超文本传输协议(hypertext transfer protocol,HTTP),提供 WWW 服务;文件传输协议(file transfer protocol,FTP),用于交互式文件传输;域名(服务)系统(domain name system,DNS),负责域名到 IP 地址的转换。

计算机网络一般不能连续地传输任意数量的数据,发送方要把待传输的数据文件先分成若干个数据块(数据单元),然后以数据块为基本单位发送,接收方收到数据块后,再把相关的数据块组合成完整的数据文件。数据在传输过程中,在不同的层次上数据单元有不同的名字,帧、数据包、段、数据报、报文等概念都表示数据单元,但也有一些差别,其差别的介绍超出了本书的范围,读者可以在学习"计算机网络"课程时仔细体会。

4.5.3　常用的网络连接设备

1. 调制解调器

调制解调器（modem）是一种可以将数字信号转换成模拟信号（称为调制，modulation），也可以将模拟信号转换成数字信号（称为解调，demodulation）的网络设备。计算机能够产生和接收数字信号，电话线上传输的是模拟信号，当利用公用电话网上网时，需要在计算机和电话线路之间接入调制解调器。计算机发出的数字信号，调制解调器将其转换为模拟信号在电话线上传输；电话线上传来的模拟信号经调制解调器转换成数字信号，被本地计算机接收。

2. 中继器

中继器（repeater）也称为重发器或转发器，是一种在物理层上互连网段的设备，具有对信号进行放大、补偿、整形和转发的功能。电子信号通过传输介质时会发生信号衰减，有效传输距离受到限制，中继器可以把从一段电缆接收到的信号经过放大、补偿和整形后，转发到另一段电缆上，延长信号的有效传输距离，扩展网络的覆盖范围。

3. 集线器

集线器（hub）是中继器的一种，其区别在于集线器能够提供更多的端口，所以又称为多口中继器。常见的 hub 可以有 8 口、16 口、24 口或更多端口，供双绞线上的 RJ-45 插头插入。由于成本比较低，在早期的星形网络中用得比较多，已逐步被交换机取代。

4. 网桥

网桥（bridge）也称为桥接器，用于连接两个或多个局域网，在网桥中可以进行两个网段之间的数据链路层的协议转换。例如，一个网桥可以连接一个以太网和一个令牌环网。利用网桥的筛选功能，可以适当地隔离不需要传播的数据，从而改善网络性能，提高整个网络的响应速度。现在的局域网，网桥的使用越来越少，一般把路由器进行专门的配置作为网桥来使用，或直接使用智能性网桥组合——交换机。

5. 交换机

交换机（switch）是由输入输出端口以及具有交换数据包等数据单元能力的转发逻辑组成的网络设备。交换机在同一时刻可进行多个端口之间的数据传输。交换机的主要优点是使各个站点独占全部带宽，实现高速网络通信。而集线器使各个端口共享带宽。

6. 路由器

路由器（router）作用于 OSI 参考模型的网络层，根据网络层的信息，采用某种路由算法，为在网络上传送的数据包从多条可能的路径中选择一条合适的路径。

使用路由器可以实现具有相同或不同类型的网络的互连，网关也可以完成这一功能，但网关是在 OSI 参考模型的高层（从运输层到应用层），实现不同高层协议之间的互相转换。路由器是在 OSI 参考模型的网络层实现这一功能。路由器与网桥相比也有明显的优点，具有更强的异构网互连能力、更强的拥塞控制能力和更好的网络隔离能力。

7. 网关

网关（gateway）是一种在应用层（包括传输层）进行网络互连的设备，是由软件或硬件实现的不同网络和网络应用的交接点，可以用来连接异种网络，实现网络之间协议转换的功能（故有时也专门称为协议转换器）。

8. 网络适配器

网络适配器(network adapter)是把网络站点(计算机)连接到传输介质(双绞线、同轴电缆等)的一种接口部件,以插卡的形式安装在计算机上,所以通常称为网卡。为了与不同传输介质实现连接,网卡的接口类型也有多种,如与粗同轴电缆连接的 AUI 接口、与细同轴电缆连接的 BNC 接口和与双绞线连接的 RJ-45 接口等。

4.6　互联网技术

计算机在七十余年的时间里发展到如此广泛普及的程度,得益于两个因素,一是微型计算机的出现,二是互联网的出现。

4.6.1　互联网的发展

互联网是目前全球最大的、开放式的、由众多网络互连而成的计算机网络。互联网是在 ARPAnet 的基础上发展起来的,1969 年,在美国国防部高级研究计划署(ARPA)的资助下,建立了 ARPAnet(阿帕网),这个网络最初只有 4 个站点,分别是加利福尼亚大学洛杉矶分校、加利福尼亚大学圣芭芭拉分校、斯坦福研究院和位于盐湖城的犹他州州立大学。

1972 年,在首届国际计算机通信会议上首次公开展示了 ARPAnet 的远程分组交换技术,ARPAnet 成为现代计算机网络诞生的标志。1983 年,ARPAnet 分裂为两部分,一部分是专用于国防的 MilNet,另一部分仍称为 ARPAnet。也是在这一年,ARPA 把 TCP/IP 协议作为 ARPAnet 的标准协议正式启用,这是 ARPAnet 对计算机网络技术上作出的又一重大贡献。

1986 年,美国国家科学基金会(National Science Foundation,NSF)利用 ARPAnet 中使用的 TCP/IP 协议,将分布在美国各地的 5 个为科研教育服务的超级计算机中心互连,形成了 NSFnet。NSFnet 由 3 个层次组成:主干网、各个区域网和众多的校园网。由于美国国家科学基金会的鼓励和资助,很多大学和研究机构纷纷把自己的局域网接入 NSFnet 中,NSFnet 逐步取代 ARPAnet 成为 Internet 的主干网。与此同时,很多国家相继建立了自己的主干网,并接入 Internet,成为 Internet 的组成部分。几年以后,由于网络通信量的急剧增长,需要对 NSFnet 进行进一步的升级改造,这个工作由高级网络服务公司(Advanced Network & Service,ANS)完成,ANS 由美国的 IBM、MCI 和 Merit 三家公司在 1990 年联合组建。

Internet 最初目的是为了支持教育和科研工作的开展,不以盈利为目的。但是,随着 Internet 规模的不断扩大、应用服务的不断发展以及全球化需求的不断增长,商业组织开始介入 Internet 领域,并使 Internet 走向商业化。而商业化促进了 Internet 的更快发展和更广泛的普及。

1987 年 9 月 14 日,在北京计算机应用技术研究所发出了中国第一封电子邮件:Across the Great Wall we can reach every corner in the world.(越过长城,走向世界),揭开了中国人使用互联网的序幕。

1994 年 4 月 20 日,中国国家计算机与网络设施(National Computing and Networking Facility of China,NCFC)工程连入 Internet 的 64K 国际专线开通,实现了与 Internet 的全功能连接。从此中国被国际上正式确认为真正拥有全功能 Internet 的国家。当时的 NCFC 工程包括中国科学院网、清华大学校园网和北京大学校园网等。

目前中国接入 Internet 的主要网络分别有:

- 中国电信网、中国移动网、中国联通网、中国广电网,面向商业用户和一般个人用户。
- 中国科技网 CSTnet,面向科研机构用户。
- 中国教育科研网 CERnet,面向教育和科研单位用户,各高等学校的校园网一般连接在这个网上。

截至 2020 年 3 月,我国上网人数已达 9.04 亿,普及率为 64.5%。

虽然 Internet 在美国等西方国家已经达到了相当普及的程度,但在一些发展中国家还处于比较低的应用水平,出现了所谓的数字鸿沟。就是在同一国家的不同地区,也可能存在数字鸿沟问题。

数字鸿沟(digital divide)指通过互联网或其他信息技术获取信息的差异和利用信息、网络以及其他技术的能力、知识和技能的差异。简单说数字鸿沟就是获取数字信息和利用数字信息能力的差异。具体体现就是人均计算机台数、总人口中的上网人数等在不同国家之间、不同地区之间以及不同人群之间存在明显的差异。虽然近几年在一些方面有缩小差距的趋势,但并没有明显的好转。由于信息技术和信息资源在经济建设和社会发展中发挥着日益重要的作用,是一种竞争实力的体现,影响着一个国家和地区的经济发展,也影响着一个人的经济收入。数字鸿沟有加大国家之间、地区之间及个人之间贫富差距的趋势,严重影响着各地区经济和社会的和谐发展,日益引起了人们的关注。

4.6.2 IP 地址和域名

连接在 Internet 上的每台计算机都必须有一个唯一的地址,发送信息的计算机在通信之前必须知道接收信息计算机的地址,这个地址称作 IP 地址。在 TCP/IP 协议中,IP 地址由两部分组成:网络标识(netid)和主机标识(hostid),网络标识确定了主机所在的物理网络,主机标识确定了某一物理网络上的一台主机。

每个 IP 地址是一个 32 位的二进制数,可以表示为用小数点分开的 4 个十进制整数,如 10100110 01101111 00011001 00101001 便是一个有效的 IP 地址,可以表示成 166.111.25.41。

IP 地址有 4 种格式,即有 4 类网络地址:A 类、B 类、C 类和 D 类,比较常用的是前 3 类地址,其格式如图 4.15 所示。

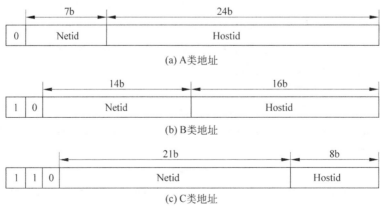

图 4.15　IP 地址格式

A 类地址用于特大规模网络,地址的最高位固定为 0,随后的 7 位为网络标识,最后 24 位为网络内的主机标识,一个分配了 A 类地址的网络,网络内主机最多可接近 16 777 216 台 (0、127、255 等数值有特殊意义,不能用于一般的 IP 地址)。地址 1.2.225.4 就是一个 A 类地址。

B 类地址用于较大规模网络,地址的最高 2 位固定为 10,随后的 14 位为网络标识,最后 16 位为网络内的主机标识,一个分配了 B 类地址的网络,网络内主机最多可接近 65 536 台。地址 166.111.25.41 就是一个 B 类地址。

C 类地址用于较小规模网络,地址的最高 3 位固定为 110,随后的 21 位为网络标识,最后 8 位为网络内的主机标识,一个分配了 C 类地址的网络,网络内主机最多可接近 256 台。地址 202.206.3.135 就是一个 C 类地址。

由于数字地址难以记忆和准确输入,人们就用易于记忆的用字母表示的计算机名来代替用数字表示的地址,同样每台计算机应该有一个唯一的名字以便能区别于网上的其他计算机,网络中用于标识一台计算机的名字通常由 4 个部分组成,各部分之间用点(.)分开,格式为主机名.组织名.组织类型名.国家或地区名。

用字母表示的计算机名叫域名(domain name),Internet 最初采用的是非层次结构的命名系统。当网络规模变大后,这种非层次结构的命名系统就很难进行管理。因此在 1983 年 Internet 开始采用层次结构的命名树,如图 4.16 所示,它实际上是一棵倒过来的树,树根在最上面。

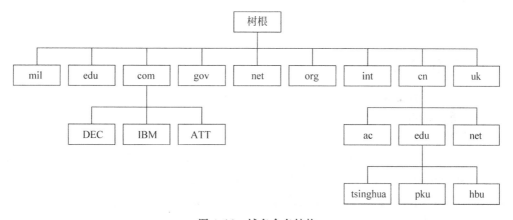

图 4.16   域名命名结构

Internet 将所有连网主机的名字空间划分为许多不同的域(domain)。树根下是最高一级的域。美国共分 6 个域(与地理位置无关),即 com(商业机构)、edu(教育单位)、gov(政府部门)、mil(军事组织)、net(网络服务公司)、org(非 com 类机构),命名树中的名字一律不分大小写。每个域又分为许多子域,如在 com 下面有 DEC、IBM、ATT(AT&T 公司)等,子域的名字都必须是各不同的。每个公司下面再如何划分子域,则由该公司自己决定。最高一级的域还有一个叫 int,是供国际组织使用的。在最高一级的其他域名都是由两个字母组成的国家或地区名,例如 cn(中国)、uk(英国)、fr(法国)、jp(日本)等。每个国家或地区自己决定其下属子域的划分方法。我国下属的子域名大体上采用美国的划分方法,但也有所不同,如用 ac 代表科研机构等。

一个完整的域名就是将最低层到最高层的域名串起来,在域名之间加上一个点。例如,域名 cs. yyu. edu. cn 就代表 yy 大学计算机科学系的主机，可以看出域名比较容易记忆。

Internet 起源于美国，因此美国的国家名不必加上。如 cs. purdue. edu 就代表美国 purdue 大学计算机科学系的主机。

Internet 通信协议要求在发送和接收数据时必须使用数字表示的 IP 地址，因此一个应用程序在与用字母表示域名的计算机上的应用程序通信之前，必须将域名翻译成 IP 地址，Internet 提供了一种自动将域名翻译成 IP 地址的服务。将域名翻译成 IP 地址的软件叫做域名系统（domain name system，DNS），每个组织都有一个域名服务器（即在 Internet 的命名树的每一个站点上都有一个域名服务器），用于存放该组织所有计算机的域名及其对应的 IP 地址，当某个应用程序需要将一个计算机域名翻译成 IP 地址时，这个应用程序就与域名服务器建立连接，将域名发送给域名服务器，域名服务器检索并把正确的 IP 地址回送给应用程序。当某个域名服务器找不到所需地址的主机名时，就将地址转换请求向着树根的方向传给上一级的域名服务器，这样一直找下去，直至找到所需的主机名，若找不到，说明给出的主机域名是错误的。

32 位的 IP 地址是 IPv4（Internet protocol version 4）的要求，IPv4 是目前使用的 IP 协议版本，随着 Internet 的快速发展，需要连入 Internet 的主机数急剧增加，IPv4 的最大问题是网络地址资源有限，难以满足现实发展的需要。因此，人们提出新的版本 IPv6 （Internet protocol version 6）。与 IPv4 相比，IPv6 在网络传输速度、网络服务质量、网络管理、网络安全性等方面都有改进，但最主要的优点是 IP 地址扩展为 128 位，极大地扩展了 Internet 的地址空间，IPv6 目前正处在不断发展和完善的过程中，由于成本等因素，IPv6 代替 IPv4 将是一个渐进的过程。

4.6.3 互联网接入方式

一些网络运营商提供互联网接入服务并提供多种接入方式，不同单位和个人可以根据自身情况选择合适的接入方式。

1. 拨号接入

一种使用电话线接入 Internet 的方式，通过拨号方式上网。由于计算机处理的是数字信号，而电话线上传输的是模拟信号，所以在计算机和电话线之间要连接调制解调器，调制解调器负责把计算机发出的数字信号转换成模拟信号通过电话线传输，或者是把电话线上传输来的模拟信号转换成数字信号提供给计算机处理。

此种接入方式的优点是简单方便，只要有一台计算机、一台调制解调器、一根电话线和相应的通信软件即可。它的缺点是网络传输速度比较慢，只有 56kb/s，属于窄带接入方式；完全占用电话线，上网时不能接打电话。

早期个人用户上网用得比较多，已基本上被淘汰。

2. ISDN 接入

综合服务数字网（integrated services digital network，ISDN），俗称一线通，ISDN 接入也是一种使用电话线接入 Internet 的方式，但相对于拨号接入，一是传输速度有了明显的提高，可以达到 128Kbps；二是上网的同时可以接打电话或收发传真。

小单位用户可以使用这种方式，可以同时接入计算机、电话机和传真机。

3. xDSL 接入

数字用户线路（digital subscriber line，DSL）是以铜质电话线为传输介质的传输技术组合,包括 ADSL、HDSL、SDSL、VDSL 和 RADSL 等,统称为 xDSL。各种 DSL 的主要区别体现在传输速率、传输距离以及上下行速率是否对称 3 个方面。

目前,最为常用的是非对称数字用户线路(asymmetric digital subscriber line,ADSL)技术。ADSL 是一种非对称的 DSL 技术,所谓非对称是指用户线的上行速率与下行速率不同,上行速率低,下行速率高,特别适合传输多媒体信息业务,如视频点播、多媒体信息检索和其他交互式业务。ADSL 在一对铜线上支持上行速率 512kb/s～1Mp/s,下行速率 1Mb/s～8Mb/s,有效传输距离 3～5km 以内,成为继拨号接入、ISDN 接入之后的一种更快捷、更高效的接入方式。

小型单位、家庭用户和网吧用这种方式比较多。

4. 光纤接入

一种以光缆(光纤)为传输介质的 Internet 接入方式,有光纤到路边(fiber to the curb,FTTC)、光纤到小区(fiber to the zone,FTTZ)、光纤到楼宇(fiber to the building,FTTB)、光纤到楼层(fiber to the floor,FTTF)、光纤到办公室(fiber to the office,FTTO)、光纤到家庭(fiber to the home,FTTH)等多种方案。光纤接入是一种理想的接入方式,速度快、障碍率低、抗干扰性强,不足之处是成本比较高。

目前,光纤接入方式主要还是用于骨干网和到路边、到小区、到楼宇的连接。一些小区宽带用的是这种接入方式。

5. 移动网接入

只要能使用移动电话的地方,就可以接入 Internet。目前,主要使用 GPRS 和 CDMA 两种技术,主要问题是速度低、费用高。随着 4G、5G 时代的到来,移动网络接入能够更好地满足人们的需要。

这种方式比较适合于手机和流动性使用笔记本计算机的场合(如会议室和广场等)。

6. 局域网接入

一个局域网接入 Internet 有两种方式,一是通过局域网的服务器、高速调制解调器和电话线路,在 TCP/IP 软件支持下,把局域网接入 Internet,局域网中所有计算机共享一个 IP 地址;另一种方式是通过路由器或交换机在 TCP/IP 软件支持下,把局域网接入 Internet,局域网中所有计算机都可以有自己的 IP 地址,也可以共享 IP 地址。共享 IP 地址需要地址转换,可以由防火墙完成地址转换任务。

这种方式成本比较高,适合于比较大型的单位。

7. Wi-Fi 接入

Wi-Fi 是目前得到广泛使用的一种无线网络传输技术,实际上就是把有线网络信号转换成无线信号,供有 Wi-Fi 功能的台式机、笔记本、平板电脑、手机等上网使用,可以省掉手机的流量费。如果开通了有线上网,只要接一个无线路由器,就可以把有线信号转换成 Wi-Fi 信号,供一定范围内的多台设备无线上网。一些机场、宾馆、会议中心等场合也提供 Wi-Fi 信号。

4.6.4　互联网服务

随着 Internet 的迅速发展,其提供的服务不断增多,逐步渗透到社会生活的各个领域。根据中国互联网络信息中心(China Internet Network Information Center,CNNIC)2019 年 2 月发布的《第 43 次中国互联网络发展状况统计报告》,网民使用率的统计为即时通信 95.6%、搜索引擎 82.2%、网络新闻 81.4%、网络视频 73.9%、网络购物 73.6%、网上支付 72.5%、网络音乐 69.5％、网络游戏 58.4％、网上银行 50.7％、旅行预订 49.5％、网上订外卖 49.0％、微博 42.3％、在线教育 24.3％。

1. 万维网与网络新闻

WWW(World Wide Web)简称 Web,中文名称为万维网,是由全球各种信息(数字、文本、图像、视频、动画和音频等)所组成的信息资源网络,是 Internet 上使用范围最广的一种信息发布和访问模式,为用户提供了包括声音、图像、动画等在内的多媒体信息。

WWW 起源于位于瑞士日内瓦的欧洲粒子物理实验室(Europen Laboratory for Particle Physics,CERN),1989 年 3 月,英国学者蒂姆·伯纳斯·李(Tim Berners-Lee)提出一项计划,目的是使科学家们能很容易地阅读同行们的论文,此计划的后期目标是使科学家们能在服务器上创建新的文档。为了支持此计划,蒂姆创建了一种新的语言来传输和呈现超文本文档,这种语言就是超文本标记语言(hypertext markup language,HTML)。用于操纵 HTML 和其他 WWW 文档的协议称为超文本传输协议(hypertext transfer protocol,HTTP)。HTTP 使用了统一资源定位器(uniform resource locator,URL)这一概念。简单地说,URL 就是文档在全球信息网上的"地址"。URL 用于标识 Internet 或者与 Internet 相连的主机上的任何可用的数据对象。1992 年 7 月,WWW 在 CERN 内部得到了广泛的应用,并逐渐向 Internet 扩展。到 1993 年 1 月,全世界已有 50 个 WWW 服务器,各种浏览器软件开始发行。同年 2 月,伊利诺伊大学香槟分校的国家超级计算机中心(National Center for Supercomputing Applications,NCSA)发行了一个新的浏览器软件,WWW 初具规模。

所有的 Web 网页都是由超文本标记语言编写的,HTML 是一种格式化语言,一个 HTML 文件是包含文本和一些标记的 ASCII 文本文件,标记用于指定超文本文件在浏览器中的显示方式。

超文本传输协议是客户端浏览器和 Web 服务器之间的应用层通信协议,也即浏览器访问 Web 服务器上的超文本信息时使用的协议,它保证超文本文档在主机间的正确传输。

WWW 采用的是客户机/服务器工作模式。首先,用户通过客户端程序与服务器进行连接,然后,用户通过客户端的浏览器向 Web 服务器发出查询请求,服务器接收到请求后,解析该请求并进行相应的操作以得到客户所需的信息,并将查询结果返回客户机。最后,当一次查询请求完成后,服务器关闭与客户机的连接。

常用的浏览器软件有 Internet Explorer(IE)、Opera、Mozilla Firefox 和 Maxthon 等。

2. 搜索引擎与信息检索

网络用户上网除了收发电子邮件、浏览网页之外,还经常查询资料。虽然 Internet 上的知识包罗万象,但是要想查找到特定的信息,也并不是一件很容易的事情,这时通常需要使用搜索引擎来帮助用户实现信息检索。常见的搜索引擎有 Google(www.google.com)、百度(www.baidu.com)和搜狗(www.sogou.com)等。利用搜索引擎可以方便地搜索出网页、图片、新闻、软件、MP3、Flash 动画等诸多信息,只要用户输入相应的搜索关键词,搜索引擎就会返回若干条包含该关键词信息的 URL,用户通过该链接便可以获得所需的信息。

3. 电子邮件

电子邮件(electronic mail,E-mail)是 Internet 上应用最为广泛的功能之一。相对于传统的实物邮件,电子邮件的最大特点是快捷、方便、费用低廉。电子邮件已成为亲朋好友之间交流信息的一种重要形式。

使用电子邮件的前提是拥有自己的电子信箱,即 E-mail 地址,实际上就是在邮件服务器上申请一块用于存储邮件的存储空间。电子邮件地址的典型格式为 username@mailserver。其中,mailserver 代表邮件服务器的域名,username 代表用户名,符号@读作 at,意为"在"。例如,某 E-mail 地址为 abc@mail.hbu.edu.cn,其含义为在计算机 mail.hbu.edu.cn 上用户名为 abc 的电子邮件地址。

发送电子邮件使用的是简单邮件传输协议(simple mail transfer protocol,SMTP),该协议用于在 Internet 上对电子邮件进行传送。使用 SMTP 协议可确保电子邮件以标准格式进行选址与传送。接收电子邮件使用的是邮局协议(post office protocol version 3,POP3)或因特网报文访问协议(Internet message access protocol,IMAP)。POP3 协议是脱机协议,当用户连接到 POP3 服务器后,将服务器中的邮件下载到用户端进行处理,服务器上不再保留。而IMAP 协议则属于联机协议,邮件一直保留在 IMAP 服务器上,用户可以在任何地方连接服务器处理邮件,除非用户删除邮件,否则邮件将一直保留在服务器中。

SMTP 协议的优点是简单,但只能传输 ASCII 码文本文件。多用途因特网邮件扩展(multipurpose Internet mail extensions,MIME)弥补了 SMTP 的不足,可以传输各种类型的数据,如声音、图像、表格、二进制数据等。

E-mail 系统由邮件服务器和邮件客户端组成,属于客户机/服务器工作模式。邮件客户端主要完成电子邮件的编辑、发送、接收、答复、转发和删除等处理。而邮件服务器从邮件客户端接收电子邮件,寻找邮件的接收者,对邮件进行缓冲保存,从而完成对电子邮件的存储转发,并为接收者发送新邮件到达的提示信息。

个人获得电子邮件地址的主要途径有两个,一是从本单位的邮件服务器管理部门申请,二是从新浪、搜狐等网站申请。现在一个人印名片,除了固定电话、移动电话号码外,E-mail 地址是不可缺少的,传统的通信地址倒显得不太重要了。

如同手机短信,在给人们带来方便的同时,垃圾短信、垃圾邮件也带来一些麻烦,如何识别、过滤垃圾邮件成了人们研究的课题,现在已有一些垃圾邮件过滤软件与设备,帮助人们识别出垃圾邮件。

有一些客户端电子邮件软件可以帮助人们管理自己的多个邮件账号及邮件,如 Windows Live Mail、Outlook Express、FoxMail 等,可以实现邮件排序和地址保存等功能。

4. 博客与微博

博客来源于 blog(Web log),中文含义为网络日记,博客(blogger)就是写 blog 的人,通过在网络上发表文章(帖子)来表达个人的思想和观点,当然也包括对计算机等感兴趣的学术问题的探讨。blog 是继电子邮件、电子公告、网上聊天之后出现的第 4 种网络交流方式。

微博(weibo)是微博客(microblog)的简称,是一个基于用户关系分享、传播与获取信息的平台。与博客相比,微博限制在 140 字以内,更便于手机操作,具有更快的传播速度。

5. 文件传输

FTP 服务即文件传输服务,它允许 Internet 上的用户将一台计算机上的文件传送到另一台计算机上,FTP 服务是由 TCP/IP 的文件传送协议(file transfer protocol,FTP)支持的。FTP 服务解决了远程传输文件的问题,无论两台计算机相距多远,只要它们都连入 Internet 并且都支持 FTP 协议,这两台计算机之间就可以进行文件的传送。

FTP 实质上是一种实时的联机服务。在进行工作时,用户首先要登录到目的服务器上,之后用户可以在服务器的目录中寻找所需文件。FTP 几乎可以传送任何类型的文件,如文本文件、二进制文件、图像文件、声音文件和数据压缩文件等。一般的 FTP 服务器都支持匿名（anonymous）登录，用户在登录到这些服务器时无须事先注册用户名和密码，只要以 anonymous 为用户名和自己的 E-mail 地址作为密码就可以访问该 FTP 服务器了。使用匿名 FTP 进入主机时，通常只能下载文件，而不能上传文件或修改主机中的文件，除非主机管理员允许匿名用户拥有这些权限并对主机做出相应的配置。

6. 电子商务与电子政务

电子商务（electronic commerce,EC）到目前仍然没有一个严格统一的定义，其基本含义是利用电子工具进行商务活动，目前主要是指利用 Internet 进行商务活动，可以实现消费者的网上购物、商户之间的网上交易和在线电子支付等。

电子商务主要有 B2B、B2C 和 C2C 三种模式。B2B（business to business）指企业与企业之间进行网上交易，阿里巴巴（http://china. alibaba.com）和中国制造网（http://www. made-in-china.com）都属于 B2B 模式。B2C（business to consumer）指企业与消费者之间进行网上交易，为消费者提供了一种新的购物方式——网上购物，当当网（http://www. dangdang .com）就属于 B2C 模式。C2C（consumer to consumer）指消费者与消费者之间进行网上交易，卖方可以提供商品上网拍卖，买方可以自行选择商品进行竞价，淘宝网（http://www. taobao .com）就属于 C2C 模式。

电子商务对于降低交易成本，增强市场竞争力，增加销售利润，提高服务质量具有重要作用，很有发展前途。但完善的电子商务受到数据通信技术、网络互连技术、数据库/数据仓库技术、网络安全技术、电子支付技术、电子交易认证技术等因素的制约。

电子政务（electronic government,EG）是指政府机构在其管理和服务职能中运用现代信息技术，实现政府组织结构和工作流程的重组优化，超越时间、空间和部门分隔的制约，建成一个精简、高效、廉洁、公平的政府运作模式。

7. 远程登录

远程登录（telnet）是指在远程登录协议 telnet 的支持下，用户的计算机通过 Internet 暂时成为远程计算机（主机）的终端。实现远程登录后，该用户的键盘和显示器就好像与远程计算机直接相连一样，可以直接使用远程计算机上对外开放的资源。一些大图书馆就曾利用远程登录对外提供图书信息的联机检索服务。

8. 电子公告板系统

电子公告板系统（bullet in board system,BBS）是 Internet 上常用的信息服务系统之一。提供 BBS 服务的网站称为 BBS 网站，不同的 BBS 网站各具不同的风格和特色。BBS 能提供各种各样的讨论话题，如小说、音乐、电影、网络技术等。BBS 为用户提供如下具体服务：选择进入某个主题的讨论区；阅读讨论区中感兴趣的文章；针对讨论主题或他人的文章发表自己的看法；把自己需要解决的问题发布出来，请求他人提供帮助；为他人提出的问题提供帮助或答案。总之，通过 BBS，用户之间可以完成文件传输、信息交流、经验交流、资料查询以及在线聊天等功能。

BBS 网站有两种类型：文本界面和 Web 界面，现在大多数 BBS 网站同时提供两种界面。Web 界面可以通过浏览器访问，文本界面需要通过远程登录方式访问。

例如，对于北京大学 BBS——北大未名（http://bbs. pku. edu. cn 或 162. 105. 204. 150）。

在浏览器中直接输入 http://bbs. pku. edu. cn 就可以进入其 Web 界面。

执行 Windows 的"开始"→"运行"命令，在文本框中输入 telnet 后单击"确定"按钮，进入

telnet 窗口,在 Microsoft Telnet >后输入 open bbs. pku. edu. cn 或 open 162. 105. 204. 150 就可以进入文本界面。

试过之后就会知道,进入文本界面不方便,由于不能使用鼠标,之后的功能操作更不方便,这实际上在一定程度上代表了 DOS 时代的计算机操作方式,可以体会一下 DOS 时代和 Windows 时代的不同。

此外,Internet 还可以提供即时通信(网上聊天)、网络游戏、网络音乐、网络视频等服务,需要注意的是,这些功能的使用要适当,不可耽误太多的时间。

4.6.5　物联网

物联网(Internet of things,IoT)是通过射频识别、红外感应器、全球定位系统、激光扫描器等信息传感设备,按约定的协议,把物品与互联网连接起来,进行信息交换和通信,以实现智能化识别、定位、跟踪、监控和管理的一种网络,简单说就是物物相连的互联网。物联网的核心和基础仍然是互联网,是在互联网基础上的延伸和扩展。

2010 年上海世博会门票就是物联网的应用实例,观众持票入园及在各个场馆参观时,嵌入了射频识别(radio frequency identification, RFID)标签的门票,以无线方式与遍布园区的传感器交换信息,基于对这些信息的汇集和分析,园区总部就能及时了解观众从哪个门进入园区、哪个场馆人比较多、哪个场馆人比较少,进而可以向观众发布引导信息并采取一些调节措施,这实际就是一种基于物联网的对观众参观的智能引导。

物联网的概念在 1991 年被首次提出,2008 年后得到各国政府和业界的重视,美国已将物联网上升为国家创新战略的重点之一,欧盟制定了促进物联网发展的 14 点行动计划,日本的 U-Japan 计划将物联网作为 4 项重点战略领域之一,韩国制定了《物联网基础设施构建基本规划》。

我国在 2010 年把包含物联网在内的新一代信息技术正式列入国家重点培育和发展的战略性新兴产业之一,2011 年公布的《物联网"十二五"发展规划》明确指出物联网发展的九大领域,2013 年国家发展改革委员会等多部委联合印发的《物联网发展专项行动计划(2013—2015)》包含了 10 个专项行动计划,2016 年工业与信息化部公布的《信息通信行业发展规划物联网分册(2016—2020 年)》把智能制造、智慧农业、智慧医疗与健康养老、智慧节能环保等列入重点领域应用示范工程。

物联网的发展需要有云计算、大数据和人工智能的支持。物联网感知的物理世界的信息通过互联网传输到云端存储,海量的感知数据处理要用到大数据分析挖掘技术和人工智能技术。同时,感知到海量的数据并进行挖掘分析,是实现智能的重要基础。

4.7　小　　结

计算机之所以能够进入千家万户,逐渐成为人们学习、工作和娱乐的基本工具,主要得益于三个方面。一是微型计算机的出现和快速发展,使计算机的成本快速下降;二是操作系统功能的不断完善和强大,使计算机的操作使用越来越简单方便;三是互联网的快速发展和网络服务的不断丰富,网络应用给人们带来了很大的方便。

作为最重要的系统软件,操作系统对于充分利用计算机资源、保证程序的高效正确执行、方便用户使用具有重要作用。具体包括处理器管理、存储器管理、文件管理、设备管理和网络管理等功能，并提供良好的用户接口。目前常用的通用操作系统有 Windows、UNIX 和 Linux 等。

计算机网络就是自主计算机的互连集合，主要包括个人区域网、局域网、城域网、广域网和互联网等形式。互联网得到了最广泛的应用，为人们的工作、学习提供了网络新闻、信息检索、电子邮件、博客、微博、文件传输、电子商务、电子政务、远程登录、BBS 等多种服务，影响并在一定程度上改变着人们的生活方式。

拓展阅读：比尔·盖茨与微软公司

1955 年 10 月 28 日，比尔·盖茨(Bill Gates)出生于美国西北部华盛顿州的西雅图，自小酷爱数学和计算机。保罗·艾伦(Paul Alan，1953—　)是他最好的校友，两人经常在学校的一台 PDP-8 小型机上玩三连棋的游戏。

1972 年的一个夏天，他们从一本《电子学》杂志上得知 Intel 公司推出一种叫 8008 的微处理器芯片。两人不久就使用该芯片组装出一台机器，可以分析城市内交通监视器上的信息。1973 年比尔·盖茨考入哈佛大学，保罗·艾伦则在波士顿一家叫"甜井"的计算机公司找到一份编写程序的工作，两人经常在一起探讨计算机的事情。1974 年春天，当《电子学》杂志宣布 Intel 推出比 8008 芯片更快的 8080 芯片时，比尔和保罗预见到类似 PDP-8 的小型机的末日快到了。他们看到了新芯片背后适应性强、成本低的个人计算机的发展前景。

1975 年 1 月的《大众电子学》杂志封面上 Altair 8080 微型计算机的图片深深地吸引保罗·艾伦和比尔·盖茨。这台世界上最早的微型计算机，标志着计算机新时代的开端，这是一台基于 8080 微处理器的微型机。还在哈佛上学的盖茨看到了商机，他要给 Altair 开发 BASIC 语言，盖茨和艾伦在哈佛大学计算机中心奋战了 8 周，为 8080 配上 BASIC 语言，此前从未有人为微型机编过 BASIC 程序，艾伦亲赴 Altair8080 的生产厂商 MITS 进行演示。这年春天，艾伦进入 MITS，担任软件部主管。学完大学二年级课程，盖茨也进入 MITS 工作。

微软(Microsoft)公司诞生于 1975 年，但当时微软公司与 MITS 公司之间的关系十分模糊，可以说微软公司"寄生"于 MITS 之上。1975 年 7 月下旬，他们与 MITS 签署了协议，期限 10 年，允许 MITS 公司在全世界范围内使用和转让 BASIC 及源代码。根据协议，盖茨他们最多可获利 18 万美元。借助 Altair 的风行，BASIC 语言也推广开来，同时，微软公司又赢得了另外两个大客户。盖茨和艾伦开始将更多的精力放在自己的公司上。正是 MITS，确定了盖茨和艾伦作为程序员的地位，跻身这个新兴行业。借助于 MITS 公司，积累了微软公司发展的第一批资金，同时他们目睹并参与了 MITS 公司从设计到生产，从宣传到销售服务的全过程，培养了市场意识。

艾伦离开 MITS 公司后不久的 1977 年元旦，盖茨退学了。

1980 年，IBM 公司准备进军 PC 市场，由 IBM 公司研制硬件系统，由微软公司开发一套方便用户使用 PC 的操作系统。1981 年 6 月，MS-DOS 的开发工作基本完成，8 月，IBM PC 问世，这台个人计算机主频是 4.77MHz，CPU 是 Intel 公司的 8088 芯片，主存 64KB，操作系统就是微软的 MS-DOS。DOS 是磁盘操作系统(disk operation system)的简称，在 1981 年到 1995 年间占据 PC 操作系统的统治地位，版本从 1.x 发展到 7.x。

1985 年 6 月，微软公司和 IBM 公司达成协议，联合开发 OS/2 操作系统。根据协议，IBM 公司在自己的计算机上可免费安装，而允许微软公司向其他计算机厂商收取 OS/2 的使用费。

当时 IBM 公司在 PC 市场拥有绝对优势,兼容机份额极低,之后兼容机市场却逐步扩大,到 1989 年兼容机占据了市场 80％的份额。微软公司在操作系统的许可费上,短短几年就赢利 20 亿美元。

相对于以前的操作系统,DOS 取得了很大的成功,但在使用过程中也逐渐暴露出其功能比较弱、安全性低、使用不方便的缺点,作为单用户单任务型操作系统,几乎没有安全性措施,使用者需要记忆大量的英文单词式的命令。微软公司从 1981 年就开始开发后来称之为 Windows 的操作系统。希望它能够成为基于 Intel x86 微处理芯片计算机上的标准图形用户接口(graphical user interface,GUI)操作系统。在 1985 年和 1987 年分别推出 Windows 1.0 版和 Windows 2.0 版。但是,由于当时硬件水平和 DOS 操作系统的风行,这两个版本并没有得到用户的广泛认可。此后,微软公司对 Windows 的内存管理、图形界面做了重大改进,使图形界面更加美观并支持虚拟内存。1990 年 5 月推出的 Windows 3.0 开始得到人们的认可。

一年之后推出的 Windows 3.1 对 Windows 3.0 作了一些改进,引入一种可缩放的 TrueType 字体技术,改进了系统的性能;还引入了一种新设计的文件管理程序,改进了系统的可靠性。Windows 3.0 和 Windows 3.1 都必须运行于 MS-DOS 操作系统之上。

几年的应用实践使用户逐渐熟悉和青睐于 Windows,可以与 DOS 分离了,1995 年微软公司推出新一代操作系统 Windows 95,它可以独立运行而无须 DOS 支持。Windows 95 是操作系统发展史上一个非常重要的版本,它对 Windows 3.1 版作了许多重大改进,包括更加优秀的、面向对象的图形用户界面,单击鼠标就能完成大部分操作,极大地方便了用户的学习和使用;全 32 位的高性能的抢先式多任务和多线程;内置的对 Internet 的支持;更加高级的多媒体支持,可以直接写屏并能很好地支持游戏;即插即用,简化用户配置硬件操作,并避免了硬件上的冲突;32 位线性寻址的内存管理和良好的向下兼容性等。

目前,微软公司的主要产品如下。

- 操作系统 Windows 系列:Windows 7、Windows 8、Windows 10、Windows Server 2013、Windows Server 2016、Windows Server 2019。
- 数据库管理系统 MS SQL Server:是一种可用于网络环境的大型数据库管理系统,新版本还具备一定的数据仓库和数据挖掘功能。
- 办公软件 Office 系列:文字处理软件(Word)、电子表格软件(Excel)、桌面数据库(Access)、幻灯片制作软件(PowerPoint)、个人邮件管理软件(Outlook)、网页制作软件(FrontPage)等。
- 网页浏览器 Internet Explorer(IE):从 Windows 95 开始,被设置为微软各版本的 Windows 的默认浏览器。
- 媒体播放器 Windows Media Player:用于播放音频和视频。
- 开发工具包 Visual Studio:包括 Visual Basic、Visual C++、Visual C♯等,目前已发布用于.NET 环境的编程工具 Visual Studio .NET。
- 在线服务 MSN(Microsoft Network):主要用于即时通信(网上聊天等)。

近几年,微软公司在向人工智能领域拓展,在认知服务、自然语言处理、语音识别、聊天机器人、智能化办公软件(Office 365)都有平台或产品推出。2018 财年的营业收入为 1103.6 亿美元。

习 题

1. 名词解释：操作系统、批处理操作系统、分时操作系统、实时操作系统、通用操作系统、单用户单任务操作系统、单用户多任务操作系统、多用户多任务操作系统、GUI、API、虚拟内存、虚拟设备、进程、线程、计算机网络、个人区域网、局域网、城域网、互联网、网格计算、云计算、数据包、数字鸿沟、IP地址、域名、博客、微博、电子商务、电子政务、B2B、B2C、C2C、BBS、物联网。

2. 简述操作系统的特征。

3. 简述操作系统的主要功能。

4. 对比说明几种目前常用的操作系统。

5. 简述计算机网络的功能。

6. 对比说明常用的计算机网络拓扑结构。

7. 对比说明常用的计算机网络传输介质。

8. 对比说明几种常用的网络计算模式。

9. 简要介绍常用的网络连接设备。

10. 简要说明计算机网络的分类。

11. 简要说明 TCP/IP 模型中各层的作用。

12. 简要介绍互联网的几种主要接入方式。

13. 互联网主要提供哪些服务？并对这些服务作简要介绍。

思 考 题

1. 对比说明网络操作系统、多处理器操作系统和分布式操作系统的概念。

2. 在操作系统的发展历程中，主要是在解决什么问题？是如何解决的？

3. 简要说明 OSI/RM 中各层的作用及分层的优点，以现实生活中的实例来说明分层的优点。

4. 计算机网络中，为什么要把待传输的数据文件分成数据块后再进行传输，接收方如何把相关的数据块组织成数据文件？

5. 计算机网络中的协议是什么？有什么作用？自己能设计一个协议吗？

6. 下一代互联网的研究主要解决什么问题？

7. 如何理解 WWW 和 Internet 的联系与区别？

## 第5章

程序设计知识

要想让计算机完成某项工作,从简单的统计学生成绩到复杂的宇宙飞船自动控制系统,首先要明确给出工作步骤,然后用某种计算机能理解的方式告诉计算机。这就是计算机领域两项非常重要的工作:算法设计和程序设计,算法设计就是给出完成任务的工作步骤,程序设计就是用计算机能理解的某种语言把算法改写成程序。要想充分发挥计算机的作用,就必须针对要完成的工作,设计出高质量的算法和相应的程序,所以算法设计能力、程序设计能力是计算机专业学生必备的基本能力之一。

作为计算机专业的学生,首先是结合简单的问题(简单的算法),重点学习程序设计知识和提高程序设计能力。提高程序设计能力主要涉及三个方面的知识:一是语言知识,至少熟悉一种程序设计语言,能够根据算法思路熟练地编写出高质量的程序;二是数据结构知识,能够为要解决的问题设计出高效的数据逻辑结构和存储结构,保证程序的运行效率;三是编译知识,深入理解高级语言源程序的执行过程,有助于编写出高质量的中大规模程序。在具备了一定的程序设计知识和能力之后,再学习算法设计知识和提高算法设计能力。为此,本章对相关知识作简要介绍,详细内容在后续的高级语言程序设计、数据结构、编译原理、算法设计与分析等课程中介绍。

5.1　程序设计语言

程序设计能力是计算机专业人员与非专业人员的重要区别,虽然在现代程序开发环境的支持下,非计算机专业人员也能编写程序甚至比较复杂的程序,但总体来看,比较通用的功能强大的复杂程序,仍然是计算机专业人员或以计算机专业人员为主进行开发,程序设计知识的掌握和程序设计能力的提高是计算机专业学生胜任专业工作的重要能力之一。

如果要让助手帮助你完成某项工作,需要把工作步骤、注意事项等用书面语言或口头语言的方式告诉他。同样,要想让计算机完成某项工作,也需要把工作步骤等告诉计算机,而且要更明确、更详细。现在一般都是用书面语言方式,口头语言方式还在研究中。简单地说,适用于告诉计算机完成某项工作的语言就是程序设计语言。严格一点说,程序设计语言是一种让人与计算机之间进行交流,让计算机理解人的意图并按照人的意图完成工作的符号系统。针对要完成任务的步骤,基于某种程序设计语言编写出程序,提交给计算机执行,从而完成该项任务。

程序设计语言是指令或语句的集合,指令或语句是让计算机完成某项功能的命令,在机器语言或汇编语言中,把这样的命令称为指令(instruction),在高级语言中,把这样的命令称为语句(sentence)。程序设计语言经历了机器语言、汇编语言和高级语言三个阶段,机器语言和汇编语言都称为低级语言,高级语言分为结构化程序设计语言、面向对象程序设计语言、可视化程序设计语言、面向人工智能的程序设计语言和数据库语言等。

5.1.1　机器语言

1952 年之前，人们只能使用机器语言来编写程序。机器语言（machine language）是由二进制编码指令构成的语言，是一种依附于机器硬件的语言。

每种处理器都有自己专用的机器指令集合，这些指令能够被计算机直接执行。由于指令的个数有限，所以处理器的设计者列出所有的指令，给每个指令指定一个二进制编号，用来表示这些指令。每条机器语言指令只能完成一个非常简单的任务，即使是求两个数的和这样的简单工作，也需要 4 条机器语言指令。

一条机器语言指令由两个部分组成：操作码（op-code）和操作数（operand），操作码用于说明指令的功能，操作数用于说明参与操作的数据或数据所在单元的地址。操作码和操作数都是以二进制的形式表示。

【例 5.1】　机器语言程序示例。

程序功能：把两个内存单元中的数相加，并将结果存入另外一个单元。

部分程序如下：

```
0001 0101 01101100   //把地址为 01101100 的内存单元中的数装入 0101 号寄存器
0001 0110 01101101   //把地址为 01101101 的内存单元中的数装入 0110 号寄存器
0101 0000 01010110   //把 0101 和 0110 两个寄存器中的数相加，结果存入 0000 号寄存器
0011 0000 01101110   //把 0000 号寄存器中的数存入地址为 01101110 的内存单元中
```

用机器语言编写程序，程序员必须要记住每条指令对应的二进制数是什么，编写出来的程序就是由 0 和 1 组成的数字串。这样就存在几个方面的困难：指令难以准确记忆、程序容易写错、程序难以理解和修改。

如果有机会，真应该体验一下用机器语言编写程序的过程，这样就能体会到今天的高级语言为编写程序带来了多么大的方便。

5.1.2　汇编语言

1952 年，出现了汇编语言。汇编语言（assembly language）是由助记符指令构成的语言，也是一种依附于机器硬件的语言。

在汇编语言中，使用助记符来表示指令的操作码（如用 MOV 表示数据传送操作，用 ADD 表示加法操作等），使用存储单元或寄存器的名字表示操作数。这样，相对于机器语言，记忆汇编语言的指令就容易多了，编写出的程序也比较容易理解。

【例 5.2】　汇编语言源程序示例。

程序功能：把两个内存单元中的数据相加，并将结果存入另外一个单元。

部分程序如下：

```
MOV R5,X   //把 X 内存单元中的数装入 R5 寄存器
ADD R5,Y   //把 R5 中的数与 Y 单元中的数相加，结果再存回 R5 寄存器
MOV Z,R5   //把 R5 中的数存入 Z 单元中
```

和机器语言程序比较，实现的功能相同，但指令容易记忆，程序容易编写和理解，而且 3 条汇编语言指令完成了 4 条机器语言指令的功能。

实际上,计算机只能直接执行由机器语言编写的程序。用汇编语言编写的程序称为汇编语言源程序,需要首先翻译成功能上等价的机器语言程序(称为目标程序),才能被计算机执行,完成这种翻译工作的程序称为汇编程序或汇编器(assembler)。

相对于机器语言,汇编语言有一定的优势,但仍存在许多不足,助记符对一般人来说仍是比较难以记忆的,而且需要编程人员对计算机的硬件结构有比较深入的了解。

5.1.3 高级语言

机器语言中的指令用二进制数字串表示,汇编语言中的指令用英文助记符表示,高级语言(high level language)中的语句用英文和数学公式表示,更容易被编程人员理解和掌握。

【例 5.3】 高级语言源程序示例。

程序功能:把两个内存单元中的数相加,并将结果存入另外一个单元。

部分程序如下:

```
Z = X + Y    //把内存单元 X 中的数与 Y 中的数相加,结果存入 Z 单元
```

从这个简单的例子可以看出,用高级语言编写程序,既简单又容易理解。

使用高级语言编写出的程序称为高级语言源程序,也需要先翻译成等价的目标程序,才能为计算机理解和执行。这种翻译程序有两种模式,一种是编译程序模式,一种是解释程序模式。编译程序先把高级语言的源程序翻译成目标程序,然后执行目标程序;解释程序并不需要把高级语言的源程序翻译成目标程序,而是边翻译边执行。

由于机器语言实在是难以学习和理解,所以一般不直接用机器语言编写程序。相对于高级语言,汇编语言也有难以学习和理解的不足,但汇编语言靠近机器,能够充分利用计算机硬件的特性,所以编写出的程序效率较高(占用内存少、执行速度快),对效率要求较高的规模不大的程序(如外设驱动程序、计算机控制程序等)仍然可用汇编语言编写。但更多的规模比较大的程序还是用高级语言来编写。

第一个实用高级语言是美国 IBM 公司的约翰·巴克斯(John W. Backus)等人于 1957 年研制成功的 FORTRAN。几十年来,人们提出了几千种方案,能实现的也有几十种。我们只对得到广泛应用的主要高级语言作简要介绍。

1. FORTRAN 语言

公式翻译器(formula translator,FORTRAN),用于数学公式的表达和科学计算,1957 年FORTRAN 的第一个版本研发成功,其编译程序由 25 000 行机器语言指令组成,耗资 250 万美元,安装在 IBM 704 计算机上使用。以后又陆续研发出 FORTRAN 66、FORTRAN 77、FORTRAN 90、FORTRAN 95 和 FORTRAN 2003 等版本,FORTRAN 77 是一种良好的结构化程序设计语言,FORTRAN 2003 是面向对象的程序设计语言。

目前,作为优秀的科学计算语言,FORTRAN 在计算密集的分子生物学、高能物理学、大气物理学、地质学和气象学(天气预报)等领域仍然得到广泛的应用。

2. ALGOL 语言

算法语言(algorithm language,ALGOL),也是用于科学计算,其最早版本是 1958 年出现的 ALGOL 58,后续版本有 ALGOL 60 和 ALGOL 68,这两个版本曾经在我国得到广泛的学习和使用,其后继语言 Pascal 出现后,ALGOL 逐渐被淘汰。

3. COBOL 语言

面向商业的通用语言（common business-oriented language，COBOL），用于企业管理和事务处理，以一种接近于英语书面语言的形式来描述数据特性和数据处理过程，因而便于理解和学习。

20 世纪 50 年代中期，计算机开始用于商业和企业的事务处理，而事务处理与科学计算不同，数据繁多而运算简单，它只需要一定的运算能力，但对数据结构的描述和大批量数据的分析处理方面则要求有很强的能力。1959 年 5 月美国国防部召开专门会议，讨论研发通用商业语言的要求和可能性，确定了这种语言的基本设计思想和应具有的特点。1960 年 4 月正式公布第一个 COBOL 文本，称为 COBOL 60，后续版本有 COBOL 65、COBOL 68、COBOL 72、COBOL 78、COBOL 85 和 COBOL 2002 等。

现在，在银行等行业仍有 COBOL 程序在运行，在大中型机环境下，COBOL 仍是一种可选用的程序设计语言。

4. BASIC 语言

初学者通用符号指令码（beginner's all-purpose symbolic instruction code，BASIC）。BASIC 的研发者认为，FORTRAN、ALGOL 和 COBOL 语言都是面向计算机专业人员的，为使各专业的大学生都能较快地掌握一种编程语言，研发了 BASIC 语言。

1964 年的 BASIC 第 1 版只有 14 条语句，到 1971 年的第 6 版已完善成为相当稳定的通用语言。以后陆续推出了各种版本的 BASIC，主要有 Apple BASIC、MS BASIC（BASICA）、GWBASIC、True BASIC、Quick BASIC、Turbo BASIC 和 Visual Basic 等，其中 True BASIC、Quick BASIC 和 Turbo BASIC 是结构化程序设计语言，Visual Basic 是面向对象的程序设计语言。

BASIC 确实简单、易学，一经推出，很快流行起来，几乎所有小型、微型计算机，甚至部分大中型计算机，都配有 BASIC 语言。BASIC 语言在我国也得到广泛流行。谭浩强教授编写的《BASIC 语言》一书，销售量超过 1000 万册，从一个侧面说明了 BASIC 语言在当时的流行程度。

5.1.4　结构化程序设计语言

20 世纪 50—60 年代，由于计算机硬件环境（运算速度慢、内存容量小）、编程语言、应用领域等的限制，编写的程序一般都比较小，编程人员更多的是注重程序功能的实现和编程技巧，在实现功能的前提下，尽可能少占用内存空间并具有较高的运行效率。

到了 20 世纪 60 年代末，随着计算机硬件水平的提高和应用的深入，需要编写规模较大的程序，如操作系统、数据库管理系统等。实践表明，沿用过去编写小程序的方法（注重功能的实现，注重内存的节省，注重程序执行效率的提高；不注重程序结构的清晰性，不注重程序的可理解性和可修改性）编写中大规模的程序是不行的，往往导致编写出的程序可靠性差、错误多且难以发现和修改错误。为此，人们开始重新审视程序设计中的一些基本问题，如程序的基本组成部分是什么、如何保证程序的正确性、程序设计方法如何规范等。

1969 年，埃德斯加·狄克斯特拉提出了结构化程序设计（structured programming，SP）的概念，强调从程序结构和风格上来研究程序设计，注重程序结构的清晰性，注重程序的可理解性和可修改性。对于编写规模比较大的程序，不可能不犯错误，关键的问题是在编写程序时就应该考虑到，如何较快地找到程序中的错误并较容易地改正错误。经过几年的探索和实践，结构化程序设计方法的应用确实取得了成效,遵循结构化程序设计方法编写出来的程序,不仅结构良好,容易理解和阅读,而且容易发现和改正错误。

到 20 世纪 70 年代末,结构化程序设计方法得到了很大的发展,尼克莱斯·沃思(Niklaus Wirth)提出了“算法＋数据结构＝程序设计”的程序设计方法,将整个程序划分成若干个可单独命名和编址的部分——模块。模块化实际上是把一个复杂的大程序的编写分解为若干个相互联系又相对独立的小程序的编写,使程序易于编写、理解和修改。在 20 世纪 80 年代,模块化程序设计方法广泛流行。

好的程序设计方法要有相应的程序设计语言支持,1971 年,尼克莱斯·沃思研发了第一个结构化程序设计语言 Pascal,后来出现的 C 语言也属于结构化程序设计语言,从前面的介绍可知,FORTRAN、COBOL 和 BASIC 也都有结构化版本。

1. Pascal 语言

Pascal 是一种通用的高级语言,是在 ALGOL 语言的基础上发展起来的,以法国著名科学家帕斯卡(Blaise Pascal)的名字命名,这位物理学家、数学家在 1642 年曾经发明了齿轮式、能进行加减运算的机械式计算机,著名的帕斯卡定律就是他发现的。

Pascal 语言的主要特点是严格的结构化形式,丰富完备的数据类型,运行效率高,查错能力强。Pascal 语言对于培养初学者良好的程序设计风格和习惯很有益处。

Pascal 的第一个版本出现在 1971 年,之后出现了适合于不同机型的各种版本。其中影响最大的就是 Turbo Pascal 系列,它是由美国 Borland 公司研发的一种适用于微型计算机的 Pascal 语言,从 1983 年推出 Turbo Pascal 1.0,一直到 1992 年推出的 Turbo Pascal 7.0,其功能不断完善。从 1989 年的 Turbo Pascal 5.5 开始支持面向对象的程序设计。20 世纪 70—90 年代,Pascal(Turbo Pascal)语言有很大的影响,现在人们很少再学习、使用 Pascal 了,但人们目前使用的数据库应用系统开发工具 Delphi 就是在 Pascal 的基础上发展起来的。

2. C 语言

C 语言的前身是 ALGOL 60。ALGOL 60 是一种面向问题的高级语言,它描述算法很方便,但是它离硬件比较远,不适合用来编写系统软件(如操作系统)。1963 年,英国剑桥大学在 ALGOL 60 的基础上添加了硬件处理功能,推出了 CPL(combined programming language)。但 CPL 规模比较大,难以实现。1967 年剑桥大学的 Matin Richards 对 CPL 语言作了简化,推出了 BCPL(basic combined programming language)。1970 年美国贝尔实验室以 BCPL 语言为基础,又作了进一步简化,设计出更简单且更接近硬件的 B(取 BCPL 的第一个字母)语言,并用 B 语言编写了第一个高级语言版的 UNIX 操作系统。但 B 语言过于简单,功能有限。1972—1973 年,贝尔实验室在 B 语言的基础上设计出了 C(取 BCPL 的第二个字母)语言。C 语言既保持了 BCPL 和 B 语言精练、接近硬件的优点,又克服了它们过于简单、无数据类型的缺点。

1973 年,贝尔实验室将 1969 年用汇编语言编写的 UNIX 操作系统用 C 语言改写成 UNIX 第 5 版,C 语言代码占 90％以上,只对最关键部分保留汇编语言代码,这样就使得 UNIX 操作系统向其他机器移植变得简单。1975 年,UNIX 第 6 版公布后,C 语言的优点引起人们的普遍注意,随着 UNIX 的日益广泛使用,C 语言也迅速得以推广,1978 年以后,C 语言广泛应用到大、中、小和微型计算机上。

最初,C 语言是为编写 UNIX 操作系统而研发的,但由于 C 语言的强大功能和各方面的优点逐渐为人们认识,C 语言得以迅速传播,成为当代最优秀的程序设计语言之一。目前,在微型计算机上得到广泛应用的是 Turbo C、MS C、Quick C、C++、C♯、Visual C++ 和 Visual C++. NET 等版本。其中，后 4 个版本支持面向对象的程序设计。

5.1.5　面向对象程序设计语言

几十年的程序设计实践表明，结构化程序设计方法在一定程度上保证了编写较大规模程序的质量，但随着时间的推移，也逐渐暴露了其本身存在的不足。

（1）面向过程的设计方法与人们习惯的思维方式仍然存在一定的距离，所以很难自然、准确地反映真实世界，因而用此方法编写出来的程序，特别是规模比较大的程序，其质量仍然是难以保证的。

（2）结构化程序设计方法强调了要实现功能的操作方法（模块），而被操作的数据（变量）处于实现功能的从属地位，即程序模块和数据结构是松散地耦合在一起，当程序复杂度较高时，容易出错，而且错误难以查找和修改。

为了弥补结构化程序设计方法的不足，适应程序设计的需要，20 世纪 80 年代，在程序设计中各种概念和方法积累的基础上，就如何超越程序的复杂性障碍，如何在计算机系统中自然地表示客观世界等问题，人们提出了面向对象的程序设计（object oriented programming，OOP）方法。

面向对象的方法不再将问题分解为过程，而是将问题分解为对象，对象将自己的属性和方法封装成一个整体，供程序设计者使用，对象之间的相互作用则通过消息传递来实现。使用面向对象的程序设计方法，可以使人们对复杂系统的认识过程与程序设计过程尽可能一致。这种"对象＋消息"的面向对象程序设计方法正逐渐取代"数据结构＋算法"的面向过程的程序设计方法（结构化程序设计方法）。

像结构化程序设计方法要有结构化程序设计语言支持一样，面向对象的程序设计方法也要有面向对象的程序设计语言支持。

1. Simula 67

Simula 67 发布于 1967 年，被公认为是面向对象语言的鼻祖。Simula 67 的基础是 ALGOL 60，Simula 67 具有类和对象的概念，20 世纪 80 年代美国 Xerox Palo Alto 研究中心推出了 Smalltalk，它完整地体现并进一步丰富了面向对象的概念，开发了配套的工具环境。但由于当时人们已经接受并广泛应用结构化程序设计方法，一时还难以完全接受面向对象的程序设计思想，这类纯面向对象语言没有能够广泛流行起来。后来，人们对已经流行的语言进行面向对象的扩充，曾经推出过许多种版本，成功的代表是在流行的 C 语言基础上开发的 C++语言。

2. C++

C++语言最先由 AT&T 公司贝尔实验室计算机科学研究中心的 Bjarne Stroustrup 在 20 世纪 80 年代初设计并实现，它是以 C 语言为基础的支持数据抽象和面向对象风范的通用程序设计语言。C++是 C 语言的扩充，从 Simula 67、ALGOL 68 和 Ada 等语言中吸取了多种先进特性，并保持了 C 语言紧凑、灵活、高效和移植性好的优点，比 Smalltalk 等面向对象语言具有更好的性能，再加上 C 语言的普及基础，C++是得到广泛应用的一种面向对象语言，在得到广泛应用的同时仍在不断发展和改进。

C++支持数据的封装，支持类的继承，也支持函数的多态，这都提高了程序的可扩展性和可重用性，进而提高了软件开发的效率。例如，编写一个计算不同几何图形面积的程序，可以将几何图形的形状定义为一个基类,由它派生出一些子类,如圆形、矩形等,它们具有基类的共性,又有各自的特性。用动态联编来实现运行时的多态,使得在不同类中对相同名字的函数进行选择,实现不同图形面积的计算,动态联编通过虚函数来实现,它在各个子类中都有不同的实现。而要在 C 语言中实现该功能,需要编写不同的子函数,还要通过函数调用来实现不同图形面积的计算,其中公共部分需要多次定义,代码冗余。另外,如果想要再增加新的几何图形面积计算,对于 C++来说也是比较方便的,只要再定义图形基类的一个新的子类,并在该子类中给出求几何图形面积的方法即可,而对于 C 语言,需要重新定义一个子函数。

3. Java

Java 语言是由 Sun Microsystems 公司于 1995 年 5 月推出的一个支持网络计算的面向对象程序设计语言。Java 语言吸收了 Smalltalk 语言和 C++语言的优点,并增加了并发程序设计、网络通信和多媒体数据控制等特性,也是目前得到广泛应用的一种面向对象程序设计语言。

4. C♯

C♯语言是微软公司发布的一种面向对象的、运行于 .NET Framework 之上的高级程序设计语言。C♯在语法规则与系统结构上与 Java 有着很多的相似之处,比如它包括了单继承机制、界面以及与 Java 几乎相同的语法,是微软公司基于 .NET 网络框架进行系统开发的主角。

5. Python

Python 是一种完全面向对象的、解释型的程序设计语言,它由荷兰的 Guido van Rossum 于 1989 年开发完成,并于 1991 年发行了第一个公开版本,目前的最新版本是 Python 3.7.3。由于 Python 语言的简洁、易读、易维护以及有大量的内置库和第三方库可用,使得它成为一种广受欢迎、得到广泛应用的程序设计语言。

5.1.6　可视化程序设计语言

近些年,程序设计的观念发生了显著变化,可视化(visual)技术广泛用于各种程序设计过程,基于 C++,就有 C++Builder 和 Visual C++可视化程序设计语言。这些可视化语言以其图形化的编程方式将面向对象技术的特性体现出来,通过用鼠标拖曳图形化的控件就可以完成 Windows 风格界面的设计工作,Windows 风格界面主要由窗口、按钮、菜单等元素组成,大大减轻了程序设计人员的编程工作量,使得开发软件这一原本枯燥、难以理解的工作变得相对轻松快捷。在 2002 年初,微软公司又推出了 Visual C++的最新版本——Visual C++.NET,它继承了以往 Visual C++各版本的优点,增加了许多新的特性,使得开发能力更强、开发的效率更高。Visual Basic 继承了 BASIC 简单易学的特点,也是得到广泛应用的可视化程序设计语言,特别适合于初学者和非专业人员。

5.1.7　人工智能程序设计语言

人工智能是让计算机具有类似于人的智能,完成诸如判断、推理、证明、识别、学习等智能性工作。实际上,计算机所做的所有工作都是在程序的支持下完成的,同样程序设计也是实现人工智能的关键。人工智能程序要能有效地处理知识表示和逻辑推理,擅长数值计算和事务处理的 FORTRAN、COBOL、BASIC、Pascal 和 C 语言等不大适合于编写人工智能程序。人们开发出了适合于知识表示和逻辑推理的人工智能语言,主要有 LISP 和 PROLOG。

1. LISP 语言

LISP 是表处理（LISt Processing）的缩写，LISP 语言在 1958 年由美国麻省理工学院的人工智能小组提出，1960 年由约翰·麦卡锡（John McCarthy）教授整理成统称为 LISP 1.0 的形式发表，以后陆续出现了 LISP 1.5、LISP 1.6、MACLISP、INTERLISP、COMMONLISP、GCLISP 和 CCLISP 等版本，其中 INTERLISP、MACLISP 和 COMMON LISP 最为流行，得到广泛应用。在 LISP 语言中设计了一套符号处理函数，它们具有符号集上的递归函数的计算能力，原则上可以解决人工智能中的任何符号处理问题。LISP 语言的主要不足，一是数据类型少，表达能力有限；二是程序执行速度较慢。

2. PROLOG 语言

PROLOG 是逻辑程序设计（PROgramming in LOGic）的缩写，1972 年法国马赛大学的 Alain Colmerauer 等人设计实现了解释性 PROLOG 语言，在欧洲人工智能领域得到广泛应用。

PROLOG 基于一阶谓词逻辑，既有坚实的理论基础，又有较强的表达能力。PROLOG 语言自动实现模式匹配、回溯这两种人工智能中常用的基本操作。其主要不足是系统开销较大、程序执行效率较低。

在人工智能领域中，LISP 语言和 PGOLOG 语言仍在使用，最近几年，又出现了可视化的 Visual LISP 和 Visual PGOLOG。

计算机的一个重要应用领域是数据处理，其基础是数据库，编写程序用的是数据库语言，具体介绍见 6.1 节。

5.2 Python 语言程序设计

5.2.1 Python 语言的特点

相对于其他程序设计语言（如 C、C++、Java 等），Python 语言主要有两个方面的特点，一是易学易用，二是有丰富的第三方库可用。这两个特点，使得 Python 语言得到了广泛的学习和使用。

1. 易学易用

Python 语言的语法很多来自于 C 语言，但比 C 语言更为简洁。相对于其他常用程序设计语言，可以用更少的代码实现相同的功能，也更容易学习掌握和使用，这可使编程人员更多地关注数据处理逻辑，而不是语法细节。

2. 类库丰富

Python 解释器提供了几百个内置类库，此外，世界各地的程序员通过开源社区贡献了十几万个第三方库，几乎覆盖了计算机技术的各个领域，编写 Python 程序可以大量利用已有的内置类库和第三方库中的函数。在一定程度上说，使用 Python 语言编写程序，是基于大量的现成函数（代码）来组装程序，大大减少了编程人员自己编写代码的工作量，简化了编程工作，提高了编程效率，提升了代码质量。随着计算机硬件性能的不断提高，在一般的应用场合，Python 程序的性能表现与 C++、Java 等语言已没有明显的区别。

5.2.2 Python 的安装

学习编程首先要搭建一个编程环境，搭建 Python 编程环境主要是安装

Python 解释器。有了 Python 解释器的支持，才能执行 Python 程序和语句，才能验证编写的程序是否正确以及执行效率如何。

　　Python 解释器可以在 Python 语言官网下载后安装。目前的最新版本是 Python 3.7.0。以 Python 3.6.6 的安装为例，Python 的安装过程一般包含如下 3 个主要步骤：

　　(1) 下载安装包。安装 Python，首先需要做的就是访问 Python 官方网站：http://www.python.org/download/，从官方网站下载 Python 的安装包。访问 Python 官网进入如图 5.1 所示的 Python 主界面。

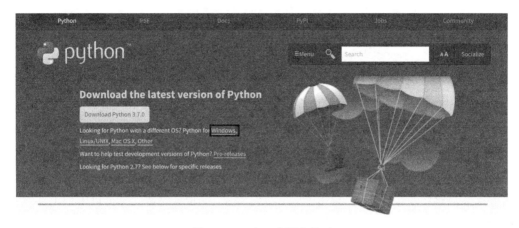

图 5.1　Python 官网主界面

　　如果所用计算机安装的是 Windows 操作系统，应选择单击 Python for Windows（也可以根据所用操作系统有不同的选择），进入面向 Windows 的 Python 版本列表，从中找到 Python 3.6.6-2018 下的 Download Windows x86-64 executable installer 选项并单击，下载安装包文件，如图 5.2 所示。

- Download Windows x86-64 executable installer
- Download Windows x86-64 embeddable zip file
- Download Windows help file
- Python 3.6.6 - 2018-06-27
  - Download Windows x86 web-based installer
  - Download Windows x86 executable installer
  - Download Windows x86 embeddable zip file
  - Download Windows x86-64 web-based installer
  - Download Windows x86-64 executable installer
  - Download Windows x86-64 embeddable zip file
  - Download Windows help file
- Python 3.6.6rc1 - 2018-06-12
  - Download Windows x86 web-based installer
  - Download Windows x86 executable installer

图 5.2　Python 3.6.6 版本选项

　　(2) 安装 Python 解释器。双击下载的 Python 安装包文件，单击 Install Now 选项后进入安装过程，如图 5.3 所示。为了后续操作方便，请选中 Add Python 3.6 to PATH 复选框。

图 5.3　Python 安装起始对话框

（3）安装成功。安装过程结束后，出现如图 5.4 所示的界面，单击 Disable path length limit 方框取消路径长度限制后，单击 Close 按钮完成 Python 安装。也可以不取消路径长度限制，直接单击 Close 按钮完成 Python 安装。

图 5.4　Python 安装结束对话框

安装完成后，可以从 Windows 开始菜单的所有程序（应用）中找到 Python 3.6.6 程序组，其中的 IDLE 即为 Python GUI（Python 图形用户界面），这就是 Python 的集成开发学习环境（Integrated Development and Learning Environment，IDLE）。其中"＞＞＞"为 IDLE 的操作提示符，在其后面可输入并执行 Python 表达式或语句，输入表达式：25 * 36 并按回车键，则会显示计算结果：900；输入语句：print("Python Language")并按回车键，则会显示字符串：Python Language，如图 5.5 所示。

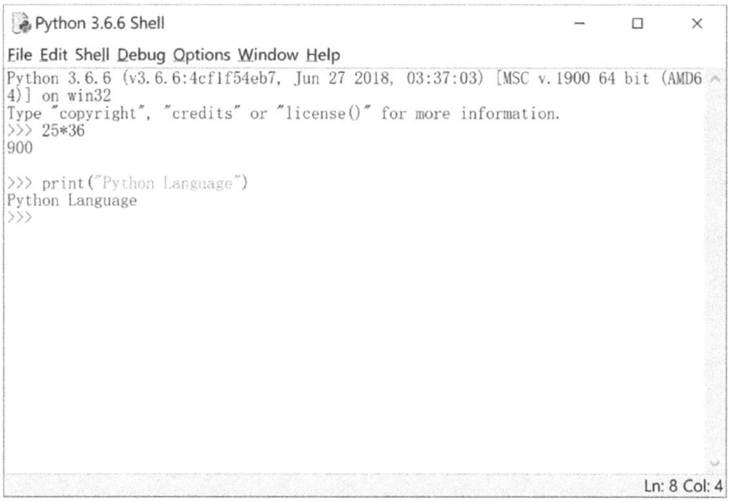

图 5.5　Python IDLE 界面

5.2.3　Python 程序的运行

安装好 Python 解释器后,运行 Python 程序有两种方式:命令行方式和程序文件方式。命令行方式也是一种人机交互方式,用户输入一行命令(一条 Python 语句),计算机就执行一条,并即时输出执行结果;程序文件方式是一种批量执行语句的方式,用户把若干条 Python 语句写入一个或多个程序文件中,然后执行程序文件。命令行方式用于验证、调试少量的语句代码,程序文件方式是更常用的方式,用于调试执行、修改完善由多条语句组成的程序。

1. 命令行方式

IDLE 实际上是一个 Python 的外壳(shell),它提供了交互式命令行的运行方式,可以在提示符(>>>)后面输入想要执行的语句,回车后可以立即显示运行结果。例如输入:

```
>>> print("Python Learning Environment.")
```

其中的 print()是 Python 提供的输出函数,其功能是显示输出表达式的计算结果,这条语句的功能是在屏幕上显示输出字符串:"Python Learning Environment."。

这种单行命令的交互方式简单方便,可用于实现简单的功能和学习时的语法格式验证,但不适合解决复杂问题,只有编写程序才能更好地体现出 Python 作为编程语言的优势。

2. 程序文件方式

一般情形下,应该是把多条语句组织成一个程序文件,然后再执行程序文件,达到解决实际问题的目的。在如图 5.5 所示的 IDLE 界面中选择菜单 File→New File,打开程序编辑窗口,可以输入若干条语句,形成一个 Python 程序,如图 5.6 所示。选择菜单 File→Save,给定文件名并指定存储位置后,将程序存盘,Python 源程序文件的默认扩展名是. py。接下来可以选择 Run→Run Module 菜单项(或者按 F5 快捷键)运行程序,将在一个标记为 Python Shell 的窗口中显示运行结果。也可以在 IDLE 中选择菜单 File→Open…,打开一个已经存在的 Python 程序文件,用于编辑修改和调试执行。

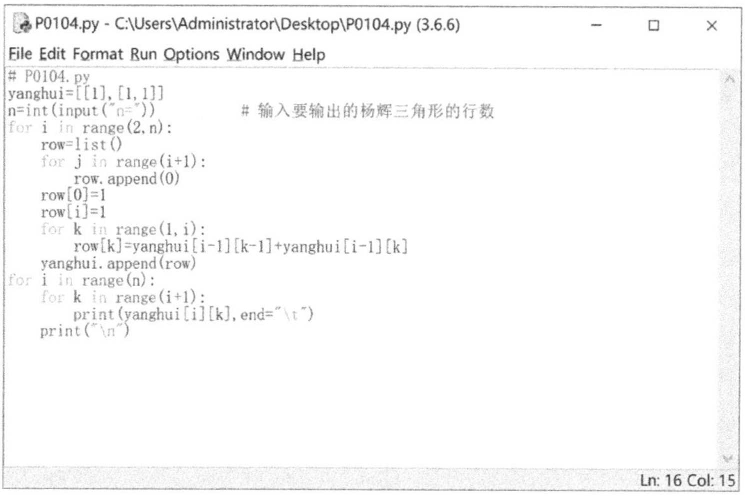

图 5.6　Python 程序编辑窗口

5.2.4　Python 的基础语法

1. Python 标识符

标识符由字符集中的字符按照一定的规则构成。Python 中变量、函数、文件等各种实体的名字都需要用标识符来表示。Python 规定：标识符是由字母、数字和下画线 3 种字符构成的且第一个字符必须是字母或下画线的字符序列。

定义标识符时要注意如下几点：

（1）必须以字母或下画线作为开始符号，数字不能作为开始符号，但以下画线开始的标识符一般都有特定含义，所以尽量不用以下画线开始的标识符。

（2）标识符中只能出现字母、数字和下画线，不能出现其他符号。

（3）同一字母的大写和小写被认为是两个不同的字符。

（4）保留字（关键字）有特定的含义，不能用作用户自定义标识符使用。

（5）尽可能做到见名知义，增加程序的可理解性。

2. 常量与变量

1）常量

常量是指在整个程序的执行过程中其值不能被改变的量，也就是所说的常数。在用 Python 语言编写程序时，常量不需要类型说明就可以直接使用，常量的类型是由常量值本身决定的。如 12 是整型常量、34.56 是浮点型常量、'a' 和 "Python" 是字符串常量等。

在 Python 中，常量主要包括两大类：数值型常量和字符型常量。数值型常量，简称数值常量，常用的数值型常量为整型常量和浮点型常量，即整数和实数。字符型常量就是字符串。

2）变量

变量是指在程序运行过程中，其值可以被改变的量。变量要先定义（赋值），后使用。

变量定义（赋值）格式如下：

变量名 1，变量名 2，…，变量名 n ＝ 表达式 1，表达式 2，…，表达式 n

功能：为各变量在内存中分配相应的内存单元并赋以相应的值。分别计算出各表达式的值,并依次赋给左边的变量。各变量名分别是一个合法的自定义标识符。在程序中变量用来存放初始值、中间结果或最终结果。

下面定义了 3 个整型变量和 2 个浮点型变量:

```
>>> i = 10                    ♯ 定义 1 个整型变量
>>> num, sum = 1,0            ♯ 定义 2 个整型变量
>>> length, height = 23.6,12.8   ♯ 定义 2 个浮点型变量
```

变量的类型由其所赋值决定,随着赋值的改变,其类型也作相应改变。

示例:

```
>>> x = 10        ♯ 为变量 x 赋以整型值,变量的类型为整型
>>> x = 12.5      ♯ 为变量 x 赋以浮点值,变量的类型变为浮点型
```

说明:

(1) 由井字号(♯)开始至行末的内容为注释,用于说明语句或程序的功能,便于人们阅读理解程序或语句,不影响程序的执行。

(2) 变量是自定义标识符的一种,当然要遵守标识符的命名规则。除此之外,为增加程序的可读性,一般约定变量名全部用小写字母,多个单词之间用下画线连接或者将非第一个单词的第一个字母大写。本书中,变量名选用多个单词之间用下画线连接的方式,如 total_weight。

5.2.5　Python 的基本数据类型

程序的功能是处理数据,不同类型的数据有不同的存储方式和处理规则。所以,在程序中首先要明确待处理数据的类型,才能使数据得以正确存储和处理。

Python 中提供了多种数据类型,包括整型、浮点型、布尔型和字符串型等基本数据类型和列表、字典等组合数据类型。此处先介绍几种基本数据类型,组合数据类型的介绍在 5.3 节结合数据结构进行。

1. 整型

整型就是整数类型,如 365、−126、78、220 等都是整型数据。

Python 中整数的取值范围很大,理论上没有限制,实际取值受限于所用计算机的内存容量,对于一般的计算应该足够用了。

示例:

```
>>> 12345678987654321 * 12345678987654321
152415787966620942021033778799971041    ♯ 运算结果
```

2. 浮点型

浮点型就是实数类型,表示带有小数的数值(由于小数点的位置是浮动的,也称为浮点数)。Python 语言要求所有浮点数都必须带有小数,便于和整数区别,如 6 是整数,6.0 是浮点数。虽然 6 和 6.0 值相同,但两者在计算机内部的存储方式和计算处理方式是不一样的。

浮点数有两种表示方式:小数方式和科学记数方式。3.14、1.44、−1.732、19.98、9000.0 等都是浮点数的小数表示方式;31.4e-1、0.0314e2、−173.2E-2、9.0E3 等都是浮点数的科学记数表示方式,科学记数表示方式使用字母 e 或 E 代表以 10 为基数的幂运算,31.4e-1 表示 31.4×10^{-1}。

示例：

```
>>> 3 + 2                          # 两个整数相加
5                                  # 结果为整数
>>> 3.0 + 2                        # 浮点数加整数
5.0                                # 结果为浮点数
>>> 3.1e2 + 3.2e5                  # 浮点数加浮点数
320310.0                          # 结果为浮点数
```

3. 布尔型

布尔型也称为逻辑型，用于表示逻辑数据。Python 中，逻辑数据只有两个值：False（假）和 True（真）。需要注意的是，两个逻辑值的首字母大写，其他字母小写。FALSE，false，TRUE，true 等书写方式都不是正确的 Python 逻辑值。

示例：

```
>>> a = True                       # 给变量赋予逻辑值 True
>>> b = False                      # 给变量赋予逻辑值 False
>>> print(a, b)                    # 输出逻辑变量的值
True False
```

4. 字符串型

1）字符串定义

字符串型数据用于表示字符序列，字符串常量是由一对引号括起来的字符序列。Python 中有 3 种形式的字符串：

一对单引号括起来的字符序列，如'Python'、'程序设计'；

一对双引号括起来的字符序列，如"Python"、"程序设计"；

一对三引号括起来的字符序列，如"""Python"""、"""程序设计"""。

几点说明如下：

（1）单引号或双引号括起来的字符串只能书写在一行内，三引号括起来的字符串可以书写多行。

（2）单引号括起来的字符串中可以出现双引号，双引号括起来的字符串中可以出现单引号，三引号括起来的字符串中可以出现单引号和双引号。

示例：

```
>>> print("""学习'程序设计'是培养"计算思维"的有效方式""")
学习'程序设计'是培养"计算思维"的有效方式
```

（3）字符串有两个特例，一个是单字符字符串（可称为字符），另一个是不包含任何字符的字符串（称为空字符串）。

示例：

```
str1 = 'A'                         # 只包含单个字符 A 的字符串
str3 = " "                         # 只包含单个空格的字符串
str4 = ""                          # 不包含任何字符的字符串
```

空格字符串和空字符串是不同的字符串，前者包含一个或多个空格，字符串长度不为 0，后者不包含任何字符，字符串长度为 0。

（4）由三引号括起来的字符序列，如果出现在赋值语句中或 print()函数内，当作字符串处理；如果直接出现在程序中，当作程序注释。

2）转义字符

Python 中,以 Unicode 编码存储字符串,字符串中的单个英文字符和中文字符都看作 1 个字符。Unicode 编码表中,除了一般的中英文字符外,还有多个控制字符,要是用到这些控制符,只能写成编码值的形式。如 10 表示换行、13 表示回车等。

直接书写编码值的方式是比较麻烦的,也容易出错。为此,Python 给出了一种转义符的表示形式,以反斜杠(\)开始的符号不再是原来的意义,而是转换为新的含义。如\n 代表换行符,\r 代表回车符,\t 代表水平制表符等。

示例:

```
>>> print("Python\n 程序设计")        ♯换行后输出"程序设计"
>>> print("Python\t 程序设计")        ♯在下一个制表符位置输出"程序设计"
```

3）字符串的访问

对于字符串,除了可以整体使用外,还有两种常用的访问方式:索引方式和切片方式。

索引访问方式也称为单字符访问方式,语法格式如下:

字符串变量名[索引值]

功能:从字符串中取出与索引值对应的一个字符。字符串中每个字符都对应一个索引值,有两种索引值设置方式:正向递增方式(从 0 开始)和逆向递减方式(从−1 开始)。

示例:

```
>>> str1 = "ABC 计算机"       ♯ 对应的索引值如图 5.7 所示
>>> ch1 = str1[2]           ♯ 值为"C"
>>> ch2 = str1[4]           ♯ 值为"算"
>>> ch3 = str1[ −1]         ♯ 值为"机"
```

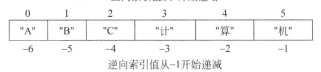

图 5.7　字符串"ABC 计算机"对应的索引值

说明:

(1) 正向索引的开始值为 0(不是 1),逆向索引的开始值为−1。

(2) 对于单个符号,不管是英文字符、数字字符,还是汉字(也可称为汉字字符),都按一个字符对应索引值。

切片访问方式也称为子串访问方式,语法格式如下:

字符串变量名[i:j:k]

功能:从字符串中取出多个字符。其中,i 为开始位置,j 为结束位置(但取出的字符中不包括 j 位置上的字符,是截止到 j−1 位置上的字符),k 为步长。参数 i、j、k 都可以省略。在步长 k 的值为正数时,省略 i,其默认值为 0;省略 j,其默认值为正向最后一个字符的索引值加 1。在步长 k 的值为负数时,省略 i,其默认值为−1;省略 j,其默认值为逆向最后一个字符的索引值减 1。省略 k,其默认值为 1。省略 k 时,其前面的冒号可以省略(当然也可以不省略),

省略 i 或 j(或 i 和 j 都省略)时,二者之间的冒号不能省略。

示例:

```
>>> str1 = "ABC 计算机"
>>> str1[3:5]                    # 值为'计算'
>>> str1[3: - 1:2]               # 值为'计'
>>> str1[:3]                     # 值为'ABC'
>>> str1[3:]                     # 值为'计算机'
```

4) 字符串运算符

Python 中可以进行字符串的连接、比较以及判断子串等运算,运算符及功能如表 5.1 所示。

表 5.1   字符串运算符

运 算 符	示例与功能描述
+	str1+str2:连接字符串 str1 和 str2
*	str1 * n 或 n * str1:字符串 str1 自身连接 n 次
in	str1 in str2:如果 str1 是 str2 的子串,返回 True,否则返回 False
not in	str1 not in str2:如果 str1 不是 str2 的子串,返回 True,否则返回 False
<,<=,>,>=,==,!=	str1<str2:如果 str1 小于 str2,返回 True,否则返回 False
	str1==str2:如果 str1 和 str2 相等,返回 True,否则返回 False
	其他比较运算类似

注:str1 和 str2 可以是字符串变量名或字符串常量。

5) 字符串运算函数

常用的 4 个字符串运算函数如表 5.2 所示。

表 5.2   常用的字符串运算函数

函 数 名	示例与功能描述
len(字符串)	len(str1):返回字符串 str1 的长度,即字符串中字符的个数
str(数值)	str(x):返回数值 x 对应的字符串,可以带正负号
chr(编码值)	chr(n):返回整数 n 对应的字符,n 是一个编码值
ord(字符)	ord(c):返回字符 c 对应的编码值

注:表中的编码值是指 Unicode 编码值。

示例:

```
>>> len("Python 程序设计")        # 结果为10,英文字母和汉字都按 1 个字符计算
>>> str( - 67.5)                 # 结果为字符串" - 67.5"
>>> chr(65)                      # 结果为字符"A"
>>> ord("A")                     # 结果为整数 65
```

5.2.6   Python 的类型转换

编写程序时,经常会遇到不同类型数据之间的混合运算。不同类型数据之间的运算是可以的,但由于不同类型数据的存储格式是不一样的,所以要先进行相应的类型转换之后,才能进行运算。这种类型转换有 2 种方式:一是自动类型转换,也称隐式类型转换,不需要编程人员书写相关要求,由 Python 解释器自动进行;二是强制类型转换,也称显式类型转换,由编程

人员在程序中书写出类型转换要求。

Python 的自动类型转换规则为：算术表达式中的类型转换以保证数据的精度为准则，即整数与浮点数进行混合运算时，要把整数转换为浮点数。

如果自动类型转换不符合特定计算的需要，可由编程人员在编写程序时强行把某种类型转换为另一种指定的类型，称为强制类型转换。

强制类型转换通过如下两个函数实现：

```
int(x)
float(x)
```

int(x)函数的功能是把 x 的值转换为整型数据，x 为浮点数或由数字组成的字符串。float(x)函数的功能是把 x 的值转换为浮点型数据，x 为整数或由数字与最多一个小数点组成的字符串。

对于类型转换，还有一个功能更强大的 eval()函数。把由纯数字组成的字符串（可由正负号开始）转换为整型，把由数字和 1 位小数点组合成的字符串（可由正负号开始，可以是指数表示形式）转化为浮点型数据，还可以使用 eval()函数。

从类型转换的角度看，一个 eval()函数的功能相当于 int()和 float()两个函数的功能。不仅如此，eval()函数还有更多、更灵活的功能。

eval()函数的语法格式如下：

```
eval(字符串)
```

功能：将字符串的内容（去掉引号）看作一个 Python 表达式，并计算出表达式的值作为函数的结果。字符串以单引号、双引号、三引号形式书写都可以。

示例：

```
>>> eval('3.14 * 5 * 5')            # 单引号字符串
78.5
>>> a, b = 3, 5
>>> eval("a * 6 + b")              # 带变量的表达式，变量要先定义
23
```

eval()函数给表达式的计算带来了方便，如下的语句相当于一个功能强大的计算器，可以计算出用户输入的算术表达式的结果值：

```
>>> print(eval(input("表达式 = ")))
表达式 = 3.14 * 5 * 5               # 输入表达式 3.14 * 5 * 5
78.5                               # 计算结果
>>> print(eval(input("表达式 = ")))
表达式 = (78 + 82 + 96)//3          # 输入表达式(78 + 82 + 96)//3，可以带括号
85                                # 计算结果
```

5.2.7　顺序结构程序设计

1. 赋值语句

赋值语句的语法格式如下：

变量名 1，变量名 2，…，变量名 n = 表达式 1，表达式 2，…，表达式 n

一条赋值语句可以给一个变量赋值，也可以同时给多个变量赋值，可以赋以常量值，也可以赋以表达式的值。

2. 用 input() 函数输入数据

使用 input() 函数输入数据的语法格式如下：

变量 = input("提示信息")

功能：从键盘输入数据并赋给变量，系统把用户的输入看作是字符串。

示例：

```
name = input("请输入姓名：")
age = input("请输入年龄：")
```

系统执行到这样的语句，等待用户输入，用户根据提示信息输入相应的姓名和年龄，如张三和 18，系统都看作是字符串，即 name 的值为"张三"，age 的值为"18"，如果需要，可以用 int() 等函数把字符串转换为整数值。

3. 用 print() 函数输出数据

使用 print() 函数输出数据的语法格式如下：

print(表达式 1,表达式 2,…,表达式 n)

功能：依次输出 n 个表达式的值，表达式的值可以是整数、实数和字符串，也可以是一个动作控制符，如"\n"表示换行等。其中的表达式可以有一个，可以有多个，多个表达式之间用逗号(,)分开，如果没有任何表达式，print() 语句的功能是实现一个换行动作。

4. 顺序结构程序设计

结构化程序设计方法强调程序结构的清晰性，结构化程序由 3 种基本结构组成，分别是顺序结构、分支结构和循环结构。

顺序结构是结构化程序设计中最简单的一种程序结构。在顺序结构程序中，程序的执行是按照语句出现的先后次序顺序执行的，并且每条语句都会被执行到。

【例 5.4】 通过键盘输入圆的半径，计算圆的面积和周长并输出。

问题分析：编写解决该问题的程序要用到 4 个浮点型变量，r 用于存放从键盘输入的圆的半径值，pi 用于存放常量 π 的值，计算出的圆的周长存入变量 peri，圆的面积存入变量 area。

```
# P0504.py
r = float(input("请输入圆的半径值："))
pi = 3.14
peri = 2 * pi * r
area = pi * r * r
print("周长 = ",peri)
print("面积 = ",area)
```

这是一个典型的顺序结构程序，程序执行时，按书写顺序依次执行程序中的每一条语句。

5.2.8 分支结构程序设计

分支结构又称选择结构。在分支结构中，要根据逻辑条件的成立与否，分别选择执行不同的语句，完成不同的功能。分支结构是通过分支语句来实现的，Python 语言中分支语句包括 if 语句、if-else 语句等。

1. if 语句

if 语句用来实现单分支选择,语法格式为:

if 表达式:
　　语句块

if 语句的执行过程如图 5.8 所示:先计算表达式的值,若值为 True(真),则执行 if 子句 (表达式后面的语句块),然后执行 if 结构后面的语句;否则跳过 if 子句,直接执行 if 结构后面的语句。

示例:

```
if score < 60:
    m = m + 1                # 如果成绩不及格,m 的值加 1
n = n + 1                    # 不管成绩是否及格,n 的值都要加 1
```

如果是对一门课程的考试成绩进行上述操作,其功能是统计参加考试的总人数(n 的值)和不及格人数(m 的值)。

2. if-else 语句

if-else 语句用来实现双分支选择,即 if-else 语句可以根据条件的真(True)或假(False),执行不同的语句块。

if-else 语句的语法格式为:

if 表达式:
　　语句块 1
else:
　　语句块 2

其中,语句块 1 称为 if 子句,语句块 2 称为 else 子句。

if-else 语句的执行过程如图 5.9 所示:先计算表达式的值,若结果为 True,则执行 if 子句 (语句块 1),否则执行 else 子句(语句块 2)。

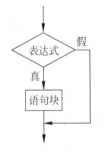

图 5.8　if 分支结构

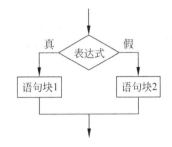

图 5.9　if-else 分支结构

示例:

```
if score < 60:
    m = m + 1                # 如果成绩不及格,m 的值加 1
else:
    n = n + 1                # 如果成绩及格,n 的值加 1
```

如果还是对一门课程的考试成绩进行上述操作,其功能是统计不及格人数(m 的值)和及格人数(n 的值)。

5.2.9 循环结构程序设计

完成重复性的工作要用到循环结构程序,循环结构程序通过循环语句来实现,Python 语言中有 2 种循环语句。

1. for 循环语句

for 循环语句的语法格式为:

for 循环变量 in 遍历结构:
    语句块

for 循环语句的执行过程如图 5.10 所示:循环变量依次取遍历结构中的值,参与循环体语句块的执行,直至遍历结构中的数据都取完。

【例 5.5】 编写程序计算 $1+2+3+\cdots+100$。

问题分析:这是个累加问题,即加法操作要重复多次,可以编写循环程序实现其功能。

```
# P0505.py
sum1 = 0                    # 累加变量清零
for i in range(1,101):     # 循环次数为 100
    sum1 += i              # 累加求和
print("sum1 = ",sum1)     # 输出累加和
```

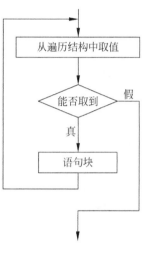

图 5.10 for 循环结构

关于 for 语句的几点说明如下:

(1) 此处的循环变量 i 在 range(1,101)范围内取值,取值为 $1\sim100$(不包括 101),所以循环体语句执行 100 次。range()函数的一般格式如下:

range(start, end, step)

其功能是生成若干个整数值,初始数值为 start,结束数值为 end−1(注意:不包括 end),步长为 step。其中 start 和 step 都可以省略,省略时默认值分别为 0 和 1。

示例:

```
range(10)          # 生成的值为 0~9,默认初值为 0、步长为 1
range(1,10)        # 生成的值为 1~9,默认步长为 1
range(1,11,2)      # 生成的值为 1、3、5、7、9,即 1~10 内的奇数
range(10,0,-1)     # 生成的值为 10~1,步长可以为负数
```

(2) 不同的缩进格式,实现的功能是不一样的。上面的程序段是计算完累加和后输出最后累加和的值,如果改成如下缩进格式,功能变为每累加一次,都会输出中间累加结果:

```
sum1 = 0                    # 累加变量清零
for i in range(1,101):     # 循环次数为 100
    sum1 += i              # 累加求和
    print("sum1 = ",sum1) # 输出累加和
```

2. while 循环语句

while 循环语句的语法格式为:

while 表达式：
  语句块

  while 循环语句的执行过程如图 5.11 所示：先计算表达式的值，若表达式的值为真（True），则执行循环体语句块，然后再次计算表达式的值，若结果仍为真（True），再次执行循环体语句块，如此继续下去，直至表达式的值变为假（False），则结束循环体语句块的执行。

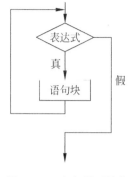

  【例 5.6】 编写程序计算 $1+2+3+\cdots$，直至累加和大于 5000 为止。

  问题分析：这也是个累加问题，但不知道累加次数，只知道累加的结束条件。

图 5.11 while 循环结构

```
# P0506.py
sum1 = 0                              # 累加变量清零
i = 1                                 # 设定要累加的初值为 1
while sum1 <= 5000:                    # 循环条件为累加和小于等于 5000
    sum += i                          # 进行累加
    i += 1                            # 要累加的值增 1
print("sum1 = ",sum1)                 # 输出累加和
```

  说明：对于已知循环次数的循环结构用 for 语句实现比较简单，对于不知道循环次数但知道结束条件的循环用 while 语句更合适。

  3. break 语句

  break 语句的语法格式为：

break

  break 语句主要用于循环结构中，其功能是提前结束整个循环，转去执行循环结构后面的语句。

  4. continue 语句

  continue 语句的语法格式为：

continue

  continue 语句用于循环结构中，其功能是提前结束本次循环，转到循环的开始处判断是否执行下一次循环。

  【例 5.7】 从键盘上输入一个正整数，判断其是否为素数。

  问题分析：判断一个数 n 是否为素数，就是用 n 逐一除以 $2\sim n/2$ 的所有整数，如果都不能整除，则确定 n 为素数；如果至少有一个能够整除，则确定 n 不是素数。

```
# P0507_1.py
n = int(input("请输入一个正整数:"))
b = True                              # 设定一个标记值
for i in range(2,n//2 + 1):           # i 的取值范围为 2～n/2
    if (n % i == 0):
        b = False                     # 如果能够整除，则把 b 的值改为 False
if b == True:                         # 如果 b 的值保持为 True,说明都不能整除
    print(n,"是素数")
else:
    print(n,"不是素数")
```

说明：

（1）Python 与其他语言最大的区别就是，构成 Python 程序的代码行必须严格按照缩进的格式规则来书写，Python 是通过缩进来识别语句之间的层次关系的。缩进的空格数是可变的，具有相同缩进量的一组语句称为一个语句块。代码的缩进可以通过制表符 Tab 键或空格键实现，缩进量可多可少，一般设置为 4 个空格。如果把上述程序改为如下缩进格式，程序功能将有什么变化，自己思考并上机查看输入数值分别为 4、17、25 时的运行结果：

```python
# P0507_2.py
n = int(input("请输入一个正整数:"))
b = True                          # 设定一个标记值
for i in range(2, n//2 + 1):      # i 的取值范围为 2～n/2
    if (n % i == 0):
        b = False
    if b == True:
        print(n, "是素数")
    else:
        print(n, "不是素数")
```

（2）程序 P0507_1.py 是有改进空间的：只要有一个数能够整除 n，就可判断 n 不是素数，循环就可结束，程序改进如下（增加一个 break 语句）：

```python
# P0506_3.py
n = int(input("请输入一个正整数:"))
b = True                          # 设定一个标记值
for i in range(2, n//2 + 1):      # i 的取值范围为 2～n/2
    if (n % i == 0):
        b = False                 # 如果能够整除，则把 b 的值改为 False
        break                     # 遇到第一个能整除的值，就结束循环
if b == True:
    print(n, "是素数")
else:
    print(n, "不是素数")
```

5.2.10 Python 程序实例

【例 5.8】 从键盘输入一个字符串，把字符串中的数字字符分离出来并组成一个整数，再乘以数字字符的个数后输出，如果输入"a23TY78hy"，则输出数值 9512(2378 乘以 4)。

问题分析：该程序的关键点是从字符串中截取出各位数字字符并组合成一个整数，需要用到字符串比较、类型转换等操作。

```python
# P0508.py
str1 = input("请输入字符串 = ")
cnt = 0
str2 = ""
for ch in str1:
    if ch >= "0" and ch <= "9":
        str2 += ch
        cnt += 1
num = int(str2) * cnt
print(num)
```

说明：Python 中有 3 个逻辑运算符可用，包括逻辑与（and）、逻辑或（or）和逻辑非（not），逻辑运算的结果是一个逻辑值：True 或 False。

【例 5.9】 判断一个整数是否为回文数。所谓回文数是指一个数的正序和逆序值相等，如 168861、387595783 等。

问题分析：要分析判断的数没有固定的位数，所以只能是逐一分解出个位、十位、百位、……，根据具体数的不同，可能只分解出一位，也可能分解出若干位。

```python
# P0509_1.py
n = int(input("n = "))          # 把键盘输入转化为数值赋给变量 n
m = n                            # 复制 n 的值给变量 m
s = 0                            # 赋初值为 0,准备用于存放 n 的逆序值
while m!= 0:                     # 从 m 中逐一分解出个位、十位、百位、……
    k = m % 10                   # 循环处理:第 1 次得到个位值,第 2 次得到十位值,……
    s = s * 10 + k               # 计算 n 的逆序值
    m = m//10                    # 为分解下一位数做准备
if s == n:                       # 如果 n 的逆序值等于 n 的值
    print(n,"是回文数")
else:
    print(n,"不是回文数")
```

还可以使用对字符串的切片操作完成回文数的判断。

```python
# P0509_2.py
num = input("num = ")
if num == num[::-1]:
    print(num,"是回文数")
else:
    print(num,"不是回文数")
```

【例 5.10】 画若干个套在一起的正方形。

问题分析：画正方形图需要用到 Python 的标准库 turtle，turtle 库的主要作用是绘制图形，turtle 库提供了多个用于绘图的画笔控制函数和图形绘制函数。

```python
# P0510.py
def draw(x,y,fd):                           # 定义一个绘制正方形的函数
    turtle.goto(x,y)                        # 确定画笔的初始位置
    turtle.pendown()                        # 落下画笔
    for i in range(4):                      # 通过循环画出 4 条边
        turtle.forward(fd)                  # 画笔向前移动 fd 个像素位置
        turtle.right(90)                    # 画笔右转 90 度
    turtle.penup()                          # 抬起画笔
import turtle                               # 引入 turtle 库
turtle.setup(500,350,325,175)              # 设置绘图窗口的大小和位置
turtle.pencolor("red")                      # 设置画笔颜色为红色
turtle.pensize(1)                           # 设置画笔尺寸
square_x = -2                               # 第一个正方形开始位置的 x 坐标值
square_y = 2                                # 第一个正方形开始位置的 y 坐标值
length = 5                                  # 第一个正方形的边长(像素值)
for k in range(18):                         # 共画 18 个正方形
    draw(square_x,square_y,length)          # 画出一个正方形
    square_x -= 5                           # 画下一个正方形前,x 坐标值减 5
```

```
square_y += 5                        # y 坐标值加 5
length += 10                         # 边长加 10
```

程序运行结果如图 5.12 所示。

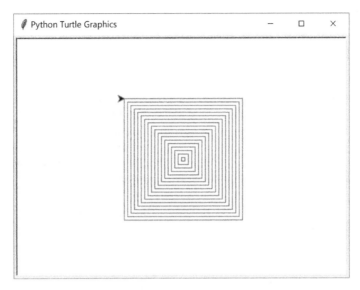

图 5.12　正方形图

【例 5.11】　根据一名学生每天的时间分配画出饼图。

问题分析：画饼图需要用到第三方库 matplotlib。

```
# P0511.py
import matplotlib.pyplot as plt
plt.rcParams["font.sans - serif"] = ["SimHei"]
plt.rcParams['axes.unicode_minus'] = False
hours = (3,2,8,8,3)
labels = ("吃饭","素质拓展","睡眠","课程学习","娱乐休闲")
colors = ("c","b","m","r","y")
plt.pie(hours,explode = (0,0,0.0,0.06,0),labels = labels,\
    startangle = 90,colors = colors,shadow = True,autopct = '%1.2f%%')
plt.legend()
plt.show()
```

执行该程序画出的饼图如图 5.13 所示。

【例 5.12】　对文本进行分析并生成词云图。

问题分析：对文本进行分析并生成词云图需要用到第三方库 jieba、matplotlib 和 wordloud。

```
# P0512.py
# 引入第三方库 jieba、matplotlib 和 wordloud
import jieba
import matplotlib.pyplot as plt
from wordcloud import WordCloud, STOPWORDS, ImageColorGenerator
text = ""                            # 用于存储分词结果
fin = open(r"data.txt", "r")         # 从文本文件中读取数据
for line in fin.readlines():
```

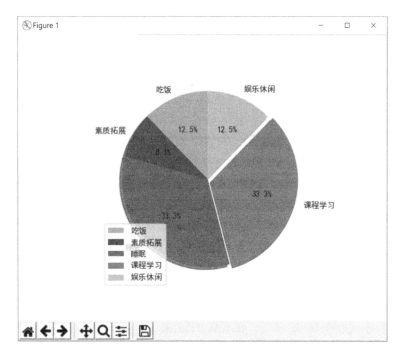

图 5.13　时间分配饼图

```
    line = line.strip("\n")
text += " ".join(jieba.cut(line))                # 将文本数据分词后存入 text 中
backgroud_Image = plt.imread(r"background.jpg")   # 设置词云背景
# 设置词云样式
wc = WordCloud(
    background_color = "white",                   # 设置背景颜色
    mask = backgroud_Image,                       # 设置背景图片
    font_path = r"C:\Windows\Fonts\SimHei.ttf",   # 设置中文字体
    max_words = 100,                              # 设置最大现实的字数
    stopwords = STOPWORDS,                        # 设置停用词
    max_font_size = 400,                         # 设置字体最大值
    random_state = 15                            # 设置配色数
)
wc.generate_from_text(text)                      # 生成词云
# 字的颜色来自于背景图片的颜色
wc.recolor(color_func = ImageColorGenerator(backgroud_Image))
plt.imshow(wc)                                    # 绘出词云图
plt.axis("off")                                   # 是否显示 x 轴、y 轴下标
plt.show()                                        # 显示词云图
```

程序运行结果如图 5.14 所示。

说明：Python 提供了大量的内置函数和标准库函数，还有很多的第三方库函数可用，可用于解决各个领域的实际问题。对于标准库函数，需要使用 import 语句引入对应的库后才能使用；对于第三方库函数，需要安装并引入对应的库后才能使用。更多、更深入的了解可查阅专门介绍 Python 程序设计的书籍。

图 5.14　词云图

5.2.11　程序设计风格

早期的程序设计，由于计算机速度比较慢和存储容量比较小，在实现功能的基础上，强调的是效率第一，比较注重编程技巧。但随着计算机性能的提高及程序规模的逐渐变大，这种模式的缺点日渐明显，最主要的是程序难以阅读和理解、难以找到程序中存在的错误、难以改正程序中的错误，这种缺点有时是致命的，耗时耗力编写出来的程序无法投入使用，只能重新编写。就如同没有资质的包工队用盖平房的模式去建几十层的高楼大厦，即使勉强盖起来了，也由于各种质量问题而无法投入使用，只能炸掉重建。

人们在总结较大规模程序设计经验教训的基础上，提出了保证程序质量的程序设计规范。在编程实践中逐步形成良好的程序设计风格，这对有志于从事程序设计和软件开发的计算专业人员来说是至关重要的。

对于编写较大规模的程序，在实现功能的基础上，强调的是清晰第一，即编写的程序要易于理解、易于找到程序中存在的错误、易于改正错误。基于此，良好的程序风格主要包括如下几个方面。

（1）标识符的命名要风格统一、见名知义。

（2）一般一行写一条语句，一条长语句可以写在多行上，但尽量不要把多条语句写在一行上。

（3）采用缩进格式，即同一层次的语句要对齐，内层语句要缩进若干个字符，这样能够比较清楚地表达出程序的结构，增加程序的可读性。

（4）适当书写注释信息，注释是对语句所做的说明，有助于阅读者对程序的理解。

（5）尽量少用 goto 语句，使用 goto 语句虽能增加程序的灵活性，但使用多了容易导致程序结构混乱。

本章给出的程序示例尽量符合上述要求，阅读程序时可以体会良好的程序设计风格的作用。

5.2.12　算法设计与分析

用计算机解决问题的过程,可以分成如下几个阶段。

(1) 分析问题、设计算法:认真分析要解决的问题及要实现的功能,给出解决问题的明确步骤,即设计出针对要解决问题的算法。

(2) 选定语言、编写程序:根据问题的性质,选定一种合适的程序设计语言(及相应的开发环境),依据设计出的算法编写源程序。

(3) 编译:对编写出的源程序进行编译,程序中如果没有错误的话,则编译生成目标文件(与源程序对应的机器语言文件)。如果发现程序中有错误,设法找到错误并改正。

(4) 连接:对生成的目标文件进行连接操作,把目标文件与相应的环境(运行系统、函数库)连接成可执行的程序。

(5) 调试执行:执行可执行程序,选用一些有代表性的数据对程序进行测试,经过一定的测试,如果没有发现错误,程序就可以交付使用了。如果在测试中发现错误,就要分析错误的性质。如果是算法设计有问题,就应重新分析问题、修改算法或重新设计算法;如果是程序编写有问题,就设法在程序中找到错误所在并改正(程序查错排错)。对于较大规模的程序,程序查错排错是一项困难的工作,既需要经验,也需要一定的方法和工具支持。

对于写文章来说,初学者感觉遣词造句是困难的,但写出好文章真正的难点在于文章的总体构思和创意。编写程序也一样,初学者的难点在于语言基本要素和语法规则的掌握,而真正设计出高水平程序的基础是良好的算法设计,相对来说,有了好的算法,再编写程序就简单了。

我国针对计算机专业人员的水平考试,主要有三个级别:程序员、高级程序员和系统分析师。

程序员(programmer)相当于助理工程师,主要工作是编写功能比较单一的程序,并完成模块程序的调试、测试工作。要具备计算机软硬件的基础知识,熟练掌握某种程序设计语言及相应的开发环境,只要给出了明确的算法,就能编写程序实现。

系统分析师(systems analyst)也称为系统分析员,相当于高级工程师,可以担任项目组长或项目经理,主要工作是进行软件开发项目的总体分析和设计工作,了解计算机软硬件技术的最新发展,理解客户需求和项目的业务流程,具备比较强的需求分析能力、整体框架构建能力、流程处理能力、模块分解能力、整体项目评估能力和团队组织管理能力。

高级程序员(senior programmer)相当于工程师,其承担的工作介于程序员和系统分析师之间,一般是协助系统分析师完成系统分析和算法设计工作,或组织程序员完成大型模块的开发工作。

程序员的主要工作是编写程序,高级程序员、系统分析师的主要工作是设计算法和软件系统的总体设计,从中也可以看出算法设计的重要性。计算机专业的大学毕业生,可以沿着程序员、高级程序员、系统分析师的层次发展。

1. 程序与算法

现实生活中,做任何事情都需要经过一定的步骤才能完成。例如,教师按教学计划授课、工程师设计施工方案等都必须按照一定的步骤进行。

为解决一个问题而采取的方法和步骤,称为算法。算法(algorithm)是被精确定义的一组规则,规定先做什么,再做什么,以及判断某种情况下做哪种操作;或说算法是步进式的完成任务的过程。

程序(program)指为让计算机完成特定的任务而设计的指令序列或语句序列,一般认为机器语言程序或汇编语言源程序由指令序列构成,高级语言源程序由语句序列构成。程序设计(programming)是沟通算法与计算机的桥梁;程序是程序设计人员编写的、计算机能够理解并执行的一些命令的集合,是解决问题的具体算法在计算机中的实现。

2. 算法的特点

算法反映解决问题的步骤,不同的问题需要用不同的算法来解决,同一问题也可能有不同的解决方法,但是一个算法必须具有以下特性。

(1) 有穷性。一个算法必须总是在执行有限个操作步骤和可以接受的时间内完成其执行过程。即对于一个算法,要求其在时间和空间上均是有穷的。

(2) 确定性。算法中的每一步都必须有明确的含义,不允许存在二义性。

(3) 有效性。算法中描述的每一步操作都应该能有效地执行,并最终得到确定的结果。

(4) 输入及输出。一个算法应该有零个或多个输入数据,有一个或多个输出数据。执行算法的目的是为了求解,而"解"就是输出,因此没有输出的算法是没有意义的。

3. 算法的表示

1) 用自然语言表示

自然语言就是人们日常使用的语言,可以是中文、英文等。

例如,求三个数的最大值的问题,可以用中文描述为先比较前两个数,找到大的那个数,再让其与第三个数进行比较,找到两者中大的数即为所求。

2) 用传统流程图表示

传统流程图是用规定的一组图形符号、流程线和文字说明来表示各种操作的算法表示方法。图5.11就是一个简单的流程图。

3) 用伪码表示

伪码是用一种介于自然语言和计算机语言之间的文字和符号来描述算法。接近计算机语言,便于向计算机程序过渡。比计算机语言形式灵活、格式紧凑,没有严格的语法格式。是目前用得比较多的一种算法表示形式。

4. 算法的评价标准

用计算机解决问题的关键是算法的设计,对于同一个问题,可以设计出不同的算法,如何评价算法的优劣是算法分析、比较、选择的基础。目前,可以从正确性、时间复杂性、空间复杂性和可理解性4个方面对算法进行评价。

1) 算法的正确性

算法的正确性指算法能够正确地完成所要解决的问题,就目前的研究来看,要想通过理论方式证明一个算法的正确性是非常复杂和困难的,一般采用测试的方法,基于算法编写程序,然后对程序进行测试。针对所要解决的问题,选定一些有代表性的输入数据,经程序执行后,查看输出结果是否和预期结果一致,如果不一致,则说明程序中存在错误,应予以查找并改正。经过一定范围的测试和程序改正,不再发现新的错误,程序可以交付使用,在使用过程中仍有可能发现错误,再继续改正,这时的改正称为程序维护。

例如,一个对考试成绩进行管理的程序,主要功能是按学生或按课程查询成绩,对学生按考试成绩排名等。如果有100个学生,你可以选择第1名、第10名、第50名、第90名、最后一名学生的成绩进行计算,看计算结果和手工计算结果是否一致。这比简单地选择前5个学生的成绩进行测试更有代表性,更有可能发现程序中的错误。

一些大的软件开发公司开发的软件,先是在开发人员内部进行测试,然后在公司内部(与开发人员不同的一些人)进行测试,最后再请一些公司外的用户进行测试。

对于小程序来说,测试工作是比较简单的,如考试成绩管理程序,可能有半天的时间就能完成测试工作。对于大型的程序,可能需要数月的测试时间,即使投入实际应用后,也还会在使用中发现错误、改正错误。

2)算法的时间复杂度

时间复杂度指依据算法编写出程序后在计算机上运行时所耗费的时间度量。一个程序在计算机上运行的时间取决于程序运行时输入的数据量、对源程序编译所需要的时间、执行每条语句所需要的时间及语句重复执行的次数等。其中,最重要的是语句重复执行的次数。通常,把整个程序中语句的重复执行次数之和作为该程序的时间复杂度,记为 $T(n)$,其中的 n 为问题的规模。对于一个从线性表中查找某个数据的算法,n 为线性表的长度,即线性表中数据的个数。

算法的时间复杂度 $T(n)$ 实际上是表示当问题的规模 n 充分大时,该程序运行时间的一个数量级,用 O 表示。比较两个算法的时间复杂度时,不是比较两个算法对应程序的具体执行时间,这涉及编程语言、编程水平和计算机速度等多种因素,而是比较两个算法相对于问题规模 n 所耗费时间的数量级。

例如,比较线性表的顺序查找和折半查找算法。对于顺序查找算法,由于其平均查找次数为 $n/2$(查找语句重复执行 $n/2$ 次),所以其时间复杂度为 $O(n)$,$n/2$ 和 n 是一个数量级;而折半查找的查找次数为 $\mathrm{lb}n$(查找语句重复执行 $\mathrm{lb}n$ 次),所以折半查找算法的时间复杂度为 $O(\mathrm{lb}n)$。相对于顺序查找,n 越大,折半查找的速度优势越明显,但折半查找的基础是线性表中的数据要有序。

3)算法的空间复杂度

空间复杂度指,依据算法编写出程序后在计算机上运行时所需内存空间大小的度量,也是和问题规模 n 有关的度量。

4)算法的可理解性

算法是为了人们的阅读与交流,可理解性好的算法有利于人们的正确理解,有利于程序员据此编写出正确的程序。

5.3 数 据 结 构

在计算机发展的早期,编写程序的目的是为了完成对数值数据的计算。随着计算机技术的不断发展和应用范围的拓展,数据处理成为计算机的一个重要应用领域,此时的数据包括数值数据,也包括非数值数据(如字符串、图像等),处理既可以是算术运算,也可以是插入、删除、查找和排序等操作。

程序要处理的数据需要存储在内存单元中,已知,整个内存空间是由连续编址的一个个内存单元组成的,就是说,多么复杂的数据也只能存放在这样的一个空间内,这是数据存储的物理结构。编程人员直接面对这种存储方式,对于一些简单的运算是可以的,实际上在机器语言和汇编语言编程阶段,程序员就是直接使用这种物理存储结构。这种方式数据处理能力有限、编程复杂,对于矩阵、家族关系表这样的数据就会增加编程人员的编程难度和工作量。能否找到一种机制,使得数据的内部存储结构(物理结构)是线性连续的,而其逻辑结构更符合人们习惯的方式，编写程序时面对的是逻辑结构（数据的一种抽象表示），程序执行时，由支持相应结构的编译程序自动把逻辑结构映射成物理结构，从而简化程序的编写，减轻编程人员的工作量，这就是数据结构要解决的问题之一。

5.3.1 概念和术语

数据（data）是信息的载体，它能够被计算机识别、存储和加工处理。计算机科学中，所谓数据就是计算机加工处理的对象，它可以是数值数据，也可以是非数值数据，如图像、声音、文本等。

数据项（data item）是数据不可分割的最小单位。数据项有名和值之分，数据项名是数据项的标识，用变量定义，而数据项值是它的一个可能取值。年龄就是一个数据项，在 Python 语言中可以定义为变量 age，其取值可以是 19、20、21 等。

数据元素（data element）是数据的基本单位，具有完整、确定的实际意义。在不同的条件下，数据元素又可称为元素、站点、顶点、记录等。数据元素一般由若干数据项组成。学生的基本情况就是一个数据元素，由学号、姓名、性别、年龄等数据项组成。

数据对象或称数据元素类（data object），是具有相同性质的数据元素的集合，是数据的一个子集。在某个具体问题中，数据元素都具有相同的性质，属于同一数据对象，数据元素是数据元素类的一个实例。对于一个学生管理系统来说，某大学所有学生的基本情况就是数据，所有本科生的基本情况、所有硕士生的基本情况可以看作是不同的数据对象。

数据结构（data structure）指互相之间存在着一种或多种关系的数据元素的集合。在任何问题中，数据元素都不是孤立的，它们之间存在着这样或那样的关系（联系），这种数据元素之间的关系称为结构。

根据数据元素间关系的不同特性，通常分成如下三类基本结构。

(1) 线性结构（linear structure）。数据元素之间存在着一对一的关系，如线性表、栈、队列和数组等。按学号排列的学生数据可以看作是一个线性表，每个学生有一个且只有一个前驱（第一个学生除外），每个学生有一个且只有一个后继（最后一个学生除外）。

(2) 树形结构（tree structure）。数据元素之间存在着一对多的关系，如树、二叉树和森林等。一个单位的工作人员之间的关系就可以表示成一棵树，每个人只有一个直接领导（单位的最高领导除外），有多个直接下属（最基层的工作人员除外）。

(3) 图状结构（graph structure）。数据元素之间存在着多对多的关系，图状结构也称网状结构，如无向图和有向图等。铁路交通图是一种典型的图状结构，任意两个城市之间可能存在多条路径连通。

数据结构包括数据的逻辑结构和数据的物理结构。数据的逻辑结构可以看作是从具体问题抽象出来的数学模型，描述的是数据元素之间的逻辑关系。数据在计算机中的表示称为数据的物理结构或存储结构，它研究数据结构在计算机中的实现方法，包括数据结构中元素的表示及元素间关系的表示。

数据的存储结构可采用顺序存储或链式存储的方法。

顺序存储方法是把逻辑上相邻的元素存储在物理位置也相邻的存储单元中，由此得到的存储表示称为顺序存储结构。顺序存储结构常借助于程序设计语言中的数组来实现。

链式存储方法对逻辑上相邻的元素不要求其物理位置相邻，元素间的逻辑关系通过附设的指针字段来表示，由此得到的存储表示称为链式存储结构。链式存储结构通常借助于程序设计语言中的指针来实现。

借助于列表介绍线性结构的存储及应用,对于树形结构和网状结构只作简要说明,体会一下数据结构对程序设计的作用,详细内容可以在数据结构课程中学习。

5.3.2　线性结构

线性结构是最常用、最简单的数据结构,包括线性表、队列、栈等,C 语言中的数组、Python 语言中的列表和元组都是线性结构。线性表、队列、栈可以用数组或列表来实现,本节以 Python 语言中的列表为例介绍线性结构的使用。

列表(list)是包含 0 个或多个数据的有序序列,其中的每个数据称为元素,列表的元素个数(列表长度)和元素内容都是可以改变的。使用列表,能够灵活方便地对批量数据进行组织和处理。

1. 创建列表

创建列表的语法格式如下:

列表名 = [值 1,值 2,值 3,…,值 n]

功能:把一组值放在一对方括号内组织成列表值并赋值给一个列表变量。列表值可以有 0 个、1 个或多个,如果有多个列表值,值与值之间用逗号分隔。

示例:

```
>>> list1 = [78,62,93,85,68]
>>> list2 = ["2018001","张三","男",19,"金融学"]
>>> list3 = [36]
>>> list4 = []
```

也可以通过 list()函数创建列表,例如:

```
>>> list6 = list(range(1,6))        # 等价于 list6 = [1,2,3,4,5]
>>> list7 = list("Python 程序")     # 等价于 list7 = ['P','y','t','h','o','n','程','序']
```

2. 访问列表

列表创建后,就可以访问使用。对列表的访问,除了可以整体赋值外,常用的方式是访问其中的元素,语法格式如下:

列表名[索引值]

列表是序列类型,其中的元素按所在的位置顺序都有一个唯一的索引值(序号),通过这个索引值可以访问到指定的元素。系统为列表元素设置了两套索引:正向索引和逆向索引,正向索引取值为 0、1、2、……,分别对应第 1、第 2、第 3 个元素等,逆向索引取值为 -1、-2、-3、……,分别对应倒数第 1、倒数第 2、倒数第 3 个元素等。需要注意的是正向索引值从 0 开始递增,逆向索引值从 -1 开始递减。

对于 list2=["2018001","张三","男",19,"金融学"],系统为其设定的索引值如图 5.15 所示。

list2[0]与 list2[-5]的值相同,为字符串"2018001"
list2[3]与 list2[-2]的值相同,为整数 19
list2[-1]与 list2[4]的值相同,为字符串"金融学"

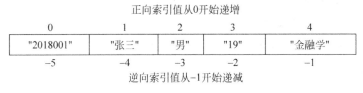

图 5.15　列表的索引值

如果列表中不存在与给定索引值对应的元素，系统给出相应的错误提示信息。

3. 更新列表

列表创建后，其中的元素值是可以修改的，除此之外，还可以向列表中增加元素和删除列表中的已有元素，即列表的长度也是可以改变的。

增加列表元素的语法格式如下：

列表名.append(新增元素值)

或

列表名.insert(索引值,新增元素值)

其中，append()函数用于在列表的末尾追加元素，insert()函数用于在列表的指定位置插入元素。如果有多个元素需要插入列表，可以先用 append()函数追加到列表的末尾，再进行排序，这样能节省时间。

示例：

```
>>> list1 = [2,3,5,9,11]          # 创建列表,初值为[2,3,5,9,11]
>>> list1.append(13)              # 在列表的尾部追加数值 13,列表值变为[2,3,5,9,11,13]
>>> list1.insert(3,7)             # 在指定位置插入数值 7,列表值变为[2,3,5,7,9,11,13]
```

删除列表元素的语法格式如下：

列表名.remove(元素值)

或

del 列表名[索引值]

或

del 列表名

其中，remove()函数用于从列表中删除指定的值，若有多个值和指定值相同，只删除第一个。del 格式用于删除和指定索引值对应的列表元素值或删除整个列表。

示例：

```
>>> list1.remove(11)              # 删除列表中的值 11
>>> del list1[2]                  # 删除列表中索引值为 2 的元素(索引值从 0 开始)
```

修改列表元素值的语法格式如下：

列表名[索引值] = 新元素值

通过赋值语句的形式，用新元素值替换指定位置的现有元素值。

示例：

```
>>> list2 = ["2018001","小明","男",19,"数学"]          # 创建列表
>>> list2[1] = "张小明"                                # 修改索引值为 1 的元素值
>>> list2                                              # 显示修改后的列表值
['2018001', '张小明', '男', 19, '数学']
>>> list2[-1:] = ["金融学","二班"]                      # 修改最后一个元素值
>>> list2                                              # 显示修改后的列表值
['2018001', '张小明', '男', 19, '金融学', '二班']
>>> list2[1:3] = ["张明"]                              # 修改索引值为 1 和 2 的元素值
>>> list2                                              # 显示修改后的列表值
['2018001', '张明', 19, '金融学', '二班']
```

说明：

（1）对于已创建列表，既可以修改某个指定索引值对应的元素值，也可以修改指定索引值范围内的若干元素值，如果给定的新值个数少于指定范围内的元素值个数（如 list2[1:3]＝["张明"]），则相当于删除元素值，如果给定的新值个数多于指定范围内的元素值个数（如 list2[-1:]＝["金融学","二班"]），则相当于增加元素值。

（2）list2[i:j]指列表中的第 i 个至第 j－1 个元素，不包括第 j 个元素，正向索引值从 0 开始递增，逆向索引值从－1 开始递减；如果省略 i，默认从 0 开始，如果省略 j，默认到最后一个元素结束，包括最后一个元素。

对于批量数据处理，列表有着强大灵活的功能，列表的常用操作见表 5.3，有些操作通过运算符实现，有些操作通过 Python 内置函数实现。

表 5.3　常用列表操作

操作符（运算符或函数名）	示例与功能描述
＋	li1＋li2：连接两个列表
＊	li＊n 或 n＊li：将列表自身连接 n 次
in	x in li：如果 x 是 li 的元素，返回 True，否则返回 False
not in	x not in li：如果 x 不是 li 的元素，返回 True，否则返回 False
[]	li[i]：定位列表中索引值为 i 的元素
[::]	li[i:j:k]：切片操作，返回列表中索引值从 i 开始，到 j－1 结束（不包括 j），步长为 k 的若干个元素组成的列表。省略 i 时默认从 0 开始；省略 j 时默认到最后一个元素结束，包括最后一个元素；省略 k 时默认步长值为 1，此时可同时省略 k 前面的冒号
len(列表名)	len(li)：返回列表 li 的长度，即列表 li 中的元素个数
max(列表名)	max(li)：返回列表 li 中的最大元素
min(列表名)	min(li)：返回列表 li 中的最小元素
sorted(列表名,reverse＝False/True)	sorted(li)：返回一个对 li 列表排好序的新列表，列表 li 中元素的顺序不变。当第 2 个参数取值 False 时可省略，此时按升序排列；取值为 True 时按降序排列，不可省略
reversed(列表名)	reversed(li)：返回一个对列表 li 进行逆序操作后的迭代器，需要用 list(reversed(li))形式转换为列表
sum(列表名)	sum(li)：如果列表中都是数值型元素，返回累加和

注：表中 li、li1、li2 都是已存在的列表名。

【例 5.13】　统计一批数据中奇数的个数。

问题分析：把一批数据存入一个列表变量，通过逐一访问列表中的值，统计出奇数的个数。

```
# P0513.py
data_list = [78,81,92,67,93]          # 创建数据列表
num = 0                               # 计数器清 0
for i in range(0,5):                  # 遍历列表中每一个数据
    if data_list[i] % 2 == 1:         # 统计奇数的个数
        num += 1
print("num = ",num)                   # 输出结果
```

【例 5.14】　输出杨辉三角形前 n 行的数据，n 的值由用户输入。

问题分析：6 行的杨辉三角形如图 5.16 所示，从图中可以看出，第 1 列的值全为 1，行、列号相同的位置（如第 2 行的第 2 列、第 3 行的第 3 列等），其值也全为 1，其他位置的值等于正上方位置值和左上方位置值之和（如第 6 行第 3 列的值等于第 5 行第 3 列的值加上第 5 行第 2 列的值）。可以把整个杨辉三角形的数据存入一个列表（yanghui_list），其中的每个元素（代表三角形中每行的数据）也是一个列表（row_list）。在程序中，逐行生成数据，并存入行列表 row_list 和三角形列表 yanghui_list。

```
# P0514.py
yanghui_list = [[1],[1,1]]            # 创建三角形列表，并设定前两行的值
n = int(input("n = "))               # 输入要输出的杨辉三角形的行数
for i in range(2,n):                 # 生成第 3 行至第 n 行的值
    row_list = list()                # 创建初值为空的行列表
    for j in range(i + 1):           # 设定行列表中各元素的值为 0
        row_list.append(0)
    row_list[0] = 1                  # 改第 1 列的值为 1
    row_list[i] = 1                  # 改第 i + 1 列的值为 1,该行为第 i + 1 行
    for k in range(1,i):             # 改本行中第 2 至第 i 列的值
        row_list[k] = yanghui_list[i - 1][k - 1] + yanghui_list[i - 1][k]
    yanghui_list.append(row_list)    # 把一行数据作为元素追加到三角形列表
for i in range(n):                   # 用二重循环输出三角形列表的值
    for k in range(i + 1):
        print(yanghui_list[i][k],end = "\t")
    print("\n")
```

说明：如果一个列表中的元素也是列表，其实表示的是二维表或二维数组，即对于其他高级语言中的二维数组，在 Python 中可以用元素为列表的列表表示。对于二维表数据，本书中用第 1 行、第 2 行、第 3 行、……，第 1 列、第 2 列、第 3 列、……，来表示，但要注意正向索引值是从 0 开始。对于如图 5.17 所示的二维表数据，可以定义为如下列表：

```
data_list = [[1,2,3,4],[5,6,7,8],[9,10,11,12]]
```

```
1
1  1
1  2  1
1  3  3  1
1  4  6  4  1
1  5  10 10 5  1
```

图 5.16　杨辉三角形数据（6 行）

```
1   2   3   4
5   6   7   8
9   10  11  12
```

图 5.17　二维表数据

data_list[0][0]表示第 1 行第 1 列数据(其值为 1)、data_list[2][3]表示第 3 行第 4 列数据(其值为 12)。

5.3.3　树形结构

线性结构的特点是逻辑结构简单,易于进行查找、插入和删除等操作,主要用于对具有单一的前驱和后继的数据关系进行描述,而现实环境中数据元素之间的关系也有很多是非线性的,如人类社会的族谱、各种社会机构的组织形式等具有明显的层次关系,用非线性的树形结构描述更为合适。

1. 树

树(tree)是 $n(n \geqslant 0)$ 个结点的有限集合。当 $n=0$ 时,称为空树。在一棵非空树 T 中:

(1) 有且仅有一个特定的结点称为树的根结点;

(2) 当 $n>1$ 时,除根结点之外的其余结点被分成 $m(m \geqslant 1)$ 个互不相交的集合 $T_1, T_2, \cdots, T_m$,其中每一个集合 $T_i(1 \leqslant i \leqslant m)$ 本身又是一棵树,并且称为根结点的子树。

在树中,一个结点可以看作是一个数据元素。图 5.18 是一棵具有 11 个结点的树,根结点为 A。

如果一棵树中结点的各子树从左到右是有次序的,即若交换了某结点各子树的相对位置,则构成不同的树,称这棵树为有序树;反之,则称为无序树。零棵或有限棵不相交的树的集合称为森林(forest)。任何一棵树,删去根结点就变成了森林。如图 5.19 所示是由图 5.18 的树去掉根结点后形成的森林。

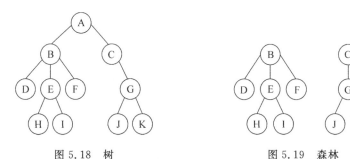

图 5.18　树　　　　　　　图 5.19　森林

结点所拥有的子树的个数称为该结点的度,度为 0 的结点称为叶结点,度不为 0 的结点称为分支结点。一棵树的结点除叶结点外,其余的都是分支结点。树中一个结点的子树的根结点称为这个结点的孩子(子结点),这个结点称为它的子结点的父结点,具有同一个父结点的子结点互称为兄弟结点。

如果一棵树的一串结点 $n_1, n_2, \cdots, n_k$ 有关系:结点 n_i 是 n_{i+1} 的父结点 $(1 \leqslant i < k)$,就把 $n_1, n_2, \cdots, n_k$ 称为一条由 $n_1 \sim n_k$ 的路径。这条路径的长度是 $k-1$。在树中,如果有一条路径从结点 M 到结点 N,那么 M 就称为 N 的祖先,而 N 称为 M 的子孙。

规定树的根结点的层数为 1,其余结点的层数等于它的父结点的层数加 1。树中所有结点的最大层数称为树的深度,树中各结点度的最大值称为该树的度。

2. 二叉树

1) 二叉树的概念

二叉树(binary tree)是有限个结点的集合,该集合或为空或由一个称为根的结点及两个不相交的、被分别称为左子树和右子树的二叉树组成。当集合为空时,称该二叉树为空二叉树。

二叉树是有序的,即使树中结点只有一棵子树,也要区分它是左子树还是右子树。因此二叉树具有 5 种基本形态:空二叉树、只有根结点的二叉树、只有根结点及其左子树的二叉树、只有根结点及其右子树的二叉树、左右子树都有的二叉树,如图 5.20 所示。

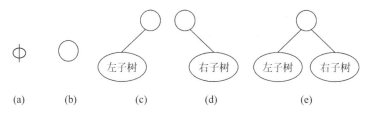

图 5.20　二叉树的 5 种基本形态

在二叉树中,左子树的根称为左孩子,右子树的根称为右孩子。如果所有分支结点都存在左子树和右子树,并且所有叶子结点都在同一层上,这样的一棵二叉树称作满二叉树。

一棵深度为 k 的有 n 个结点的二叉树,对树中的结点按从上至下、从左到右的顺序进行编号,如果编号为 $i(1 \leqslant i \leqslant n)$ 的结点与满二叉树中编号为 i 的结点在二叉树中的位置相同,则称这棵二叉树为完全二叉树。完全二叉树的特点:叶子结点只能出现在最下层和次最下层,且最下层的叶子结点集中在树的左部。显然,一棵满二叉树必定是一棵完全二叉树,而完全二叉树未必是满二叉树。

图 5.21 是一棵满二叉树,当然也是完全二叉树;图 5.22 是完全二叉树,但不是满二叉树;图 5.23 不是完全二叉树,当然也就不是满二叉树。

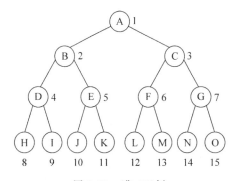

图 5.21　满二叉树

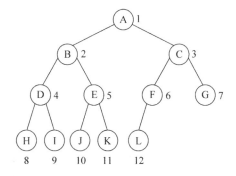

图 5.22　完全二叉树

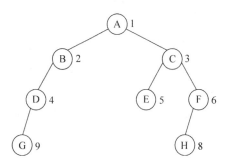

图 5.23　非完全二叉树

2）二叉树的主要性质

性质 1:一棵非空二叉树的第 i 层上最多有 2^{i-1} 个结点$(i \geqslant 1)$。

性质 2:一棵深度为 k 的二叉树中,最多具有 $2^k - 1$ 个结点。

性质 3:具有 n 个结点的完全二叉树的深度 k 为 $\lceil \mathrm{lb}n \rceil + 1$。

Python 语言中可以用列表或字典来表示二叉树。

3. 字典

　　一批数据存入列表,查找或读取、修改某个数据元素时,需要给出该数据元素的索引值,数据量比较大时,记住数据元素的索引值不是一件容易的事情。如果能够按照某个关键字的值(学号、身份证号等)查找或读取批量数据中的信息,则对数据的操作更为简单方便。以字典方式组织数据就可以实现按关键字查找和读取、修改信息。

　　1)创建字典

　　创建字典的语法格式如下:

字典名 = {键 1:值 1,键 2:值 2,键 3:值 3,…,键 n:值 n}

　　功能:字典也是由若干个元素组成,由一对大括号括起来,每个元素是一个"键-值"对的形式,"键-值"对之间用逗号分开。如果有多个"键"相同的"键-值"对,只保留最后一个。

　　示例:

```
>>> dic1 = {"数学":78,"语文":82,"英语":67,"计算机":91}     # 课程名与成绩
>>> dic2 = {"小明":"数学","小花":"英语","小莲":"金融"}       # 学生姓名与专业
>>> dic3 = {}                                             # 创建一个空字典
```

　　2)访问字典

　　和列表不同,字典是一个无序序列,其中的元素没有对应的索引值,元素的存储顺序(以及对应的显示顺序)可能与创建字典时的书写顺序不一致。对字典的访问是根据"键"来找对应的"值",语法格式如下:

字典名[键]

　　示例:

```
>>> score = dic1["计算机"]       # 获取"计算机"课程的考试成绩
>>> specialty = dic2["小莲"]      # 获取"小莲"的所学专业
```

　　可对字典进行操作的函数和方法如表 5.4 所示。

表 5.4　字典操作方法和函数

函数/方法	示例与功能描述
字典名.keys()	dic.key():返回指定字典的所有"键"
字典名.values()	dic.values():返回指定字典的所有"值"
字典名.items()	dic.items():返回指定字典的所有"键-值"对
字典名.get(键,默认值)	dic.get(key,default):存在与 key 相同的"键",则返回相应的"值",否则返回 default
字典名.pop(键,默认值)	dic.pop(key,default):存在与 key 相同的"键",则返回相应的"值",同时删除"键-值"对,否则返回 default
字典名.popitem()	dic.popitem():随机从字典中取出一个"键-值"对,以元组(键,值)形式返回,该"键-值"对从字典中删除
字典名.clear()	dic.clear():删除指定字典的所有"键-值"对,变为空字典
del 字典名[键]	del dic[key]:删除字典中"键"为 key 的"键-值"对
键 in 字典名	key in dic:存在与 key 相同的"键",则返回 True,否则返回 False

　　注:dic 是已存在的字典名。

3）更新字典

使用赋值语句可以增加元素或修改现有元素的值，语法格式如下：

字典名[键] = 值

如果在字典中没有找到指定的"键"，则在字典中增加一个"键-值"对，如果找到，则用指定的"值"替换现有值。该语句既能增加元素，又能修改元素值。使用此功能要仔细，否则，本来要进行修改操作，由于"键"没写对，实际是完成了增加元素的功能。

示例：

```
>>> dic1 = {"数学":78,"语文":82,"英语":67,"计算机":91}
>>> dic1["英语"] = 76              ♯ 修改"英语"成绩为76
>>> dic1
{'语文': 82, '英语': 76, '计算机': 91, '数学': 78}
>>> dic1["法语"] = 76              ♯ 如果修改时把"英语"误写为"法语"
>>> dic1                          ♯ 等同于增加了一个元素("法语":76)
{'法语': 76, '语文': 82, '英语': 67, '计算机': 91, '数学': 78}
```

还可以使用 update()函数进行字典的合并，语法格式如下：

字典名 1.update(字典名 2)

如果两个字典的"键"没有相同的，则把字典2的"键-值"对添加到字典1中（实现两个字典的合并），如果有相同的，用字典2中的值修改字典1中相同"键"的对应"值"。

示例：

```
>>> dic1 = {"数学":78,"语文":82,"英语":67,"计算机":91}
>>> dic2 = {"英语":76,"物理":86}
>>> dic1.update(dict2)
>>> dic1
{'语文': 82, '英语': 76, '数学': 78, '物理': 86, '计算机': 91}
```

删除元素与删除字典的语法格式如下：

del 字典名[键]

如果在字典中找到指定的"键"，则删除"键"和对应的"值"，如果没有找到指定的"键"，则会报错。如果只有字典名，则删除整个字典。

还可以使用 pop()函数删除字典元素，语法格式如下：

字典名.pop(键,值)

如果字典中存在指定的"键"，则返回对应的"值"，同时删除该"键-值"对，如果指定的"键"不存在，返回函数中给出的"值"。例如：

```
>>> dic1 = {"数学":78,"语文":82,"英语":67,"计算机":91}
>>> dic1.pop("数学":60)          ♯ 由于存在"数学",函数返回值为78,删除键-值对"数学":78
>>> dic1.pop("化学":60)          ♯ 由于不存在"化学",函数返回值为60
```

【例 5.15】 基于字典实现学生信息管理。

问题分析：可以把学生信息组织成一个字典，以学号为"键"，其他信息为"值"，但这个"值"又是一个字典，在这种数据组织方式下，可以方便地实现查找、统计、修改等功能，如下程序实现了按输入查找某个专业的学生信息的功能。

```
# P0515.py
students = {
    "2018001":{ "姓名":"小明","性别":"男","年龄":18,"专业":"数学" },
    "2018002":{ "姓名":"小花","性别":"女","年龄":19,"专业":"英语" },
    "2018006":{ "姓名":"小莲","性别":"女","年龄":18,"专业":"数学" },
    "2018009":{ "姓名":"小亮","性别":"男","年龄":20,"专业":"化学" }
}
specialty = input("请输入要查找的专业:")
for stu_number,stu_info in students.items():
    if stu_info["专业"] == specialty:            #查找所有指定专业的学生
        print(stu_number,end = " ")
        print(stu_info["姓名"],stu_info["性别"],stu_info["年龄"],stu_info["专业"])
```

采用字典方式存储数据的优点是：如果字典的结构有所变化,增加或减少了"键-值"对,程序仍能执行并得到正确结果。

4. 二叉树的存储

1）顺序存储结构

二叉树的顺序存储,是用一组连续的存储单元(数组)存放二叉树中的结点。一般是按照二叉树结点从上至下、从左到右的顺序存储。这样结点在存储位置上的前驱后继关系并不一定是它们在逻辑上的邻接关系(如父子结点关系),只有通过一些方法能够确定某结点在逻辑上的前驱结点(如父结点)和后继结点(如子结点),这种存储才有意义。因此,依据二叉树的性质,完全二叉树和满二叉树采用顺序存储比较合适,树中结点的序号可以唯一地反映出结点之间的逻辑关系,这样既能够最大可能地节省存储空间,又可以利用列表元素的索引值确定结点在二叉树中的位置以及结点之间的关系。图 5.22 所示的完全二叉树的顺序存储如图 5.24 所示。对于列表索引为 i 的结点,其父结点的数组下标为 $\lfloor (i+1)/2 \rfloor - 1$,其左右子结点的下标分别为 $2i+1$ 和 $2i+2$。也就是说,用数组来存储完全二叉树和满二叉树,是很容易找到每个结点的父结点和子结点的。

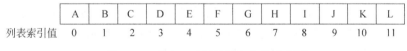

图 5.24　完全二叉树的顺序存储示意图

2）链式存储结构

对于一般的二叉树,如果仍按从上至下和从左到右的顺序将树中的结点顺序存储在一维数组中,则数组元素下标之间的关系不能够反映二叉树中结点之间的逻辑关系,只有增添一些并不存在的空结点,使之成为一棵完全二叉树的形式,然后再用一维数组顺序存储。这种方式对于需增加许多空结点才能将一棵二叉树改造成为一棵完全二叉树的存储,会造成存储空间的大量浪费。此时可以采用链式存储结构。二叉树的链式存储结构是指用链表来表示一棵二叉树。链表中每个结点由三个域组成,除了数据域外,还有两个指针域,分别用来给出该结点的左子结点和右子结点所在的链结点的存储地址。结点的存储结构为：

lchild	data	rchild

其中,data 域存放结点的数据信息；lchild 与 rchild 分别存放指向左子结点和右子结点的指针,当左子结点或右子结点不存在时,相应指针域值为空（用符号 ∧ 或 null 表示）。链式存储结构比较适合存储一般二叉树。

图 5.25 给出了图 5.23 中的二叉树的链式存储。

用于表示图 5.25 的字典定义如下：

tree_dic = {'A':('B','C'),'B':('D','none'),'C':('E','F'),'D':('none','G'),
            'E':'leaf','F':('H','none'),'G':'leaf', 'H': 'leaf'}

说明：'B':('D','none')表示 B 结点的左子结点为 D、右子结点为空（none）,'H':'leaf'表示结点 H 为叶结点。

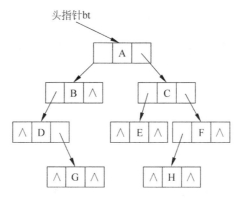

图 5.25　二叉树的链式存储

5.3.4　图状结构

图（graph）是一种比树形结构更复杂的非线性结构。在树形结构中,数据元素间具有明显的层次关系,每一层上的数据元素只能和上一层中的至多一个数据元素相关,但可能和下一层的多个数据元素相关。在图状结构中,任意两个数据元素之间都可能相关,即数据元素之间的邻接关系可以是任意的。因此,图状结构被用于描述各种复杂的数据对象,如铁路交通图、通信网络结构、国家之间的外交关系、人与人之间的社会关系等。离散数学是计算机科学的重要数学基础,而图论是离散数学的重要组成部分。

1. 图的定义和术语

图是由非空的顶点集合和一个描述顶点之间关系——边（弧）的集合组成的,其形式化定义为：$G=(V,E)$；其中 $V=\{v_i \mid v_i \in \text{dataobject}\}$；$E=\{(v_i, v_j) \mid v_i,v_j \in V \wedge P(v_i,v_j)\}$。$G$ 表示一个图,V 是图 G 中顶点的集合,顶点集合构成数据对象（dataobject）,顶点就代表数据元素,E 是图 G 中边的集合,集合 E 中 $P(v_i,v_j)$ 表示顶点 v_i 和顶点 v_j 之间有一条直接连线,即偶对 (v_i,v_j) 表示图中的一条边。图 5.26 给出了一个图的示例,在该图中,集合 $V=\{v_1,v_2,v_3,v_4,v_5\}$；集合 $E=\{(v_1,v_2),(v_1,v_4),(v_2,v_3),(v_2,v_5),(v_3,v_4),(v_3,v_5),(v_4,v_5)\}$。

在一个图中,如果任意两个顶点构成的偶对 $(v_i,v_j) \in E$ 是无序的,即顶点之间的连线是没有方向的,称该图为无向图。图 5.26 中的 G_1 是一个无向图。在一个图中,如果任意两个顶点构成的偶对 $(v_i,v_j) \in E$ 是有序的,即顶点之间的连线是有方向的,称该图为有向图,如

图 5.27 所示 G_2 是一个有向图。

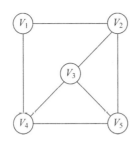

图 5.26　无向图 G_1

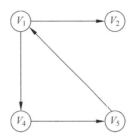

图 5.27　有向图 G_2

在无向图中,顶点之间的连线称为边,用顶点的无序偶对 (v_i, v_j) 来表示。在有向图中,顶点之间的连线称为弧,用顶点的有序偶对 $<v_i, v_j>$ 来表示。

在一个无向图中,如果任意两个顶点都有一条边直接连接,称该图为无向完全图。在一个有向图中,如果任意两个顶点之间都有方向互为相反的两条弧相连接,称该图为有向完全图。

顶点 v 的度是指连接该顶点的边数,通常记为 $TD(v)$。在有向图中,要区别顶点的入度与出度的概念。顶点 v 的入度指以该顶点为终点的弧的数目,记为 $ID(v)$;顶点 v 的出度指以该顶点为始点的弧的数目,记为 $OD(v)$;有 $TD(v) = ID(v) + OD(v)$。

在无向图中,顶点 v_p 到顶点 v_q 之间的路径(path)是指顶点序列 $v_p, v_{i1}, v_{i2}, \cdots, v_{im}, v_q$。其中,$(v_p, v_{i1}), (v_{i1}, v_{i2}), \cdots, (v_{im}, v_q)$ 分别为图中的边。路径上边的数目称为路径长度。有向图中的路径定义与此类似。

若一条路径的始点和终点是同一个顶点,则该路径为回路或者环;若路径中的顶点不重复出现,则该路径称为简单路径。

2. 图的存储结构

1) 邻接矩阵

邻接矩阵存储结构,就是用一维数组存储图中顶点的信息,用矩阵表示图中各顶点之间的邻接关系。假设图 $G = (V, E)$ 有 n 个顶点,即 $V = \{v_0, v_1, \cdots, v_{n-1}\}$,则表示 G 中各顶点相邻关系为一个 $n \times n$ 的矩阵,矩阵的元素为:

$$A[i][j] = \begin{cases} 1 & 若(v_i, v_j) 或 <v_i, v_j> 是图 \boldsymbol{G} 的边或弧 \\ 0 & 若(v_i, v_j) 或 <v_i, v_j> 不是图 \boldsymbol{G} 的边或弧 \end{cases}$$

图 5.26 的邻接矩阵表示如图 5.28 所示。

2) 邻接表

用邻接矩阵存储图中各顶点之间的关系,有时矩阵非常的稀疏(矩阵中 1 的个数非常少,0 的个数很多),从而浪费存储空间,此时可以用邻接表存储结构。邻接表是图的一种顺序存储与链式存储结合的存储方法。邻接表表示法类似于树的链表表示法,对于图 $\boldsymbol{G}$ 中的每个顶点 v_i,将所有邻接于 v_i

$$\boldsymbol{A} = \begin{pmatrix} 0 & 1 & 0 & 1 & 0 \\ 1 & 0 & 1 & 0 & 1 \\ 0 & 1 & 0 & 1 & 1 \\ 1 & 0 & 1 & 0 & 1 \\ 0 & 1 & 1 & 1 & 0 \end{pmatrix}$$

图 5.28　无向图 G_1 的邻接矩阵

的顶点 v_j 连成一个单链表,这个单链表就称为顶点 v_i 的邻接表,再将所有顶点的邻接表表头放到数组中,就构成了图的邻接表。在邻接表表示中有两种结点结构,如图 5.29 所示。

一种是顶点表的结点结构,它由顶点域和指向第一条邻接边的指针域构成,另一种是边表

图 5.29　邻接表的结点结构

结点，它由邻接点域和指向下一条邻接边的指针域构成。

图 5.30 给出了无向图 5.26 对应的邻接表表示。

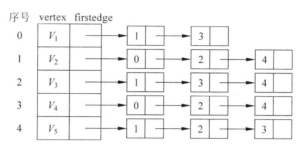

图 5.30　无向图 G_1 的邻接表存储示意图

与图 5.28 对应的列表定义如下：

g_list1 = [[0,1,0,1,0],[1,0,1,0,1],[0,1,0,1,1],[1,0,1,0,1],[0,1,1,1,0]]

与图 5.30 对应的列表定义如下：

g_list2 = [['V1','V2','V4'],['V2','V3','V5'],['V3','V4','V5'],['V4','V5']]

5.4　编　译　原　理

用 C、C++ 或 Python 等高级语言编写程序，相对于早期人们用机器语言编写程序简单、方便得多。但是，计算机并不能直接执行用高级语言编写的源程序，需要翻译成功能等价的机器语言程序才能执行。编译原理就是介绍如何把高级语言源程序翻译成机器语言程序的，学习这方面的知识，既能掌握把高级语言源程序翻译成机器语言程序的基本原理和基本方法，还有助于对高级语言程序设计的深层次理解，提高程序设计能力，培养程序设计思维。

5.4.1　编译程序概述

相对于机器语言，高级语言的优点是简单易学，编写程序和调试修改程序都比较方便，适合于编写规模大、功能复杂的程序。但是，用高级语言编写的源程序需要首先翻译成机器语言程序，计算机才能执行。这种翻译工作如果

是手工方式完成，效率非常低而且容易出现翻译错误，很难满足实际需要，完成这种翻译工作的程序称为翻译程序。把高级语言源程序翻译成等价的机器语言程序的翻译程序称为编译程序（compiler）。编译程序也称为编译器。现在的编译程序不仅具有翻译的功能，还有帮助程序员调试修改程序的功能，如指出程序中错误的位置及性质。常说的安装 C 语言程序是在安装 C 语言编译程序（编译器）或叫编译环境，在这个环境下编写的程序叫源程序（source program）。

　　在计算机上执行一个高级语言源程序一般要分为两步:一是通过编译程序把源程序翻译成机器语言程序,也叫目标程序(object program),二是执行目标程序。

　　高级语言源程序的处理也可以采用另一种方式,并不把源程序翻译成机器语言程序然后再执行该机器语言程序,而是采用边翻译边执行的解释执行方式。这种方式下的翻译程序称为解释程序,也叫解释器(interpreter)。

　　解释方式相对于编译方式效率较低,但解释程序比编译程序容易实现。BASIC 语言和Python 语言采用的就是解释方式。

　　不同的编译程序都有自己的组织结构和工作方式,它们都是根据源语言的具体特点和对目标程序的具体要求设计出来的,因此很难给出编译程序的标准结构,也不好说哪种结构好,哪种结构不好。就编译程序所做的工作来看是基本相同的,它主要包括词法分析、语法分析、语义分析、中间代码生成、中间代码优化和目标代码生成等工作。

5.4.2　词法分析

　　词法分析(lexical analysis)是整个编译过程的第一项工作,其任务就是从左至右逐个字符地对源程序进行扫描,进行词法检查并识别出一个个单词,即通过词法分析把字符序列转换成单词序列,并以机内符的形式表示单词序列,用机内符的形式表示单词是为了便于后续工作的完成。除此之外,词法分析还要完成其他一些相关任务,如过滤掉源程序中的注释和空白,发现词法错误(编写程序时写错关键字等),指出错误的位置等。

　　高级语言中的单词一般可以分成 5 类:

　　(1) 基本字,也称关键字,如 C 语言中的 for、do、if 等。

　　(2) 标识符,用来表示各种名字的符号串,如变量名、函数名等。

　　(3) 常数,各种类型的常数,如整数、实数、字符串等。

　　(4) 运算符,各种算术运算符、关系运算符,如＋、－、＋＋、－－、<、>、<＝、>＝等。

　　(5) 界限符,如逗号(,)、分号(;)等。

　　目前,常用的方式是把每类单词分别表示成一个自动机,词法分析程序据此判断识别出的单词是否正确,如果正确以某种机内符的形式表示,否则提示修改错误。

　　【例 5.16】　对于 C 语言的如下部分源程序。

```
s = 0;
for (i = 1; i <= 100; i++) s = s + 1;
```

　　经词法分析处理后,识别成由 23 个单词组成的单词序列,如下:

s	=	0	;	for	(	i	=	1	;	i	<=	100	;	i	++	)	s	=	s	+	1	;

5.4.3　语法分析

　　语法分析(syntax analysis)的任务是确认作为词法分析结果的单词序列是否为给定语言的一个正确程序。在语法分析中,给定语言用文法表示,如果给定的程序(此时看作单词串或机内符串)能够与该文法相匹配,则认为程序是正确的,否则程序是错误的。单词序列与给定文法匹配的方式有两种:自顶向下分析法和自底向上分析法。

　　自顶向下分析法也称面向目标的分析方法,也就是从文法的开始符出发试图推导出给定的单词串，如果能够推导出，则说明单词串是语法正确的程序，否则是错误的程序。自顶向下分析法又可分为确定的和不确定的两种，确定的分析方法需对文法有一定的限制，使得推导过程没有回溯，因而实现方法简单、直观，便于手工构造或自动生成语法分析器，是目前常用的方法之一。不确定的方法即带回溯的分析方法，这种方法实际上是一种穷举的试探方法，效率低、代价高，因而很少使用。

自底向上分析方法是从给定的单词串开始，试图归约（推导的逆操作）为文法的开始符，如果能归约到文法开始符，则确认单词串是正确的程序，否则是错误的程序。与自顶向下语法分析类似。

自顶向下语法分析要解决的问题是如何快速、确定地找到合适的推导过程（如果存在），自底向上语法分析要解决的问题是如何快速、确定地找到合适的归约过程（如果存在）。为此人们提出了一些有效的方法，用于自顶向下分析的方法有递归子程序法、预测分析法等；用于自底向上分析的方法有简单优先法、算符优先法、LR 分析法等。

编译程序的任务是把源程序翻译成目标程序，这个目标程序必须和源程序语义等价，也就是说，尽管它们的语法结构不同，但它们所表达的逻辑含义应完全相同。在词法分析程序和语法分析程序对源程序的语法结构进行分析之后，一般要由语法分析程序调用相应的语义子程序进行语义处理。

编译中的语义处理主要实现的功能是审查每个语法结构的静态语义，即验证语法结构合法的程序是否真正有意义，有时把这个工作称为静态语义分析或静态审查。

5.4.4　中间代码生成

中间代码（middle code）也称中间语言，是复杂性介于源程序语言和机器语言之间的一种表示形式。一般，快速编译程序直接生成目标代码，没有将中间代码翻译成目标代码的额外开销。但是为了使编译程序结构在逻辑上更为简单明确，常采用中间代码，这样可以将与机器相关的某些实现细节置于代码生成阶段仔细处理，并且可以在中间代码一级进行计算和优化工作，使得计算和代码优化比较容易实现。

常用的中间代码形式有逆波兰式、三元式和四元式等。

【例 5.17】　对于表达式 x1+y2 * 6，先变换成 a+b * c 的形式。

a+b * c 的逆波兰式形式为：abc * +。

对于表达式(x1+y2) * 6，先变换成(a+b) * c 的形式。

(a+b) * c 的逆波兰式形式为 ab+c * 。

采用逆波兰式形式表示表达式，可以简化表达式的计算，在从左至右的扫描中，遇到运算符就可以计算，运算对象在该运算符的左边。而在一般表达式中，遇到运算符，需要先比较和其他运算符的优先级别，然后才能决定是否进行计算，对计算机来讲处理难度比较大，效率比较低。

对于逆波兰式 abc * +，计算机先扫描到运算对象 a、b 和 c，然后扫描到运算符 * ，先计算 b * c(假定结果为 t)，继续扫描到运算符+，再计算 a+t，从而完成 a+b * c 的计算。无论表达式多复杂，只一遍扫描就能完成表达式的计算。

对于一般表达式 a+b * c，计算机先扫描到运算对象 a，然后扫描到运算符+和运算对象 b，由于不知道后面的运算符是什么，不能决定是否先完成+的运算，继续扫描到运算符 * 和运算对象 c，知道 * 的优先级高，先计算 b * c(假定结果为 t)，再往回扫描计算 a+t。对于比较复杂的表达式,可能需要多次来回扫描表达式,才能完成计算,这会很浪费时间。

5.4.5　中间代码优化

中间代码优化(middle code optimization)的任务是对中间代码进行等价变换,使得变换后的代码运行结果与变换前代码运行结果相同,而效率提高(运行速度提高或存储空间减少)。

常用的优化技术有删除多余运算、代码外提、强度削弱、变换循环控制条件、合并已知量与复写传播和删除无用赋值等。

【例 5.18】　对于语句 for (i=1; i<=1000; i++)sum=sum+x1+y2*2*3。

要循环执行 1000 次,每次循环做 2 次乘法和 2 次加法,共计 2000 次乘法和 2000 次加法。在循环体中,由于运算对象 x1、y2、2、3 都与循环变量 i 无关,所以在 1000 次循环运算中,x1、y2、2、3 的值是保持不变的,可以提取到循环体外先行计算,2*3 更是可以先计算出结果来。

语句可以改写如下:

```
t = x1 + y2 * 6;
for (i = 1; i <= 1000; i++)sum = sum + t;
```

上述两个语句合起来,共计需要做 1 次乘法,1001 次加法,大大减少了计算工作量。这种优化工作可以在编写程序时进行,也可以由编译程序在编译时进行,而有些优化工作只能在编译阶段进行。

5.4.6　目标代码生成

目标代码生成(object code generation)是把经过优化后的中间代码作为输入,将其转换成特定机器的机器语言程序或汇编语言程序作为输出,这样的转换程序称为代码生成器,因此,代码生成器的构造与输入的中间代码形式和输出的目标代码的机器结构密切相关。特别是高级语言的多样性和计算机结构的多样性为代码生成的理论研究和实现技术带来很大的复杂性。

由于一个高级语言源程序的目标代码需多次使用,因而代码生成器的设计要着重考虑目标代码的质量问题。衡量目标代码的质量主要从占用空间和执行时间两个方面综合考虑。到底产生什么样的目标代码取决于具体的机器结构、指令格式、字长及寄存器的个数和种类等,并与指令的语义和所用操作系统、存储管理等密切相关。

【例 5.19】　t=abc*+;(表达式为逆波兰式形式的中间代码)
可以生成如下汇编语言程序段:

```
MOV R1,c        /* c 的值送寄存器 R1 */
MUL R1,b        /* R1 中的值与 b 的值相乘并送回寄存器 R1 */
ADD R1,a        /* R1 中的值与 a 的值相加并送回寄存器 R1 */
MOV t,R1        /* R1 寄存器中的值送 t 单元 */
```

5.4.7　编译程序的开发

编译程序是一种相当复杂的系统软件,通常有上万甚至数万条指令。随着编译技术的发展,编译程序的生成周期也在逐渐缩短,但仍然需要很多人年的工作量,而且工作很艰巨,正确性也不易保证。

开发者的愿望是尽可能多地把编译程序的生成工作交给计算机去完成,即编译程序自动化或自动生成编译程序。计算机科学家们为了实现编译程序的自动生成做了大量的工作,已有词法分析程序的自动生成系统和语法分析程序的自动生成系统。

编译程序自动生成的最关键是语义处理问题,语义处理的自动化与语义描述的形式化工作直接有关。近年来形式语义学的研究取得了很大的进展,大大推动了编译程序的自动生成研究工作,已出现了一些编译程序的自动生成系统,其中比较著名的系统有 GAG、HLP、SIS和 CGSG 等。形式语义学和编译技术的发展已能实现编译程序的自动生成,目前的主要问题是时间效率、空间节省问题。由自动生成系统产生的编译程序,比人工开发的编译程序长,占用更多的存储空间,运行效率也比较低。

5.5　小　　结

程序设计能力、程序设计思维是计算机专业学生应具备的基本能力和素质,在计算机成为各行各业基本工具的今天,操作使用计算机已不再是计算机专业人员的优势。计算机专业人员要发挥专业特长,在工作中有竞争力,较强的程序设计能力和软件开发能力是坚实的基础。

与提高程序设计能力直接相关的知识有程序设计语言、数据结构、编译原理和算法设计与分析。编写程序,首先要熟悉程序设计语言,熟练掌握基本的程序设计方法和程序调试运行环境。对于数据量比较大或数据之间关系比较复杂的程序,还要熟悉数据结构的知识,选用合适的数据结构合理地组织数据。虽然初学时,程序设计语言的基本知识和基本的程序设计方法的掌握也不是很容易,但计算机专业学生在具备一定的程序设计能力的基础上,重点还是要培养和提高算法设计能力。高级语言是目前常用的程序设计语言,相对来说,高级语言易于学习和掌握,易于编写程序,易于发现和改正程序中的错误,但用高级语言编写的源程序需要翻译成等价的机器语言程序,才能被计算机执行。编译原理就是介绍如何把高级语言源程序翻译成机器语言程序的,学习编译原理知识对于深入理解高级语言程序的执行过程,对于提高较大规模软件的开发能力是非常有益的。

拓展阅读：王选与激光照排

王选(1937—2006),祖籍江苏无锡,出生于上海市,1958 年在北京大学数学力学系计算数学专业毕业后参加工作。曾任北京大学教授,中国科学院院士,中国工程院院士,2001 年国家最高科学技术奖获得者。

20 世纪 70 年代以前的相当长的时间内,印刷领域广泛使用的是铅字印刷,这和北宋时期毕昇发明的活字印刷没有什么本质的区别,排字工人的工作量非常繁重,排版效率低,印刷质量差,如何利用先进的现代技术改革排版和印刷模式是需要研究解决的重大课题。1975年,一个偶然的机会,王选听说了国家"汉字信息处理系统工程"研究项目,这个项目于 1974 年 8 月立项,通称"七四八工程",其中的"汉字精密照排系统"引起了他的浓厚兴趣。如果将计算机技术引入印刷行业,无疑将引起我国报业、出版印刷业等媒体传播领域一场深刻革命,更将对计算机信息技术在我国的普及应用起到推动作用。

当时日本流行的是光学机械式二代照排机,采用机械方式选字,体积大,功能差;欧美流行的是阴极射线管式三代照排机,对底片灵敏度要求很高,国产底片不容易过关;英国正在研制激光照排四代机,但还没有形成产品。当时国内从事汉字照排系统研究的单位,采用二代机或三代机的模拟存储方法,但由于与西文相比,汉字字形的信息量非常大(英文大小写一共才有 52 个字母,而汉字最少也得使用近 7000 个才能满足最基本的印刷需要),难以解决存储和输出等技术难题。1976 年王选作出了一个大胆的科学决策:采取跨越式发展的技术路线,跨过第二代和第三代照排系统,直接研制第四代激光照排系统。

选择激光照排方案,需要解决汉字字形信息量太大的难题。王选在 1976 年决定使用"轮廓描述方法"描述汉字字形,为保证字形变大变小时的质量,还提出并实现了用"参数描述方法"控制字形变倍和变形时敏感部位的质量,而西方在大约 10 年后的 80 年代中期才开始采用类似技术。这些方法使字形信息量压缩约 500 倍,达到当时世界最高水平。

把汉字字形信息压缩后存入计算机,还必须将其快速还原和输出。当时小型计算机运算速度很慢,如果用软件实现压缩信息的还原,一秒钟大约只能还原一个汉字。由于王选有多年的硬件实践经验,并懂得微程序,在 1979 年他提出了适合硬件实现的、失真最小的高速还原汉字字形算法,并编写微程序予以实现,使还原速度达到每秒 250 字。后来他又设计出一种加速字形复原的超大规模专用芯片,实现了高速和高保真的汉字字形复原和变倍、变形,使复原速度上升到每秒 710 字,达到当时汉字输出的世界最快速度。

在这些技术创新的基础上,1976—1993 年,王选先后主持设计并实现了六代汉字激光照排控制器,采用双极型微处理器与专用芯片相结合的技术,在计算能力和存储能力较低的计算机系统上完成了页面描述语言的解释处理,使我国的电子出版技术处于世界先进水平,共获得 8 项中国专利,1 项欧洲专利,成为我国第一位欧洲专利获得者。

1991—1994 年,王选率领他的团队不断创新技术,又引发了我国报业和印刷业的三次技术跨越。一是跨过报纸的传真机传版作业方式,直接推广以页面描述语言为基础的远程传版新技术;二是跨过传统的电子分色机阶段,直接研制开放式彩色桌面出版系统;三是规划和组织研制新闻采编流程计算机管理系统,使报社实现网络化生产与管理。这些电子出版新技术的应用,推动和促进了整个印刷行业的技术和设备改造,书刊和新闻出版业呈现空前繁荣。

现在我们都在享受着王选的研究成果,图书、报纸和杂志上的精美图片和文字都是通过激光照排系统印刷上去的。为了纪念王选"自主创新,锲而不舍"的精神,2006 年 10 月,中国计算机学会的"创新奖"正式更名为"王选奖",每年评选一次。

注:国家最高科学技术奖授予下列科学技术工作者:①在当代科学技术前沿取得重大突破或者在科学技术发展中有卓越建树的;②在科学技术创新、科学技术成果转化和高技术产业化中,创造巨大经济效益或者社会效益的。国家最高科学技术奖每年授予人数不超过 2 名。2000 年开始评选国家最高科学技术奖。国家最高科学技术奖奖金设立之初为每人 500 万元,其中 450 万元由获奖者自主选题,用做科研经费,50 万元属获奖者个人所属。从 2018 年度获奖者开始,奖金调整为每人 800 万元,全部由获奖者个人支配。

习　　题

1. 名词解释:指令、语句、机器语言、汇编语言、高级语言、常量、变量、程序、算法、时间复杂度、空间复杂度、数据、数据项、数据元素、数据对象、数据结构、线性结构、树、森林、二叉树、完全二叉树、满二叉树、图、编译程序、解释程序。

2. 对比说明机器语言、汇编语言和高级语言各自的特点。

3. 结构化程序由哪三种基本结构组成？

4. 良好的程序设计风格主要包括哪些内容？

5. 以列表为例说明数据结构在程序设计中的作用。

6. 说明程序与算法的联系和区别。

7. 简要说明算法的特点。

8. 如何评价算法的优劣？

9. 程序员、高级程序员和系统分析师各自的主要职责分别是什么？

10. 简要说明二叉树的两种存储结构。

11. 简要说明图的两种存储结构。

12. 编译程序由哪几个主要部分组成？每个部分的功能是什么？

思　考　题

1. 程序设计语言、数据结构、算法分析与设计、编译原理4门课程对于提高程序设计能力和培养程序设计思维各有什么作用？

2. 学习一种高级语言，应主要掌握哪些内容？

3. 高级语言中，变量一般要先定义再使用，这样一种规定有什么好处？

4. 如何提高程序设计能力？

5. 查阅文献，举例说明树或二叉树在程序设计中的作用。

6. 查阅文献，举例说明图在程序设计中的作用。

7. 开发编译程序的最难点是什么？

## 第 6 章

软件开发知识

　　计算机专业人员的一项重要工作是开发软件,开发软件(特别是中大规模软件)以程序设计能力为基础,以软件工程知识作指导,以数据库知识为支撑。在第 5 章介绍程序设计知识的基础上,本章简要介绍与软件开发相关的数据库知识和软件工程知识。

6.1　数据库原理及应用

　　信息处理是计算机的一个重要应用领域。在信息处理领域,由于数据量庞大,如何有效地组织、存储数据对实现高效率的信息处理至关重要。数据库技术是目前最有效的数据管理技术。

6.1.1　关系数据库

　　数据库(database,DB)是长期存储在计算机内的、有组织的、可共享的数据集合。对于大批量数据的存储和管理,数据库技术是非常有效的。数据库中的数据按一定的数据模型组织、描述和存储,具有较低的数据冗余度、较高的数据独立性,并且可以为多个用户共享。

　　数据库管理系统(database management system,DBMS)是位于用户和操作系统之间的一层数据管理软件,主要完成数据定义、数据操纵、数据库的运行管理和数据库的维护等功能。

　　数据库应用系统是以数据库为核心的,在数据库管理系统的支持下完成一定的数据存储和管理功能的应用软件系统,数据库应用系统也称为数据库系统(database system,DBS)。

　　数据管理技术的发展大体上经历了三个阶段:人工管理阶段、文件系统阶段和数据库阶段。

　　相对于人工管理,文件系统是一大进步。数据库技术的出现,是数据管理技术发展的又一次跨越。与文件系统相比,数据库技术是面向系统的,而文件系统则是面向应用的,所以形成了数据库系统两个鲜明的特点。

　　(1)数据库系统的数据冗余度低,数据共享度高。

　　由于数据库系统是从整体角度上看待和描述数据,所以数据库中同样的数据不会多次出现,从而降低了数据冗余度,减少了数据冗余带来的数据冲突和不一致性问题,也提高了数据的共享度。

　　(2)数据库系统的数据和程序之间具有较高的独立性。

　　由于数据库系统提供了内模式/模式和模式/外模式之间的两级映像功能,使得数据具有高度的物理独立性和逻辑独立性。当数据的物理结构(内模式)发生变化或数据的全局逻辑结构(模式)改变时,它们对应的应用程序不需要改变仍可正常运行。

　　数据模型是数据特征的抽象,它是对数据库如何组织的一种模型化表示,是数据库系统的核心与基础。它具有数据结构、数据操作和完整性约束条件三要素。从逻辑层次上看,常用的数据模型是层次模型、网状模型和关系模型，而目前使用最广泛的是关系模型。

关系可以理解为二维表。一个关系模型就是指用若干关系表示实体及其联系，用二维表的形式存储数据。

数据库管理系统是提供建立、管理、维护和控制数据库功能的一组计算机软件。主要功能有数据定义功能、数据操纵功能、数据库的建立和维护功能、数据库的运行管理功能。

数据库管理系统由三类程序组成：语言编译程序、控制数据库运行程序、维护数据库程序。

用户访问数据库的过程是用户向数据库管理系统提出请求，数据库管理系统检查请求的合法性，如果请求合法，数据库管理系统定位操作对象，然后对数据库执行必要的操作。

【例 6.1】 对于高校中学生选课（不同年级甚至同一年级学生所选课程可以不同）管理，可以用以下关系表示，带下画线的属性为主码，主码能唯一确定某个实体，如学号能唯一确定某个学生。

学生(<u>学号</u>,姓名,年龄,系别)

课程(<u>课程号</u>,课程名,学分)

选课(<u>学号</u>,<u>课程号</u>,分数)

6.1.2 关系数据库语言

1974 年由 Boyce 和 Chamberlin 提出了结构化查询语言（structured query language，SQL）。1975—1979 年 IBM 公司在研制的关系数据库管理系统 System R 中实现了这种语言。由于 SQL 功能丰富，语言简洁，使用方法灵活，备受用户和计算机业界的青睐，被众多的计算机公司和软件公司所采用。

1986 年 10 月，美国国家标准局（ANSI）批准采用 SQL 作为关系数据库语言的美国标准，1987 年国际标准化组织将之采纳为国际标准。ANSI 于 1989 年公布了 SQL/89 标准，后来又陆续公布了 SQL/92、SQL 99（SQL3）、SQL 2003、SQL 2008、SQL 2011 等标准。目前大部分关系数据库管理系统都支持 SQL/92 中的大部分功能以及 SQL 99、SQL2003 中的部分新概念，但没有一个数据库管理系统能够支持 SQL 标准的所有概念和特性。

SQL 由于其功能强大，简洁易学，从而被程序员、数据库管理员（database administrator，DBA）和终端用户广泛使用。其主要特点如下。

1. 非过程化的语言

所谓面向过程的语言（如 C 语言），指当用户要完成某项数据请求时，需要用户了解数据的存储结构、存储方式等相关情况，需要详细说明如何做，加重了用户负担。而当使用 SQL 这种非过程化语言进行数据操作时，只要提出"做什么"，而不必指明"如何做"，对于存取路径的选择和语句的操作过程均由系统自动完成。在关系数据库管理系统（RDBMS）中，所有 SQL 语句均使用查询优化器，由它来决定对指定数据使用何种存取手段以保证最快的速度，这既减轻了用户的负担，又提高了数据的独立性与安全性。

2. 功能一体化的语言

SQL 集数据定义语言（data define language，DDL）、数据操纵语言（data manipulation language，DML）、数据控制语言（data control language，DCL）及附加语言元素于一体，语言风格统一，能够完成包括关系模式定义，数据库对象的创建、修改和删除，数据记录的插入、修改和删除，数据查询，数据库完整性、一致性保持与安全性控制等一系列操作要求。SQL 的功能一体化特点使得系统管理员、数据库管理员、应用程序员、决策支持系统管理员以及其他各种类型的终端用户只需要学习一种语言形式即可完成多种平台的数据请求。

3. 一种语法两种使用方式

SQL 既可以作为一种自含式语言,被用户以一种人机交互的方式,在终端键盘上直接输入 SQL 命令来对数据库进行操作;又可以作为一种嵌入式语言,被程序设计人员在开发应用程序时直接嵌入到某种高级语言(如 PowerBuilder)中使用。不论在何种使用方式下的 SQL 语法结构都是基本一致的,具有较好的灵活性与方便性。

4. 面向集合操作的语言

非关系数据模型采用面向记录的操作方式,操作对象是单一的某条记录,而 SQL 允许用户在较高层的数据结构上工作,操作对象可以是若干记录的集合,简称记录集。所有 SQL 语句都接受记录集作为输入,返回记录集作为输出,其面向集合的特性还允许一条 SQL 语句的结果作为另一条 SQL 语句的输入。

5. 语法简洁、易学易用的标准语言

SQL 不仅功能强大,而且语法接近英语口语,符合人类的思维习惯,因此较为容易学习和掌握。同时又由于它是一种通用的标准语言,使用 SQL 编写的程序也具有良好的移植性。

【**例 6.2**】　对于例 6.1 中的学生选课关系,如果查询选修了计算机导论课程的学生的姓名,可以写出如下查询语句:

```
SELECT 学生.姓名
FROM 学生,选课,课程
WHERE 学生.学号 = 选课.学号 AND
      选课.课程号 = 课程.课程号 AND
      课程.课程名 = "计算机导论";
```

6.1.3　常用关系数据库管理系统

目前,数据库领域中有 4 种主要的数据模型,即层次模型、网状模型、关系模型和面向对象模型。以这些模型为基础的数据库管理系统分别称为层次数据库、网状数据库、关系数据库和面向对象数据库。数据模型是组织数据的方式。

层次数据库、网状数据库在 20 世纪 70—80 年代初非常流行,在数据库产品市场上占主导地位。在美国等一些应用数据库技术较早的国家,由于早期开发的应用系统都是基于层次或网状数据库的,因此目前仍有一些层次数据库系统或网状数据库系统在继续使用。

自 1970 年美国 IBM 公司的埃德加·科德(Edgar F. Codd)研究员首次提出关系模型后,关系数据库得到了快速的发展,为此科德获得 1981 年度图灵奖。20 世纪 80 年代以来,计算机厂商推出的数据库管理系统都支持关系模型,关系数据库成为数据库市场的主流产品,得到了非常广泛的使用。

层次、网状数据库已经过时,面向对象数据库管理系统的研究和开发虽然取得了大量的成果,但要想得到广泛的应用,还有很多理论和技术问题需要研究解决。真正得到广泛应用的仍是关系数据库管理系统(扩展进了面向对象思想,也称为对象-关系数据库管理系统),所以本节以介绍关系数据库管理系统为主。

近年来,计算机科学技术不断发展,关系数据库管理系统也不断发展进化,AB 公司(2009年被 Oracle 公司收购)的 MySQL、Microsoft 公司的 Access 等是小型关系数据库管理系统的代表,Oracle 公司的 Oracle、Microsoft 公司的 SQL Server、IBM 公司的 DB2 等是功能强大的大型关系数据库管理系统的代表。

中大规模的数据库应用系统，需要系统能够存储大量的数据，要有良好的性能，要能保证系统和数据的安全性以及维护数据的完整性，要具有自动高效的加锁机制以支持多用户的并发操作，还要能够进行分布式处理等等，大型数据库管理系统能够很好地满足这些要求。

大型数据库管理系统主要有如下 7 个特点：

（1）是基于网络环境的数据库管理系统。可以用于 C/S 结构的数据库应用系统，也可以用于 B/S 结构的数据库应用系统。

（2）支持大规模的应用。可支持数千个并发用户、多达上百万的事务处理和超过数百 GB 的数据容量。

（3）提供的自动锁功能使得并发用户可以安全而高效地访问数据。

（4）可以保证系统的高度安全性。

（5）提供方便而灵活的数据备份和恢复方法及设备镜像功能，还可以利用操作系统提供的容错功能，确保设计良好的应用中的数据在发生意外的情况下可以最大限度地被恢复。

（6）提供多种维护数据完整性的手段。

（7）提供了方便易用的分布式处理功能。

6.1.4　数据库应用系统开发工具

早期的数据库应用由于是比较简单的单机系统，数据库管理系统选用 dBASE、FoxBASE、FoxPro 等，这些系统自身带有开发环境，特别是后来出现的 Visual FoxPro 带有功能强大、使用方便的可视化开发环境，所以这时的数据库应用系统开发可以不用再选择开发工具。

随着计算机技术（特别是网络技术）和应用需求的发展，数据库应用模式已逐步发展到 C/S 模式和 B/S 模式，数据库管理系统需要选用功能强大的 Oracle、MS SQL Server、DB2 等，虽然说借助于其自身的开发环境也可以开发出较好的应用系统，但效率较低，不能满足实际开发的需要。选用合适的开发工具成为提高数据库应用系统开发效率和质量的一个重要因素。

针对这种需要，1991 年美国 PowerSoft 公司（1995 年被 Sybase 公司收购）推出了 PowerBuilder 1.0，这是一个基于 C/S 模式的面向对象的可视化开发工具，一推出就受到了广泛的欢迎，连续 4 年被评为世界风云产品，获得多项大奖，曾在 C/S 领域的开发工具中占有主要的市场份额。PowerSoft 公司不断推出新的版本，1995 年推出 PowerBuilder 4.0，1996 年推出 PowerBuilder 5.0，后来又相继推出了 PowerBuilder 6.0、7.0、8.0、9.0、11、12.5 等版本，版本还在不断更新，功能越来越强大，使用越来越方便。目前，常用于数据库应用系统的开发工具还有 Visual C++、Visual Basic、Python 和 Delphi 等。

6.1.5　数据库设计

数据库应用系统以数据库为核心和基础，数据库设计包括需求分析、概念结构设计、逻辑结构设计、物理结构设计、数据库实施、数据库运行和维护等 6 个阶段。

数据库设计要与整个数据库应用系统的设计开发结合起来进行，只有设计出高质量的数据库，才能开发出高质量的数据库应用系统，也只有着眼于整个数据库应用系统的功能要求，才能设计出高质量的数据库。

1. 需求分析

需求分析是对组织的工作现状和用户需求进行调查、分析，明确用户的信息需求和系统功能，提出拟建系统的逻辑方案。这里的重点是对建立数据库的必要性及可行性进行分析和研究，确定数据库在整个数据库应用系统中的地位，确定出各个数据库之间的关系。

数据库的使用，特别是大型数据库的使用对技术人员、管理人员、最终用户的计算机素质都有比较高的要求，对数据的采集及管理活动的规范化也有比较高的要求。对计算机及其网络环境的软硬件配置也有较高的要求。根据具体应用，选用什么样的数据库管理系统（DBMS）及其相应的软硬件配置要进行认真的分析和研究。

确定了建立数据库系统之后，要分析待开发系统的基本功能，确定数据库支持的范围，考虑是建立一个综合的数据库，还是建立若干个专门的数据库。对于规模比较小的应用系统可以建立一个综合数据库，对于大型应用系统来说建立一个支持系统所有功能的综合数据库难度较大，效率也不高，比较好的方式是建立若干个专门的数据库，需要时可以将多个数据库连接起来，满足实际功能的需要。例如，如果开发一个高校教学管理系统，设计一个教学数据库即可满足系统功能的要求，这个数据库中包括教师基本情况表、学生基本情况表、课程基本情况表、学生选课情况表、教师授课情况表等。如果要开发一个高校综合管理系统，包括教学管理、科研管理、人事管理、财务管理、图书管理等，显然，很难建立一个数据库来满足所有这些功能的需求，要分别建立教学数据库、科研数据库、人事数据库、财务数据库和图书数据库等。

2. 概念结构设计

将需求分析阶段得到的用户需求抽象为反映现实世界信息需求的数据库概念结构（概念模式）就是概念结构设计。

概念结构有如下特点：

（1）能真实、充分地反映现实世界。

（2）易于理解，因而可以以此为基础和不熟悉数据库专业知识的用户交换意见。

（3）当应用环境和用户需求发生变化时，很容易实现对概念结构的修改和完善。

（4）易于转换成关系、层次、网状等各种数据模型。

概念结构从现实世界抽象而来，又是各种数据模型的共同基础，实际上是现实世界与逻辑结构（机器世界）之间的一个过渡。

描述概念模型的有效工具是实体-联系（entity-relation，E-R）图。

概念结构设计包括三个步骤：设计局部 E-R 图、集成局部 E-R 图为全局 E-R 图、优化全局 E-R 图。

3. 逻辑结构设计

逻辑结构设计是把概念结构设计阶段的 E-R 图转换成与具体的 DBMS 产品所支持的数据模型相一致的逻辑结构。逻辑结构设计包括两个步骤：将 E-R 图转换为关系模型、对关系模型进行优化，优化工作要用到函数依赖、关系范式等知识；得到优化后的关系数据模型，就可以向特定的关系数据库管理系统转换，实际上是将一般的关系模型转换成符合某一具体的能被计算机接受的 RDBMS 模型，如 Oracle、MS SQL Server、DB2 等。

4. 物理结构设计

数据库在实际的物理设备上的存储结构和存取方法称为数据库的物理结构。对于设计好的逻辑模型选择一个最符合应用要求的物理结构就是数据库的物理结构设计，物理结构设计依赖于给定的硬件环境和数据库产品。

物理结构设计的主要内容包括三项：确定数据的存储安排、存取路径的选择与调整和确定系统配置。

DBMS 产品一般都提供有一些系统配置变量、存储分配参数（同时使用数据库的用户数、同时打开的数据库对象数、缓冲区的长度等），系统为这些变量赋予了合适的默认值，在进行数据库的物理设计时可以直接使用这些值，也可以根据实际应用环境重新设置这些值。

5. 数据库实施

数据库实施阶段的工作就是根据逻辑设计和物理设计的结果，在选用的 RDBMS 上建立起数据库。具体讲有如下三项工作：

（1）建立数据库的结构。以逻辑设计和物理设计的结果为依据，用 RDBMS 的数据定义语言书写数据库结构定义源程序，调试执行源程序后就完成了数据库结构的建立。

（2）载入实验数据并测试应用程序，实验数据可以是部分实际数据，也可以是模拟数据，应使实验数据尽可能覆盖各种可能的实际情况，通过运行应用程序，测试系统的性能指标。如不符合，是程序的问题修改程序，是数据库的问题，则修改数据库设计。

（3）载入全部实际数据并试运行应用程序，发现问题做类似处理。

6. 数据库运行和维护

数据库经过试运行后就可以投入实际运行了。但是，由于应用环境在不断变化，对数据库设计进行评价、调整、修改等维护工作是一个长期的任务，也是设计工作的继续和提高。

在数据库运行阶段，对数据库经常性的维护工作主要由数据库管理员完成，主要工作包括数据库的转储和恢复、数据库的安全性和完整性控制、数据库性能的监督和分析、数据库的重组织与重构造等。

本节（数据库设计）以数据库为主线说明数据库应用系统的开发过程，分析、设计、实施、运行维护分布在了这个主线上。6.2 节（软件工程）着眼于一般软件系统的设计开发，数据库设计是其中的一个环节。当开发实际项目时，以数据库为主的数据库应用系统开发可以遵循数据库设计过程，不以数据库为主的一般软件系统的开发可以遵循软件工程的思想。

6.1.6 数据库的发展

1. 分布式数据库

随着计算机网络技术的快速发展，具有多个分布在不同地理位置上的分支机构的组织对数据库提出了更为高级的应用需求。例如，某大学有三个校区，每个校区一个学部，学部下面设有若干个学院。每个学部建有一个集中数据库用来存放本学部教师、学生、课程及学生选课的有关信息，在此基础上，如何有效统一管理三个校区的教学信息，这种需求导致了分布式数据库系统（distributed database system，D-DBS）的产生。

分布式数据库是由一组数据组成的，这些数据物理上分布在计算机网络的不同站点（计算机）上，逻辑上属于同一个系统。从物理位置上看，数据分别存放在地理位置不同的数据库中，但从用户使用的角度看，数据如同存放在一个统一的数据库中一样。每个用户可以方便地查询到所有数据库中的数据。

如何把物理上分散的数据库整合成逻辑上统一的数据库，需要分布式数据库管理系统（distributed database management system，D-DBMS）的支持。分布式数据库管理系统是建立、管理和维护分布式数据库的一组软件。分布式数据库管理系统可以有多种不同的体系结构，图 6.1 所示的是一种常见的体系结构。

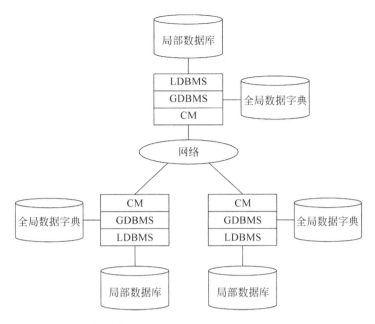

图 6.1　分布式数据库管理系统的结构

D-DBMS 由 4 个主要部分组成：

（1）本地数据库管理系统（local DBMS，LDBMS）。每个结点上都有一个局部数据库管理系统，其功能是建立和管理局部数据库，执行局部应用及全局查询的子查询。

（2）全局数据库管理系统（global DBMS，GDBMS）。主要功能是把物理上分散的局部数据库整合成逻辑上统一的全局数据库，协调各局部 DBMS 以完成全局应用，保证数据库的全局一致性，提供全局恢复功能等。

（3）全局数据字典（global data directory，GDD）。存放全局数据库结构、局部数据库结构及各局部数据库结构和全局数据库结构之间联系的定义，存放有关用户存取权限的定义。全局数据字典支持全局数据库管理系统对各局部数据库的操作。

（4）通信管理（communication management，CM）。在分布式数据库各结点之间传送消息和数据，完成通信功能。

2．XML

随着 WWW 的快速发展，互联网上的信息急剧增加，人们在享受着网上信息检索方便的同时，也越来越觉得难以找到自己真正需要的信息。主要原因之一就是网上信息大多是以 HTML 页面的形式出现的。HTML 作为 Web 页面信息的主要载体，可以在用户界面这个层次上提供丰富的显示效果，是被广为接受的一种网络上的流行语言，具有简单、易用的特点。但是，HTML 无法提供管理数据的标准方式，在数据管理方面的功能明显不足。由于 HTML 标记几乎不含任何数据信息，因此很难支持对数据的检索，即 HTML 只是描述了页面的外观（显示）形式，而没有描述数据的内在语义信息。

人们采用各种方法尝试对 HTML 页面的数据抽取。其中，大多数方法是先采用一些专用查询语言把 HTML 页面的各个部分映射成为代码，然后再用这些代码将 Web 页面上的信息填入到数据库中。尽管这些方法都能实现一定的数据抽取功能，但实用性并不好。主要原因有两个，一是需要开发人员花费一定的时间去学习一种无法在其他情况下使用的查询语言；

二是在健壮性方面存在严重缺陷,当目标 Web 页面有所改动时,哪怕只是很简单的改动,都将难以处理。

所以,随着 Web 应用的不断扩展,基于 HTML 的 Web 信息表达方式已经不能适应人们进行信息查询和对 Web 数据进行管理的需要。

由互联网协会(World Wide Web Consortium,W3C)提出和设计的可扩展标记语言(extensible markup language,XML)正在逐步成为新一代 Web 数据描述和数据交换的标准。XML 是一种自描述的半结构化语言,不仅能描述数据的外观,还可以表达数据本身的含义。在兼容原有 Web 应用的同时,XML 还可以更好地实现 Web 中的信息共享与交换。

作为一种 Web 上通用的数据表示和交换格式,XML 的应用越来越广泛,如何帮助用户快速有效地检索大量的 XML 数据,得到想要的信息,基于 XML 的信息搜索都是需要研究解决的问题。XML 不仅描述了文档的内容,还包含了一定的结构和语义信息,在进行基于 XML 的信息搜索时要充分利用这些结构和语义信息。

3. 数据仓库

数据仓库专家 William H. Inmon 给出的定义是,数据仓库(data warehouse,DW)是一个面向主题的、集成的、时变的、不可更新的数据集合,支持管理部门的决策过程。

根据这个定义,数据仓库具有以下 4 个特点:

(1) 面向主题的(subject oriented)。数据仓库围绕一些主题,如客户、供应商、产品或销售来组织。数据仓库关注决策者的数据建模与分析,而不是组织机构的日常操作。因此,数据仓库排除与决策无关的数据,只提供与特定主题相关的数据。

(2) 集成的(integrated)。数据仓库中的数据往往来自于多个异构的数据源,是对这些异构数据的集成,在数据集成过程中要保证数据在命名约定、编码结构、属性度量等方面的一致性。

(3) 时变的(time-variant)。在数据库中一般只存放当前数据,而数据仓库中一般要存放一个历史阶段的数据,如存放 5 年的数据,数据仓库中的数据与时间因素有关。

(4) 不可更新的(nonvolatile)。数据仓库中的数据一般来源于数据库或其他数据源,但与这些数据源分开存放数据。数据库中的数据经常需要进行插入、修改和删除等更新操作,而数据仓库中的数据只有查询和统计操作,一般不进行更新操作。

对于数据仓库的概念可以从两个层次予以理解,首先,数据仓库用于支持决策,面向分析型数据处理,它不同于现有的操作型数据库,只是应用于一般的数据管理;其次,数据仓库是对多个异构的数据源有效集成,集成后按照主题进行了重组,并包含历史数据,而且存放在数据仓库中的数据一般不再修改。

IBM、Oracle、Microsoft 等公司相继推出了各自的数据仓库解决方案,下面分别进行简要介绍。

1) Oracle

Oracle 数据仓库解决方案主要包括 Oracle Express 和 Oracle Discoverer 两个部分。Oracle Express 由 4 个工具组成:Oracle Express Server 是一个多维 OLAP 服务器,它利用多维模型,存储和管理多维数据库或多维高速缓存,同时也能够访问多种关系数据库;Oracle Express Web Agent 通过公共网关接口(common gateway interface,CGI)或 Web 插件支持基于 Web 的动态多维数据展现;Oracle Express Objects 前端数据分析工具提供了图形化建模和假设分析功能,支持可视化开发和事件驱动编程技术;Oracle Express Analyzer 是通用的、面向最终用户的报表和分析工具。Oracle Discoverer 查询工具是专门为最终用户设计的,分为最终用户版和管理员版。在 Oracle 数据仓库解决方案实施过程中,通常把汇总数据存储在 Express 多维数据库中,而将详细数据存储在 Oracle 关系数据库中,当需要详细数据时,Express Server 通过构造 SQL 语句访问关系数据库。

2) DB2

IBM 公司提供了一套基于可视数据仓库的商业智能(business intelligence,BI)解决方案,包括 Visual Warehouse(VW)、Essbase/DB2 OLAP Server 5.0、IBM DB2 UDB,以及来自第三方的前端数据展现工具和数据挖掘工具。其中,VW 是一个功能很强的集成环境,既可用于数据仓库建模和元数据管理,又可用于数据抽取、转换、装载和调度。Essbase/DB2 OLAP Server 支持"维"的定义和数据装载。Essbase/DB2 OLAP Server 不是关系 OLAP 服务器,而是一个混合的 OLAP 服务器,在 Essbase 完成数据装载后,数据存放在系统指定的 DB2 UDB 数据库中。

3) Microsoft SQL Analysis Services

Microsoft SQL Server Analysis Services 是用于 OLAP 和数据挖掘的中层服务器。Analysis Services 系统包括一个服务器,可以构造用于分析的多维数据集,同时 Analysis Services 系统还提供对多维数据集信息的快速客户端访问。Analysis Services 将数据仓库中的数据组织成包含预先计算聚合数据的多维数据集,以便为复杂的分析查询提供快速解答。

其他的一些常用数据库产品也都有相应的数据仓库功能。需要说明的是,各种数据库产品提供的数据仓库功能是不同的,甚至于同一产品的不同版本提供的功能也是有所区别的,如果需要,应查阅该产品的详细手册。

4. 数据挖掘

随着数据库技术的广泛应用,各行各业逐步积累了大量的历史数据,如何从这些数据中找出有用的规律用以指导目前的工作,数据挖掘应运而生。数据挖掘(data mining,DM),又称为数据中的知识发现(knowledge discovery in data,KDD),是从存放在数据库、数据仓库或其他信息库中的大量数据中发现有用知识的过程。

数据挖掘主要完成如下功能:

(1) 概念描述(concept description)。归纳总结出某个数据集合的特征,或者对照说明两个或多个数据集的不同特征。

(2) 关联分析(association analysis)。找出数据集中相互有关联的因素。

(3) 分类(classification)。在分析已有类别标记的数据的基础上,总结出不同类别数据的特征,据此特征对待分类数据进行类别标注。

(4) 聚类(clustering)。对数据进行分组,使得同一组内的数据相似度比较高,而不同组中的数据相似度比较低。

(5) 孤立点分析(outlier analysis)。孤立点就是数据集中明显偏离正常值的数据,找到这样的数据就是孤立点分析。

(6) 演变分析(evolution analysis)。发现行为随时间变化的数据所遵循的规律或趋势。

例如,超市数据库中存储有大量的客户购买物品的信息以及客户本身的信息。分类或聚类可以把客户按购买力的大小分成若干组;概念描述可以对比说明每组客户的特征;关联分析可以发现人们购买物品时的一些规律,如购买牛奶的人一般同时购买了面包等;孤立点分析可以发现反常的购买行为,如消费额特大;演变分析可以发现某种(些)商品在不同季节的销售趋势。

这些数据挖掘的结果可以使超市的经营者制定出更为精准的营销策略，在提高服务质量的同时，取得更好的经济效益。通过分类/聚类/概念描述，可以针对不同的客户群体制定不同的折扣比例，有针对性地推荐他们所需要的商品；关联分析/趋势分析有助于在进货时考虑季节及不同商品在数量上的合理搭配，使得商品既不积压、也不断档；孤立点分析有助于发现恶意消费（用拣来的信用卡恶意透支）等行为。

数据挖掘是一个交叉学科领域，受多个学科影响，主要包括数据库、人工智能、机器学习、统计分析、信息检索、模式识别、图像分析、可视化等方法和技术。

5. 大数据

大数据（big data）是指规模大到目前的软件工具难以有效收集、存储、管理和分析的数据。大数据有 4 个特点（4V 特点），一是数据量巨大（volume），一般都在太字节（TB）以上；二是类型多样（variety），包括数值、文本、图像、视频、音频等各种类型的结构化和非结构化数据；三是处理速度快（velocity），对大数据的分析处理速度要快，分析结果要能及时用于支持决策，也有人解释为数据的增长速度快；四是价值大（value），原始数据量大，价值密度低（数月的监控录像中可能只有几分钟甚至几秒的录像有用），但经分析处理后能够带来巨大的经济社会价值。

被誉为大数据时代预言家的维克托·迈尔-舍恩伯格（Viktor Mayer-Schönberger，1966—　）在与肯尼斯·库克耶（Kenneth Cukier）合著的《大数据时代》一书中，提供了一个大数据案例：美国华盛顿大学计算机专家奥伦·埃齐奥尼（Oren Etzioni）开发了一个机票价格预测系统Farecast，基于对以往机票实际价格的分析来预测未来机票的价格，帮助人们在合适的时间以最低的价格购买机票（并不是买的越早越便宜，埃齐奥尼就是因为吃过这样的亏才决定开发这个预测系统的）。到 2012 年为止，Farecast 系统用了将近 10 万亿条价格记录来帮助预测美国国内航班的票价。Farecast 票价预测的准确度已经高达 75%，使用 Farecast 票价预测工具购买机票的旅客，平均每张机票可节省 50 美元。考虑到美国每年有数亿人次乘坐国内航班，使用该系统可为客户节省的费用是相当可观的。

这是一个比较有代表性的大数据应用实例，少量的价格记录（如 1 万条）可能没有多大利用价值，但是通过对大数据（实例中的近 10 万亿条价格记录）的分析，就能产生巨大的经济价值。

实际上，早在 1980 年，著名未来学家阿尔文·托夫勒（Alvin Toffler，1928—　）就提到了大数据的概念，在其所著《第三次浪潮》一书中预言："如果说 IBM 的主机拉开了信息化革命的大幕，那么大数据则是第三次浪潮的华彩乐章。"从 2009 年开始，大数据逐渐成为信息技术领域的流行词汇。2012 年 3 月，美国政府发布《大数据研究和发展计划》，将发展大数据提升到战略层面，日本、英国等国家也分别制定了有关大数据的研究计划。2012 年 12 月，我国国家发改委将数据分析软件的开发和服务列入专项指南，2013 年科技部将大数据列入 973 基础研究计划，专项支持有关大数据的研究开发工作。2015 年 8 月国务院印发《促进大数据发展行动纲要》，2016 年 12 月工业和信息化部印发《大数据产业发展规划（2016—2020 年）》。

6. 区块链

区块链（blockchain）是分布式数据存储、点对点传输、共识机制、加密算法等计算机技术的新型应用模式。

区块链主要解决交易的信任和安全问题，因此提出了 4 个技术创新：

（1）分布式账本。就是交易记账由分布在不同地方的多个结点共同完成，而且每一个结点都记录的是完整的账目，因此它们都可以参与监督交易合法性，同时也可以共同为其作证。没有任何一个结点可以单独记录账本数据，从而避免了单一记账人被控制或者被贿赂而记假账的可能性。也由于记账结点足够多，理论上讲除非所有的结点都被破坏，否则账目就不会丢失，从而保证了账目数据的安全性。

（2）非对称加密和授权技术。存储在区块链上的交易信息是公开的，但是账户身份信息是高度加密的，只有在数据拥有者授权的情况下才能访问到，从而保证了数据的安全和个人的隐私。

（3）共识机制。就是所有记账结点之间如何达成共识，去认定一个记录的有效性，这既是认定的手段，也是防止篡改的手段。人们提出了多种不同的共识机制，适用于不同的应用场景，在效率和安全性之间取得平衡。

（4）智能合约。基于区块链上可信的不可篡改的数据，可以自动执行一些预先定义好的规则和条款。以保险为例，如果说每个人的信息（包括医疗信息和风险发生的信息）都是真实可信的，那就很容易在一些标准化的保险产品中，进行自动理赔。

目前，传统的数据库应用系统已不能满足一些稍大一些规模企事业单位的需要，综合了分布式数据库、XML、数据仓库、数据挖掘和大数据技术的数据分析系统得到人们的广泛重视，在银行、电信、保险、证券、交通、超市、互联网等领域得到了广泛的应用。

6.2　软 件 工 程

随着计算机应用的日益普及和深入，软件在计算机系统中所占比重不断增加。在美国，20 世纪 50 年代软件成本大约占计算机系统总成本的 20%，到 80 年代，软件成本已超过 80%。软件规模和复杂程度也在不断增加，包含数百万行代码、耗资几十亿美元、花费几千人年的劳动才能开发出来的大型软件，在 20 世纪 70 年代就已不是什么新鲜事了，70 年代末期美国的"穿梭号"宇宙飞船的软件规模已达到 4000 万行代码。

沿用 20 世纪 50 年代计算机发展初期个人编写小程序的传统方法，已不再适合现代大型软件的开发，用传统方法开发出来的许多大型软件甚至无法投入运行，造成大量人力、物力、财力的浪费。计算机领域把大型软件开发和维护过程中遇到的一系列严重问题称为"软件危机"（software crisis）。

软件危机主要表现在以下几个方面。

（1）软件开发成本和开发进度的估计往往很不准确。

（2）用户对"已完成"的软件系统不满意的现象经常发生。

（3）软件产品的质量往往不可靠。

（4）软件没有适当的文档资料。

（5）软件通常是不可维护的。

比较典型的一个例子是 IBM 公司于 1963—1966 年为 IBM 360 系列机开发的操作系统 OS/360，这是一个功能较强的多道批处理操作系统，参加软件开发的人员最多时超过了 1000 人，总计有大约 5000 人年的工作量（5000 人工作一年），耗资数亿美元，编写了近 100 万行的源程序。但结果并不理想，软件中隐藏有大量的错误，每次发行的新版本都是在前一个版本的基础上发现并改正 1000 个错误后形成的。要知道，在这么多人合作编写的这么大规模的一个软件中，找到错误的性质和位置并改正错误，又不引起新的错误，是一件相当困难的事情。

软件危机的出现表明，必须寻找新的技术和方法来指导大型软件的开发。考虑到机械、建筑等领域都经历过从手工方式演变成严密、规范、完整的工程科学的过程，人们认为大型软件的开发也应该向"工程化"方向发展，逐步发展成一门完整的工程学科。1968年在北大西洋公约组织（North Atlantic Treaty Organization，NATO）的一次学术会议上首次提出"软件工程"（software engineering）概念。软件工程采用工程的概念、原理、技术和方法来开发和维护软件，把经过时间考验证明正确的管理技术和当前能够得到的最好的技术方法结合起来。实践表明，软件工程方法和技术确实对大型软件的开发产生了巨大影响。

本节主要针对应用软件的开发介绍软件工程方法。

6.2.1　软件开发的复杂性

软件是先进的科学技术与现代管理相结合的产物，开发高质量的应用软件，已经成为现代企业、政府部门等各类组织提高自身素质、实现组织目标的战略措施，但软件的开发（特别是大型软件的开发）是一项复杂的系统工程。

软件开发的复杂性主要体现在如下3个方面。

1. 开发环境的复杂性

现代企事业单位、政府部门等组织一般说来结构复杂。软件开发通常涉及组织内部各级机构、管理人员及组织面临的外部环境。软件开发者必须十分重视、深刻理解组织面临的内、外环境及发展趋势，考虑到管理体制、管理思想、管理方法和管理手段的相互匹配，才能开发出高质量的软件。

2. 用户需求的多样性

软件的最终用户是各级各类管理人员，满足这些用户的信息需求，支持他们的日常管理及决策工作，是系统开发的直接目的。然而，一个组织内部各类机构和管理人员的信息需求不尽相同，甚至相互矛盾，一些用户提出的信息需求往往十分模糊。用户需求在系统开发过程中经常发生变化，开发出的系统必须要满足不同用户的信息需求。

3. 技术手段的综合性

软件是当代利用先进技术解决社会经济问题的范例之一。当代的先进技术成果，如计算机硬件和软件技术、数据通信与网络技术、数据采集与存储技术、多媒体技术等，都是进行软件开发、实现各种功能的技术手段。如何有效地掌握和综合使用这些技术，是软件开发者面临的主要任务之一。

由此可知，软件的开发，特别是中大规模软件的开发是复杂且困难的。为了有效地完成软件的开发工作，理论指导和方法选择是非常必要的。

6.2.2　软件工程的基本原则

自软件工程概念提出后，研究软件工程的专家学者们陆续提出了100多条关于软件工程的准则，著名的软件工程专家B. W. Boehm在综合这些准则并总结TRW公司多年软件开发经验的基础上，于1983年提出了软件工程的7条基本准则，在软件工程领域得到广泛认可。

1. 用分阶段的生命周期计划进行严格的管理

早期的个人编写程序模式的一大缺点是随意性大，没有严格的计划，甚至于没有计划。没有计划或计划不周往往是导致软件开发失败的一个主要原因。这一条原则强调，把整个软件开发过程分成若干个相对独立、任务比较单一的阶段,针对每个阶段制订出切实可行的计划,并严格执行所制订的计划。

2. 坚持进行阶段评审

软件的生命周期分为分析、设计、实施和维护等阶段。统计结果表明,大部分错误是在实施(编写程序)前形成的,大约占63%,如分析错误、设计不合理等,错误发现得越晚,改正的代价就越高。这一条原则强调,每个阶段结束后,都要进行严格的评审,尽早发现和改正错误,把错误尽量消灭在"萌芽"阶段。

3. 实行严格的产品控制

最让开发人员头痛的事情之一就是软件需求的改动,特别是在软件开发的后期改动需求,往往意味着分析、设计、实施工作的返工。但是,软件开发实践表明,在软件开发过程中,对需求的改动是不可避免的(虽然要尽量减少改动)。这一条原则强调,针对需求改动,要实行严格的产品控制(也称为变动控制或基准配置管理),一是需求的改动要经过严格的评审和审批,二是实际变动需求时,所有其他阶段有关的文档或程序代码也要做相应的修改,以保证一致性。

4. 采用现代程序设计技术

自20世纪60年代以来,软件工程领域陆续提出了结构化方法、快速原型法和面向对象法等,推出了结构化程序设计语言、面向对象程序设计语言等。"工欲善其事,必先利其器。"根据所开发软件的规模和功能,选择先进的软件开发方法和程序设计技术既能提高软件开发的质量,又能保证开发进度,还有利于软件的维护。

5. 结果应能清楚地审查

软件产品不像电视机、汽车等产品那样直观、形象,有看不见、摸不着的感觉,软件开发进度的可见性也比较差。这一条原则强调,应尽量详细、明确地规定每个阶段的任务和审查标准,使得包括最终软件产品审查在内的各阶段的结果审查工作,有明确的目标和审查标准,能清楚地进行审查。要注重各开发阶段文档资料的准确、齐全和完整。

6. 开发小组的人员应该少而精

软件开发是一种强度比较大的脑力劳动,这时更强调开发人员的能力和素质,而不是开发人员的数量。再者,开发人员多,相互之间的交流与协作就多,这会增加开发人员相互沟通的成本,因沟通不到位产生问题的可能性也比较大。

7. 承认不断改进软件工程实践的必要性

人们总结软件开发实践中好的方法和技术,用于指导新的软件的开发,这个过程是反复进行的。已有的被实践证明有效的方法和技术指导软件开发工作,能够保证软件开发的质量和效率,新的软件开发实践又会面临新的问题,解决这些新问题并进行必要的经验总结,又能不断地丰富和发展软件开发方法和技术。

6.2.3　软件开发方法

软件的开发是一项复杂的系统工程,几十年来,一些专家、学者及实际开发人员提出了不少的方法,其中结构化方法、快速原型法、面向对象法得到了广泛的应用,并取得了较好的效果。

1. 结构化方法

软件是20世纪60年代中后期才开始崛起的新领域,但是发展十分迅速。由于人们缺乏开发较大规模软件的经验,发展初期曾呈现较为混乱的状态。软件生命周期的概念提出后,软件的开发开始"有章可循"。基于软件生命周期的结构化方法的出现更是为成功开发大型软件提供了可靠的保证。

生命周期(life cycle)强调将整个软件的开发过程分解成若干个阶段，并对每个阶段的目标、任务、方法作出规定，使整个软件的开发过程具有合理的组织和科学的秩序。软件的生命周期，可以分成 4 个主要阶段，即系统分析、系统设计、系统实施、系统运行与维护。

结构化的含义是用一组规范的步骤、准则和工具来完成软件开发中各阶段的工作。把整个软件开发过程分成若干个阶段，每个阶段进行若干项活动，每项活动应用一系列标准、规范、方法和技术，完成一个或多个任务。有用于系统分析阶段的结构化分析(structured analysis，SA)、用于系统设计阶段的结构化设计(structured design，SD)、用于系统实施阶段的结构化程序设计(structured programming，SP)等。

结构化方法主要遵循以下四条原则。

1) 用户参与的原则

软件的用户是各级各类管理者，满足他们在管理活动中的信息需求，是开发软件的直接目的。由于系统本身和系统开发工作的复杂性，用户的确切需求不容易一次表达清楚，随着系统开发工作的深入，用户需求的表达和开发人员对用户需求的理解才能逐步明确、深化和细化。这要求软件的开发要积极引导用户参与，开发人员要充分考虑、理解用户的要求，使开发出的系统充分满足用户的功能需求和使用方便性的要求。没有用户的积极参与，往往是导致软件开发失败的重要原因。

2) 先逻辑后物理的原则

结构化方法总结了以往软件开发成功的经验和失败的教训，强调在进行技术设计和实施之前，先进行充分的调查、分析、论证，进行逻辑方案的探索，弄清系统要为用户解决哪些问题，即解决系统"做什么"的问题，要尽量避免过早地进入物理设计阶段。也就是说，在进行系统开发时，要充分地进行系统分析，解决"做什么"的问题，然后再进入系统设计、系统实施阶段，解决"如何做"的问题。

3) 自顶向下的原则

在系统分析、系统设计、系统实施的各阶段，结构化方法强调自顶向下的原则，即先把握系统的总体目标和功能，然后逐级分解、逐步细化，将整个拟开发系统分解成若干个项目，分期分批进行系统开发，先实现某些子系统，然后再实现总的目标和功能。遵循这个原则，可以将一个复杂的问题分解成若干个比较简单的问题分别加以解决，从而降低了解决问题的难度。

4) 工作成果描述标准化原则

结构化方法强调各阶段工作成果描述的标准化。每一工作阶段的成果，必须用明确的文字和标准化的图形、表格完整、准确地进行描述。这不仅作为一个阶段工作完成的标志，也是下一阶段工作的主要依据。工作成果描述的标准化，可以防止由于描述的随意性造成开发者之间的误解而影响开发工作，便于工作交流和各阶段的衔接，便于今后对系统进行检查、修改、完善与扩充。

2. 快速原型法

结构化方法强调自顶向下分阶段开发，在进入实际的开发期之前必须预先对需求严格定义。这样做的目的是为了提高系统开发的成功率，与不重视需求分析的早期方法相比是一个重大进步，并在实际系统开发中取得了很好的效果。但是，实践也表明，有些系统在开发出来之前很难仅仅依靠分析就能确定出一套完整、一致、有效的应用需求，这种预先定义的方式更不能适应用户需求不断变化的情况。快速原型(rapid prototyping)法改变了这种自顶向下的开发模式。

快速原型法的基本思想是以少量代价快速地构造一个可执行的软件系统,使用户和开发人员可以较快地确定需求。在初步了解用户的基本要求后,开发人员先建立一个他们认为符合用户要求的模型系统交付用户检验,由于模型是可以执行的,所以为用户提供了获得感性认识的机会。一般来说,有了一个实际的系统,用户可以测试具体实例,可以进一步明确地说明需求。快速原型法的优点是明显的,因为阅读书面的需求说明书远不如直接观察一个实际系统那样有效。

原型法对于用户需求较难定义的系统非常有效,特别适合于规模较小的软件。原型法有助于开拓开发人员的想象力,便于和用户交流。由于计算机专业知识、系统开发知识的局限,有时用户所要求的并不是他们最终想得到的,而他们真正想得到的又不一定是所要求的。原型法就可以较好地解决这一问题,如果用户不满意一个模型,就可以对这个模型进行修改,甚至重新建立一个模型,直至用户和开发人员都满意为止。

目前,人们通常建立两种快速原型,一类是需求规格原型(rapid specification prototyping,RSP),另一类是渐进原型(rapid cyclic prototyping,RCP)。RSP 模型反映了系统的某些方面,它可以密切用户和开发人员的关系,促进相互理解,有助于获得更完整、更精确的需求说明书,待需求说明书确定之后,这个模型就被舍弃,后面的开发工作仍按生命周期法进行。RCP采用循序渐进的开发方式,对初始模型作连续的精确化,将系统需具备的功能逐步添加上去,直至实现系统的所有功能,此时的模型也就发展为最终的软件系统了。

原型法的优点是有利于准确地定义出用户需求,降低系统开发风险,适用于中小规模系统的开发。缺点是要求有将用户需求快速生成的工具和环境,这在一定程度上限制了原型法的广泛应用。

3. 面向对象法

结构化方法要么是面向行为(对数据的操作),要么是面向数据,这种把数据和操作分离的方式导致了结构化方法的缺点。从本质上讲,一个软件就是一个数据处理系统,离开了操作便无法处理数据,同样,离开了数据的操作也是无意义的。面向对象(object oriented,OO)法把数据和对数据的操作同等看待,是一种以数据为主线,把数据和对数据的操作紧密结合起来的方法。

面向对象法具有如下 4 个特点:

(1) 把对象(object)作为融合了数据及在数据上的操作行为的统一软件构件,用对象分解取代了结构化方法的功能分解。

(2) 把所有对象都划分为类(class)。每个类定义了一组数据和一组操作,类是对具有相同数据和相同操作的一组相似对象的定义。

(3) 按照父类与子类的关系,把若干个相关类组成一个层次结构的系统。下层子类自动拥有上层父类中定义的数据和操作,这种现象称为继承。

(4) 对象彼此之间仅能通过发送消息互相联系,对象的所有私有信息都被封装在该对象内,不能从外界直接访问,这就是封装性。

面向对象法应用于软件开发的分析、设计和实施阶段,便有了面向对象分析(object oriented analysis,OOA)、面向对象设计(object oriented design,OOD)和面向对象程序设计(object oriented programming,OOP)等面向对象技术。

基于面向对象法的软件开发中，使用一种通用的图形化建模语言——统一建模语言（unified modeling language，UML）。

OO法被认为是一种先进的软件开发方法，能够更好地保证中大规模软件的开发质量和开发效率。

此外，Rational软件公司的Rational统一过程、微软公司的微软过程，也都是行之有效的软件开发方法。

目前，结构化方法仍是一种常用的软件开发方法。而且，对结构化方法的理解也有助于理解快速原型法和面向对象法。整个软件的开发过程可以分成4个主要阶段，即系统分析、系统设计、系统实施、系统运行与维护。

6.2.4 系统分析

系统分析是对组织的工作现状和用户需求进行调查、分析，明确用户的信息需求和系统功能，提出拟建系统的逻辑方案。系统分析在整个系统开发过程中，要解决"做什么"的问题，把要解决哪些问题、满足用户哪些具体的信息需求调查、分析清楚，从逻辑上（或者说从信息处理的功能上）提出新系统的方案（即逻辑模型），为系统设计和系统实施提供可靠、具体的依据。

系统分析工作采用结构化分析方法。结构化分析方法就是结构化的基本思想和主要原则在系统分析中的应用所形成的一系列具体方法和有关工具的总称。系统分析面向组织管理问题，非结构化程度高，不确定因素多，系统分析人员的大量工作是与各类管理人员进行交流，明确系统开发的目标、现行系统的问题及用户的信息需求，这些工作都应该有计划、有步骤地进行，要采用科学的、结构化的方法，才能有效地完成这些工作。

常用的结构化系统分析工具有数据流图、数据词典、结构化语言、决策树和决策表等。

数据流图是组织中信息运动的抽象，是软件逻辑模型的主要描述形式。这个模型与对系统的物理描述无关，只是用一种图形及其相关的注释来表示系统的逻辑功能，即用来表示系统"做什么"。由于图形描述简明、清晰，不涉及技术细节，所描述的内容是面向用户的，即使不懂系统开发技术的用户也能很好地理解，因此数据流图是系统分析人员与用户进行交流的有效手段，也是系统设计的主要依据之一。数据流图由外部项、加工、数据存储、数据流等4种成分组成。

数据词典是对数据流图的补充。数据流图中所有成分的定义和解释的文字集合就是数据词典，借助于数据词典，可以更好地理解数据流图中各成分的含义。

数据词典中的一项重要内容就是对加工逻辑的描述，对加工逻辑的描述可以使用结构化语言、决策表或决策树。

系统分析阶段的主要活动有系统初步调查、可行性研究、系统详细调查和新系统逻辑方案的提出。

1. 系统初步调查

系统初步调查是系统分析阶段的第一项活动，也是整个系统开发的第一项活动，其主要目标就是从系统分析人员和管理人员的角度看新系统开发有无必要。

系统分析人员首先调查组织的整体信息、人员信息及工作信息，包括主要的信息输入、信息输出、信息处理功能及与其他系统的关系。然后对上述信息进行分析，确定系统有无开发的必要。如果结论是有必要进行软件的开发，则需要作出可行性研究安排，并进入可行性研究阶段。

2. 可行性研究

可行性研究的主要目标是进一步明确系统的目标、规模与功能,对系统开发背景、必要性和意义进行调查分析并根据需要和可能提出拟开发系统的初步方案与计划。可行性包括三个方面。

(1)技术可行性。对现有技术进行评价,分析系统是否可以利用现有技术来实施以及技术的未来发展对系统开发的影响。

(2)经济可行性。对组织的经济状况和投资能力进行分析,对系统的开发、运行和维护费用进行估算,对系统建成后可能取得的社会效益及经济效益进行估算。

(3)运行可行性。分析组织的现有机构、人员、设施能否适应新系统的运行。

可行性研究完成后,要提交可行性研究报告。可行性研究报告的主要内容包括现行系统概况、用户主要信息需求、拟开发系统的初步设计方案、技术可行性分析、经济可行性分析、运行可行性分析和结论。

3. 系统详细调查

详细调查是在可行性研究的基础上进一步对现行系统进行全面、深入的调查和分析,弄清楚现行系统运行状况,发现其薄弱环节,找出要解决问题的实质,确保新系统比旧系统更有效。

详细调查的主要工作包括对现行系统的目标、主要功能、组织结构、业务流程、数据流程的调查和分析。软件所处理的信息渗透于整个组织之中,系统分析员必须从具体组织的实际情况出发,逐步抽象,才能了解组织中信息活动的全貌。

对于较小规模的系统,初步调查、可行性研究、详细调查也可以合并进行。

4. 新系统逻辑方案的提出

在对现行系统详细调查分析的基础上,着重对用户需求进行进一步调查分析,明确用户的信息需求,包括组织、发展、改革的总信息需求和各级管理人员完成各自工作任务的信息需求,确定新系统的逻辑功能,提出新系统的逻辑方案。编写完成系统分析阶段的最终成果——系统分析说明书。

系统分析说明书是系统分析阶段工作的全面总结,是分析阶段的主要工作成果,又是主管部门对系统是否进入系统设计阶段的决策依据。系统分析说明书是后继各阶段工作的主要依据之一。

编写系统分析说明书的基本要求是全面、系统、准确、翔实、清晰。

(1)全面。要对整个系统的信息需求和逻辑功能作出完整、全面的描述,而不只是描述系统的某个局部的信息需求和逻辑功能。

(2)系统。要着眼于整个软件,描述系统中各部分的相互联系、相互作用,正确处理部分与整体的关系。

(3)准确。对拟开发软件的目标、任务和各项功能都要给予准确的、符合实际的描述,避免出现模糊性描述,避免出现错误与疏漏。

(4)翔实。要详细、具体地表达出用户需求与系统逻辑功能,为系统设计与系统实施提供可靠、具体的依据。

(5)清晰。文字表达既要说明问题,又要简练、清楚,可读性强,便于系统开发人员之间、专业人员与用户之间的交流。

系统分析说明书的主要内容包括系统开发项目概述、需求说明、现行系统的状况、新系统的目标、主要功能与逻辑模型和系统实施计划等。

6.2.5 系统设计

系统设计的主要目的是将系统分析阶段提出的反映用户需求的系统逻辑方案转换成可以实施的物理（技术）方案。

系统设计的主要任务是从软件的总体目标出发，根据系统分析阶段对系统逻辑功能的要求，并考虑到技术、经济、运行环境等方面的条件，确定系统的总体结构和系统各组成部分的技术方案，合理选择计算机和通信的软硬件设备，提出系统的实施计划，确保总体目标的实现。

系统设计是在系统分析的基础上由抽象到具体的过程，同时还应考虑到系统实现的内外环境和主客观条件。系统设计阶段的工作要以如下 5 个方面为主要依据。

（1）系统分析的成果。从工作流程来看，系统设计是系统分析的继续。系统设计人员必须严格按照系统分析阶段的成果——系统分析说明书所规定的目标、任务和逻辑功能进行设计工作。对系统逻辑功能的充分理解是系统设计成功的关键。

（2）现行技术。主要指可供选用的计算机硬件技术、软件技术、数据管理技术、数据通信技术和计算机网络技术等。

（3）国家标准。现行的有关信息管理和信息技术的国家标准、行业规范和法律制度等。

（4）用户需求。系统的直接使用者是用户，系统设计时应充分尊重和理解用户的要求，特别是用户在操作使用方面的要求（用户在功能方面的要求已经充分反映在了系统分析中），尽可能方便用户使用，让用户满意。

（5）系统运行环境。新系统的目标要和现行的管理模式相匹配，与组织的改革发展相适应。既要符合当前实际，又要适应未来的发展，使系统具有较强的适应能力。

系统设计阶段的主要工作包括总体结构设计和详细设计。

1. 总体结构设计

总体结构设计主要包括运行模式选择、操作系统选择、数据库管理系统选择、网络平台及其结构选择和系统功能结构设计等。

1）运行模式选择

从软件运行模式的发展看，主要有 4 种：单机模式、主机模式、客户机/服务器（C/S）模式、浏览器/服务器（B/S）模式。

单机模式是整个软件运行于一台微型计算机上，比较容易开发，但功能比较简单，适用于小型的软件。

主机模式用一台高性能主机带多个终端，通过分时共享方式使用主机资源。此种方式不能充分发挥网络平台的优势，目前的软件开发中已很少采用。

客户机/服务器模式由客户机和服务器组成，通过网络连接；服务器完成数据的存储管理和部分或全部数据处理工作，客户机负责用户界面的处理和部分数据处理工作。支持客户机/服务器模式开发的工具较多，运行效率较高，但需要在客户机上安装客户应用程序，用户在固定的客户机上工作，应用程序的运行、维护成本较高。

浏览器/服务器模式是目前在网络平台上流行的运行模式。浏览器/服务器模式由浏览器和服务器组成，通过网络连接。它和客户机/服务器模式有很多相似之处，但浏览器是通用的用户界面，不需在浏览器端安装用户应用程序；服务器负责提供用户需要的信息。软件采用此种模式可以使数据处理、内部信息（Intranet）的浏览和外部信息（Internet）的浏览界面完全一致,方便用户使用;由于浏览器端不安装用户应用程序,可大大降低运行维护费用,但数据处理效率较低。

基于网络的软件也可以采用 C/S 和 B/S 相结合的模式,C/S 模式用于完成数据处理工作,以提高系统的工作效率,B/S 模式用于公用信息的发布和浏览查询,以提高系统的通用性。

2)操作系统选择

目前流行的操作系统较多,可以考虑运行模式和数据库管理系统对环境的要求,操作系统对软件的满足程度和维护的难易程度,以及操作系统的性能价格比等多种因素进行选择,设计开发软件可选择 UNIX 或 Windows Server 作为服务器操作系统,选择 Windows 桌面操作系统等作为客户端操作系统。

3)数据库管理系统(DBMS)选择

目前可供选择的关系型数据库管理系统主要有 Oracle、MS SQL Server、DB2 和 MySQL、Access 等。前三种系统都是大型数据库管理系统,在数据安全、查询优化、支持异构数据库系统及运行效率方面均有较高的性能。在适合网络环境的数据库访问方面也有性能优越的集成开发工具。MySQL 和 Access 是一种小型数据库管理系统,适用于在单机上设计开发小型软件。

4)网络平台及其结构选择

一个拟开发软件的组织一般由一个机关和若干个基层单位组成。各基层单位的管理相对独立,与机关联系较多,所以机关和各基层单位应分别建立相对独立的局域网,各基层单位的局域网与机关的局域网互连。当然,整个组织也可以只建一个局域网。

5)系统功能结构设计

功能结构设计就是将整个系统合理地划分成各个功能模块,正确处理模块之间与模块内部的联系以及它们之间的调用关系和数据联系,定义各模块的内部结构。其主要原则是模块内部联系越紧密越好,模块之间联系越松散越好。

2. 详细设计

详细设计主要包括算法设计、编码设计、数据库设计和用户界面设计等。

1)算法设计

算法设计是确定每个模块内部的详细执行过程,即设计出完成模块功能所需要的工作步骤,用来描述算法的工具有伪码和流程图等。如果模块功能比较简单,这一步骤也可以省略。

2)编码设计

目前的计算机还无法识别客观世界中的具体事物,因此,系统设计的一项重要工作就是把管理对象数字化或字符化,这就是编码设计。学号、职工号、身份证号、物资类别码等的设计都属于编码设计。

编码的主要作用有如下三个。

(1)标识作用。用来标识和确定某个具体的对象,以便于计算机的识别和区分。

(2)统计和检索作用。当按对象的属性或类别进行编码设计时,易于完成有关的统计和检索工作。

(3)对象状态的描述作用。编码可以用来标明事物所处的状态,便于对象的动态管理。

设计一套科学的编码系统,可以为系统实施带来方便,目前我国已制定了一些编码标准,进行编码设计时最好采用国家标准,对没有国标的项目再自行设计。

3)数据库设计

由于数据库在结构性、共享性、数据独立性和安全性等方面的优势,现在信息系统中的数据一般都组织成数据库的形式,数据库设计是系统设计的重要组成部分,数据库的设计要满足下面三项要求。

（1）符合用户需求,设计的数据库要能合理存储用户的所有数据,并支持用户需要进行的所有操作。

（2）与选用的数据库管理系统(DBMS)所支持的数据模型相匹配,这样便于数据库设计方案在计算机上的实现。

（3）数据组织合理,易于实现对数据的操作和维护。

数据库的设计要紧密结合系统功能,数据库设计的科学、合理,可以提高系统开发效率和运行效率。

数据库设计在软件设计开发中占有十分重要的地位,详细内容见 6.1.5 节的介绍。

4）用户界面设计

用户界面指软件系统与用户交互的接口,通常包括输出、输入、人机对话的界面与方式等,界面设计目前已成为评价软件质量的一项重要指标。用户界面设计没有什么统一的标准,做到美观大方、风格与系统功能协调、方便用户使用即可。

6.2.6　系统实施

在系统分析和设计阶段,主要工作集中在逻辑功能和技术方案设计上,工作成果是系统分析说明书和系统设计说明书。系统实施阶段以系统分析和系统设计阶段的工作成果为依据,将技术设计方案转化成物理实现。

系统实施阶段主要完成程序设计、系统测试和新旧系统转换等工作。

1. 程序设计

程序设计也叫编写程序,按照详细设计阶段产生的算法设计说明书,选用合适的程序设计语言编写出源程序。

程序设计阶段主要做好两项工作,一是认真阅读并准确理解算法设计说明书,二是选用合适的开发工具。目前,比较优秀的开发工具主要有 C++、C♯、Java、Python、PowerBuilder、Delphi、. NET 系列等。

2. 系统测试

在开发一个软件,尤其是大型软件的过程中,需要面对许多错综复杂的问题,而且开发团队中各个成员需要分工合作,因此不可避免地会产生错误。要力求在系统交付使用前通过严格的技术审查,尽可能早地发现并纠正错误。虽然经验表明系统测试并不能发现所有差错,但如果在软件投入使用之前不进行系统测试,没有发现并纠正大部分错误的话,那么当软件在交付使用之后迟早会暴露出这些错误,那时不仅将付出更高的代价来修正这些错误,而且往往会造成严重后果。所以,系统测试是保证软件质量的关键步骤,其目的就是在软件系统投入使用前尽可能多地发现并改正其中的错误,必须高度重视系统测试工作。

测试的目的是发现软件中的错误,之后还必须诊断出错误的位置并改正错误。

系统测试包括模块测试、集成测试和验收测试三个阶段。

1）模块测试

大型系统通常由若干个子系统组成,每个子系统又由许多功能模块组成,所以大型软件系统的测试首先要进行模块测试。

一个设计得好的软件系统中,每个模块都要完成一个定义清晰的子功能,模块测试的目的是保证每个模块作为一个单元能够正确运行,所以模块测试通常又称为单元测试。在这个测试步骤中所发现的往往是程序设计中的错误。

一般认为模块测试和程序设计属于开发周期中的同一阶段。在编写出源程序代码并通过编译程序的语法检查后,通常要经过人工测试和机器测试两种检查。

人工测试也叫代码审查,是通过人工检查的方式发现错误。机器测试,是通过在计算机上执行程序发现错误,人工测试和机器测试是相互补充、相辅相成的,缺少任何一种方法都会降低查错效率。

2) 集成测试

集成测试是根据所设计的软件结构把经过了模块测试的各个模块按某种策略组装起来,同时在组装过程中进行必要的测试。

在组装模块时有两种测试方法。一种叫非渐增式测试法,即先分别测试好每个模块,再把所有的模块按要求组装成所需程序;另一种叫渐增式测试法,即把下一个要测试的模块和已经测试好的模块结合起来一起测试,测试完后再把下一个被调模块结合进来测试,实际上同时完成了模块测试和集成测试。

当然,在实际测试中,并不必机械地按照上述某一种方法进行,可以根据具体情况混合使用这两种测试方法,充分发挥它们各自的优点。

3) 验收测试

验收测试是按照系统分析说明书的规定,由用户(或在用户的参与下)对目标系统进行验收。在经过了集成测试后,已经按设计要求把所有模块组装成了一个完整的软件系统,接口错误基本排除,需要进一步验证软件的有效性,这就是验收测试的目的。

软件的有效性是软件的功能和性能满足用户合理需求的程度。用户对软件的合理期望被准确描述在系统分析说明书中。系统分析说明书是检验软件有效性的标准,也是测试的基础。

验收测试的目的是向未来的用户表明系统能够像预定要求的那样工作。当验收测试时,对于某些已经测试过的纯粹技术性部分可以不再测试,而对用户特别感兴趣的功能或性能可能需要增加一些测试。通常要用实际的数据进行测试,还需要设计并执行一些与用户使用步骤有关的测试。

验收测试必须有用户的积极参与或以用户为主来进行。用户应该参加设计测试方案,使用用户输入的数据进行测试并分析评价输出结果,必要时对用户进行使用培训。

3. 系统转换

新系统通过测试后,并不能立即投入实际运行,还存在一个新旧系统交替的过程。系统转换指新系统替换旧系统的过程,系统转换的任务是保证新旧系统进行平稳而可靠的交接,最后使整个新系统正式交付使用。

系统转换主要有三种方式,即直接转换、并行转换和分段转换。

直接转换指旧系统停止运行的同时,新系统开始运行。这种转换方式简单、方便,但风险较大,一旦新系统无法正常运行,将会给实际工作带来非常不利的影响。

并行转换指新旧系统并行工作一段时间,新系统经过一段时间的验证、对照之后完全代替旧系统,旧系统停止工作。这种转换方式安全、可靠,在并行工作期间,如果新系统出现问题,旧系统仍可以保证工作的正常进行。

分段转换指新系统分阶段逐步替换旧系统,这种方式结合了前两种方式的优点,但要处理好新旧系统的接口问题。

直接转换适用于规模较小的软件，并行转换、分段转换适用于规模较大的软件。

6.2.7 系统运行与维护

新旧系统转换完成后，新系统就进入了运行阶段。虽然经过系统测试和新旧系统转换阶段的工作，系统中的绝大部分错误都已经被发现并得以改正，但仍然无法保证系统运行中就不会出现错误，发现错误就要改正。再有，随着系统环境的变化和用户需求的变化，系统也要做适当的改进和完善。系统维护就是在系统运行阶段，为了改正错误或满足新的需要而修改、完善系统的过程。

系统维护内容包括应用程序维护、数据维护、编码维护和硬件设备维护，其中应用程序维护是最主要的工作。

系统维护的类型包括纠错性维护、适应性维护、完善性维护和预防性维护。系统测试不可能发现系统中所有的错误，系统在实际运行过程中，还会出现一些错误，查找错误的位置并改正这些错误就是纠错性维护。计算机软硬件技术在不断发展变化，使用系统的组织的机构、管理体制、信息需求也可能出现一些新的变化，使系统适应应用环境的变化而进行的维护工作就是适应性维护。在系统运行过程中，用户往往希望扩充原有功能、提高性能、改变输入输出界面等，这种为了满足用户要求而对系统进行的完善性工作就是完善性维护。如果能预见到运行环境的可能变化或用户可能提出的要求而预先进行一些有针对性的维护工作，就是预防性维护。统计结果表明，主要的维护工作是完善性维护。

6.2.8 软件工具

软件工具（software tool）指用来辅助软件开发的软件，能在软件开发的各个阶段为开发人员提供帮助，有助于提高软件开发的质量和效率。

具体来说，软件工具包括项目管理工具、配置管理工具、分析和设计工具、编程工具、测试工具和维护工具等。现在已有多种软件工具得到应用，如微软公司的项目管理工具 Project，Hansky 公司的配置管理工具 Firefly，Rational 公司的分析与设计工具 Rose，Visual C++、Visual C♯、Delphi 等编程工具，Rational 公司的测试工具 TeamTest 等。

软件开发环境（software development environment，SDE）指在基本硬件和软件的基础上，为支持软件的工程化开发而使用的软件系统。由软件工具和环境集成机制构成，软件工具用以支持软件开发的相关过程、活动和任务，环境集成机制为工具集成和软件的开发、维护及管理提供统一的支持。计算机辅助软件工程（computer aided software engineering，CASE）指用一些计算机软件来辅助软件的开发。

现在开发规模比较大的软件，一般都要借助于软件工具或软件开发环境或 CASE 工具与环境的支持。

6.3 小　　结

软件开发是计算机专业人员的主要工作，软件开发能力是计算机专业学生需要培养的最重要能力之一。和软件开发有关的主要知识有程序设计知识、数据库知识和软件工程知识。

软件，特别是应用软件的功能就是进行数据处理和数据分析，如何有效存储大量的数据是数据处理和分析的重要基础，数据库技术是一种先进的数据存储技术，其中关系数据库是目前应用最广泛的数据库技术。在数据库管理系统的支持下,建立数据库并开发相应的应用程序,便构成一个完整的数据库应用系统。现在的数据库应用系统,除传统的数据管理功能外,还应包括支持决策处理的数据分析功能,需要用到分布式数据库技术、数据仓库技术、数据挖掘技术、大数据技术和区块链技术。

沿用早期的个人编程方法开发规模比较大的软件,导致了软件危机的产生,为了克服软件危机,人们提出了用工程化的方法来开发大型软件,即软件工程方法。代表性的软件工程方法有结构化方法、快速原型法和面向对象法等,结构化方法强调把整个软件开发过程分成分析、设计、实施、运行与维护等阶段,完成前一个阶段的工作并经过严格评审后才能开始下一阶段的工作。快速原型法强调尽快建立一个具有主要功能和特性的软件原型提供给用户,供用户进一步提出系统需求,以便于准确确定用户的需求。面向对象法强调把数据与对数据的操作紧密结合起来,更符合人们的思维习惯和客观实际,更适合于大型软件的开发。

软件开发工作是复杂的,学习软件工程方法并用于指导实际的软件开发工作是十分必要的,但现有方法并不能解决软件开发遇到的所有问题,需要面对新的问题,不断提出新的解决方法,不断丰富和完善软件开发方法。同时,要充分利用现有的软件工具辅助软件的开发,以提高软件开发的质量和效率。

拓展阅读:金怡濂与高性能计算机

金怡濂(1929—   ),原籍江苏常州,出生于天津市,1951 年毕业于清华大学电机系,1956—1958 年在苏联科学院精密机械与计算技术研究所进修电子计算机技术。中国工程院院士,国家并行计算机工程技术研究中心研究员,2002 年国家最高科学技术奖获得者。

半个多世纪以来,金怡濂院士致力于计算机体系结构、高速信号传输和计算机技术等方面的研究与实践。20 世纪 50—60 年代末,作为技术骨干、运控部分技术负责人,相继参加了我国第一台大型通用电子计算机——104 机和多种通用机、专用机的研制。70 年代初,他敏锐地认识到双机并行在性能、可靠性、可用性和可维护性上比单机将有较大提高,提出了双机并行计算设计思想和实现方案。70 年代后期,与其他科学家一起,主持完成了多机并行计算机系统的研制,取得了我国计算机技术的新突破。他运用马尔可夫(Markov)链随机过程方法,提出了混合互连网络方案,解决了多机系统中拓扑结构的难题;运用叠堆原理,分析、解决了小信号高速传输问题;提出系统重新组合,运行、维护两个系统并行互不干扰的思路,提高了机器的可用性。

20 世纪 80 年代中期,微处理器芯片发展迅速,金怡濂预见到大规模并行处理计算机将成为巨型机发展的主流,提出了基于通用微处理器芯片的大规模并行计算机设计思想、实现方案和多种技术相结合的混合网络结构,解决了 240 个微处理器互连的难题,研制出运算速度达到当时国内领先水平的并行计算机系统,实现了我国巨型计算机向大规模并行处理方向的发展,使我国巨型计算机研制进入与国际同步发展的时代。

20 世纪 90 年代,他撰写了《大规模并行计算机的发展和我们的对策》等专论,倡议抓住机遇,发展大规模并行计算机,使我国赶上巨型机技术的国际先进水平。在西方强国对我国实行高性能计算机禁运的背景下,金怡濂受命主持研制国家重点工程——“神威”巨型计算机系统,担任总设计师。他提出了以平面格栅网为基础的"分布共享存储器大规模并行结构"的总体方案，提出了网上多种集合操作以及无匹配高速信号传送等技术构想和解决方案，均获得成功，使我国高性能计算机峰值运算速度从 10 亿次/秒跨越到 3000 亿次/秒以上。国家气象中心利用"神威"计算机精确完成极为复杂的中尺度数值天气预报，在国庆 50 周年和澳门回归等重大活动的气象保障中发挥了关键作用，"神威"计算机还为石油物探、生命科学、航空航天、材料工程、环境科学和基础科学等领域提供了不可缺少的高端计算工具，取得了显著效益，为我国经济建设和科学研究发挥了重要作用。

随后，金怡濂继续担任新一代超级计算机系统的总设计师。他提出以三维格栅网为基础的可扩展共享存储体系结构和消息传送机制相结合的总体方案，为系统关键技术指标进入国际领先行列奠定了基础；率先将消息传递、全局共享、规模可变的结点共享三种工作模式集于一体，能够适合不同用户、不同课题的需要，有利于不同模式的国内外已有程序的移植，扩展了使用范围；提出具有双端口异构访问的大规模共享磁盘阵列群的构想，提高了系统效率；针对巨型计算机规模庞大、功耗过高等难题，提出循环水冷却、分布式盘阵、透明的保留恢复和高密度组装等创新构想。在研制人员的共同努力下，攻克了相关的技术、工艺难关，有效地提高了系统的可靠性，缩小了系统的体积并降低了功耗。

金怡濂由于主持研制了系列巨型计算机，为我国在世界高性能计算机领域中占有一席之地作出了重大贡献。

习　　题

1. 名词解释：数据库、数据库管理系统、数据库系统、SQL、数据库管理员、分布式数据库、数据仓库、XML、数据挖掘、大数据、区块链、软件危机、软件工程、生命周期、结构化方法、快速原型法、面向对象法、软件工具、软件开发环境、CASE。

2. 简述数据库的主要特点。

3. 数据库设计由哪些步骤组成？每个步骤的主要任务是什么？

4. 相对于 HTML，XML 的优点有哪些？

5. 软件危机有哪些主要表现？

6. 简述软件开发的复杂性。

7. 简述面向对象法的特点。

8. 软件开发由哪些步骤组成？每个步骤的主要任务是什么？

思　考　题

1. 查阅有关文献，举例说明数据库的冗余性低和独立性高。

2. 查阅有关文献，简要说明 UML 的优点。

3. 相对于 Python 语言，简述 SQL 的特点。

4. 简要说明数据仓库与数据库的联系与区别。

5. 如何理解数据库的设计过程与结构化方法中的软件开发过程的联系与区别？

6. 如何理解面向对象法更符合人的思维习惯？

7. 除了书中的例子外，另举例说明数据挖掘的作用。

第7章

计算机系统安全知识

随着计算机及计算机网络的快速发展与广泛应用,各行各业以及每个人对计算机和计算机网络的依赖性日益增强。计算机中存放着、网络中传输着关乎个人、单位甚至整个国家切身利益的重要信息,这些信息的泄露、丢失和被篡改,不仅会给个人、单位及国家造成巨大的经济损失,还有可能严重危及国家安全及社会稳定。如何保护计算机中存放信息的安全及网络中传输信息的安全,越来越受到人们的广泛关注。本章简要介绍和计算机系统安全有关的知识。

7.1　计算机系统安全威胁

随着计算机网络,特别是互联网的出现和广泛应用,网上书店、网上购物、网上售票、网上学习、网上信息检索、网上银行和网上证券等网络服务应运而生,这确实给人们的工作和生活带来了很大的方便,但也出现了一些负面作用。接入互联网的计算机或内部网感染上从互联网传来的计算机病毒或受到某些用户的恶意攻击,造成数据的丢失甚至整个计算机系统或网络系统的瘫痪,影响人们的正常生活,甚至带来严重的经济损失。

对计算机系统安全的威胁大致可以归为三类,即恶意软件、非法入侵和网络攻击。

1. 恶意软件

恶意软件(malware)是有恶意目的的软件的总称,要么是恶作剧,要么是起破坏作用。主要有计算机病毒、蠕虫、特洛伊木马和间谍软件。

计算机病毒(computer virus)指能够自我复制的具有破坏作用的一组指令或程序代码。

蠕虫(worm)是一种独立存在的程序,利用网络和电子邮件进行复制和传播,危害计算机系统的正常运行。之所以称为蠕虫,是因为在当时的 DOS 环境下,这类程序发作时会在屏幕上显示一个类似虫子的图案。

特洛伊木马(trojan horse)简称木马,名称来源于希腊神话《木马屠城记》。一个完整的木马程序一般由两个部分组成,一部分是服务端程序,另一部分是控制端程序。若一台计算机被安装了木马的服务端程序(通过接收电子邮件或下载软件等操作),称为中了木马。安装有控制端程序的计算机可以通过网络来控制中了木马的计算机,窃取数据、篡改或删除文件、修改注册表、重启或关闭操作系统等行为都可能发生。

间谍软件(spyware)指从计算机上搜集信息,并在未得到该计算机用户许可的情况下便将信息传递到第三方的软件,包括监视键盘操作、搜集机密信息(密码、信用卡号等)、获取电子邮件地址、跟踪浏览习惯等。

严格来说,计算机病毒(这时可以称传统病毒)、蠕虫、特洛伊木马和间谍软件是各有区别的,但由于其作用和危害有许多相同之处,又往往是联合作用危害计算机系统安全,所以也有人将其统称为计算机病毒,本章采用这种说法。

2. 非法入侵

非法用户通过技术手段或欺骗手段或两者结合的方式，以非正常方式侵入计算机系统或网络系统，窃取、篡改、删除系统中的数据或破坏系统的正常运行。如利用操作系统和网络协议漏洞侵入系统，骗取或破译合法用户的账号和密码后进入系统等。合法用户通过非正常手段使用了超出其授权的功能也属于非法入侵。

3. 网络攻击

通过向网络系统或计算机系统集中发起大量的非正常访问，使计算机无法响应正常的服务请求。由于非正常服务请求的干扰，致使系统拒绝了正常的服务请求，称之为拒绝服务（denial of service，DoS）攻击。如向某个电子邮箱集中发送大量的垃圾邮件（spam），占满存储空间，致使其无法接收正常的电子邮件；向某网站集中发起大量的垃圾链接，占满通信带宽，致使其无法响应正常的链接。

目前，对计算机系统安全的威胁呈多样化趋势，有的威胁只具有上述一种方式的特征，有的威胁兼具两种方式甚至三种方式的特征。

2018 年 9 月 18 日，国家计算机病毒应急处理中心发布了《第十七次计算机病毒和移动终端病毒疫情调查报告》。调查结果显示，2017 年我国计算机病毒感染率为 31.74%，计算机病毒传播主要途径为通过网络下载或浏览、移动存储介质和电子邮件，局域网共享、网络游戏、系统和应用软件漏洞等也是病毒传播的主要途径。浏览器作为使用频率最高的应用之一，仍然是恶意软件传播最为便捷和有效的途径。13.83% 的用户遭遇了勒索软件，勒索软件普遍发生在医疗、交通、政府、酒店等行业，并开始向 IoT、工控等领域扩散。移动终端病毒感染率为 31.49%，社交软件、浏览网页和金融服务位居前三。造成移动终端安全问题的主要途径有垃圾短信、骚扰电话和钓鱼（欺诈）信息。29.9% 的用户遭遇过网络欺诈，网络钓鱼/网络欺诈的方式主要有电话、短信、钓鱼网站、即时通信工具、网络购物、邮件等。从网络欺诈场景看，既有传统的中奖欺诈、假冒银行、网购退款，又新增了虚假兼职、金融互助、APK 木马、虚假红包等新的欺诈形式。

由此可见，计算机病毒和网络安全的影响面还是非常大的。

7.2　计算机系统安全概念

和计算机系统安全相近的概念还有信息安全和网络安全，三个概念目前都没有严格的定义。信息安全的基本含义是采取有效措施保证信息保存、传输与处理的安全；网络安全的基本含义是采取有效措施保证网络运行的安全；计算机系统安全的基本含义是保证计算机系统运行的安全。就目前的实际情况来看，这里所说的信息，主要是存在于计算机系统中的信息以及传输在网络中的信息；计算机网络的主要功能是传输信息（网络通信）和存储信息的共享（网络存储和资源共享）；计算机系统主要包括计算机硬件（包括网络设备）和存储在计算机中的信息（各种软件和数据）。所以，在本章中对计算机系统安全、信息安全和网络安全三个概念不加区分，都是指采取有效措施保证计算机、计算机网络及其中存储和传输的信息的安全，防止因偶然或恶意的原因使计算机软硬件资源或网络系统遭到破坏及数据遭到泄露、丢失和篡改。保证计算机系统的安全，不仅涉及技术问题，还涉及管理和法律等问题，可以从三个方面保证计算机系统的安全：技术安全、管理安全和法律安全。

1. 技术安全

技术安全指从技术层面保证计算机系统中硬件、软件和数据的安全。一是根据系统对安全性的要求,选购符合相应安全标准的软硬件产品;二是采取有效的反病毒技术、反黑客技术、防火墙技术、入侵检测技术、数据加密技术和认证技术等技术措施。

对于计算机软硬件产品,最有影响的安全标准是 TCSEC 和 CC。TCSEC 是美国国防部于 1985 年颁布的《可信计算机系统评估准则》(trusted computer system evaluation criteria,TCSEC),之后又对此进行了扩展。TCSEC 按系统可信程度由低到高分为 7 个等级(D、C1、C2、B1、B2、B3、A1)。CC(common criteria)是建立在包括美国的 TCSEC 在内的多个国家安全准则基础之上的一个通用的安全准则,1999 年被国际标准化组织(ISO)采用为国际标准,2001 年被我国采用为国家标准。目前,CC 已成为评估软硬件产品安全性的主要标准,CC 也分为 7 个安全级别(EAL1、EAL2、EAL3、EAL4、EAL5、EAL6、EAL7),如操作系统 Windows 2000 和 Sun Solaris 8 等,数据库管理系统 Oracle 9i 和 DB2 V8.2 等都达到了 CC 的 EAL4 级别。在计算机网络协议的选取上,也有多种安全协议可选。

2. 管理安全

管理安全指通过提高相关人员安全意识和制定严格的管理措施来保证计算机系统的安全,主要包括软硬件产品的采购、机房的安全保卫、系统运行的审计与跟踪、数据的备份与恢复、用户权限的分配、账号密码的设定与更改等方面。实际上,很多安全事故都是由于管理措施不到位及内部人员的疏忽造成的,如自己的账号和密码不注意保密导致被他人利用,随便使用外来移动存储设备导致计算机感染病毒,重要数据不及时备份导致破坏后无法恢复等。

3. 法律安全

法律安全指有完善的法律、规章体系以保证对危害计算机系统安全的犯罪和违规行为进行有效的打击和惩治。随着计算机犯罪行为的不断出现,各国制定了比较完善的打击计算机犯罪的法律体系,同时加强了对计算机犯罪行为的侦查和审判队伍的建设。

技术安全、管理安全和法律安全在保证计算机系统安全上是相辅相成的,是不容忽视的。技术安全固然值得重视,需要不断研究开发出各种新的技术措施,使不法行为难以得逞。如果没有严格的管理措施,系统管理人员和一般用户没有良好的安全意识,可能会出现计算机被盗、不设账号和密码或设置不合理或不注意保管等问题,这时再好的技术措施也是无用的。同样,如果没有法律制裁的威慑,只靠管理措施和安全技术是很难遏制恶作剧者或犯罪分子肆无忌惮的破坏行为的。

7.3　反病毒技术

7.3.1　计算机病毒的发展

一个完整的计算机系统包括硬件和软件两大部分,软件是程序与开发该程序相关的文档的总称,规范、完整的文档有助于较大规模程序的开发、维护和完善,程序是软件的核心,程序对于应用计算机解决实际问题发挥着十分重要的作用。事物总有其两面性,原子能技术既能用来发展核电造福人类,也能制造核弹危害人类安全。计算机程序既能实现特定功能,帮助人们解决实际问题,也能破坏其他程序和数据,甚至能破坏计算机本身,致使计算机系统瘫痪,给人们的工作和生活带来不便甚至造成巨大损失。借用生物病毒的概念,把对正常计算机系统的运行具有破坏和干扰作用的计算机程序称为计算机病毒。

1983 年 11 月 3 日,美国计算机安全专家弗雷德·科恩（Fred Cohen）编写出一种在运行过程中可以复制自身的破坏性程序,伦·艾德勒曼（Len Adleman）将其命名为计算机病毒。弗雷德·科恩给计算机病毒的定义是,计算机病毒是一种靠修改其他程序来插入或进行自身复制,从而感染其他程序的一段程序。1994 年颁布的《中华人民共和国计算机信息系统安全保护条例》中,给出的计算机病毒定义是,计算机病毒指编制或者在计算机程序中插入的破坏计算机功能或者毁坏数据,影响计算机使用,并能自我复制的一组计算机指令或者程序代码。简单地说,计算机病毒指可以在计算机运行过程中能把自身准确复制或有修改的复制到其他程序体内的一段具有破坏性的程序。也有人把计算机病毒的历史追溯到 1982 年的 Elk Cloner 甚至更早,Elk Cloner 是由美国匹兹堡的一名 15 岁的高中生编写的,发作时,在计算机屏幕上显示一首短诗。实际上,1982 年时还没有"计算机病毒"这个词。病毒程序可以是独立存在的一个完整程序,也可以是嵌入到其他程序中的一个程序段。本书中,把计算机病毒（这时可以称传统病毒）、蠕虫、特洛伊木马和间谍软件统称为计算机病毒或恶意软件。

几种有代表性的计算机病毒简单介绍如下:

1986 年,巴基斯坦的两兄弟编写了 Brain 病毒,这是第一个针对微软公司的 DOS 操作系统的病毒。发作时,会填满当时广泛使用的 360KB 软盘上的未用空间,致使其不能使用。

1988 年,美国康奈尔大学的一名研究生编写了 Morris 病毒,这是第一个侵入互联网的病毒,通过互联网至少感染了 6000 台计算机。

1998 年,CIH 病毒出现,该病毒一开始是在每年的 4 月 26 日发作,后来的变种是在每月的 26 日发作,CIH 病毒发作时不仅破坏硬盘的引导区和分区表,而且破坏 BIOS 中的数据,必须返厂重写 BIOS 中的数据才能使计算机恢复正常,有人称之为破坏硬件的病毒。1999 年的 4 月 26 日,CIH 病毒再次发作,至少击中全球 6000 万台计算机,经济损失上亿美元。

2000 年,一种称为"爱虫"的计算机病毒在全球各地传播,这个病毒通过微软公司的 Outlook 电子邮件系统传播,邮件的主题为 I Love You,有一个附件。如果收到邮件的用户用 Outlook 打开这个邮件,系统就会自动复制并向该用户的电子邮件通讯录中所有的邮件地址发送这个病毒,这种传播方式使该病毒的传播非常迅速。

2001 年,红色代码（CodeRed）病毒诞生,该病毒利用了微软公司互联网信息服务器（Internet information server,IIS）软件的漏洞,除了可以对网站进行修改外,还会使感染病毒的系统性能严重下降。

2003 年出现的"冲击波"（Blaster）病毒利用了微软软件中的一个缺陷,使中毒的计算机因反复重启而无法正常工作。2004 年出现的"震荡波"（Sasser）病毒也是使中毒的计算机因反复重启而瘫痪。

2006 年,出现了"熊猫烧香"病毒,实际上"熊猫烧香"病毒是一种蠕虫病毒的变种,由于中毒计算机中的可执行文件的图标会变为"熊猫烧香"图案,所以称为"熊猫烧香"病毒。中毒后的计算机可能出现蓝屏、频繁重启以及硬盘中数据文件被破坏等现象。同时,该病毒的某些变种可以通过局域网进行传播,进而感染局域网内所有计算机系统,最终导致整个局域网的瘫痪。

2008 年 11 月出现的"扫荡波"也是一个利用软件漏洞从网络入侵计算机系统的蠕虫病毒,"扫荡波"运行后遍历局域网中的计算机并发起攻击,被击中的计算机会下载并执行一个"下载者"病毒,而"下载者"病毒还会下载"扫荡波"病毒,同时再下载一批游戏盗号木马。中了

"扫荡波"病毒的计算机再向其他计算机发起攻击,如此在网络中蔓延开来。

2017 年开始出现了一类被称为勒索病毒的新型计算机病毒,这类病毒主要以邮件、程序木马、网页挂马等形式进行传播,危害很大。这种病毒利用各种加密算法对文件进行加密,被感染者一般无法自行解密,需要支付一定的赎金拿到解密密钥后才有可能破解。勒索病毒的主要攻击目标是存在大量无法及时修复的漏洞的 Windows 7 和 Windows XP 等老旧操作系统。

7.3.2　计算机病毒的特征

计算机病毒与生物病毒具有十分相似的特征,这也是把具有破坏和干扰作用的程序称为计算机病毒的原因。

1. 传染性

计算机病毒能使自身的代码强行传染到一切符合其传染条件的程序内,通过这些程序的备份与网上传输等途径进一步感染其他计算机。一个 U 盘中存放有带病毒的程序或文件,执行带病毒的程序或打开带病毒的文件,就会把病毒传染给计算机,计算机又会把病毒传染给其他的软盘、U 盘和移动硬盘等,计算机病毒就是这样传染的。现在,计算机网络已成为计算机病毒的一个主要传染途径,而且传染和扩散速度更快。

2. 寄生性

就像生物病毒寄生在生物体内一样,有一类计算机病毒不是一个完整的程序,需要寄生(附加)在其他程序中才能存在,当被寄生的程序(称为宿主程序)运行时,病毒就通过自我复制而得到繁衍和传播。还有一类计算机病毒本身是一个完整的程序,如网络蠕虫等。

3. 隐蔽性

大多数计算机病毒都会把自己隐藏起来,如附加在正常程序中、复制到一般用户不会打开的目录下等,其存在、传染和破坏行为不易为计算机操作人员发现。

4. 触发性

很多计算机病毒都有一个发作条件,这个发作条件可以是时间、特定程序的运行、某类系统事件的发生或程序的运行次数等。如黑色星期五病毒在既是 13 日又适逢星期五的日子发作,宏病毒在使用 Word 文档的宏功能时发作。

5. 破坏性

计算机病毒发作时,对计算机系统的正常运行都会有一些干扰和破坏作用。有一些病毒,不破坏计算机系统中的任何资源,只是干扰系统的正常运行,轻微影响系统的运行效率,这类病毒称为良性病毒。另外一些病毒,破坏计算机系统中的资源,严重影响系统的运行效率,甚至导致整个计算机系统或网络系统的瘫痪,这类病毒称为恶性病毒。

7.3.3　计算机病毒的危害

不管是良性病毒,还是恶性病毒,都有破坏或干扰计算机系统正常运行的危害。

1. 破坏系统资源

大部分病毒在发作时直接破坏计算机系统的资源,如改写主板上 BIOS 中的数据、改写文件分配表和目录区、格式化磁盘、删除文件、改写文件等,导致程序或数据丢失,甚至于整个计算机系统和网络系统的瘫痪。

2. 占用系统资源

有的病毒虽然没有直接的破坏作用，但通过自身的复制占用大量的存储空间，甚至于占满存储设备的剩余空间，以此影响正常程序及相应数据的运行和存储。计算机病毒（无论是寄生存在还是独立存在）的运行要抢占内存空间、接口设备和 CPU 运行时间等系统资源。计算机病毒占用系统资源，即使没有严重的破坏行为，也会影响正常程序的运行速度。

7.3.4 计算机病毒的防治

计算机病毒的危害是严重的，不管是个人用户还是单位用户，时刻都面临着计算机病毒的威胁，严格的预防措施与有效的查杀技术对于减少计算机病毒的危害是十分必要的。

1. 计算机病毒的传染途径

了解计算机病毒的传染途径是有效预防病毒传染的重要基础，计算机病毒主要通过外存设备和计算机网络两种途径传播。

（1）通过外存设备传染。这种传染方式是早期病毒传染的主要途径，使用了带有病毒的外存设备（移动硬盘、光盘和 U 盘等），计算机（硬盘和内存）就可能感染上病毒，并进一步传染给在该计算机上使用的外存设备。这样，外存设备把病毒传染给计算机，计算机再把病毒传染给外存设备，如此反复，使计算机病毒蔓延开来。

（2）通过计算机网络传染。这种传染方式是目前病毒传染的主要途径，这种传染方式使计算机病毒的扩散更为迅速，能在很短的时间内使网络上的计算机受到感染。病毒会通过网络上的各种服务对网络上的计算机进行传染，例如电子邮件、网络下载和网络浏览等。

2. 计算机病毒的预防

1）普及病毒知识

通过各种途径向计算机用户普及计算机病毒知识，使用户了解计算机病毒的基本常识和严重危害，严格遵守有关计算机系统安全的法律法规，强化信息时代的社会责任感，既要有保护自己的计算机系统安全的意识，也要认识到编写和传播计算机病毒是一种违法的犯罪行为。制毒之心不可有，防毒之心不可无。

2）严格管理措施

根据计算机及网络系统的重要程度，制定严格的不同级别的安全管理措施，如尽量避免使用他人的外存设备，如果确有需要，也应先进行查杀病毒处理；不要从网络上下载来历不明的软件，不要打开陌生的电子邮件；系统盘和存放重要文件的外存设备要加以写保护，重要数据要经常进行备份，而且应该有多个备份。

3）强化技术手段

强有力的技术手段也能有效预防病毒的传染，如安装病毒防火墙，可以预防病毒对系统的入侵，或发现病毒欲传染系统时向用户发出警报。

3. 计算机病毒的查杀

就目前的实际情况来看，严格的预防措施只能尽可能减少计算机病毒传染的可能，还不能完全避免病毒的感染，感染病毒后，有效的检查和杀除手段就是安装合适的正版杀毒软件并经常及时升级。杀病毒软件具有检查是否感染上某种或某类病毒的功能，有的杀毒软件能查出几百种甚至几千种病毒，并且大部分杀病毒软件可同时杀除检查出来的病毒。杀病毒软件在清除计算机病毒时，一般不会破坏系统中的正常数据。现在的杀病毒软件都有良好的菜单提示，安装、升级和使用都非常简单和方便。

目前,国内用户常用的杀毒软件有瑞星杀毒软件、江民杀毒软件、金山毒霸、卡巴斯基杀毒软件、诺顿杀毒软件、360 安全卫士等。杀毒软件的使用在与本书配套的《计算机导论实验指导》中介绍。

"魔高一尺,道高一丈。"查杀病毒技术和编制病毒的技术在相互较量中提高,一种新的病毒出现后,相应的杀毒技术和杀毒软件就会出现。综合采取预防与查杀措施,就能保护计算机及网络系统安全运行。

我国建有国家计算机病毒应急处理中心(网址:http://www.cverc.org.cn/),其主要任务是充分调动国内防病毒力量,快速发现病毒疫情,快速反应,快速处置,防止计算机病毒对我国的计算机网络和信息系统造成重大破坏。可以从其网站上及时了解中心发布的计算机病毒预报及相关的查杀知识。

7.4　反黑客技术

7.4.1　黑客概念

黑客一词源自英文 Hacker,原指热心于计算机技术、水平高超的计算机专家,特别指高水平的编程人员。1998 年,日本出版的《新黑客字典》对黑客的定义:喜欢探索软件程序奥秘并从中增长其个人才干的人,他们不像绝大多数计算机使用者,只规规矩矩地了解别人指定了解的范围狭小的部分知识。

黑客有能力发现计算机系统的漏洞,根据目的的不同,分成三类:

(1) 白帽黑客(white hat hacker)。白帽黑客发现系统漏洞后,会及时通报给系统的开发商。这一类黑客是有利于系统的不断完善的。

(2) 黑帽黑客(black hat hacker)。黑帽黑客发现系统漏洞后,会试图制造一些损害,如删除文件、替换主页、盗取数据等。黑帽黑客具有破坏作用,也称为骇客(cracker)。

(3) 灰帽黑客(gray hat hacker)。灰帽黑客大多数情况下是遵纪守法的,但在一些特殊情况下也会做一些违法的事情。

少数黑客为了个人私利,利用以非法手段获取的系统访问权入侵计算机系统、破坏重要数据的恶意行为慢慢玷污了黑客的名声。现在,黑客一词泛指那些专门利用系统漏洞在计算机网络上搞破坏或恶作剧的人。

7.4.2　黑客攻击方式

黑客攻击计算机(网络)系统可分为非破坏性攻击和破坏性攻击两类。非破坏性攻击一般只是为了扰乱系统的运行,并不盗取系统中的数据,常采用拒绝服务攻击等方式,这可以看作是网络攻击;破坏性攻击是以侵入他人计算机系统、盗取系统中的保密信息、破坏目标系统的数据为目的,通常采用程序后门、获取密码、网络钓鱼等方式,这可以看作是非法入侵。

1. 程序后门

程序员在设计一些功能复杂的程序时,一般采用模块化的程序设计方法,将整个系统分解为多个功能模块,分别进行设计和调试,这时的后门是一个模块的秘密入口。在程序开发阶段,后门便于测试、更改和增强模块功能。正常情况下,完成设计之后需要去掉各个模块的后门,不过有时由于疏忽或其他原因(如便于日后对模块的测试或维护等)后门没有去掉,黑客会用穷举搜索法发现并利用这些后门侵入系统。

2. 获取密码

通过获取系统管理员或一般用户密码，进而窃取系统的控制权。有几种常用的密码获取方法如下。

（1）简单猜想。很多人用自己或家人的出生日期、电话号码或吉祥数等作为密码，对于这样的密码，黑客有时通过简单的猜想就能获取。

（2）字典攻击。使用字典库中的数据不断地进行账号和密码的反复试探，试图探测出用户的账号和密码。

（3）暴力猜解。尝试用所有可能的字符组合去试探用户的密码。

（4）网络监听。通过对网络状态、信息传输和信息内容等进行监视和分析，从中发现账号和密码等私密信息，这是目前黑客使用最多的密码获取方法。

3. 网络钓鱼

获取密码是通过技术手段得到他人的个人信息，而网络钓鱼（phishing）则是通过欺骗手段获取他人的个人信息，然后窃取用户的重要数据或资金。

（1）发送含有虚假信息的电子邮件。以垃圾邮件的形式大量发送欺诈性邮件，以中奖、对账等内容引诱用户在邮件中填入账号和密码，或是以各种紧迫的理由要求收件人登录某网页提交用户名、密码、身份证号、信用卡号等信息，获取这些信息后盗窃用户资金。

（2）建立假冒的网上银行、网上证券网站。建立域名和网页内容都与真正网上银行、网上证券交易平台极为相似的网站，引诱用户输入账号、密码等信息，进而通过真正的网上银行、网上证券系统或者伪造银行储蓄卡、证券交易卡盗窃资金。

（3）利用虚假的电子商务活动。在自建的电子商务网站，或是在比较知名的电子商务网站上发布虚假的商品销售信息，骗取用户的购物汇款。

（4）利用木马等技术手段。木马制作者通过发送邮件或在网站中隐藏木马等方式大肆传播木马程序，当感染木马的用户进行网上交易时，木马程序即以键盘记录的方式获取用户账号和密码，并发送给指定邮箱，用户资金将受到严重威胁。

（5）利用用户的弱密码设置。不法分子利用部分用户贪图方便设置弱密码（简单密码）的漏洞，对用户的密码进行猜测和破译。

实际上，不法分子在实施网络诈骗的犯罪活动过程中，经常采取以上几种手法交织、配合进行，还有的通过手机短信及 QQ、微信、MSN 等聊天工具实施网络诈骗。

4. 拒绝服务攻击

拒绝服务攻击是使用超出被攻击目标处理能力的大量数据包消耗系统可用带宽资源，最后致使网络服务瘫痪的一种攻击手段，拒绝服务攻击一般是一对一的，即利用一台计算机通过网络攻击另一台计算机。分布式拒绝服务（distributed denial of service，DDoS）攻击，则是利用多台已经被攻击者控制的机器对某一台单机发起攻击，这种方式可以集中大量的网络带宽，对某个特定目标实施攻击，威力更大，短时间内就可以使被攻击目标带宽资源耗尽，导致被攻击系统瘫痪。分布式拒绝服务攻击也称为洪水攻击。2000 年黑客们使用 DDoS 连续攻击了 Yahoo、ebay 和 Amazon 等许多知名网站，致使一些站点中断服务长达数小时甚至几天的时间。

7.4.3 黑客的防范

可以通过如下措施来防范黑客的攻击。

（1）使用安全级别比较高的正版的操作系统、数据库管理系统等软件，并注意给软件系统及时打补丁，修补软件漏洞；安装入侵检测系统、防火墙和防病毒软件，并注意及时升级。软件漏洞指软件设计上的缺陷或软件编写时产生的错误，这样的缺陷或错误可以被黑客等不法人员利用，通过植入木马、计算机病毒等方式来窃取或破坏被击中计算机系统中的数据等资源，甚至造成整个计算机系统的瘫痪。软件漏洞也称为软件 bug。补丁指为修补软件系统在使用过程中暴露的漏洞而发布的小程序，修补软件漏洞俗称打补丁。虽然说各种应用软件和系统软件都可能存在漏洞，发现漏洞后也都需要打补丁，但现在的软件漏洞和打补丁更多的是针对操作系统软件而言的。

（2）不要轻易打开和相信来路不明的电子邮件；不要从不明网址下载软件；在进行网上交易时要认真核对网址，看是否与真正网址一致；不要轻易输入账号、密码、身份证号等个人信息；尽量避免在网吧等公共场所进行网上电子商务交易。

（3）不要选诸如身份证号码、出生日期、电话号码、吉祥数等作为密码，这样的密码很容易破译，称为弱密码，建议用有一定长度的大小写字母、数字的混合密码。

7.5　防火墙技术

7.5.1　防火墙概念

如何既能和外部互联网进行有效通信，充分利用互联网上的丰富信息，又能保证内部网络或计算机系统的安全，防火墙技术应运而生。

防火墙（firewall）是建立在内、外网络边界上的过滤封锁机制，是计算机硬件和软件的结合，其作用是保护内部的计算机或网络免受外部非法用户的侵入。内部网络被认为是安全和可信赖的，而外部网络（一般是指互联网）被认为是不安全和不可信赖的。防火墙的作用，就是防止不希望的、未经授权的通信进出被保护的内部网络，通过边界控制来保证内部网络的安全。防火墙并不阻止合法用户的正常访问。

防火墙的本义指古代建造和使用木质结构房屋的时候，为防止外部火灾的蔓延将房屋引燃，人们将不怕火烧的石块堆砌在房屋周围作为屏障，这种石墙被称为防火墙。现在所说的用于网络环境的防火墙是借用了古代真正用于防火的防火墙的喻义，它指的是隔离在本地计算机或网络与外部网络之间的一道防御系统。防火墙可以是多层次的，如教师可以设置防火墙把自己的计算机与学院局域网隔离，学院网管人员设置防火墙把学院局域网与学校局域网隔离，学校网管人员设置防火墙把学校局域网与外部互联网隔离，如图 7.1 所示。

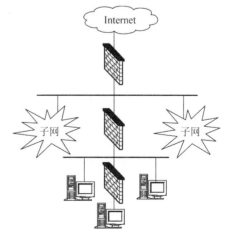

图 7.1　多层防火墙保护

7.5.2　防火墙的功能

防火墙的主要功能如下。

（1）访问控制。通过禁止或允许特定用户访问特定资源，保护内部网络的数据和软件等资源，防火墙需要识别哪个用户可以访问哪类资源。

（2）内容控制。根据数据内容进行控制,如可以根据电子邮件的内容识别出垃圾邮件并过滤掉垃圾邮件。

（3）日志记录。防火墙能记录下经过防火墙的访问行为,同时能够提供网络使用情况的统计数据。当发生可疑访问时,防火墙能进行适当的报警,并提供网络是否受到监测和攻击的详细信息。

（4）安全管理。通过以防火墙为中心的安全方案配置,能将所有安全措施(如密码、加密、身份认证和审计等)配置在防火墙上。与将网络安全问题分散到各个主机上相比,防火墙的这种集中式安全管理更经济、更方便。

（5）内部信息保护。利用防火墙对内部网络的划分,可实现内部网重点网段的隔离,从而防止局部重点或敏感网络安全问题对全局网络安全的影响。还有,内部网络中某些信息往往会引起攻击者的兴趣,因而暴露出内部网络的某些安全漏洞。例如,Finger(一个查询用户信息的程序)服务能够显示当前用户名单以及用户详细信息,DNS(域名服务器)能够提供网络中各主机的域名及相应的 IP 地址。防火墙能够封锁这类服务,以防止外部用户利用这些信息对内部网络进行攻击。

7.5.3　防火墙的结构

在防火墙和网络的配置上,主要有 4 种常用结构:包过滤防火墙、双宿主网关防火墙、屏蔽主机防火墙和屏蔽子网防火墙。

1. 包过滤防火墙

在互联网与内部网的连接处安装一台用于包过滤的路由器,构成包过滤防火墙,如图 7.2 所示。在路由器中设置包过滤规则,路由器根据这些规则审查每个数据包并决定允许或拒绝数据包的通过,允许通过的数据包根据路由表中的信息被转发,不允许通过的数据包被丢弃。

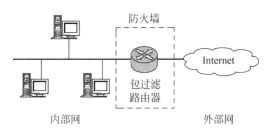

图 7.2　包过滤防火墙

2. 双宿主网关防火墙

一台带有两个网络接口的主机,一个网络接口用于连接内部网,另一个网络接口用于连接外部网,这就构成了双宿主网关防火墙,一个网络接口相当于一个网关,如图 7.3 所示。外部网中的用户不能直接访问内部网,这就保证了内部网的安全,两个网络之间的通信通过应用层数据共享或应用层代理服务来完成。作为防火墙的主机应具有可靠的身份认证系统,以阻挡来自外部网络的非法访问。

3. 屏蔽主机防火墙

屏蔽主机防火墙由包过滤路由器和堡垒主机组成,包过滤路由器安装在内部网和外部网的连接点上,访问内部网所有其他主机必须经过的主机称为堡垒主机,堡垒主机屏蔽(隔离)了

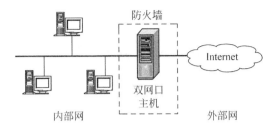

图 7.3　双宿主网关防火墙

外部网对内部网的直接访问,堡垒主机配置在内部网上,如图 7.4 所示。设置了屏蔽主机防火墙,外部网上的用户需经由过滤路由器,再经由堡垒主机才能访问内部网,过滤路由器和堡垒主机都可以设置安全策略,所以屏蔽主机防火墙的安全等级要高于包过滤防火墙。

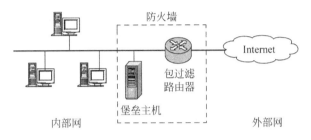

图 7.4　屏蔽主机防火墙

4. 屏蔽子网防火墙

屏蔽子网防火墙由两个包过滤路由器和一台堡垒主机组成,如图 7.5 所示,在两个过滤路由器之间建立一个内部的屏蔽子网,也称为非军事区(demilitarized zone,DMZ)或隔离区。DMZ 是为了解决安装防火墙后外部网不能直接访问内部网服务器的问题,而设立的一个外部网与内部网之间的缓冲区,用于放置堡垒主机以及内部网中需要对外公开的公共服务器等,公共服务器有企业 Web 服务器、FTP 服务器等。

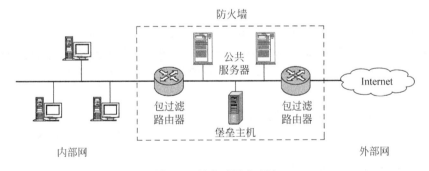

图 7.5　屏蔽子网防火墙

在屏蔽子网防火墙方案中,对于由外部网到内部网的访问,外部过滤路由器用于阻止外部网的攻击,并管理外部网对 DMZ 的访问。内部过滤路由器管理 DMZ 对内部网的访问。一个黑客必须通过三个独立的安全区域(外部过滤路由器、堡垒主机和内部过滤路由器)才能够到达内部网,提高了攻击难度,也就提高了内部网的安全性,当然成本也比较高。

提供防火墙产品的主要生产商有美国思科系统公司(Cisco Systems,Inc.)、Juniper 网络公司和我国的华为技术有限公司、杭州华三通信技术有限公司(H3C)等。

7.6 入侵检测技术

入侵检测(intrusion detection)是对入侵计算机及网络系统的行为的检测,入侵检测系统(intrusion detection system,IDS)是完成入侵检测功能的计算机软硬件系统。美国国际计算机安全协会(International Computer Security Association,ICSA)对入侵检测的定义是,通过从计算机网络或计算机系统中的若干关键点收集信息并对其进行分析,从中发现网络或系统中是否有违反安全策略的行为和遭到袭击的迹象的一种安全技术。

入侵检测作为一种积极主动的安全防护技术,提供了对内部攻击、外部攻击和误操作的实时保护,在网络系统受到危害之前拦截和响应入侵行为。因此被认为是防火墙之后的第二道安全闸门,在不影响网络性能的情况下对网络进行监测。

7.6.1 入侵检测系统的功能

入侵检测系统能够在入侵攻击对系统产生危害前,检测到入侵攻击,并利用报警与防护系统消除入侵攻击;在入侵攻击过程中,能够减少入侵攻击所造成的损失;在被入侵攻击后,能收集入侵攻击的相关信息,作为防范系统的知识,添加到知识库中,以增强系统对类似攻击的防范能力。其功能主要如下。

1. 监控、分析用户和系统的活动

入侵检测系统通过获取进出某台主机及整个网络的数据,或者通过查看主机日志等信息来实现对用户和系统活动的监控,获取网络数据的方法就是抓包,将数据流中的所有数据包都截取下来进行分析。入侵检测系统要有足够高的效率,既不遗漏数据包,也不影响网络的正常运行。

2. 发现入侵企图或异常现象

对进出网络或主机的数据进行监控,看是否存在对系统的入侵行为;评估系统关键资源和数据文件的完整性,看系统是否已经遭受了入侵。

3. 记录、报警和响应

入侵检测系统在检测到攻击后,应采取相应的措施来阻止攻击企图或对已发生的攻击做出及时的响应。首先记录攻击的基本情况,及时发出报警,采取必要的响应措施,如拒绝接收所有来自某台可疑计算机(可能发动了入侵行为)的数据、追踪入侵行为等。

4. 友好的用户界面

入侵检测系统应为系统管理员和各类用户提供友好易用的界面,方便用户设置用户权限、管理攻击行为数据库、人机交互设置和修改规则、处理警报和浏览/打印数据等。

7.6.2 入侵检测系统的分类

随着人们对入侵检测技术研究的不断深入,出现了多种入侵检测系统,入侵检测系统有多种不同的分类方式,根据入侵检测实施的对象可以分为如下三类。

1. 基于网络的入侵检测系统

作用于某个网络环境的入侵检测系统称为基于网络的入侵检测系统,通过侦听和分析网络上关键路径上传输的数据,发现可疑的通信数据和入侵行为。

2. 基于主机的入侵检测系统

作用于某台主机上的入侵检测系统称为基于主机的入侵检测系统,通过监视与分析主机的审计记录和日志文件来检测对主机的入侵。日志中记录所有对主机的访问行为,从中可以分析出非正常的和不希望发生的行为,进而认定对主机的入侵企图和已发生的入侵行为。基于此,可以启动相应的应急响应措施,阻止入侵企图和尽量减少已发生的入侵行为的破坏作用。

3. 基于应用的入侵检测系统

作用于某个应用系统的入侵检测系统称为基于应用的入侵检测系统,通过监视与分析某个应用程序的日志文件来检测对该应用程序的入侵。基于应用的入侵检测系统是基于主机的入侵检测系统的进一步细化。

目前,实际的入侵检测系统大多是这三种系统的混合体。

7.6.3　入侵检测技术

入侵检测技术是为保证计算机系统的安全而设计与配置的一种能够及时发现并报告系统中未授权行为或异常现象的技术,是一种用于检测计算机网络中违反安全策略行为的技术。进行入侵检测的软件与硬件的组合便是入侵检测系统。

常用的入侵检测机制可分为误用检测、异常检测与混合检测。

1. 误用检测

误用检测(misuse detection)也称为基于特征的检测(signature-based detection),这一检测假设入侵行为可以用一种模式来表示,系统的目标是检测外部用户的访问是否符合这些模式,符合即是入侵行为。它可以将已知的入侵方式检查出来,但对新的入侵方式却无能为力。其难点在于如何设计模式既能够表达入侵特征,又不会将正常的访问行为包含进来。常用的误用检测方法主要有专家系统、状态转移分析、基于条件概率的误用检测、基于规则的误用检测等。

2. 异常检测

异常检测(anomaly detection)的假设是入侵行为不同于正常的访问行为。根据这一思路建立正常访问行为的"行为描述",将当前的访问行为与"行为描述"进行比较,当违反正常行为的统计规律时,认为该访问可能是入侵行为。其难点在于如何建立和表示"行为描述"以及如何设计统计算法,从而不把正常的访问作为入侵行为或漏掉真正的入侵行为。常用的异常检测方法主要有量化分析、统计度量、非参数统计度量、神经网络等。

3. 混合检测

混合检测是同时进行误用检测和异常检测,方法主要有基于代理检测、数据挖掘、免疫系统方法和遗传算法等。

提供入侵检测产品的主要生产商有美国思科系统公司(Cisco Systems, Inc.)、Juniper 网络公司和我国的华为技术有限公司、杭州华三通信技术有限公司(H3C)等。

7.7　数据加密技术

7.7.1　数据加密概述

即使安装了防火墙、入侵检测系统及杀毒软件,也难以完全防止信息被窃取。为此,可以再实施一种安全措施——加密（encryption）。

加密是把明文通过混拆、替换和重组等方式变换成对应的密文。明文是加密前的信息，有着明确的含义并为一般人所理解。密文是对明文加密后的信息，往往是一种乱码形式，一般人很难直接读懂其真实含义，密文需要按加密的逆过程解密成明文后，才能理解其含义。所以，在信息传输前，甲乙双方约定好加密、解密方式，甲方对明文加密后以密文形式传输给乙方，乙方收到密文后按约定方式解密还原成明文，就能理解甲方所发信息的真实含义。在信息传输过程中，即使有甲乙之外的第三方通过非法途径窃取了传输的密文信息，如果不能同时获取加密、解密约定，是很难直接从密文读懂其真实含义的。所以，加密技术进一步保证了信息传输的安全性。

当然，如果加密、解密约定也被第三方窃取，那信息传输的安全也就丧失了，这时可以说第三方破译了甲乙双方的密文传输，这种保密与窃密的斗争在情报战题材的电视剧和电影中经常出现，甲乙双方极力想办法保密自己的信息传输，有时经常更换加密、解密方式，而第三方（敌方）也在尽力想办法破译甲乙双方的信息传输。

图灵就是破译密码的高手，在第二次世界大战期间，图灵在英国外交部的一个下属机构工作，使用自己研制的译码机破译了德军不少的机密情报，为盟军战胜德国法西斯立了大功，战后被授予帝国勋章。

加密的历史一直可以追溯到文字通信的开始，一些很古老的加密方法在当时起了重要作用，当然现在已不再使用这些加密方法，特别是在计算机的辅助下，这些加密方法很容易破译，但介绍这些方法对于理解加密的基本原理是很有帮助的。

7.7.2　古典加密方法

1. 恺撒密码

顾名思义，恺撒密码（Caesar cipher）是由古罗马人恺撒发明的，通过移位的方式实现对原始信息的加密。恺撒密码也称为单字符替换，即对不同位置的字符采用相同的移位方式。

【例7.1】 采用恺撒密码对 computer 进行加密。

设置 26 个英文字母与数字的对应关系如下：

$$
\begin{array}{cccccccccccccc}
a & b & c & d & e & f & \cdots & u & v & w & x & y & z \\
0 & 1 & 2 & 3 & 4 & 5 & \cdots & 20 & 21 & 22 & 23 & 24 & 25
\end{array}
$$

对明文中的每个字符右移一位（变换成下一个字符）就可以实现对明文的加密。

对于英文单词 computer 中的每个字符右移一位，就变换成了字符串 dpnqvufs，computer 的含义是"计算机"，dpnqvufs 的含义就难以理解了。

从这个例子可以看出，加密是一种变换技术，把人们能理解的明文变换成不能理解的密文。

这种简单移位的加密方法是很容易破译的。用最简单的思路就可以对密文进行右移1位、2位、3位、……，左移1位、2位、3位、……的逐一试探，就能破译。特别是现在借助于计算机，就更容易破译了。

2. 多字符替换

单字符替换的优点是实现简单，缺点是容易被破译。稍微复杂一点的方式是多字符替换，即不同位置的字符采用不同的替换方式。

【例 7.2】　采用(+1,-1,+2)的替换方式对 computer 加密。

对明文中的第 1 个字符右移 1 位,第 2 个字符左移 1 位,第 3 个字符右移 2 位,第 4 个字符又是右移 1 位,如此进行下去,完成明文中所有字符的替换。

对 computer 进行(+1,-1,+2)模式的多字符替换后的密文为 dnoqtvfq,密文的含义仍是难以理解的。

破译这种加密方式难度要大一些,特别是手工破译,工作量比较大。但借助于计算机,还是比较容易破译的。

3. 二进制运算

对于二进制数,除了可以进行算术运算外,还可以进行逻辑运算,主要有与(AND)、或(OR)、非(NOT)和异或(XOR)等。

AND 的运算规则:对应位都是 1,结果位为 1,否则结果位为 0。

OR 的运算规则:对应位都是 0,结果位为 0,否则结果位为 1。

NOT 的运算规则:1 变成 0,0 变成 1。

XOR 的运算规则:对应位相同,结果位为 0,对应位不同,结果位为 1。

【例 7.3】　二进制运算示例。

10101100 AND 01101011=00101000

10101100 OR 01101011=11101111

NOT 10101100=01010011

10101100 XOR 01101011=11000111

其中,异或运算有一个对加密来说很有用的特性:一个数和另外一个数进行两次异或运算,结果又变回这个数本身,即 A XOR B XOR B=A。

例如,10101100 XOR 01101011 XOR 01101011=10101100。

【例 7.4】　采用异或运算对 computer 进行加密。

对于 computer,首先以 ASCII 码的形式把每个英文字符转换成二进制数。选定一个 8 位的二进制数 00001100 作为加密密码(也称为加密密钥),每个明文字符的 ASCII 码都分别和这个密钥进行异或运算(加密),变换成密文,接收方也用这个相同的密钥再进行一次异或运算(解密),还原成明文。

加密结果如表 7.1 所示。加密前的明文为 computer,加密后的密文为 oca|yxi~。读者可自行对密文进行解密。

表 7.1　基于异或运算的 computer 加密结果

明文字符	明文 ASCII 码	密文 ASCII 码	密文字符
c	01100011	01101111	o
o	01101111	01100011	c
m	01101101	01100001	a
p	01110000	01111100	|
u	01110101	01111001	y
t	01110100	01111000	x
e	01100101	01101001	i
r	01110010	01111110	~

7.7.3 现代加密方法

1. 私钥加密

私钥加密指加密和解密使用同一个密钥,而且这个密钥属于通信的甲乙双方私有,不能公开让第三方知道。如例7.4中的00001100,既是加密密钥,也是解密密钥。私钥加密也称为单密钥加密或对称密钥加密,形象地说锁信箱和开信箱用的是同一把钥匙,密钥要保密存放,一旦密钥被攻击者窃取,就无密可保。

代表性的私钥加密算法是DES算法。数据加密标准(data encryption standard,DES)算法是由IBM公司在20世纪70年代开发的,曾经得到了广泛的应用。

DES算法的加密过程如下。

(1) 待加密数据被分为64位(二进制位)大小的数据块。

(2) 对第一个64位的数据块进行初始变换,即对64位的数据按位重新组合,如将第58位换到第1位,第50位换到第2位,……

(3) 将换位后的数据与密钥进行计算(如异或运算),这样的计算共进行16轮,每一轮使用一个不同的密钥,这16轮的密钥合称DES算法的加密密钥,也是日后解密的密钥,如果不是密钥持有人有意或无意的泄露,靠技术手段破译是有一定难度的。

(4) 把经过16轮加密的数据再进行换位操作,这时的换位是初始换位的逆操作,如第1位经初始换位后换到了第40位,经逆初始换位,再把第40位换回到第1位。

(5) 逆初始换位后的结果是第一块数据加密后的密文。

(6) 对其他每块数据都进行与第一块数据类似的处理,得到全部明文对应的密文。

1998年之后,不再使用DES,改用更难以破译的AES(advanced encryption standard)算法。

2. 公钥加密

公钥加密是与私钥加密相对的一种加密方法。公钥加密有两个不同的密钥,一个用于加密,是公开的,称为公钥;另一个用于解密,是不公开的,称为私钥。可以这样设想:我有一个保密信箱,锁信箱和开信箱用的是两把不同的钥匙,锁信箱的钥匙是公开的,就挂在信箱上,谁要是想把信件秘密给我,就可以放在信箱中,并用公开的钥匙锁上信箱。公开的钥匙只能锁信箱,不能打开信箱,打开信箱用的是另一把保密的钥匙,我自己拿着,其他人不知道。这样任何人都可以往我的保密信箱中投放秘密信件,但只有我自己能打开信箱取出信件,从而实现了秘密通信。

代表性的公钥加密算法是RSA算法,是由R. L. Rivest、A. Shamir和L. M. Adleman于1978年在美国麻省理工学院研发出来的,为此,三人共同荣获2002年度的图灵奖。

RSA算法中,选定密钥的过程如下。

(1) 选择两个互异的大素数 p 和 q;

(2) 使 $n = p \times q$, $t = (p-1) \times (q-1)$;

(3) 取一个整数 e,使其满足 $1 < e < t$,且 $\gcd(t, e) = 1$;

(4) 计算 d,使其满足 $(d \times e) \bmod t = 1$;

(5) 以 $\{e, n\}$ 为公钥, $\{d, n\}$ 为私钥。

其中,gcd是求最大公约数函数,mod是求余数函数。

RSA算法的加密过程如下。

将二进制位串形式的明文信息分组,使得每个分组对应的十进制数小于 n,即分组长度小

于 $\log_2 n$，然后对每个明文分组 m 作加密计算，得到其对应的密文 $c=m^e \bmod n$。

RSA 算法的解密过程如下：

对每个密文分组进行解密计算，还原成其对应的明文 $m=c^d \bmod n$。

【例 7.5】 采用 RSA 算法对 computer 进行加密。

选 $p=7, q=17$。则 $n=7 \times 17=119, t=6 \times 16=96$。

取 $e=5$，满足 $1<e<t$，且 $\gcd(t,e)=1$；满足 $(d \times e) \bmod t=1$ 条件的 $d=77$。

所以，$\{5,119\}$ 为公钥，$\{77,119\}$ 为私钥。

把 computer 转换成十进制形式表示的 ASCII 码，然后每个字符的 ASCII 码与公钥 $\{5, 119\}$ 进行加密计算，就能得到 computer 的密文，如表 7.2 所示。

表 7.2　基于 RSA 算法的 computer 加密结果

明文字符	明文 ASCII 码	密文 ASCII 码	密文字符
c	99	29	一控制符
o	111	76	L
m	109	79	O
p	112	91	[
u	117	87	W
t	116	114	r
e	101	33	!
r	114	88	X

如 $99^5 \bmod 119=29$，其他字符的加密解密类似。

RSA 的安全性分析：在 RSA 算法中，$\{e,n\}$ 为公钥，$\{d,n\}$ 为私钥。在 n 大到一定程度时，由 $\{e,n\}$ 得到 d 的计算量是很大的，因为把 n 分解成两个互异的素数 p 和 q 是困难的（通过把 n 分解为 p 和 q，才能由 e 计算出 d）。RSA 算法实际上是利用了数论领域这样一个事实：虽然把两个大素数相乘得到一个合数是非常容易的，但要把一个很大的合数分解为两个素数却十分困难，至今没有任何高效的分解方法。

当然，随着新的分解方法和高性能计算机的不断出现，人们的计算能力也在不断提高，RSA-129（n 为 129 位的十进制数或 428 位的二进制数）经过 8 个月的计算于 1994 年 4 月被成功分解，RSA-155（n 为 155 位的十进制数或 512 位的二进制数）于 1999 年 8 月被成功分解，得到两个 78 位的十进制表示的素数。2009 年 12 月 12 日，RSA-768（n 为 768 位的二进制数或 232 位的十进制数）也被成功分解，这意味着 1024 位的二进制数也面临着被分解的危险，用户应考虑升级到 2048 二进制位或以上。

7.8　安全认证技术

加密技术保证信息在发送方和接收方之间的保密传输，即使第三方窃取了传输的信息，由于不能解密也不能理解其真正含义。除此之外，对于网上传输的信息，还应保证其内容完整，即发送方不能抵赖、接收方或第三方不能伪造和篡改，安全认证技术可以实现这些功能。

7.8.1　消息认证

通信双方在一个不安全的信道上传输信息，可能面临着被第三方截取，进而对信息进行篡改或伪造的隐患,若接收方收到的是被第三方伪造或篡改的信息,可能会造成非常严重的后果。

消息认证技术用于检查发送方发送的信息是否被篡改或是伪造的,消息认证系统的核心是一个认证算法。

为了发送信息,发送方先将信息和认证密钥输入认证算法,计算出信息的认证标签,也称为消息认证码(message authentication code,MAC),然后将信息和认证标签一同发出;接收方收到信息和认证标签后,把信息和相同的认证密钥输入认证算法,也计算出认证标签,检查这个计算出的认证标签与接收到的认证标签是否相同。若相同,认为信息不是伪造的,也未被篡改,接受该信息;若不相同,则认为信息是伪造的或被篡改过,舍弃该信息。

7.8.2　数字签名

1. 数字签名概念

消息认证用来保护通信双方免受第三方的攻击,却无法防止通信双方的欺骗与抵赖行为。在只有消息认证的方式下,由于接收方和发送方使用相同的认证密钥,生成一个认证标签并不困难,接收方可以伪造一个消息或篡改接收到的信息,声称是由发送方发过来的。由于接收方可以伪造或篡改信息,发送方也就可以不承认自己发送过的信息,他可以说是接收方自己伪造或篡改的,因为接收方也不能证明信息一定是发送方发出的。

现实生活中,人们为了防止申请书、批准书、商业合同等文件的伪造、篡改和抵赖,采用亲笔签名的方式予以确认。对于亲笔签名的纸质文本,签名者事后无法抵赖,持有者也不能篡改或伪造。

对应于亲笔签名,人们把在电子文档中附加的数字认证信息称为数字签名(digital signature),也称为电子签名。《中华人民共和国电子签名法》中对电子签名的定义是:电子签名是指数据电文中以电子形式所含、所附用于识别签名人身份并表明签名人认可其中内容的数据。数据电文,是指以电子、光学、磁或者类似手段生成、发送、接收或者储存的信息。

简单地说,数字签名是只有信息的发送者才能产生的,与发送信息密切相关的、他人无法伪造的一个数字串,它同时也是对发送者发送信息的真实性的一个证明。

2. 数字签名过程

用户 A 使用数字签名技术给用户 B 发送信息的过程如下:

(1)用户 A 准备好一个要发送给用户 B 的电子信息 M。

(2)用户 A 用公开的单向 Hash 函数对信息 M 进行变换,生成信息摘要 M_H,然后用自己的私钥 D_A 对信息摘要 M_H 加密,对 M_H 加密的结果就是信息 M 的数字签名。

(3)用户 A 将数字签名附在信息 M 之后,连同信息 M 和相应的数字签名一起发送给用户 B。

(4)用户 B 收到信息 M 和相应的数字签名 M_H 后,一是使用相同的单向 Hash 函数对信息 M 进行变换,生成信息摘要,二是使用用户 A 的公钥 E_A 对数字签名进行解密,得到用户 A 针对 M 生成的信息摘要。

(5)用户 B 比较两个信息摘要,如果两者相同,则可以确信信息在发送后并未作任何改变,也不是伪造的,可以接收来自于用户 A 的信息 M,如果不相同,说明信息 M 是伪造的或已经被篡改,放弃该信息。

3. 数字签名的有效性

Hash 函数也称为哈希函数、杂凑函数或散列函数,用于将任意长度的信息 M 变换为较短的、固定长度的信息摘要 M_H,信息摘要也称为杂凑值或杂凑码。信息摘要是信息中所有二进制位的函数,改变信息中的任何一位或几位,都会使信息摘要发生改变。所以,信息摘要也被形象地称为信息的数字指纹。

哈希函数具有如下特性:

(1) 函数的输入可以任意长。

(2) 函数的输出是固定长。

(3) 已知 M,求 M_H 比较容易,即求信息的信息摘要是容易的。

(4) 已知 M'_H,求 $H(M')=M'_H$ 的 M' 在计算上是不可行的,即很难根据信息摘要来反向求得原始信息,这是哈希函数的单向性。

(5) 已知 M_1,找出 $M_2(M_2 \neq M_1)$ 使得 $H(M_2)=H(M_1)$ 在计算上是不可行的,即很难找到两个不同的信息会有相同的信息摘要,这是哈希函数的唯一性。

数字签名的有效性分析如下。

(1) 难以伪造或篡改。由哈希函数的唯一性可知,对原有信息的微小改变也会导致信息摘要的改变,所以,接收方或第三方很难伪造或篡改发送方发出的信息而使信息摘要不变;又由于发送方是用自己的私钥对信息摘要进行加密的,接收方或第三方很难伪造加密的信息摘要(加密的信息摘要就是数字签名),进而也就无法伪造信息摘要。无法伪造信息摘要,伪造或篡改的信息是很容易被识破的。

(2) 难以抵赖。由于发送方是用自己的私钥对信息摘要进行加密的,接收方或第三方是不能做此事的,所以发送方对自己发出的信息是难以抵赖的。

7.8.3　PKI

在现实生活中,如果因为笔迹签名出现争议,需要仲裁委员会或法院等机构依据笔迹鉴定结果进行仲裁或判决。参与社会活动的个人或法人(各类公司等),应该持有一定的证明身份的证件(身份证、营业执照等),这些证件应由值得信任的机构来发放、认定和撤销。

采用公钥加密和数字签名等技术在网上传输信息,需要有公钥管理机制;在网上参与相关活动的个人或法人,也应持有证明身份的证件——数字证书。公钥基础设施(public key infrastructure,PKI)是一种提供公钥加密、数字签名和数字证书等服务的管理平台,以保证网上传输信息的保密性、真实性、完整性和不可抵赖性。PKI 是保证电子商务、电子政务等网上系统安全开展的基础。

PKI 的功能包括颁发证书、更新证书、撤销证书、公布证书、在线查询证书状态、认定证书、密钥产生、密钥备份和恢复、密钥更新、密钥销毁和密钥归档等功能。

PKI 由认证机构(certificate authority,CA)、注册机构(registration authority,RA)和目录服务器等组成。CA 负责数字证书的签发,是 PKI 的核心,是 PKI 中权威的、可信任的、公正的第三方机构。RA 负责数字证书申请者的信息录入、资格审查等工作,决定是否同意由 CA 为其签发数字证书。目录服务器用于存放和管理数字证书。

7.9　计算机系统安全法律规章与职业道德

计算机及计算机网络的快速发展和广泛应用,极大地促进了经济发展和社会进步,也给人们的日常生活带来了很大的方便,在一定程度上改变着人们的生活方式。同时也出现了一些新的问题,如编制和传播计算机病毒、盗取他人的账号和密码、蓄意攻击他人的计算机系统、发送垃圾邮件、泄露自己掌握的他人个人信息等不道德行为和犯罪行为,既给他人和社会带来危害,也使自己走上违法犯罪的道路。

作为未来的计算机专业人员,除了严格遵守一般的道德规范和法律规章外,还要严格遵守计算机领域的职业道德和法律规章,不要以自己的专业特长作为谋取个人不法利益的工具。

如果把计算机及网络环境看作是一个虚拟社会的话,那么在真实社会中应遵守的道德规范和应有的责任意识同样适用于虚拟社会,无法一一列出,重点列出和计算机系统安全有关的几条:

（1）不要盗窃和蓄意破坏他人的软硬件资源及数据资源。

（2）不要编制计算机病毒程序,不要故意传播计算机病毒给其他计算机系统。

（3）要严格管理因工作需要而掌握的他人个人信息或单位的内部数据,不要泄露他人的个人信息和单位的内部数据。

（4）不要蓄意攻击他人的计算机系统或网络系统。

（5）不经对方许可,不要发送商业广告等宣传类邮件,这种垃圾类邮件既浪费他人的时间,也会影响其正常的收发邮件。

（6）不要蓄意破译他人的账号和密码。

（7）要严密保护自己的账号和密码,不得泄露给他人。

（8）不要通过网络欺骗等手段,窃取金钱和机密信息。

（9）不要滥用个人的计算机系统权限以谋取个人的不法利益。

（10）不要使用超越自己合法权限的功能。

我国逐步建立起了比较完善的打击计算机犯罪和惩治违法行为的法律和规章体系。

中华人民共和国刑法(1979 年 7 月 1 日第五届全国人民代表大会第二次会议通过,1997 年 3 月 14 日第八届全国人民代表大会第五次会议修订,1999—2011 年又进行了多次修正)中有关惩治计算机犯罪的条款如下:

第二百八十五条　违反国家规定,侵入国家事务、国防建设、尖端科学技术领域的计算机信息系统的,处三年以下有期徒刑或者拘役。

违反国家规定,侵入前款规定以外的计算机信息系统或者采用其他技术手段,获取该计算机信息系统中存储、处理或者传输的数据,或者对该计算机信息系统实施非法控制,情节严重的,处三年以下有期徒刑或者拘役,并处或者单处罚金;情节特别严重的,处三年以上七年以下有期徒刑,并处罚金。

提供专门用于侵入、非法控制计算机信息系统的程序、工具,或者明知他人实施侵入、非法控制计算机信息系统的违法犯罪行为而为其提供程序、工具,情节严重的,依照前款的规定处罚。

第二百八十六条　违反国家规定,对计算机信息系统功能进行删除、修改、增加、干扰,造成计算机信息系统不能正常运行,后果严重的,处五年以下有期徒刑或者拘役;后果特别严重的,处五年以上有期徒刑。

违反国家规定,对计算机信息系统中存储、处理或者传输的数据和应用程序进行删除、修改、增加的操作,后果严重的,依照前款的规定处罚。

故意制作、传播计算机病毒等破坏性程序,影响计算机系统正常运行,后果严重的,依照第一款的规定处罚。

第二百八十七条 利用计算机实施金融诈骗、盗窃、贪污、挪用公款、窃取国家秘密或者其他犯罪的,依照本法有关规定定罪处罚。

中华人民共和国治安管理处罚法(2005 年 8 月 28 日第十届全国人民代表大会常务委员会第十七次会议通过,自 2006 年 3 月 1 日起施行)中有关危害计算机安全行为的处罚条款如下:

第二十九条 有下列行为之一的,处五日以下拘留;情节较重的,处五日以上十日以下拘留:

(一)违反国家规定,侵入计算机信息系统,造成危害的;

(二)违反国家规定,对计算机信息系统功能进行删除、修改、增加、干扰,造成计算机信息系统不能正常运行的;

(三)违反国家规定,对计算机信息系统中存储、处理、传输的数据和应用程序进行删除、修改、增加的;

(四)故意制作、传播计算机病毒等破坏性程序,影响计算机信息系统正常运行的。

中华人民共和国网络安全法(2016 年 11 月 7 日第十二届全国人民代表大会常务委员会第二十四次会议通过,自 2017 年 6 月 1 日起施行)。制定网络安全法的目的是为了保障网络安全,维护网络空间主权和国家安全、社会公共利益,保护公民、法人和其他组织的合法权益,促进经济社会信息化健康发展。其中涉及个人的条文如下:

第十二条 国家保护公民、法人和其他组织依法使用网络的权利,促进网络接入普及,提升网络服务水平,为社会提供安全、便利的网络服务,保障网络信息依法有序自由流动。

任何个人和组织使用网络应当遵守宪法法律,遵守公共秩序,尊重社会公德,不得危害网络安全,不得利用网络从事危害国家安全、荣誉和利益,煽动颠覆国家政权、推翻社会主义制度,煽动分裂国家、破坏国家统一,宣扬恐怖主义、极端主义,宣扬民族仇恨、民族歧视,传播暴力、淫秽色情信息,编造、传播虚假信息扰乱经济秩序和社会秩序,以及侵害他人名誉、隐私、知识产权和其他合法权益等活动。

第十四条 任何个人和组织有权对危害网络安全的行为向网信、电信、公安等部门举报。收到举报的部门应当及时依法作出处理;不属于本部门职责的,应当及时移送有权处理的部门。

有关部门应当对举报人的相关信息予以保密,保护举报人的合法权益。

第二十七条 任何个人和组织不得从事非法侵入他人网络、干扰他人网络正常功能、窃取网络数据等危害网络安全的活动;不得提供专门用于从事侵入网络、干扰网络正常功能及防护措施、窃取网络数据等危害网络安全活动的程序、工具;明知他人从事危害网络安全的活动的,不得为其提供技术支持、广告推广、支付结算等帮助。

第四十四条 任何个人和组织不得窃取或者以其他非法方式获取个人信息,不得非法出售或者非法向他人提供个人信息。

第四十六条 任何个人和组织应当对其使用网络的行为负责,不得设立用于实施诈骗,传授犯罪方法,制作或者销售违禁物品、管制物品等违法犯罪活动的网站、通讯群组,不得利用网络发布涉及实施诈骗,制作或者销售违禁物品、管制物品以及其他违法犯罪活动的信息。

第四十八条 任何个人和组织发送的电子信息、提供的应用软件,不得设置恶意程序,不得含有法律、行政法规禁止发布或者传输的信息。

电子信息发送服务提供者和应用软件下载服务提供者,应当履行安全管理义务,知道其用户有前款规定行为的,应当停止提供服务,采取消除等处置措施,保存有关记录,并向有关主管部门报告。

和计算机安全有关的主要法律和规章还有:

中华人民共和国电子签名法(2004年8月28日第十届全国人民代表大会常务委员会第十一次会议通过,自2005年4月1日起施行,2019年4月23日第二次修正)。

全国人民代表大会常务委员会关于维护互联网安全的决定(2000年12月28日第九届全国人民代表大会常务委员会第十九次会议通过)。

中华人民共和国计算机信息系统安全保护条例(国务院1994年2月18日发布施行,2011年1月8日修订)。

中华人民共和国计算机信息网络国际联网管理暂行规定(1996年2月1日国务院发布施行,1997年5月20日修正)。

互联网上网服务营业场所管理条例(国务院2002年9月29日发布,自2002年11月15日起施行,2019年3月24日第三次修订)。

中华人民共和国计算机信息网络国际联网管理暂行规定实施办法(1998年2月13日国务院信息化工作领导小组发布施行)。

计算机信息网络国际联网安全保护管理办法(1997年12月11日国务院批准,1997年12月30日公安部发布施行,2011年1月8日修订)。

计算机病毒防治管理办法(2000年4月26日公安部发布施行)。

此外,为了保护计算机软件的著作权,我国也制定了相关的法律和规章,主要有:

中华人民共和国著作权法(1990年9月7日第七届全国人民代表大会常务委员会第十五次会议通过,1991年6月1日起施行,2010年2月26日第二次修正)。

计算机软件保护条例(国务院2001年12月20日发布,自2002年1月1日起施行,2013年1月30日第二次修订)。

学习了解并严格遵守这些法律和规章是十分必要的。

7.10　小　　结

计算机及网络的广泛应用,极大地促进了经济发展和社会进步,方便了人们的日常工作和生活,但也伴随着出现了计算机病毒、黑客、网络攻击等问题,甚至有人走上了违法犯罪的道路。本章介绍的反病毒技术、反黑客技术、防火墙技术、入侵检测技术、数据加密技术和安全认证技术,再加上高度的道德责任意识、严格的管理制度及完善的法规体系,就能有效地保证计算机及网络系统的安全运行及信息的安全传输。

拓展阅读：计算机学术组织

从事计算机领域的科研、教学和技术开发等工作,同国内外同行的学术交流是非常必要和有益的,既有利于个人的工作和学习,也有利于整个计算机领域的发展,各级学术组织为我们进行学术交流提供良好的平台和机会。

1. 美国电气和电子工程师学会计算机协会

美国电气和电子工程师学会计算机协会的历史可以追溯到1946年。世界上第一台电子计算机 ENIAC 诞生之后,美国电气工程师学会(American Institute of Electrical Engineers, AIEE)在 1946 年成立了大规模计算分会。1951 年,美国无线电工程师学会(Institute of Radio Engineers,IRE)建立了电子计算机专业委员会。鉴于第二次世界大战以后电子学的迅速发展,以及电气与电子密不可分的联系。1963 年,AIEE 和 IRE 合并组成美国电气和电子工程师学会(Institute of Electrical and Electronic Engineers,IEEE),AIEE 的大规模计算分会和 IRE 的电子计算机专业委员会合并成美国电气和电子工程师学会计算机协会(IEEE Computer Society,IEEE-CS)。

IEEE-CS 的宗旨是促进计算机和信息处理技术的理论和应用的发展,促进会员之间的学术交流与合作。为此,IEEE-CS 每年都要举办一系列的学术会议和讨论会,出版定期、不定期的刊物,成立许多地区分会和专题的技术委员会,其活动范围包括同计算机、计算和信息处理有关的设计、理论和应用的各个层面。IEEE-CS 是 IEEE 中会员最多的一个分会,也是计算机界影响最大的两个学术团体之一(另一个是美国计算机学会)。

IEEE-CS 设有几十个专业技术委员会(Technical Committees),在各特定领域开展学术活动,专业技术委员会的设置是随计算机科学与技术的发展而变化的。

除了专业技术委员会以外,IEEE-CS 还设有标准化委员会和教育与专业技能开发委员会,前者负责制定技术标准,后者负责制定计算机专业的教学大纲和课程设置方案以及发展继续教育。IEEE-CS 是一个学术性组织,它所制定的标准和教学大纲是推荐性的而不是强制性的,但由于它们是集中了许多专家学者的智慧和工作经验制定出来的,因而往往受到工业界和教育界的重视。

IEEE-CS 出版几十种学术杂志,发表在这些杂志上的论文具有很高的学术水平,代表了各领域研究的国际领先和先进水平。

2. 美国计算机学会

1947 年 9 月 15 日,美国计算机学会(Association for Computing Machinery,ACM)在位于纽约的哥伦比亚大学成立,当时的名称是东部计算机学会(Eastern Association for Computing Machinery),1948 年 1 月去掉了 Eastern 这个词。

1949 年 9 月通过了学会章程,学会的宗旨主要有 3 个:

(1) 推进信息处理科学和技术,包括计算机、计算技术和程序设计语言的研究、设计、开发和应用,也包括过程的自动控制和模拟。

(2) 促进信息处理科学和技术在专业人员和非专业人员中的自由交流。

(3) 维护信息处理科学和技术从业人员的权益。

ACM 建立以来,积极地开展学术活动,目前已成为计算机界最有影响的两大国际性学术组织之一(另一个为 IEEE-CS)。一些著名的计算机科学家,包括图灵奖获得者佩利、哈明和 ENIAC 的主要设计者之一莫奇利等都担任过 ACM 的主席。

和 IEEE-CS 类似,ACM 也建立了几十个专业委员会(Special Interest Group,SIG),几乎每个 SIG 都有自己的杂志,基本上覆盖了计算机科学技术的所有分支领域。

美国计算机学会设立的图灵奖是目前计算机界最崇高的荣誉,被人们称为"计算领域的诺贝尔奖"。

3. 中国计算机学会

中国计算机学会(China Computer Federation,CCF)成立于 1962 年 6 月 4 日,1985 年 3 月 5 日被批准为全国一级学会,是国内计算机及相关技术领域的非营利学术团体,是中国科学技术协会(China Association for Science and Technology,CAST)的成员。

学会的宗旨是发挥学术共同体作用，致力于推动本领域学术、技术、教育、应用和产业的发展，为本领域的专业人士的职业发展服务。倡导公正、独立和创新。团结本领域的专业人士，为社会发展与经济建设贡献力量。

学会的业务范围如下：

(1) 组织开展国内外学术交流；

(2) 组织开展对本领域科学技术和产业发展战略的研究，向政府部门提出咨询建议；

(3) 参加国家或政府部门有关本领域相关技术项目的科学论证，提出咨询建议；

(4) 开展本领域技术培训和技术咨询，普及计算机知识，推广计算机技术，促进计算机技术在各个领域的应用，组织青少年计算机科技活动，开展本领域继续教育及专业能力评价；

(5) 按照规定经批准，表彰、奖励本领域优秀科技成果及有成就的专业人士；接受委托，开展项目评估、学位论文评审、技术职务及职称的评审工作；

(6) 根据国家有关法规或接受政府有关部门授权或委托，承担本领域的成果鉴定及计算机领域工程教育认证等工作；编辑、制定和审定有关计算机技术标准；

(7) 根据国家的有关法规或根据市场和行业发展需要举办本领域的展览；

(8) 依照有关规定编辑出版本领域范围的学术刊物、科技书籍、报刊和多媒体制品；

(9) 促进民间国际本领域科技交流，和国际同类学术组织建立合作关系，参与相关的国际计算机学术活动，参加相关的国际组织。

学会是由从事计算机及相关科学技术领域的科研、教育、开发、生产、管理、应用和服务的个人及单位自愿结成的学术团体。学会实行会员制，分个人会员和单位会员。个人会员分为专业会员、高级会员、杰出会员、会士和学生会员。

学会设有多媒体技术、服务计算、高性能计算、互联网、计算机安全、计算机视觉、计算机应用、理论计算机科学、普适计算、人工智能与模式识别、人机交互、软件工程、数据库、体系结构、物联网、系统软件、信息系统、中文信息技术、大数据、区块链、教育等若干专业委员会。

学会会刊有《计算机学报》《软件学报》《计算机研究与发展》、*Journal of Computer Science and Technology*、《中国计算机学会通讯》《计算机科学》《小型微型计算机系统》《计算机工程》等。

学会设立终身成就奖、王选奖、优秀博士学位论文奖、青年科学家奖、夏培肃奖、杰出教育奖、优秀大学生奖等奖项。

习　题

1. 名词解释：恶意软件、非法入侵、网络攻击、计算机病毒、蠕虫、特洛伊木马、间谍软件、计算机系统安全、技术安全、管理安全、法律安全、黑客、白帽黑客、黑帽黑客、灰帽黑客、拒绝服务攻击、程序后门、网络钓鱼、字典攻击、网络监听、防火墙、包过滤防火墙、双宿主网关防火墙、屏蔽主机防火墙、屏蔽子网防火墙、入侵检测、入侵检测系统、误用检测、异常检测、混合检测、加密、解密、恺撒密码、私钥加密、公钥加密、消息认证、数字签名、PKI。

2. 简述计算机病毒的特征和危害。

3. 简述计算机病毒的传染途径和预防措施。

4. 简述黑客的主要攻击方式。

5. 简述防火墙的主要功能。

6. 简述入侵检测系统的主要功能和分类。

7. 给出 DES 算法的加密过程并进行安全性分析。

8. 给出 RSA 算法的密钥选择过程、加密过程和解密过程,并进行安全性分析。

9. 给出使用数字签名的信息发送过程。

10. 基于 Hash 函数的特性,分析数字签名的有效性。

11. 简述 PKI 的功能与组成。

思 考 题

1. 语言都有统计特性,对于英语来说,最常用的字符是 a,最常用的三个字符词是 the,利用这一特性能给出恺撒密码的解密方法吗? 对于多字符替换,这种特性还有用吗?

2. 查阅有关文献分析:借助于现有的合数分解为素数的方法和一台普通的微型计算机,分解一个合数 n(二进制数形式的长度为 1024 位)得需要多长时间?

3. 如何理解技术安全、管理安全和法律安全各自的重要性?

4. 如何在一个计算机系统中综合利用反病毒技术、反黑客技术、防火墙技术、入侵检测技术、数据加密技术和安全认证技术?

5. 本章中涉及哪些数学知识?

6. 自行查阅有关计算机系统安全和计算机软件著作权的法律规章,学习了解相关内容。

## 第8章

人工智能知识

自 1956 年正式提出人工智能这一术语,经过六十多年的演进,特别是在移动互联网、大数据、超级计算、传感网、脑科学等新理论新技术以及经济社会发展强烈需求的共同驱动下,人工智能加速发展,呈现出深度学习、跨界融合、人机协同、群智开放、自主操控等新特征。近几年,人工智能在教育、新闻、医疗、养老、机械制造、建筑工程、金融、管理、环境保护、城市运行、司法服务等领域得到广泛应用。人工智能深刻改变着人类生产生活方式和思维模式,深刻影响着人类的经济社会发展。

8.1 人工智能概述

8.1.1 人工智能的定义

1956 年夏季,时任达特茅斯学院数学系助理教授的约翰·麦卡锡(John McCarthy,1927—2011)在美国达特茅斯学院组织了一个讨论机器智能的小型研讨会,会上第一次正式使用了人工智能(artificial intelligence,AI)这一术语,标志着人工智能学科的诞生。经过六十多年的演进,特别是近几年在移动互联网、大数据、超级计算、传感网、脑科学等新理论新技术以及经济社会发展强烈需求的共同驱动下,人工智能快速发展并催生了一批实用化人工智能系统和产品。例如,刷脸支付、自动检票、机器翻译、无人驾驶汽车、无人超市、快件的自动分拣、聊天机器人、智能导航,等等,给人们的日常工作和生活带来了很大的方便。

现在的"人工智能"已不仅仅是一个学术概念,而是一个频繁出现在网络、电视、广播、报纸等各种媒体上的热门词汇,得到政府、高校、科研机构、企事业单位、风险投资商与社会大众的广泛关注。那么,什么是人工智能呢?曾经有过多个定义,比较有代表性的两个定义分别是明斯基和尼尔逊给出的,明斯基的定义是:人工智能是一门科学,是使机器做那些人需要通过智能来做的事情。尼尔逊的定义是:人工智能是关于知识的科学——怎样表示知识以及怎样获取知识并使用知识的科学。

明斯基和尼尔逊都是人工智能发展史上的重要人物。时任麻省理工学院教授的马文·明斯基(Marvin Lee Minsky,1927—2016)也是 1956 年达特茅斯会议的组织者之一,基于在人工智能领域的重要贡献获得 1969 年度的图灵奖。尼尔斯·尼尔逊(Nils John Nilsson,1933—)曾任美国斯坦福大学人工智能研究中心教授,是人工智能学科的创始研究人员之一,在知识表示、机器人技术等领域有重要贡献。

8.1.2 人工智能的研究目标

人工智能的研究目标就是用人工的方法在计算机上实现感知、学习、理解、联想、推理、判断等人所具有的智能,让计算机帮助人完成一些智能性工作。通俗一点说,人工智能的研究目标就是让计算机像人一样,能听懂人在说什么,能看清周围环境中都有什么,能学习新知识新技术,能理解一篇论文的主要内容,能基于现有知识进行联想和创新,能进行定理的证明,能针对遇到的突发情况做出合理判断与反应等,把人的一些智力工作交给计算机去做。

针对不同的研究目标,人工智能可以分为弱人工智能和强人工智能。弱人工智能(weak AI)也称为限制领域人工智能或应用型人工智能,指专注于且只能解决特定领域问题的人工智能。强人工智能(strong AI)又称为通用人工智能或完全人工智能,指可以胜任人类所有工作的人工智能。

截至目前,所有的人工智能应用都属于弱人工智能的范畴。"深蓝"计算机只会下国际象棋,AlphaGo只会下围棋,机器翻译程序只会完成不同语言间的翻译工作,无人驾驶系统只会实现机动车辆的自动驾驶,疾病诊断专家系统只会诊断某类疾病,人脸识别系统只能完成刷脸支付、刷脸门禁、自动检票等特定领域的工作,等等。目前的人工智能系统可能在某个(领域的)功能上做得非常好,但不能同时具备多方面的功能。例如,一位心内科医生,既会开车上下班,也会上班时作为医学专家为病人诊断心血管疾病,还会在业余时间把英文论文翻译为中文、下围棋、打篮球、陪孩子玩耍、炒菜做饭等。类似这样多方面功能的人工智能系统还没有。也就是说,虽然近几年出现了一大批实用化的人工智能系统或产品,但它们只是在某些方面实现了接近或超越人的性能,距离达到一个普通人的综合智能还差很远。

8.1.3　人工智能的发展

学术界把1956年达特茅斯会议看作是人工智能的正式开始,到目前已有六十余年的历史。60多年的发展经历了2次低谷和3次热潮。

1956年的达特茅斯会议,组织者除了达特茅斯学院的麦卡锡和麻省理工学院的明斯基之外,还有贝尔实验室数学研究员克劳德·香农(Claude Shannon,1916—2001)、IBM公司信息研究中心负责人纳撒尼尔·罗切斯特(Nathaniel Rochester,1919—2001)。参加研讨会的还有卡内基梅隆大学赫伯特·西蒙(Herbert A. Simon,1916—2001)和艾伦·纽厄尔(Allen Newell,1927—1992)、IBM公司的阿瑟·塞缪尔(Arthur Samuel,1901—1990)、麻省理工学院的奥利弗·塞尔夫里奇(Oliver Gordon Selfridge,1926—2008)和雷·所罗门诺夫(Ray Solomonoff,1926—2009)、普林斯顿大学的特伦查德·莫尔(Trenchard More)。这10人之中,由于在人工智能领域的重要贡献,明斯基获得1969年度的图灵奖,麦卡锡获得1971年度的图灵奖,西蒙和纽厄尔共同获得1975年度的图灵奖,西蒙还由于在决策论研究领域的重要贡献获得1978年度诺贝尔经济学奖。IBM 702计算机的设计者罗切斯特获得1984年度IEEE-CS计算机先驱奖,开发出世界上第一个下棋程序的塞缪尔获得1987年度IEEE-CS计算机先驱奖。作为信息论的创始人,香农在参会人员中名气最大(这也是他被邀请参会的原因),由于香农在信息论上的重要贡献,美国电气和电子工程师学会(IEEE)1972年设立了通信领域的最高奖——香农奖,香农自己还获得了第一届香农奖。

达特茅斯学院(Dartmouth College)成立于1769年,坐落于美国新罕布什尔州的汉诺佛(Hanover)小镇,是美国私立八大常春藤联盟学校之一,达特茅斯学院在2019 US NEWS全美大学综合排行榜上名列第12名。

1956年达特茅斯会议之后,人工智能有一段长达10多年的快速发展期,这一时期人工智能研究处于"推理期"(周志华教授在其所著《机器学习》一书中把人工智能的发展分为"推理期""知识期"和"学习期")。人们认为只要能赋予计算机逻辑推理能力,计算机就能具有智能。

在达特茅斯研讨会上西蒙和纽厄尔展示了他们开发的能进行定理自动证明的"逻辑理论家"（logic theorist）程序。1958年，美籍华人数理逻辑学家王浩在IBM 704计算机上证明了《数学原理》一书中的一阶逻辑及命题逻辑定理。1965年鲁滨逊提出了归结原理，推动了定理自动证明的突破性进展。除此之外，人工智能在机器翻译、下棋程序、人机对话等方面也有不错的进展，让很多研究者对人工智能发展充满信心，甚至在当时有很多学者认为："二十年内，机器将能完成人能做到的一切。"《数学原理》由英国著名的哲学家、数学家、逻辑学家伯特兰·罗素（Bertrand Russell，1872—1970）和他的老师阿尔弗雷德·怀特海（Alfred North Whitehead，1861—1947）合著，是1910—1913年出版的关于哲学、数学和数理逻辑的三大卷巨著，对逻辑学、数学、集合论、语言学和分析哲学的研究有着巨大影响。

随着研究的深入，人们逐渐认识到，实现人工智能仅靠逻辑推理能力是远远不够的。到20世纪70年代中期，人工智能进入第一次发展低谷。当时，人工智能面临的技术瓶颈主要是两个方面，一是计算机性能的不足，导致很多程序无法在人工智能领域得到应用；二是数学模型不足以应对实际问题的复杂性，初期的人工智能程序主要是解决复杂性较低的特定问题（俗称玩具问题），可一旦实际问题的复杂度增加，原有程序性能急剧下降。

到20世纪80年代初，人工智能的发展出现转机，迎来第二次热潮，人工智能进入"知识期"，把知识应用于专家系统，基于知识的专家系统得到较大发展，出现了一大批应用于各领域的专家系统。代表性专家系统是1980年卡内基-梅隆大学为数字设备（DEC）公司设计开发的XCON专家系统。这个系统有1000多条人工整理的规则（后来规则扩展到了3000多条），可以简单地理解为"知识库＋推理机"的组合，其功能是为新计算机系统配置订单，一种说法是每年能为公司节省4000万美元。也就是在这一时期，日本、美国等国家投入巨资开发基于"知识库＋推理机"的智能计算机（也称为第五代计算机）。

由于知识获取、知识表示以及基于知识的推理机制等问题没有得到有效解决，即以人工方式把知识总结出来并教给计算机使用是困难的，专家系统的性能无法进一步提升，到20世纪80年代末，人工智能再次进入发展的低谷，智能计算机（第五代计算机）的研制也没有达到预期目标。

人工智能发展的第三次热潮开始于21世纪初，人工智能进入"学习期"，这一时期深度学习（有很多层的神经网络）得到快速发展并在多个领域得到应用。

2006年，杰弗里·辛顿（Geoffrey Everest Hinton，1947—   ）与合作者的论文 *A Fast Learning Algorithm for Deep Belief Nets*（一种深度置信网络的快速学习算法）标志着机器学习取得重大突破，人类又一次看到机器赶超人类的希望，也是人工智能领域标志性的技术进步。

2011年，IBM利用深度自然语言处理技术开发的人工智能系统"沃森"（Watson）参加了一档智力问答节目并战胜了两位人类冠军。"沃森"存储了海量的数据，而且拥有一套逻辑推理程序，可以推理出它认为最正确的答案。目前这一人工智能技术已被IBM广泛应用于医疗诊断领域。

2012年6月，使用了一个拥有16 000个CPU的大规模计算机集群初步建成的谷歌大脑，基于深度学习模型自己"看"了1000万段YouTube上的视频后学会了如何从视频中辨认一只猫。

2014年，在识别图片中的人、动物、车辆或其他常见对象时，基于深度学习（22层的神经网络）的识别系统超过了普通人的肉眼识别准确率。

2016年，微软亚洲研究院基于深度学习的语音识别系统将识别错误率降低到6.3%。先录语音再转换为文字已达到实用水平。

2016 年,由谷歌的 DeepMind 公司基于深度学习和强化学习开发的围棋程序 AlphaGo 以 4∶1 的成绩战胜围棋世界冠军李世石。2017 年,AlphaGo 的改进版 AlphaGo Master 以 3∶0 击败当时排名第一的围棋世界冠军柯洁。AlphaGo 与 AlphaGo Master 具有自我学习能力,它能够搜集大量围棋对弈数据和名人棋谱,学习并模仿人类下棋。

还是在 2017 年,新一代围棋程序 AlphaGo Zero 在无任何数据输入的情况下,在自学围棋 40 天后击败了 AlphaGo Master。AlphaGo Master 与 AlphaGo Zero 的区别在于,AlphaGo Master 以数百万人类围棋专家的棋谱为训练集来学习提高下棋水平,AlphaGo Zero 没有用到任何人类棋谱,在自我博弈的过程中通过自学的方式提高下棋水平。

2018 年 6 月 21 日,腾讯公司发布了国内首个 AI 辅诊开放平台,辅助医生提升对常见疾病的诊断准确率和效率,并为医生提供智能问诊、参考诊断、治疗方案参考等辅助决策服务。

2018 年 9 月 19 日,杭州“城市大脑”2.0 正式发布,杭州“城市大脑”覆盖杭州主城区、余杭区、萧山区共 420 平方公里。“城市大脑”相当于智慧城市系统,能将散布在城市各个角落的数据连接起来,并通过对大量数据的分析和整合,对城市进行全域的调配。基于“城市大脑”,在全国最拥堵的城市排行榜上,杭州从 2016 年的第 5 名下降到了 2018 年第二季度的第 57 名,城市交通拥堵状况明显缓解。基于“城市大脑”的调度,一辆救护车会一路绿灯快速到达目的地。

在 2018 年 11 月 7 日的第五届世界互联网大会上,新华社联合搜狗发布了全球首个“AI 合成主播”,在大会现场,“AI 合成主播”顺利完成了 100s 的新闻播报,屏幕上播音员的样貌、回荡在现场的声音和一气呵成的手势动作,都与真人主播极为相像。

2019 年 1 月 28 日,在 2019 年中央电视台的网络春节晚会上,模仿主持人撒贝宁的 AI 虚拟主持人与真人撒贝宁同台主持网络春晚。不管是外形、声音、眼神,还是脸部动作、嘴唇动作,首次上岗的 AI 虚拟主持人与真人撒贝宁都高度相似。

近几年,人工智能热潮持续高涨,谷歌、Facebook、亚马逊、微软、百度、阿里巴巴、腾讯等企业纷纷加入人工智能产品的开发,力图在人工智能技术与产品的竞争中占据有利位置。人工智能这一轮发展热潮的最大特点是以深度学习为代表的很多技术进入实际应用中,在机器翻译、语音识别、自动驾驶汽车、人脸识别、聊天机器人等领域都有实用产品出现。

8.2　人工智能的研究方法

在几十年的人工智能研究中,研究人员对于如何实现人工智能也有一些不同的认识和实现方法,出现了人工智能的 3 个学派,分别是符号主义、连接主义和行为主义。

8.2.1　符号主义

符号主义(symbolism)认为人的认知基元是符号,而且认知过程即符号操作过程。它认为人是一个物理符号系统,计算机也是一个物理符号系统,因此,能够用计算机来模拟人的智能行为,即用计算机的符号操作来模拟人的认知过程。也就是说,人的思维是可操作的。符号主义还认为,知识是信息的一种形式,是构成智能的基础。人工智能的核心问题是知识表示、知识推理和知识运用。西蒙和纽厄尔是符号主义学派的代表人物,两人在 1956 年发布的“逻辑理论家”(logic theorist)程序及其改进版证明了《数学原理》书中第 2 章的全部 52 个定理。符号主义在定理的自动证明领域有重要影响。符号主义强调的是计算机与人在功能上的相同。

8.2.2 连接主义

连接主义（connectionism）认为人的思维基元是神经元，而不是符号处理过程。连接主义对物理符号系统假设持反对意见，认为人脑不同于计算机，并提出连接主义的大脑工作模式，用于取代符号操作的计算机工作模式。主张人工智能应着重于结构模拟，即模拟人的生理神经网络结构，并认为功能、结构和智能行为是密切相关的。不同的结构表现出不同的功能和行为。该学派提出了多种人工神经网络结构和众多的学习算法。连接主义强调的是计算机与人脑在结构上的相似或相同。

最早的神经网络论文是沃伦·麦卡洛克（Warren Sturgis McCulloch，1898—1969）和沃尔特·皮茨（Walter Harry Pitts，1923—1969）1943 年发表在《数学生物物理期刊》上的论文 *A Logical Calculus of Ideas Immanent in Nervous Activity*，麦卡洛克的专业是神经科学，而皮茨的专长是数学。1944 年，唐纳德·赫布（Donald Olding Hebb，1904—1985）提出了改变神经元连接强度的 Hebb 学习规则，得到了较为广泛的应用。神经网络研究的一个重大突破是 1957 年康奈尔大学的佛兰克·罗森布拉特（Frank Rosenblart，1928—1971）在一台 IBM 704 计算机上模拟实现了一个他自己称为"感知机"的神经网络模型，可以完成一些简单的视觉处理任务。1962 年罗森布拉特出版了专著《神经动力学原理：感知机和大脑机制的理论》，关于神经网络的研究得到了大量的研究经费资助和媒体关注。1974 年保罗·沃博慈（Paul J. Werbos，1947— ）提出了 BP 学习算法以及 1985 年大卫·鲁梅哈特（David Everett Rumelhart，1942—2011）提出的改进 BP 算法，使 BP 神经网络（Back-Propagation Neural Network，多层前向神经网络）具有较好的实用效果。1982 年，时任加州理工学院教授的生物物理学家约翰·霍普菲尔德（John Hopfield，1933— ）提出了一种被人们称为霍普菲尔德神经网络的新型神经网络模型。1989 年杨立昆（Yann LeCun，1960— ）提出卷积神经网络（convolutional neural network，CNN）。由于可以直接输入原始图像，不需要复杂的特征提取等预处理工作，卷积神经网络在机器视觉等领域得到广泛应用。2006 年，辛顿与合作者的论文 *A Fast Learning Algorithm for Deep Belief Nets*，提出了训练多层神经元的有效方法，极大地推动了多层神经网络（深度学习）的实用化，短短几年的时间，深度学习已广泛应用于机器翻译、机器视觉、自动驾驶汽车、语音识别等领域，并推出了若干实用化产品。

2012 年，斯坦福大学人工智能实验室主任吴恩达和谷歌合作建造了一个当时最大的具备自主学习能力的神经网络系统，参数多达 17 亿个，这套系统不借助任何外界信息帮助，它就能从 1000 万张图片中找出那些有小猫的图片。后来吴恩达在斯坦福大学搭建了一个参数高达 112 亿的神经网络。据说人脑有 100 万万亿个神经连接。

8.2.3 行为主义

行为主义（actionism）认为智能取决于感知和行动，提出智能行为的"感知—动作"模式。行为主义者认为智能不需要知识，不需要表示，不需要推理。智能行为只能在现实世界中与周围环境交互作用而表现出来。行为主义学派的代表人物是罗德尼·布鲁克斯（Rodney Brooks，1954— ）。在布鲁克斯看来，机器人只需要两个步骤就可以实现，即感知和行动，并据此设计了六足行走机器人，机器人感知环境并做出适当的反应。行为主义强调的是对环境的感知和反应。

几十年发展过来，3 个学派都有很大的理论和技术进步，但单独的每一个学派都有其局限性,多种技术的融合能够更好地实现人工智能。围棋程序 AlphaGo 就是融合了 3 个学派的技术:连接主义的深度学习、符号主义的蒙特卡洛树搜索和行为主义的强化学习,这种融合大大提高了围棋程序的智能化程度。

关于机器智能问题的研究始于图灵 1950 年在英国 *Mind* 杂志上发表的一篇题为 *Computing Machinery and Intelligence*(计算机器和智能)的论文,论文中提出了"机器能思维吗?"这样一个问题,并给出了一个被后人称为图灵测试的模拟游戏。

这个游戏由三个人来完成:一个男人(A)、一个女人(B)和一个性别不限的提问者(C)。提问者(C)待在与其他两个游戏者相隔离的房间里。游戏的目标是让提问者通过对其他两人的提问来鉴别其中哪个是男人,哪个是女人。为了避免提问者通过他们的声音、语调轻易地做出判断,最好是在提问者和两游戏者之间通过一台电传打字机来进行沟通(现在可以通过计算机键盘)。提问者只被告知两个人的代号为 X 和 Y,游戏的最后,提问者要做出"X 是 A,Y 是 B"或"X 是 B,Y 是 A"的判断。

现在,把上面这个游戏中的男人(A)换成一部机器来扮演,如果提问者在与机器、女人的游戏中做出的错误判断与在男人、女人之间的游戏中做出错误判断的次数是相同或更多,那么,就可以判定这部机器是能够思维的。这时的机器在回答 C 的提问上所体现出的智能(思维能力)与人没有什么区别。

这个游戏可以简单描述为:让提问者和隔开的计算机或人通过键盘进行对话,如果提问者分辨不出与之对话者是计算机还是人,则说这台计算机通过了测试,具备了智能。

根据图灵当时的预测,到 2000 年,能有机器通过这样的测试。聊天程序或聊天机器人是一个很好的测试对象。1966 年,麻省理工学院的约瑟夫·维森鲍姆教授(Joseph Weizenbaum,1923—2008)开发了一个可以和人对话的聊天程序 ELIZA,该程序可以通过与病人对话起到心理治疗师的作用。ELIZA 可以看作是微软小冰、苹果 Siri、谷歌 Allo、百度度秘等聊天机器人的始祖。2014 年,雷丁大学在伦敦举办了一场图灵测试,一个名叫尤金·古斯曼(Eugene Goostman)的聊天机器人在 33% 的评判轮次中让评判员误以为尤金·古斯曼是一位 13 岁左右的小孩(按照规则超过 30% 即为通过测试)。雷丁大学宣称,尤金·古斯曼是第一个通过图灵测试的系统,但还没有得到普遍的认可。

与人工智能有关的另一个著名的实验是中文小屋(Chinese room)。1980 年,美国哲学家约翰·西尔勒(John R. Searle,1932—)在 *Behavioral and Brain Sciences* 杂志上发表了论文 *Minds*,*Brains and Programs*(心、脑和程序),文中他以自己为主角设计了一个假想实验:假设西尔勒被关在一个小屋中,屋子里有序地堆放着足够的中文字符,而他对中文一窍不通。这时屋外的人递进一串中文字符,同时还附有一本用英文编写的处理中文字符的规则(作为美国人,西尔勒对英语是熟悉的),这些规则将递进来的字符和小屋中的字符之间的转换作了形式化的规定,西尔勒按照规则对这些字符进行处理后,将一串新的中文字符送出屋外。事实上,他根本不知道送进来的字符串就是屋外人提出的"问题",也不知道送出去的字符串就是所提出问题的"答案"。又假设西尔勒很擅长按照规则熟练地处理一些中文字符,而程序员(编写规则的人)又擅长编写程序(规则),那么,西尔勒"给出"的答案将会与一个熟悉中文的中国人给出的答案没有什么不同。但是,能说西尔勒真的懂中文吗? 真的理解以中文字符串表示的屋外人递进来的"问题"和自己给出的"答案"吗? 西尔勒借用语言学的术语非常形象地揭示了"中文小屋"的深刻含义:形式化的计算机仅有语法,没有语义,只是按规则办事,并不理解规则的含义及自己在做什么。因此,他认为机器永远也不可能代替人脑。

图灵测试只是从功能的角度来判定机器是否能思维，在图灵看来，不要求机器与人脑在内部构造上一样，只要与人脑有相同的功能就认为机器有思维。而在西尔勒看来，机器没有什么智能，只是按照人们编写好的形式化的规则（程序）来完成一项任务，机器本身未必清楚自己在做什么。

无论是国际象棋的人机大战，还是中国象棋的人机大战，基于图灵的观点，下棋的计算机有了相当高的智能；基于西尔勒的观点，计算机只是在执行人们编写的程序，根本不理解下的是什么棋，走的是什么步。

人工智能研究的一个主要目标是使机器能够胜任一些通常需要人类智能才能完成的复杂工作。目前能够用来研究人工智能的主要物质手段以及能够实现人工智能技术的机器就是计算机，人工智能的发展历史是和计算机科学与技术的发展史联系在一起的。除了计算机科学以外，人工智能还涉及信息论、控制论、自动化、仿生学、生物学、心理学、数理逻辑、语言学、医学和哲学等多门学科。人工智能学科研究的主要内容包括知识表示、自动推理和搜索方法、机器学习和知识获取、知识处理系统、自然语言理解、计算机视觉、智能机器人、自动程序设计等方面。

由于人们对心理学和生物学的认识还很不成熟，对人脑的结构还没有真正了解，更无法建立起人脑思维完整的数学模型。所以，让计算机具有和人脑完全一样的智能（从形式到本质），不是短期内能够实现的。在相当长的时间内，只能从不同的侧面、以不同的方式让计算机具有某些类似人的智能，以部分代替人的智能性工作。当然人们也在对相关课题积极进行研究并取得了重大突破，有代表性的成果是，瑞典药理学家阿尔维德·卡尔森（Arvid Carlsson，1923—2018）、美国生物医学家保罗·格林加德（Paul Greengard，1925—2019）和美国神经生物学家埃里克·坎德尔（Eric R. Kandel，1929— ）共同荣获 2000 年度诺贝尔生理学或医学奖，以表彰他们三人在人类"神经系统信号传送"领域作出的突出贡献；2014 年，英国伦敦大学学院教授约翰·奥基夫（John O'Keefe，1939— ），以及来自挪威的科学家梅-布里特·莫泽（May-Britt Moser，1963— ）和爱德华·莫泽（Edvard I. Moser，1962— ）夫妇获得 2014 年度诺贝尔生理学或医学奖，解决了哲学家和科学家几个世纪之久的问题——人类大脑究竟是如何构建一个所处空间的地图，以及在一个复杂的环境中人类大脑如何导航并寻找路径。

8.3　人工智能的应用领域

随着人工智能研究的不断发展和深入，人工智能技术的应用领域快速拓展，下面介绍几个主要的应用领域。

8.3.1　博弈

从狭义上讲，博弈是指下棋、玩扑克牌、掷骰子等具有输赢性质的游戏。从广义上讲，博弈（game）就是对策或斗智。通过对博弈问题的研究，一是可以检验人工智能理论与技术是否能实现对人类智能的模拟，二是可以直观地把人工智能的研究成果介绍给大众。每次下棋程序的突破都会引起人工智能的一个发展热潮。

1913 年，德国数学家恩斯特·策梅罗（Ernst Zermelo，1871—1953）在第五届国际数学家大会上发表了 *On an Application of Set Theory to Game of Chess* 的著名论文，第一次把数学

和国际象棋联系起来,从此,现代数学出现了一个新的领域,即博弈论。

1950 年,香农发表了 *A Chess—Playing Machine* 一文,并阐述了用计算机编制下棋程序的可能性。最早开发计算机下棋程序的是美国计算机科学家塞缪尔,1956 年达特茅斯人工智能研讨会的主要参会人员之一。1952 年,塞缪尔运用博弈理论和状态空间搜索技术成功地开发了世界上第一个跳棋程序,运行在 IBM 701 计算机上,之后又移植到了 IBM 704 计算机和 IBM 7090 计算机上。塞缪尔的跳棋程序战果辉煌,1956 年 2 月 24 日在与美国康涅狄格州的跳棋冠军进行电视转播的公开对抗赛中获胜,1962 年 6 月 12 日,它又战胜了美国一位著名的跳棋选手。塞缪尔被称为“机器学习之父”,也被认为是计算机游戏的先驱。

塞缪尔的下棋程序之所以“聪明”,是因为塞缪尔对机器学习(机器学习也是人工智能的一个重要研究领域)理论和技术进行了深入的研究并应用于下棋程序的开发。1959 年,基于多年的研究,塞缪尔发表了著名的有关基于跳棋游戏研究机器学习的论文 *Some Studies in Machine Learning Using Game of Checkers*,在这篇论文中对强记学习和归纳学习提出了许多创新性的观点,综合利用了可变评估函数、爬山法、特征表等多项人工智能的基本技术。1967 年,塞缪尔又发表了题为 *Some Studies in Machine Learning Using Game of Checkers* Ⅱ 的论文。

从 1970 年开始,美国计算机学会每年举办一次计算机国际象棋锦标赛直到 1994 年(1992 年中断过一次),每年产生一个计算机国际象棋赛冠军,1991 年,冠军由 IBM 的“深思Ⅱ”(Deep Thought Ⅱ)获得。美国计算机学会的这些工作极大地推动了博弈问题的深入研究,并促进了人工智能研究的深入。“深思”系列计算机是由 IBM 公司研制的专门用于国际象棋比赛的高性能并行计算机。

1997 年 5 月 11 日,“深思”的换代产品——“深蓝”计算机与俄罗斯人、国际象棋特级大师卡斯帕罗夫的 6 局对抗赛结束。“深蓝”以 2 胜 1 负 3 平的成绩战胜 1985 年以来一直占据世界冠军宝座的卡斯帕罗夫。“深蓝”由 256 个专为国际象棋比赛设计的微处理器组成,重量达 1.4t,拥有每秒超过 2 亿步棋的计算速度。计算机内部存有 100 年来所有国际象棋特级大师开局和残局的下法。

2006 年 8 月 9 日,在位于北京的国家奥林匹克体育中心举行了“浪潮杯”首届中国象棋人机大赛,比赛以 5 位中国象棋特级大师为一方,浪潮天梭超级计算机为另一方,5 位大师轮番上场,经过两轮比赛,结果浪潮天梭以 3 胜 5 平 2 负的成绩取得比赛胜利。

按照国际标准,达到大师级的人机博弈系统需要搜索深度达到 10 层以上,搜索结点数约为 1300 万个,计算大约 1000 万次评估函数。浪潮天梭为满足这一计算需求,历经一年的设计开发优化测试,峰值可达到每秒 42 亿步,并在体系结构上,采用交换式体系结构设计系统,通过高速交换模块实现对等的数据交换,构成完整的超级计算机系统;保证了 CPU 和内存,以及 CPU 和 CPU 之间的快速数据交换和通信,这就保证了快速查询以及搜索的高效执行。

2016 年 3 月,AlphaGo 围棋程序以 4∶1 战胜韩国围棋选手李世石,成为第一个击败人类职业棋手的软件系统。2017 年 5 月,AlphaGo Master 以 3∶0 战胜排名世界第一的围棋选手柯洁。2017 年 10 月,AlphaGo Zero,在无任何人类棋谱输入的条件下,从零训练用了 40 天时间,以 100∶0 战胜了 AlphaGo Master。

国际象棋、中国象棋、西洋跳棋、围棋等都属于双人完备博弈。所谓双人完备博弈是对弈双方轮流走步,一方完全知道另一方已经走过的棋步以及未来可能的棋步,对弈的结果要么是一方赢（另一方输），要么是双方和局。对于任何一种双人完备博弈，都可以用一个博弈树（与或树）来描述，并通过博弈树搜索策略寻找最佳解。博弈树类似于状态图和问题求解搜索中使用的搜索树。搜索树上的一个结点对应一个棋局，树的分支表示棋的走步，根结点表示棋局的开始，叶结点表示棋局的结束。一个棋局的结果可以是赢、输或和。对于一个思考缜密的棋局来说，其博弈树是非常大的，就国际象棋来说，有 10^{120} 个结点（棋局总数），而对中国象棋来说，估计有 10^{160} 个结点，围棋更复杂，盘面状态达 10^{768}。

下棋的过程，其实就是一个选择的过程，根据目前的棋局以及对方可能走步的判断，选择一个有利于自己最终赢棋的棋步，从上面的数字可以看出，可供选择的棋步是非常巨大的，作为下棋的人，更多是经过缜密的思考后，凭经验和直觉作出选择，是非常耗费脑力和体力的，也容易受到外界的干扰。而作为下棋的计算机，靠的是快速的计算和搜索比较，通过计算和比较找到对自己有利的棋步，计算机不会疲倦，不会有心理上的起伏，也不会受到对手情绪的干扰，但目前的计算机是没有知觉的，不能进行真正的思考。在一定意义上讲，在双人完备博弈的人机大战中，是棋手的智慧和计算机的计算能力的比拼。当然，棋手也需要记忆一定的经典棋局，计算机也需要有效的棋局存储和搜索策略，以保证在合理的时间搜索到最优的棋步。虽然IBM 公司的"深蓝"计算机和浪潮的天梭计算机以及谷歌 AlphaGo 围棋程序标志着博弈论的研究和应用取得了相当大的成就，但仍有许多问题值得进一步深入研究。

无论是国际象棋比赛、中国象棋比赛，还是围棋比赛，与其说是人机大战，不如说是人人大战，真正的较量是在棋手和计算机软硬件设计人员之间展开的，计算机下棋水平的高低完全取决于计算机软硬件的功能和性能。问题求解理论和技术的不断发展，逐渐应用到了越来越多的领域。

在下棋领域，相对于人，计算机的优势是速度快，对于人的一步走棋，计算机需要从所有可能的应对走步中选择（搜索）一个对自己有利、对对方无利的走步。虽然计算机的速度很快，但相对于棋局巨大的搜索空间，简单的穷举搜索是难以满足实际需要的，需要有高效的搜索算法。20 世纪 50 年代麦卡锡提出的 α-β 剪枝算法在下棋程序中得到广泛应用。α-β 剪枝算法会利用已有的搜索省掉对自己不利、对对方有利的棋步的搜索，大大提高了搜索到对自己有利棋步的效率。

在"深蓝"计算机上，如果不采用 α-β 剪枝算法，要达到和深蓝一样的下棋水平，每步棋需要搜索 17 年的时间，国际象棋、中国象棋等都是采用类似的算法达到或超过了人类棋手的冠军水平。

围棋程序是比较晚一些才达到人类冠军水平的。应用 α-β 剪枝算法的一个重要基础是对棋局状态的评分，国际象棋、中国象棋等由于棋局越下越简单、进入残局后棋子的多少就可能决定胜负、有明确的获胜标志等特点，棋局评分是比较容易的，而围棋的棋局评分就比较困难。

围棋程序中采用了蒙特卡洛树搜索树方法。蒙特卡洛方法（Monte Carlo method），也称统计模拟方法，是一类随机模拟方法的总称，用摩纳哥的赌城蒙特卡洛（Monte Carlo）来命名。实际上该方法的思路早在 18 世纪就已提出，由于计算机技术的出现，能够通过程序快速地进行大量的随机模拟（生成随机数）才使其得到广泛应用。结合信心上限决策方法，对于当前棋局，随机地模拟双方走步直至分出胜负为止，经过多次模拟，计算出每个落子点的评估值，选择对自己有利的落子点落子。

谷歌的 AlphaGo 将深度学习引入蒙特卡洛搜索树，设计了两个深度学习网络：一个为策略网络，用于从众多的可能落子点中选择若干个最好的可能落子点；一个为估值网络，对给定的棋局进行估值(评分),在模拟过程中不需要模拟到棋局结束就可以判断棋局是否对自己有利。提高了搜索和模拟效率。AlphaGo 还结合了强化学习方法。因而超过了人类棋手的世界冠军水平。

8.3.2　定理自动证明

定理自动证明(automatic proof of theorem)指通过计算机程序来完成数学中定理或猜想的真假判定。因此,判定程序不仅需要具有根据假设进行演绎的能力,而且也需要一定的判定技巧。1976 年 6 月,在美国伊利诺伊大学的两台不同的计算机上,用了 1200 个小时,作了 100 亿个判断,结果没有一张地图是需要五色的,最终证明了四色定理。四色定理的描述是:任何一张地图只用四种颜色就能使具有共同边界的国家着上不同的颜色。也就是说在不引起混淆的情况下一张地图只需四种颜色来标记就行。四色定理的来源是:1852 年,毕业于伦敦大学的弗朗西斯·格斯里(Francis Guthrie,1831—1899)来到一家科研单位搞地图着色工作时,发现每幅地图都可以只用四种颜色着色。这个现象能不能从数学上加以严格证明呢?很多科学家进行了探索,直至 124 年后被计算机证明。

西蒙和纽厄尔 1956 年发布的"逻辑理论家"(logic theorist)程序及其改进版是自动定理证明的早期代表性成果,证明了罗素和怀特海合著的《数学原理》第 2 章的全部 52 个定理。1958—1959 年,美籍华人王浩在一台 IBM 704 机上实现了一个完全的命题逻辑程序以及一个一阶逻辑程序,证明了《数学原理》中全部 150 条一阶逻辑以及 200 条命题逻辑定理。1983 年,国际人工智能联合会(IJCAI)授予王浩自动定理证明里程碑奖。1965 年,阿兰·罗宾逊(John Alan Robinson,1930—2016)提出了对定理自动证明有深远影响的归结原理,对简化定理证明有很大作用。威廉·马库恩(William McCune,1953—2011)用 C 语言编写了 Otter 定理证明器,实现了当时定理证明所有的先进技术,Otter 中用到的马库恩自己发明的差别树索引技术提高了证明效率。

我国的吴文俊教授在 1977 年提出了一种全新且高效的几何定理证明方法。首先引进坐标,使待证定理的假设与结论都转换成多项式方程,这对于通常的情形都是成立的。然后依照某种确定的方式对代表假设的多项式方程进行处理,使其在有限步骤内到达代表结论的那一个多项式方程,或与之相反。这就给出了一个以机械方式进行的证明或否定一个几何定理的过程。这一方法还具有普遍适用的性质。即不论所考虑的定理出自何种初等几何,不论是欧氏的,还是非欧氏的,只要像通常出现的那样,假设与结论都可用多项式方程来表示,就可应用这同样的方法与过程进行证明。他提出的用计算机证明几何定理的方法,在国际上称为"吴方法",是定理自动证明领域重要的标志性成果。吴文俊教授 1997 年获得 Herbrand 自动推理杰出成就奖,这是定理自动证明领域的最高奖。

8.3.3　自然语言处理

自然语言处理(natural language processing,NLP)是使用自然语言同计算机进行通信的技术,因为处理自然语言的关键是要让计算机"理解"自然语言,所以自然语言处理又称为自然语言理解,也称为计算语言学。一方面它是语言信息处理的一个分支,另一方面它是人工智能的重要研究领域之一。

自然语言处理通过对词、句子、篇章进行分析,对内容中的任务、时间、地点等进行理解,并在此基础上支持一系列核心技术(如跨语言的翻译、问答系统、阅读理解、知识图谱等)。基于这些技术，又可以把它应用到更多的领域，如智能搜索、自动客服、智慧金融、机器创作、智能问答等。总之，就是通过对语言的理解实现人和计算机的直接交流，从而实现人和人更为有效的交流。自然语言处理技术不是一个独立的技术，需要有云计算、大数据、机器学习、知识图谱等相关技术的支撑。实际上，近几年自然语言处理领域的发展也是得益于云计算、大数据、机器学习技术的快速发展。

早期的自然语言处理使用关键字匹配方法和句法-语义分析方法。从 20 世纪 90 年代开始机器学习方法用于自然语言处理，先是基于带标注的大规模语料库和统计学习方法完成自然语言处理任务，使机器翻译和信息检索（搜索引擎）等取得重大进展；近几年，深度学习方法用于自然语言处理，在机器翻译、智能问答、聊天机器人、阅读理解等领域取得了突破性进展，机器翻译的性能已经非常接近专业人士的人工翻译水平。

8.3.4　计算机视觉

计算机视觉（computer vision）也称为机器视觉（machine vision），是指在环境表达和理解中，对视觉信息的组织、识别和解释的过程。通俗地讲，计算机视觉就是研究和实现如何让计算机具有人类"看"的功能，主要包括两个层次：识别和理解，识别出环境中的"物"，理解"物"是什么及其特征。例如，一个人站在马路边，准备过马路（没有红绿灯），先要识别出（看到）周围环境中的"物"，再认识（理解）到，"物"有汽车、电动自行车、行人、饭店、绿植等，再进一步认识（理解）到，汽车和电动自行车开往哪个方向、大致速度有多快、离自己有多远，以此来判断自己是否可以安全步行过马路。这大致就是一般人所具有的视觉能力。计算机视觉的目标就是实现类似的功能，让一个站在马路边的机器人自主决定何时安全穿过马路。

计算机视觉是使用计算机及相关设备对人类视觉的一种模拟，其主要任务就是通过对采集的图片或视频进行处理以获得相应场景的三维信息，就像人类每天所做的那样。形象地说，计算机视觉就是给计算机装上眼睛（照相机）和大脑（算法），让计算机能够感知环境信息。

计算机视觉在许多领域有很好的应用价值。据说，人一生中约 70% 的信息是通过"看"获得的，"一幅图胜过千言万语"也表达了视觉对人类获取信息的重要性。任何人工智能系统，只要它需要人机交互或需要根据周边环境进行决策，"看"的功能都非常重要。随着相关技术的不断发展和成熟，越来越多的计算机视觉系统走进人们的日常工作与生活中，如指纹识别、人脸识别、视频监控、汽车牌照识别、自动驾驶等。

对于一幅图像（视频可以先分割为一幅一幅的图像），计算机视觉的任务就是分类和特征描述。分类包括场景分类与物体分类，如区分城市道路、农村田野、室内会场等场景，识别出一个场景中的马路、汽车、行人、电动自行车等。还可以进行人脸识别、花卉识别、动物识别、车牌识别等精细分类。特征描述包括，汽车是停车状态还是行驶状态、行驶速度是多少、和另外一个物体的距离等。

深度学习促进了计算机视觉的实用化，例如人脸识别近几年在电子门禁、身份确认、电子支付、考勤签到等领域得到了广泛应用。人脸识别的核心工作就是计算两张人脸图片的相似度，并以此来判断是否为同一个人。主要包括如下步骤：①人脸检测：从给定的图片中判定是否有人脸，如果有人脸，给出人脸的位置和大小数据（包括一个人脸和多个人脸的情形），可以用矩形框标记；②特征点定位：在标记出人脸矩形框的基础上，进一步定位眼睛中心、鼻尖和嘴角等关键特征点；③面部子图预处理：即人脸子图的归一化，一是把关键特征点进行对齐，消除人脸大小、旋转带来的影响，二是对人脸核心区域子图进行光亮方面的处理，消除光的强弱、偏光等带来的影响；④特征提取：从人脸子图中提取出可以区分不同人脸的特征；⑤特征比对：对从两幅图片中提取的特征进行距离或相似度计算；⑥决策：根据计算出的距离或相似度，确定两张图片上的人脸是否为同一人。根据应用场景，设定一个合适的阈值，相似度超过阈值，则判定为是同一个人，否则判定为不是同一个人。人脸识别有一对一方式和一对多方式，比如火车站的身份验证，比对当时拍摄的人脸与身份证上的人脸是否为同一个人，就属于一对一方式；比如门禁系统，拿门禁拍的照片和数据库中的多幅照片进行比对，能和其中一幅比对上则可打开门禁，否则门禁不开，这属于一对多方式。

8.3.5 语音识别

语音识别(speech recognition)是指计算机自动将人的语音内容转成对应的文字，即让计算机具有人类"听"的能力。语音识别是一门交叉学科，需要具备生理学、声学、信号处理、计算机科学、模式识别、语言学、心理学等相关学科的知识。语音识别的发展可以追溯到 20 世纪 50 年代，1952 年贝尔实验室首次实现 Audrey 英文数字识别系统，这个系统当时可以识别单个数字 0~9 的发音，并且对熟人的识别准确度高达 90% 以上。

从 20 世纪 80 年代开始，语音识别采用模式识别的基本框架，分为数据准备、特征提取、模型训练、测试应用等 4 个步骤。1980 年，语音识别技术已经从孤立词识别发展到连续词识别，出现了两项重要技术：隐马尔科夫模型和 N-gram 语言模型。1990 年，大词汇量连续词识别持续进步，使得语音识别的精确度日益提高。进入 21 世纪，深度学习应用于语音识别，2009 年基于深度学习的语音识别在小词汇量连续语音识别上获得成功。

嵌入语音识别技术的会议系统能够实时地把演讲者所说的语音内容准确识别出来，并且实时投影在大屏幕上，方便听者获取演讲内容。

一般的语音识别过程：从一段连续声波中采样，将每个采样值量化，得到声波的数字化表示，对于每一帧采样值(包含若干个连续的采样值)抽取出一个描述频谱内容的特征向量，然后基于特征向量识别出语音所代表的词汇。

代表性的 3 种语音识别方法是：基于语音规则的方法、基于统计模型的方法和基于深度学习的方法。

基于语音规则的语音识别系统本质上是一个专家系统，和其他领域的专家系统一样，由于抽取语音规则的困难，20 世纪 70 年代有所突破，在拉吉·瑞迪(Raj Reddy, 1937—　　)教授的领导下，卡内基-梅隆大学研发出当时世界上最好的两个语音识别系统 Hearsay 和 HARPY，这两个系统都属于专家系统，应用了语言学家总结的语言学知识规则。瑞迪教授获得 1994 年度图灵奖。

基于统计模型的识别系统，需要建立大型的基于语音数据的语料库，并在大规模语料库的基础上应用统计模型方法。语音识别技术的重大突破是隐马尔科夫模型(hidden Markov model, HMM)的应用，1988 年，在卡内基-梅隆大学读博士的李开复(其导师就是瑞迪教授)实现了第一个基于隐马尔科夫模型的非特定人、大词汇量、连续语音识别系统 Sphinx。

深度学习方法的应用进一步大幅度降低了语音识别的错误率。2015 年，应用了深度学习技术的谷歌语音识别系统把错误率降低到了 8%，IBM 公司的 Watson 智能系统把错误率降低至 6.9%；2016 年，微软研究院进一步把错误率降低至 6.3%。

基于语音规则的语音识别系统的识别错误率高于 40%，离实用水平差距较大。统计模型用于语音识别，识别错误率从 40% 以上降至 20% 左右，虽然错误率大幅度降低，但仍然达不到实用水平。深度学习把识别错误率降低到了 6% 左右。今天，各种应用系统进入了人们的日常工作和生活：演讲者语音转字幕、不同语言之间的互译、声音转文本等。

进一步的工作：不同讲者语音的识别，同时有多个人在演讲，如何把某个特定人的语音识别出来。

8.3.6　机器学习

近几年，人工智能的快速发展主要得益于机器学习理论和技术的进步。机器学习（machine learning，ML）致力于研究如何通过计算的手段，利用经验来改善系统自身的性能。简单说就是使用机器来模拟人的学习行为。机器学习的根本任务是通过对数据的建模与分析，挖掘出数据中蕴含的有价值的规律和知识，进而改善系统自身的功能。例如，通过对超市以往销售数据的分析，可以制定更有效的营销与促销策略，吸引更多客户；通过对电信数据的分析，可有效识别出欺诈行为，避免经济损失。

机器学习在数据挖掘、计算机视觉、语音识别、自然语言处理、搜索引擎、医学诊断、信用卡欺诈检测、证券市场分析、生物信息学、智能机器人等领域得到广泛应用。

1943 年，麦卡洛克和皮茨在《数学生物物理期刊》上发表了关于神经网络的论文 *A Logical Calculus of Ideas Immanent in Nervous Activity*。1944 年，赫布尝试将人工神经网络用于机器学习，提出了早期的"赫布型学习"规则。1952 年塞缪尔开发出具有学习能力的跳棋程序，该程序在不断的对弈中提高自己的棋艺。4 年后，这个程序战胜了设计者本人。又过了 3 年，这个程序战胜了美国一个保持 8 年之久的跳棋冠军。1954 年，韦斯利·克拉克（Wesley A. Clark，1927—2016）在计算机上实现了赫布型学习的基本模型。1957 年，罗森布拉特模拟实现了一个他自己称为"感知机"的神经网络模型，可以完成一些简单的视觉处理任务。1965 年，阿列克谢·伊瓦赫年科（Alexey G. Ivakhnenko，1913—2007）提出建立多层神经网络的设想，这种基于多层神经网络的机器学习模型后来被人们称为"深度学习"。1967 年，用于分类的 k-近邻算法出现。1974 年沃博慈提出了 BP 学习算法。1982 年，霍普菲尔德提出了一种被人们称为霍普菲尔德神经网络的新型神经网络模型。1985 年鲁梅哈特提出改进型 BP 算法，增强了 BP 神经网络的实用性。1986 年，罗斯·昆兰（Ross Quinlan，1943—　　）发表了关于 ID3 算法（一种基于信息熵的决策树方法）的论文，引发了决策树研究与应用热潮，后来又提出得到广泛应用的 C4.5 决策树方法。1989 年杨立昆提出卷积神经网络。1995 年，支持向量机（support vector machine，SVM）算法正式发表，由于其严格的理论基础和在诸多分类任务中的良好性能，很快成为机器的主流技术，并引发了统计学习热潮。2006 年，辛顿与他人合作发表论文《一种深度置信网络的快速学习算法》，论文论述了两个主要问题：①有很多隐层的人工神经网络具有优异的特征学习能力，学习得到的特征对数据有更本质的刻画，从而有利于可视化或分类；②深度神经网络在训练上的难度，可以通过逐层初始化来有效克服。该论文极大地推动了多层神经网络（深度学习）的实用化。

2019 年 3 月 27 日，美国计算机学会（ACM）宣布把 2018 年度图灵奖授予有"深度学习三巨头"之称的约书亚·本吉奥（Yoshua Bengio，1964—　　）、杰弗里·辛顿（Geoffrey Hinton，1947—　　）、杨乐昆（Yann LeCun，1960—　　），三位科学家在概念和工程方面的突破性工作使深度神经网络成为计算的一个关键组成部分，近几年人工智能的快速发展和广泛应用很大程度上得益于深度学习技术的重大突破。本吉奥是加拿大蒙特利尔大学教授和魁北克人工智能研究所 Mila 的科学主任，辛顿是谷歌副总裁和工程研究员、Vector Institute 首席科学顾问和加拿大多伦多大学荣誉退休教授,杨乐昆是纽约大学教授、Facebook 副总裁兼首席人工智能科学家。

虽然深度学习缺乏严格的理论基础,但其性能确实非常明显。目前深度学习已广泛应用于机器翻译、机器视觉、自动驾驶汽车、语音识别等领域,并取得接近甚至超过人类的水平。深度学习涉及的模型复杂度非常高,需要调节非常大量的参数值,性能取决于对参数的调整。调节大量的参数,需要有大量的数据样本和高性能的计算能力,所以说大数据与高性能计算推动了深度学习的实用化。深度神经网络、卷积神经网络、递归神经网络等深度学习框架得到广泛应用。

机器学习分为监督学习和无监督学习。监督学习是用得最多的一种机器学习方法,也称为分类方法,基于训练集(人工标注类别的数据样本)学习出分类模型,然后根据此模型确定未知类别数据的类别标识;无监督学习也称为聚类方法,基于组内相似度高、组间相似度低的原则对数据进行分组。常用的分类方法有 k-近邻方法、决策树方法、贝叶斯方法、支持向量机方法、神经网络方法等。常用的聚类方法有 k-均值方法、k-中心点方法、密度聚类方法等。

监督学习的优点是分类性能比较好,代价是需要有人工标注的足够样本数的训练集,耗费大量的人力和时间;无监督学习的优点是无须训练集,不足是聚类性能不高。

对于监督学习,有时获取足够样本数的有类别标注的训练集是困难的。在训练集中,部分数据样本有类别标注,其余甚至大部分数据样本是没有类别标注的。基于这样的训练集的学习称为弱监督学习。半监督学习、迁移学习、强化学习都属于弱监督学习。

在半监督学习中,只有少量的标注数据,从这些数据不足以学习出好的分类模型,但同时又有大量的未标注数据可用。充分利用这些少量的标注数据和大量的未标注数据,得到一个性能好的模型。

在迁移学习中,把在一个领域学习到的好模型应用到另一个领域。有些领域没有合适的训练集可用,如果相近的领域有训练好的模型,可以借鉴过来用,用新领域少量的标注样本对已有模型进行适当的调整。我们在学习 C 语言程序设计时,如果总结有一些学习经验,那么在学习 Python 语言程序设计时,这些经验能帮助我们更快地学好,这可以看作是现实生活中的迁移学习。

近几年,深度学习和强化学习的发展促进了机器学习的实用化和人工智能的新一轮热潮。深度学习结构有多个隐含层,能够更好地模拟人脑的结构。强化学习在训练过程中不断尝试,有利于目标的实现就奖励(如导致最后赢棋的棋局变化),不利于目标的实现就惩罚(如导致最后输棋的棋局变化),由此训练得到在各个状态环境下最好的决策选择。围棋程序 AlphaGo Zero 的成功就是强化学习和深度学习的结果。

8.3.7 智能机器人

机器人(robot)指靠自身动力和控制能力来实现各种功能的一种机器。一般认为,智能机器人(smart robot)至少要具备 3 个要素:一是感知要素,用来认识周围环境状态;二是动作要素,对外界做出反应性动作;三是思维要素,根据感知要素所得到的信息,思考采取什么样的动作。感知要素包括视觉、听觉、嗅觉、触觉等能力,相当于人的眼、耳、鼻、皮肤等器官。对运动要素来说,智能机器人需要有一个无轨道型的移动机构,以适应诸如平地、台阶、墙壁、楼梯、坡道等不同地理环境条件下的运动。思维要素是 3 个要素中的关键,也是人们要赋予机器人必备的要素。思维要素包括有判断、分析、理解等方面的智力活动,这些智力活动实质上是一个信息处理过程。

1988 年日本东京电力公司研制出具有自动跨越障碍能力的巡检机器人。1994 年中国科学院沈阳自动化所研制出中国第一台无缆水下机器人"探索者"。1997 年，美国研制的探路者（Pathfinder）空间移动机器人，完成了对火星表面的实地探测，取得了大量有价值的火星资料，被誉为 20 世纪自动化技术的最高成就之一。

1999 年美国直觉外科研制出达芬奇机器人手术系统。2000 年日本本田技研公司推出第一代仿人机器人阿莫西。2005 年，美国波士顿动力公司研制出四腿机器人"大狗"（Bigdog）；日本研制出"村田男孩"机器人，能够骑行普通的双轮自行车。2008 年，深圳大疆创新科技公司研制出无人机；日本研制出一款名为"村田女孩"（Murata Girl）的机器人，该机器人可以骑独轮车，相当于一个杂技演员；北京奥运会期间，由中国民航大学研制的 5 个奥运福娃机器人亮相北京首都国际机场，迎送奥运大家庭成员和国内外宾客。福娃机器人可以感应到一米以内的旅客，不仅能够用汉语送去问候，还会英、日、法等 12 国语言。通过手动触摸屏，可以查询奥运项目、住宿、购物、旅游等信息。可以帮助旅客运送行李、拍照，还能唱歌跳舞。2013 年 12 月 2 日随"嫦娥三号"探测器发射入轨，并于 15 日与着陆器成功分离的"玉兔"号月球车也是一个高智能的机器人。2015 年日本软银控股公司研制出情感机器人"Pepper"。2018 年美国波士顿动力公司研制出能轻松完成奔跑、跨越障碍、旋转、跳跃、后空翻等一连串高难度动作的仿人机器人，如图 8.1 所示。

图 8.1　波士顿动力公司仿人机器人

8.3.8　专家系统

专家系统（expert system）是一种智能的计算机程序，它运用知识和推理来解决只有人类专家才能解决的复杂问题。1965 年，爱德华·费根鲍姆（Edward Albert Feigenbaum，1936—　）与乔舒亚·莱德伯格（Joshua Lederberg，1925—2008）、翟若适（Carl Djerassi，1923—2015）等人合作开发出世界上第一个专家系统 DENDRAL，该专家系统的输入是质谱仪的数据，输出是给定物质的化学结构。费根鲍姆的专长是机器学习，获得 1994 年度的图灵奖，莱德伯格是遗传学家，33 岁时获得 1958 年度的诺贝尔生理学奖，翟若适是化学家，曾获得美国国家科学奖和国家技术与创新奖。把化学分析知识提炼成规则应用于专家系统，DENDRAL 的结果有时比翟若适的学生做的结果都准。

20 世纪 70 年代初，布鲁斯·布坎南（Bruce G. Buchanan）和他的学生爱德华·肖特莱福

（Edward Shortliffe，1947—　）开发出专家系统 MYCIN，MYCIN 是一种帮助医生对住院的血液感染患者进行诊断和选用抗菌素类药物进行治疗的专家系统。MYCIN 的准确率达到 69%，当时专科医生的准确率是 80%。MYCIN 首创了作为专家系统要素的产生式规则：不精确推理。

1980 年，卡内基-梅隆大学为数字设备公司设计了一套名为 XCON 的专家系统。这个系统有 1000 多条人工整理的规则（后来规则扩展到了 3000 多条），可以简单地理解为"知识库＋推理机"的组合，其功能是为客户订购 DEC 的 VAX 系列计算机时自动配置零部件，从 1980 年到 1986 年，XCON 一共处理了 8 万个订单。据估计每年能为公司节省 4000 万美元。

1990 年底，在总结我国著名中医专家关幼波先生的学术思想和临床诊断经验的基础上研发出"关幼波治疗胃脘痛专家系统"，经临床观察，取得了符合率及有效率分别为 93% 和 84% 的满意效果。

20 世纪 80 年代是专家系统的快速发展期，在医疗诊断、地质勘探、石油化工、教学、军事等领域出现了一大批应用于实际的专家系统。

近几年得到快速发展的知识图谱在专家系统、智能搜索、智能问答、数据分析、自然语言理解、视觉理解等领域得到应用。知识图谱（knowledge graph）是一种揭示实体之间关系的语义网络，可以对现实世界的事物及其相互关系进行形式化描述。现在的知识图谱已被用来泛指各种大规模的知识库。

8.3.9　自动驾驶汽车

自动驾驶汽车（autonomous vehicles）简称自动驾驶，是一种通过计算机系统自动行驶的智能汽车。自动驾驶也称为无人驾驶，但严格说来，自动驾驶和无人驾驶是有区别的。自动驾驶包括计算机辅助驾驶（有人的参与），而无人驾驶指完全由计算机控制驾驶（没有人的参与）。自动驾驶汽车依靠人工智能、视觉计算、雷达、监控装置和全球定位系统协同合作，让计算机可以在没有任何人的主动操作下，自动安全地操作机动车辆。

自动驾驶汽车已有数十年的发展历史，21 世纪初随着人工智能的快速发展呈现出接近实用化的趋势。

1986 年，卡内基-梅隆大学研发出第一辆基本具备自动驾驶汽车特征的原型车（Navlab），最高时速为 32km。2005 年，斯坦福大学研发的名为 Stanley 的自动驾驶汽车参加了美国国防高等研究计划署举办的自动驾驶挑战赛（DPARA Grand Challenge）并获得冠军。挑战赛引起了大众对自动驾驶的关注。

2009 年，谷歌研发的自动驾驶汽车围着谷歌总部的核心园区转了一圈，完成了直行、转弯、上坡、下坡、避开其他车辆等行驶动作。2010 年 10 月，谷歌公司在官方博客中宣布，正在开发自动驾驶汽车，目标是通过改变汽车的基本使用方式，协助预防交通事故，将人们从大量的驾车时间中解放出来。2012 年 5 月获得了美国内华达州机动车辆管理局颁发的美国历史上首个自动驾驶汽车许可证。截止到 2016 年，谷歌自动驾驶汽车的测试里程已经超过 200 万英里。

1987 年，我国的国防科技大学也研制出一辆自动驾驶原型车。2003 年，国防科技大学和一汽集团合作在一辆红旗轿车上安装了自动驾驶系统，最高时速达到 130km。2011 年，改进后的自动驾驶红旗轿车完成了从长沙到武汉的公路测试，总里程 286km，其中人工干预 2240m。

2014年7月，百度公司启动"百度无人驾驶汽车"研发计划。2015年12月，百度无人驾驶车国内首次实现城市、环路及高速道路混合路况下的全自动驾驶。百度无人驾驶车往返全程均实现自动驾驶，并实现了多次跟车减速、变道、超车、上下匝道、调头等复杂驾驶动作，完成了进入高速（汇入车流）到驶出高速（离开车流）的不同道路场景的切换。测试时最高时速达到100千米。2018年2月15日，百度无人车阿波罗（Apollo）亮相央视春晚，由它引领的上百辆车在港珠澳大桥上穿行而过，并在无人驾驶模式下完成"8"字交叉跑的高难度动作。

2017年12月2号上午，由海梁科技携手深圳巴士集团、安凯客车、中兴通讯等单位联合打造的自动驾驶客运巴士——阿尔法巴士（Alphabus）正式在深圳福田保税区的开放道路进行线路的信息采集和试运行，这也是全球首次在开放道路上进行智能驾驶公交试运行。

为了更好地区分不同层级的自动驾驶技术，国际汽车工程师学会（SAE International）于2014年发布了自动驾驶的六级分类体系，目前SAE标准已成为通行的分类标准。

SAE标准将自动驾驶技术分为0级、1级、2级、3级、4级、5级，共6个级别。

0级自动驾驶：完全人工驾驶。人类驾驶员负责动态驾驶任务的所有环节。现在路上已经很少能看到0级的汽车了，因为0级意味着连ABS防抱死这种最基本的安全配置都没有。

1级自动驾驶：计算机辅助驾驶。人类驾驶员全程驾驶，自动系统可辅助控制加速和制动，从而使汽车在公路上与前方车辆保持一定距离。

2级自动驾驶：部分自动驾驶。自动系统能够完成某些驾驶任务，但人类驾驶员需要监控驾驶环境，随时接管驾驶操作。

3级自动驾驶：有条件的自动驾驶。车辆行驶时，一般无须人类驾驶员进行干预，但仍需在一定程度上保持警惕，以在系统提示需要人类干预时接管汽车驾驶。

4级自动驾驶：高度自动驾驶。4级自动驾驶接近于完全自动驾驶。除了某些特殊情况，一般无须人类驾驶员干预。

5级自动驾驶：完全自动驾驶。只要是人类能够驾驶通行的地方，该类型汽车都能行驶。这种车没有油门，没有刹车踏板，汽车行驶过程中完全不需要人类驾驶员干预。

目前大部分汽车已达到1级或2级的水平，少部分中高档轿车满足3级水平，4级或5级车只能在特定路线上试验性行驶。

8.4 人工智能的发展趋势

近几年新一轮人工智能发展的最大特点是出现了一大批实用化的人工智能系统和产品，机器翻译、语音识别、人脸识别、智能机器人都已经应用于实际工作与生活，人工智能技术将更广泛深入地融入经济社会发展的各个领域。

8.4.1 人工智能与经济社会发展

人工智能已经显现出对经济社会发展的重要推动作用，而且还会发挥出更大的推动作用。人工智能的发展及其重要影响引起了各国的高度重视。

2014年6月，欧盟启动了《欧盟机器人研发计划》（SPARC），目标是在工厂、空中、陆地、水下、农业、健康、救援服务以及其他应用中提供机器人。

2015年1月，日本政府发布了《日本机器人战略：愿景、战略、行动计划》，确定3个核心目标：世界机器人创新基地、世界第一的机器人应用国家、迈向世界领先的机器人新时代，旨在确保日本在机器人领域的世界领先地位。

2016 年 10 月至 12 月，美国政府连续发布了 3 份人工智能战略报告，分别是《为未来人工智能做好准备》《国家人工智能研究与发展策略规划》《人工智能、自动化与经济》。报告认为，人工智能驱动的自动化技术，是进一步释放生产力，全面提升全要素生产率增长，并广泛提高美国人收入与生活水平的关键。

2017 年 3 月，法国政府发布了《人工智能战略》，旨在把人工智能纳入原有创新战略与举措中，谋划未来发展。

2017 年 10 月，英国政府发布《在英国发展人工智能》报告，提出在英国促进人工智能发展的重要行动建议，从数据获取、培养人才、支持研究与应用发展 4 个维度着重布局，并鼓励学术界、产业界和政府携手并进，加强英国在全球人工智能竞争中的实力。

我国在 2017 年 7 月发布了《新一代人工智能发展规划》。规划论述了人工智能对经济社会发展的重要影响：

(1) 人工智能成为国际竞争的新焦点。人工智能是引领未来的战略性技术，世界主要发达国家把发展人工智能作为提升国家竞争力、维护国家安全的重大战略，加紧出台规划和政策，围绕核心技术、顶尖人才、标准规范等强化部署，力图在新一轮国际科技竞争中掌握主导权。

(2) 人工智能成为经济发展的新引擎。人工智能作为新一轮产业变革的核心驱动力，将进一步释放历次科技革命和产业变革积蓄的巨大能量，并创造新的强大引擎，重构生产、分配、交换、消费等经济活动各环节，形成从宏观到微观各领域的智能化新需求，催生新技术、新产品、新产业、新业态、新模式，引发经济结构重大变革，深刻改变人类生产生活方式和思维模式，实现社会生产力的整体跃升。

(3) 人工智能带来社会建设的新机遇。我国正处于全面建成小康社会的决胜阶段，人口老龄化、资源环境约束等挑战依然严峻，人工智能在教育、医疗、养老、环境保护、城市运行、司法服务等领域广泛应用，将极大提高公共服务精准化水平，全面提升人民生活品质。人工智能技术可准确感知、预测、预警基础设施和社会安全运行的重大态势，及时把握群体认知及心理变化，主动决策反应，将显著提高社会治理的能力和水平，对有效维护社会稳定具有不可替代的作用。

规划提出了我国新一代人工智能分 3 步走的战略目标：

第一步，到 2020 年人工智能总体技术和应用与世界先进水平同步，人工智能产业成为新的重要经济增长点，人工智能技术应用成为改善民生的新途径，有力支撑进入创新型国家行列和实现全面建成小康社会的奋斗目标。

第二步，到 2025 年人工智能基础理论实现重大突破，部分技术与应用达到世界领先水平，人工智能成为带动我国产业升级和经济转型的主要动力，智能社会建设取得积极进展。

第三步，到 2030 年人工智能理论、技术与应用总体达到世界领先水平，成为世界主要人工智能创新中心，智能经济、智能社会取得明显成效，为跻身创新型国家前列和经济强国奠定重要基础。

8.4.2　人工智能发展带来的挑战

人工智能发展在给经济社会发展带来积极影响的同时，也会带来新挑战。人工智能是影响面广的颠覆性技术，可能带来改变就业结构、冲击法律与社会伦理、侵犯个人隐私、挑战国际关系准则等问题,将对政府管理、经济安全和社会稳定乃至全球治理产生深远影响。在大力发展人工智能的同时,必须高度重视可能带来的安全风险挑战,加强前瞻预防与约束引导,最大限度降低风险,确保人工智能安全、可靠、可控发展。

1. 重视人工智能发展给就业结构带来的影响

早期的计算机是以计算工具的身份出现的,这也是计算机名称的由来。作为一种会计算的机器,计算机早期的应用主要是科学计算,把人从繁重的计算工作中解放出来,计算员的工作被计算机代替了。随着计算机技术的不断发展,特别是个人计算机和互联网的出现,极大地拓展了计算机的应用范围,计算机广泛应用于激光照排印刷、网络新闻、网上购物、网上银行、网上支付、信息检索、电子邮件、在线学习等与人们工作、生活密切相关的各个领域,印刷厂排字员、报纸编辑与记者、商场与书店售货员、银行柜员、邮局邮递员与电报员、公交车售票员等一批传统工作岗位受到冲击。近几年,随着人工智能系统和产品的不断出现,已经并将继续冲击收银员、会计、新闻记者、播音员、检票员、安检员、驾驶员、快递分拣员、客服人员等一大批工作岗位,当然也会催生出个性化设计师、建筑艺术设计师、工程艺术设计师、时事评论员、数据分析师等一批新的需要更多人类创新能力的工作岗位。

在研究开发新的人工智能技术与产品时,要及时预见到就业结构带来的影响,在教育培训、就业指导等方面采取有效应对措施,尽量降低负面影响,帮助受到岗位冲击的人员有能力转移到新的工作岗位。

2. 重视人工智能发展给法律与社会伦理带来的影响

相对于以往的技术和产品,人工智能技术和产品有着更为广泛和深入的应用,会更深入地融入人们的日常工作和生活中,不仅会影响和改变人类生产生活方式,还会影响和改变人类的思维模式,会引发更多的法律问题和社会伦理问题。如果自动驾驶汽车发生交通事故,如何界定和划分其责任? 如果智能机器人在工作时出现失职行为,其责任如何界定? 如果自动收费系统出现收费错误,责任该如何确定? 等等,诸如此类问题需要深入研究,逐步建成完善的人工智能法律法规、伦理规范和政策体系。

3. 重视人工智能发展给个人隐私保护带来的影响

自从进入互联网时代,人们在享受互联网带来的方便的同时,也面临着泄露隐私数据的风险。通过网络购物、网络购票、宾馆预订、网上支付等快捷方式,商家收集了大量的个人隐私数据。而且,由于系统安全漏洞、黑客攻击等因素,泄露个人隐私数据的事情时有发生,给人们的财产安全以及人身安全带来了潜在的风险。进入人工智能时代,基于互联网的各种服务会更多更智能化,也会收集使用者更多的个人隐私数据。此时,更需要重视个人隐私数据的保护,研发新的信息安全技术、完善隐私数据保护法律法规,让人们在更加安全的环境下放心使用人工智能产品和服务。

8.5 小　结

自1956年在达特茅斯会议上正式提出人工智能(AI),到目前已有六十余年的历史。六十多年的发展经历了2次低谷和3次热潮。近几年,在机器学习(深度学习)技术的带动下,自然语言处理、计算机视觉、语音识别、智能机器人、自动驾驶汽车等领域出现了一大批实用化的人工智能系统和产品。人工智能发展在给经济社会发展带来积极影响的同时,也会带来新挑战。在大力发展人工智能的同时,必须高度重视可能带来的安全风险挑战,加强前瞻预防与约束引导,最大限度降低风险,确保人工智能安全、可靠、可控发展。

拓展阅读:吴文俊和定理的自动证明

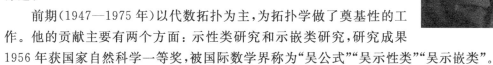

吴文俊(1919—2017),祖籍浙江嘉兴,出生于上海市,1940 年毕业于上海交通大学数学系,1946 年赴法国 Strassbourg 大学留学,获博士学位。曾任中国科学院系统科学研究所研究员,中国科学院院士,2000 年国家最高科学技术奖获得者。

吴文俊教授的科学研究工作,可分为前后两个时期,研究工作涉及拓扑学、自动推理、机器证明、代数几何、中国数学史、对策论等多个领域,在代数拓扑和机器证明两个领域有重大的原创性贡献,影响深远。

前期(1947—1975 年)以代数拓扑为主,为拓扑学做了奠基性的工作。他的贡献主要有两个方面:示性类研究和示嵌类研究,研究成果1956 年获国家自然科学一等奖,被国际数学界称为“吴公式”“吴示性类”“吴示嵌类”。

后期始于 1976 年,从事机器证明与数学机械化的研究,与计算机密切相关。

我们在中学学习时,都体会过证明几何定理的巧妙与困难。要证明一条几何定理,往往需要清晰的推理,巧妙的思路,有时还需要添加一些奇特的辅助线,经过冥思苦想才能获得定理的证明,这使几何定理的证明似乎更多地依赖于天才般的“灵机一动”。吴文俊教授在 1977 年提出了一种全新的几何定理证明方法。首先引进坐标,使待证定理的假设与结论都转换成多项式方程,这对于通常的情形都是成立的。然后依照某种确定的方式对代表假设的多项式方程进行处理,使其在有限步骤内到达代表结论的那一个多项式方程,或与之相反。这就给出了一个以机械方式进行的证明或否定一个几何定理的过程。这一方法还具有普遍适用的性质。即不论所考虑的定理出自何种初等几何,不论是欧氏的,还是非欧氏的,只要像通常出现的那样,假设与结论都可用多项式方程来表示,就可应用这同样的方法与过程进行证明。

他提出的用计算机证明几何定理的方法,在国际上称为“吴方法”,与常用的基于数理逻辑的方法根本不同,具有根本的创新性,被称为自动推论领域的先驱性工作,并因此获得 Herbrand 自动推理杰出成就奖。第 14 届国际自动推论大会对吴文俊的工作给予了高度评价:“几何定理自动证明首先由 Herbert Gerlenter 于 20 世纪 50 年代开始研究。虽然得到了一些有意义的结果,但在吴方法出现之前的 20 年里这一领域进展甚微。在不多的自动推理领域中,这种被动局面是由一个人完全扭转的。吴文俊很明显是这样一个人。”“吴的工作将几何定理证明自动推理的一个不太成功的领域变为最成功的领域之一。在很少的领域中,我们可以将机器证明归于一个人的工作。几何定理证明就是这样的一个领域。”

吴文俊引入的求解非线性代数方程组的“吴方法”是求解代数方程组精确解最完整的方法之一,已经被成功地用于解决很多问题,并实现在当前流行的符号计算软件中。欧共体资助的 POSSO(POlynomial System SOlving)计划中也有“吴方法”的专用软件包。“吴方法”还被用于多个高科技领域,得到一系列国际领先的成果。包括曲面造型、机器人机构的位置分析、智能 CAD 系统和图像压缩等。20 世纪 80 年代末,他提出了偏微分代数方程组的整序方法,是目前处理偏微分代数方程组的完整的构造性方法。该方法已被应用于微分几何定理机器证明和偏微分方程组求解。

中国人工智能学会自 2011 年设立"吴文俊人工智能科学技术奖"，每年评选一次。

习　　题

1. 什么是人工智能？
2. 简述人工智能的 3 个学派。
3. 简述人工智能的主要应用领域。

思　考　题

1. 如何理解图灵测试和西尔勒中文小屋所表达的人工智能原理？
2. 如何理解人工智能和人的关系？
3. 人工智能是我们日后求职创业的竞争对手，还是合作伙伴？

第 9 章

计算机领域的典型问题

在人类进行科学探索与科学研究的过程中,曾经提出过许多对科学发展具有重要影响的著名问题,如哥德巴赫猜想、庞加莱猜想、四色定理、哥尼斯堡七桥问题等。其中一些问题对计算机学科及其分支领域的形成和发展起了重要的作用。另外,在计算机学科的研究工作中,为了便于对计算机科学中有关问题和概念的本质的理解,计算机科学家们也给出了不少反映该学科某一方面本质特征的典型实例,在这里一并称为计算机领域的典型问题。计算机领域典型问题的提出及研究,不仅有助于深刻地理解计算机学科中一些关键问题的本质,而且对学科的继续深入研究和发展具有十分重要的促进作用。本章主要介绍哥尼斯堡七桥问题、哈密顿回路问题、中国邮路问题、旅行商问题、汉诺塔问题、生产者-消费者问题和哲学家共餐问题等,并把它们归类为图论问题、算法复杂性问题和并发控制问题进行分析。

9.1 图 论 问 题

图论(graph theory)是研究边和点的连接结构的数学理论。1736 年,瑞士数学家莱昂哈德·欧拉(L. Euler,1707—1783)发表论文,解决了著名的哥尼斯堡七桥问题,成为图论的创始人。今天,图论已广泛地应用于计算机科学、运筹学、信息论和控制论等学科之中,并已成为对现实问题(如交通运输)进行抽象的一个强有力的数学工具。随着计算机科学的发展,图论在计算机科学中的作用越来越大,同时图论本身也得到了充分的发展。在后续课程中,离散数学和数据结构两门课程中都会涉及图论的内容。

9.1.1 哥尼斯堡七桥问题

18 世纪中叶,当时东普鲁士有一座哥尼斯堡(Konigsberg)城,城中有一条贯穿全市的普雷格尔(Pregol)河,河中央有座小岛,叫奈佛夫(Kneiphof)岛,普雷格尔河的两条支流环绕其旁,并将整个城市分成北区、东区、南区和岛区 4 个区域,全城共有 7 座桥将 4 个城区连起来,如图 9.1 所示。当时该城市的人们热衷讨论一个问题:一个人怎样不重复地走完7 座桥,最后回到出发地点?即寻找走遍这 7 座桥,且只许走过每座桥一次,最后又回到原出发点的路径。这就是"哥尼斯堡七桥问题"。试验者反复试走都没有找到这样的路径。1736 年,欧拉发表论文《与位置几何有关的一个问题的解》,论证了该问题无解,即从一点出发不重复地走遍 7 座桥,最后又回到原来出发点是不可能的。这篇论文被认为是研究图论的第一篇论文。

为了解决哥尼斯堡七桥问题,欧拉用 4 个字母 A、B、C、D 代表 4 个城区,并用 7 条边表示7 座桥,如图 9.2 所示。在图中,只有 4 个顶点和 7 条边,这样做是基于该问题本质的考虑,抽象出问题最本质的东西,忽视问题非本质的东西(如桥的长度和宽度等),从而将哥尼斯堡七桥问题抽象成为一个数学问题,即经过图中每边一次且仅一次的回路问题了。欧拉在论文中论证了这样的回路是不存在的。欧拉不仅给出了哥尼斯堡七桥问题的证明，还将问题进行了一般化处理，即对给定的任意一个河流图与任意多座桥，判定是否存在每座桥恰好走过一次的路径（不一定回到原出发点），并用数学方法给出了如下三条判定规则。

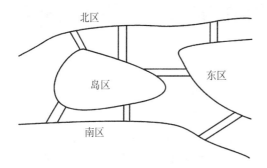

图 9.1　哥尼斯堡七桥问题示意图　　　　　图 9.2　哥尼斯堡七桥问题抽象图

（1）如果通奇数座桥的地方不止两个，满足要求的路径是找不到的。

（2）如果只有两个地方通奇数座桥，可以从这两个地方之一出发，找到所要求的路径。

（3）如果没有一个地方是通奇数座桥的，则无论从哪里出发，所要求的路径都能实现。

在图 9.2 中，A 城区有 5 座桥与其他城区连通，B、C、D 三个城区各有 3 座桥与其他城区连通，即通奇数座桥的地方不止 2 个，所以找不到不重复地走完 7 座桥，最后回到出发地点的路径。

把图 9.2 改动一下，变成图 9.3 所示的样子，即去掉城区 A、B 之间的桥，这时 A 城区通 4 座桥，B 城区通 2 座桥，C、D 两个城区各通 3 座桥。可以找到一条路径 C→A→D→A→C→B→D，每座桥走过一次且只走过一次，只是没有回到原出发点，而是从一个通奇数座桥的地方出发，到另一个通奇数座桥的地方结束。

把图 9.2 再作另外一种形式的改动，变成图 9.4 所示的样子，即在城区 A、D 和 A、C 之间各去掉一座桥，在城区 A、B 之间再增加一座桥，这时 A、B 两个城区各通 4 座桥，C、D 两个城区各通 2 座桥。可以找到一条路径 A→C→B→D→A→B→A，每座桥走过一次且只走过一次，并且回到原出发点。

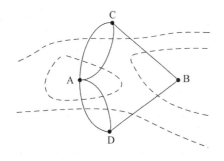
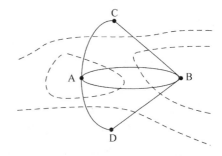

图 9.3　改动图 9.2(1)　　　　　　　　图 9.4　改动图 9.2(2)

经过图中每条边一次且仅一次的路径称为欧拉路径；如果欧拉路径的起点和终点为图中的同一个顶点，这时的欧拉路径称为欧拉回路。包含有欧拉回路的图称为欧拉图。

9.1.2　哈密顿回路问题

在图论中除了"欧拉回路问题"（哥尼斯堡七桥问题）以外，还有一个著名的"哈密顿回路问题"。1857 年,爱尔兰物理学家和数学家威廉·哈密顿(William R. Hamilton,1805—1865)发明了一种叫做周游世界的数学游戏。游戏的玩法是:一个正十二面体,如图 9.5 所示,它有 20 个顶点,把每个顶点看作一个城市,把正十二面体的 30 条边看成连接这些城市的路。找一条从某城市出发,经过每个城市恰好一次,并且最后回到出发点的路径,人们把这种路径称为哈密顿回路。把正十二面体投影到平面上,如图 9.6 所示。在图 9.6 中标出了一种走法,即从城市 1 出发,经过 2、3、…、20,最后回到 1。

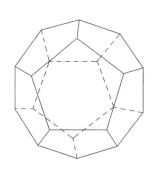 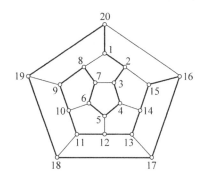

图 9.5　正十二面体　　　　　图 9.6　周游世界游戏示意图

"哈密顿回路问题"与"欧拉回路问题"看上去十分相似,然而又是完全不同的两个问题。"哈密顿回路问题"是访问每个顶点一次,而"欧拉回路问题"是访问每条边一次。对一个图是否存在"欧拉回路"前面已给出充分必要条件,而对一个图是否存在哈密顿回路至今仍未找到充分必要条件。存在哈密顿回路的图称为哈密顿图。

对于图 9.2,可以找到一条哈密顿回路 A→D→B→C→A,当然还可以找到其他的哈密顿回路。对于图 9.6,就找不到欧拉回路,因为该图中每个顶点都和 3 条边相连。

9.1.3　中国邮路问题

我国数学家管梅谷教授 1960 年也提出了一个有重要理论意义和广泛应用背景的问题,当时称为"最短投递路线问题",国际上称为中国邮路问题。问题的描述:一个邮递员应如何选择一条路线,使他能够从邮局出发,走遍他负责送信的所有街道,最后回到邮局,并且所走的路程最短。该问题归结为图论问题就是,给定一个连通无向图(没有孤立顶点),每条边都有非负的确定长度,求该图的一条经过每条边至少一次的最短回路。

对于有欧拉回路的欧拉图,找到一条欧拉回路即可。对于不存在欧拉回路的非欧拉图,才是中国邮路问题的重点。管梅谷教授及国内外学者给出了一些解决该问题及推广与变形问题的算法,研究成果除用于邮政部门外,还用于扫雪车路线、洒水车路线、警车巡逻路线的最优设计等。

9.2　算法复杂性问题

用计算机解决问题的大体步骤是:分析问题抽象出数学模型、根据模型设计算法、依据算法编写程序、调试执行程序。算法设计是一个非常关键的步骤。算法性能通过分析算法的复杂性来评价,算法复杂性主要包括时间复杂度和空间复杂度。时间复杂度是指依据算法编写的程序执行时间的度量,空间复杂度是指程序执行时存储空间的度量。现在更多的是分析时间复杂度。

9.2.1　汉诺塔问题

传说在古代印度的贝拿勒斯神庙里安放了一个黄铜座，座上竖有三根宝石柱子。在第一根宝石柱上，按照从小到大、自上而下的顺序放有 64 个直径大小不一的金盘子，形成一座金塔，如图 9.7 所示，即所谓的汉诺塔（Hanoi），又称梵天塔。天神让庙里的僧侣们将第一根柱子上的 64 个盘子借助第二根柱子全部移到第三根柱子上，即将整个金塔搬迁，同时定下三条规则：

（1）每次只能移动一个盘子；

（2）盘子只能在三根柱子上来回移动，不能放在他处；

（3）在移动过程中，三根柱子上的盘子必须始终保持大盘在下，小盘在上。

这就是著名的汉诺塔问题。

图 9.7　汉诺塔问题示意图

用计算机求解一个实际问题，首先要从这个实际问题中抽象出一个数学模型，然后设计一个求解该数学模型的算法，最后根据算法编写程序，经过对程序的调试和运行，从而完成该问题的求解。从实际问题抽象出一个数学模型的实质，就是要用数学的方法抽取问题主要的、本质的内容，给出一个"可计算"的求解过程。汉诺塔问题是一个典型的用递归方法来解决的问题。递归是计算机学科中的一个重要概念，是将一个较大的问题归约为一个或多个子问题的求解方法。而这些子问题比原问题简单，且在结构上与原问题相同。

汉诺塔问题的实质就是如何把 64 个盘子按规则由第一根柱子移到第三根柱子上。为便于叙述，把 64 个盘子的汉诺塔问题一般化为 n 个盘子的移动问题，并把三根柱子分别标记为 a，b，c。根据递归方法，可以将求解 n 个盘子的移动问题转化为求解 $n-1$ 个盘子的移动问题，如果 $n-1$ 个盘子的移动问题能够解决，则可以先将 $n-1$ 个盘子移动到第二个柱子上，再将最后一个盘子直接移动到第三个柱子上，最后又依次将 $n-1$ 个盘子从第二个柱子移动到第三个柱子上（如图 9.7 所示），则可以解决 n 个盘子的移动问题。依此类推，$n-1$ 个盘子的移动问题可以转化为 $n-2$ 个盘子的移动问题，$n-2$ 个盘子的移动问题又可以转化为 $n-3$ 个盘子的移动问题，直到一个盘子的移动问题（这时是可以直接求解的）。再由移动一个盘子的解求出移动两个盘子的解，直到求出移动 n 个盘子的解。

Python 递归程序如下：

```python
def hanoi(n,a,b,c):
    if (n==1):
        print("{}-->{}".format(a,c))      # 将 a 柱子上面的盘子移到 c 柱子上
    else:
        hanoi(n-1,a,c,b)                   # 借助 c 柱子将 n-1 个盘子由 a 柱子移到 b 柱子上
        print("{}-->{}".format(a,c))       # 将一个盘子由 a 柱子移到 c 柱子上
```

```
        hanoi(n-1,b,a,c)              # 借助 a 柱子将 n-1 个盘子由 b 柱子移到 c 柱子上
m = int(input("请输入盘子个数 m = "))
print("盘子的移动顺序为:")
hanoi(m,'a','b','c')
```

这个程序的输出是移动盘子的顺序,然后人可以根据计算机计算出的顺序移动,最终完成把 n 个盘子按规则由 a 柱子移动到 c 柱子上。

程序虽然书写起来简单,但由于用到递归及形式参数,理解起来并不是很容易,学完 Python 语言程序设计自然就能理解。

$n=1$ 时的移动步骤是:a→c

$n=2$ 时的移动步骤是:a→b,a→c,b→c

$n=3$ 时的移动步骤是:a→c,a→b,c→b,a→c,b→a,b→c,a→c

$n=4$ 时的移动步骤是:a→b,a→c,b→c,a→b,c→a,c→b,a→b,a→c,b→c,b→a,c→a,b
→c,a→b,a→c,b→c

$n=5$ 时的移动步骤是:a→c,a→b,c→b,a→c,b→a,b→c,…

这时再完全写下来就占篇幅太大了,一共有 31 个移动步骤。

那么,对于一般的 n 需要移动多少步呢?即算法的时间复杂度是多少?

按照上面的算法,n 个盘子的移动问题需要移动的盘子数 $h(n)$ 是 $n-1$ 个盘子移动问题需要移动的盘子数的 2 倍加 1。$n-1$ 个盘子的移动问题需要移动的盘子数是 $n-2$ 个盘子的移动问题需要移动的盘子数的 2 倍加 1,以此类推。于是有:

$$
\begin{aligned}
h(n) &= 2h(n-1)+1 \\
&= 2(2h(n-2)+1)+1 \\
&= 2^2 h(n-2)+2+1 \\
&= 2^3 h(n-3)+2^2+2+1 \\
&= \cdots \\
&= 2^n h(0)+2^{n-1}+\cdots+2^2+2+1 \\
&= 2^{n-1}+\cdots+2^2+2+1 \\
&= 2^n-1
\end{aligned}
$$

算法 hanoi 的时间复杂度为 $O(2^n)$。

因此,要完成有 64 个盘子的汉诺塔的搬迁,需要移动盘子的次数为:

$$2^{64}-1 = 18\,446\,744\,073\,709\,551\,615$$

如果每秒移动一次,一年有 31 536 000 秒,则僧侣们一刻不停地来回搬动,也需要花费大约 5849 亿年的时间。假定计算机以每秒 1000 万个盘子的速度进行搬迁,则需要花费大约 58 490 年的时间。

9.2.2 旅行商问题

旅行商问题(traveling salesman problem,TSP)是哈密顿和英国数学家柯克曼(T. P. Kirkman,1806—1895)于 19 世纪初提出的一个数学问题。其基本含义是,有若干个城市,任何两个城市之间的距离都是确定的,现要求一旅行商从某城市出发,必须经过每一个城市且只能在每个城市停留一次,最后回到原出发城市。要解决的问题是:如何事先确定好一条路程最短的旅行路径。

人们在着手解决这个问题时，一般首先想到的是最基本的方法：通过对给定的城市进行排列组合，列出每一条可供选择的路径，然后计算出每条路径的总里程，最后从所有可能的路径中选出一条路程最短的路径。现在，给定 4 个城市分别为 C_1、C_2、C_3 和 C_4，各城市之间的距离是确定的值，如图 9.8 所示。从图中可以看到，从城市 C_1 出发，最后再回到 C_1 城市，可供选择的路径共有 6 条，如图 9.9 所示。图下方的括号中为路径长度。

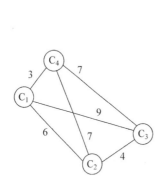

图 9.8 城市交通示意图

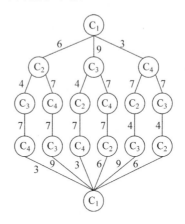

图 9.9 组合路径图

$$C_1 \rightarrow C_2 \rightarrow C_3 \rightarrow C_4 \rightarrow C_1(20), \quad C_1 \rightarrow C_2 \rightarrow C_4 \rightarrow C_3 \rightarrow C_1(29)$$
$$C_1 \rightarrow C_3 \rightarrow C_2 \rightarrow C_4 \rightarrow C_1(23), \quad C_1 \rightarrow C_3 \rightarrow C_4 \rightarrow C_2 \rightarrow C_1(29)$$
$$C_1 \rightarrow C_4 \rightarrow C_3 \rightarrow C_2 \rightarrow C_1(20), \quad C_1 \rightarrow C_4 \rightarrow C_2 \rightarrow C_3 \rightarrow C_1(23)$$

从中很快可以选出总路程最短的路径 $C_1 \rightarrow C_2 \rightarrow C_3 \rightarrow C_4 \rightarrow C_1$ 或 $C_1 \rightarrow C_4 \rightarrow C_3 \rightarrow C_2 \rightarrow C_1$。

当城市个数为 n 时，组合路径数为 $(n-1)!$，算法的复杂度为 $O(n!)$。当城市个数不多时，要找到最短距离的路径并不难，但随着城市个数的不断增多，组合路径数将急剧增长，以致达到无法计算的地步，这就是所谓的"组合爆炸问题"。假设城市的个数为 20，组合路径数则为 $(20-1)! \approx 1.216 \times 10^{17}$，如此巨大的组合数目，若计算机每秒能计算出 1 亿条路径的长度（可想而知这需要多快的计算机），计算完所有路径的长度也需要 38.6 年的时间，这样的算法是没有实际意义的。

人们提出了一些求近似解的算法，即找出的路径不一定是最短路径，而是比较短的路径，但求解问题的时间复杂度大大降低了，是可以实际应用的算法，包括最近邻算法、抄近路算法等。

从上面的两个例子可以看出，有时从理论上看能解决的问题，实际上是解决不了的，至少在目前的计算条件下解决不了。算法分析的一个重要目的就是确定算法是否实际可行。

9.2.3 NP 完全问题

在算法的时间复杂度分析和研究中，将所有可以在多项式时间内求解的问题称为 P 类问题，将所有在多项式时间内可以验证的问题称为 NP（non-deterministic polynomial，多项式复杂程度的非确定性）类问题。

对于线性表的顺序查找算法（从表的第一个元素开始，按顺序查找某个数据在表中是否存在），若线性表的长度为 n，则算法的时间复杂度为 $O(n)$，这就是在多项式时间内能解决的问题，即在 $O(n)$ 的时间复杂度能确定线性表中是否有所找的元素。在 c 为常数的情况下，只要是时间复杂度为 $O(n^c)$，都认为是多项式时间内能解决的问题，即 P 类问题。当然，时间复杂

度低于 $O(n^c)$ 的也应归为 P 类问题,如时间复杂度为 $O(\log_2 n)$ 的线性表的折半查找算法。

折半查找算法的基本思路是:首先对线性表中的元素排序(如由小到大排序),然后把要查找的数据与表的中间位置元素比较,如果相等,则为找到;如果要找的数据小于中间元素,则继续在前半个表中用折半方法查找;如果要找的数据大于中间元素,则继续在后半个表中用折半方法查找;直至找到或确认表中没有所找数据。用此种方法,每比较一次,就能去掉一半的查找空间,所以称为折半查找。如果线性表中的数据比较多,折半查找要比顺序查找快,表中数据越多,折半查找的优势越明显。

对于旅行商问题,稍作改动,把求最短路径改为求总路程小于 B 的路径,如果采用组合路径的方式,算法的时间复杂度仍然为 $O(n!)$,这属于在多项式时间内解决不了的问题,即当 n 比较大时,用组合路径的方式找到总路程小于 B 的路径是不可能的。但是,如果给出一条路径,验证其是否为满足要求的路径是容易的,是可以在多项式时间内完成的。所以,求总路程小于 B 的路径的旅行商问题属于 NP 类问题。

时间复杂度为 $O(n!)$ 时称为阶乘复杂度,时间复杂度为 $O(c^n)$ (c 为常数)时称为指数复杂度,也可以都称为指数复杂度。对于求解问题的指数复杂度算法,其对应程序的执行时间将随问题规模 n 的增长而急剧增加,以致即使规模不太大的问题也难以求出解来,如汉诺塔问题中的 $n=64$,旅行商问题中的 $n=20$。

NP 类问题中,某些问题的复杂性与整个类的复杂性有关,如果这些问题中的任意一个能在多项式的时间内求解,则所有 NP 类问题都能在多项式时间内求解,这些 NP 类问题称为NP 完全(NP complete,NPC)问题或 NP 难(NP hard)问题。求总路程小于 B 的路径的旅行商问题是 NP 完全问题,求哈密顿回路也是 NP 完全问题。

对于 NP 完全问题,一般都有一个明显的指数复杂度的算法,但要找到一个现实可计算的多项式时间算法却异常困难,很有可能根本不存在这样的算法。目前,解决 NP 完全问题的可行方法是寻找具有多项式时间复杂度的近似算法,即求得的是最优解的近似解,但算法的复杂度大为降低,是可用于实际计算的算法。

9.3　并发控制问题

并发指两个或多个事件在同一时间段内发生。并发操作可以有效提高资源的利用率,如在只有一个处理器的计算机上并发执行多个进程,就能提高处理器的利用率,进而提高整个计算机系统的处理能力。多个进程的并发执行,需要一定的控制机制,否则会导致错误,如完成相关任务的多个进程要相互协调和通信、多个进程对有限的独占资源的访问要互斥等。有效的并发控制才能保证进程并发执行的正确和高效。并发控制在数据库中也有应用。

9.3.1　生产者-消费者问题

1965 年,狄克斯特拉提出了生产者-消费者问题。基于狄克斯特拉的思路,对此问题大致描述如下:有 n 个生产者和 m 个消费者,在生产者和消费者之间设置了一个能存放 k 个产品的货架。只要货架未满,生产者 p_i ($1 \leqslant i \leqslant n$)生产的产品就可以放入货架,每次放入一个产品;只要货架非空,消费者 c_j ($1 \leqslant j \leqslant m$)就可以从货架取走产品消费,每次取走一个。所有的生产者的产品生产和消费者的产品消费都可以按自己的意愿进行,即相互之间是独立的,只需要遵守两个约定:一是不允许消费者从空货架取产品,现实中也是取不到的;二是不允许生产者向一个已装满产品的货架中再放入产品。

这实际上是对操作系统中并发进程同步的一种抽象描述,多个进程虽然看起来是按异步方式执行的,但相互有关的进程应有一种协调机制,如生产者-消费者问题中,当货架已满时,生产者就要停止生产,等待消费者取走产品;同样,当货架为空时,消费者是不能消费的,要等待生产者生产。

9.3.2 哲学家共餐问题

哲学家共餐问题也是狄克斯特拉提出的,该问题可以描述为:5 位哲学家围坐在一张圆桌旁,每个人的面前有一碗面条,碗的两旁各有一根筷子,如图 9.10 所示。狄克斯特拉提出该

问题时,桌子上放的是吃西餐用的叉子和意大利面条,由于有人习惯用一个叉子吃意大利面条,为了更能说明问题,后来的研究人员把叉子和意大利面条改成了吃中餐用的筷子和中国面条,约定用一根筷子是吃不成中国面条的。

假设哲学家的生活除了吃面条就是思考问题,而吃面条的时候需要左手拿一根筷子,右手拿一根筷子,然后才能用两根筷子进餐。吃完后又将筷子放回原处,继续思考问题。基于这样的假设,一位哲学家的生活进程可表示如下:

图 9.10 哲学家共餐问题示意图

(1) 思考问题。

(2) 饿了停止思考,左手拿一根筷子(拿不到就等)。

(3) 右手拿一根筷子(拿不到就等)。

(4) 进餐。

(5) 放右手筷子。

(6) 放左手筷子。

(7) 重新回到思考问题状态(1)。

基于上面描述的哲学家生活进程,可能会出现如下情况:当所有的哲学家都同时拿起左手筷子时,则所有的哲学家都将拿不到右手的筷子,并处于等待状态。由于拿不到右手的筷子,就不能进餐,也就不能放回左手的筷子,这样 5 位哲学家就会相互永远等下去,结果是哲学家都无法进餐,最终饿死。这种情况在计算机领域称为死锁(deadlock)。

为避免上面情况的发生,将哲学家的活动进程进行修改:当右手拿不到筷子时,就放下左手的筷子。这时可能又会出现新的情况:在某一个瞬间,所有的哲学家都同时拿起左手的筷子,则自然都拿不到右手的筷子,于是都同时放下左手的筷子,等一会儿,又同时拿起左手的筷子,如此这样永远重复下去,所有的哲学家也都无法进餐,最终饿死。

上面两种情况反映的是一种资源分配问题,如果资源充足,即每两位哲学家中间都放两根以上的筷子,就不存在饿死的情况了。重点要解决的问题是,如何在资源紧张的情况下,尽最大可能满足需求。可以加一些限制,如至多只允许 4 位哲学家同时进餐,这样就不会出现哲学家饿死的情况。

哲学家共餐问题形象地描述了多个进程以互斥方式访问有限资源的问题,计算机系统不可能总是提供足够多的资源(CPU、存储单元等),但又想尽可能多地同时满足多个用户(进程)的使用要求,以便提高系统资源的利用率。如果某一时刻只允许一个用户(进程)使用计算机资源,将导致资源利用率和程序执行效率低下。

研究人员已经采取了一些非常有效的方法来尽量满足多个用户对有限资源的同时访问需求，同时尽可能少地出现死锁和饥饿现象的发生。

有关实现进程同步与互斥的方法可以在后续的操作系统课程中学习到。

9.4　小　　结

本章介绍了几个对计算机学科发展有重要影响的问题，哥尼斯堡七桥问题、哈密顿回路问题、中国邮路问题等促进了图论的产生和发展；旅行商问题、汉诺塔问题有助于对算法复杂性的研究，并促使人们设计出更好地解决问题的实用算法；生产者-消费者问题、哲学家共餐问题对于深入理解并实现并发控制是非常有益的。当然，也有一些问题值得我们现在或在学习相关课程时进行深入分析和研究，努力提出解决方法或给出新的更好的解决方法，如求哈密顿回路、求最短或小于某个长度的路径、并发控制中死锁的避免或解除等。

拓展阅读：计算机学科方法论

1. 计算的本质

对计算机学科根本问题的认识是与人们对计算过程的认识紧密联系在一起的，要分析计算机学科的根本问题，首先要分析人们对计算本质的认识过程。

20 世纪 30 年代后期，图灵从计算一个数的一般过程入手对计算的本质进行了研究，从而实现了对计算本质的真正认识。

图灵用形式化方法成功地表述了计算这一过程的本质：所谓计算就是计算者（人或机器）对一条两端可无限延长的纸带上的一串 0 和 1 执行指令，一步一步地改变纸带上的 0 或 1，经过有限步骤，最后得到一个满足预先规定的符号串的变换过程。根据图灵的论点，可以得到这样的结论：任一过程是能行的（能够具体表现在一个算法中），当且仅当它能够被一台图灵机实现。

伴随着电子学理论和技术的发展，在图灵机这个逻辑模型提出不到 10 年的时间里，世界上第一台电子计算机诞生了。图灵机反映的是一种具有能行性的用数学方法精确定义的计算模型，现代计算机正是这种模型的具体实现。

2. 计算机学科的根本问题

计算机学科是研究计算机的设计、制造和利用计算机进行信息获取、表示、存储、处理、控制等的理论、原则、方法和技术的学科，它包括科学和技术两个方面。

计算机科学侧重于研究现象、揭示规律。计算机技术侧重于研制计算机和研究使用计算机进行信息处理的方法和技术手段。科学是技术的依据，技术是科学的体现；技术得益于科学，又向科学提出新的研究课题。科学与技术相辅相成，相互作用，二者高度融合是计算机学科的突出特点。

计算机学科除了具有较强的科学性外，还具有较强的工程性，因此，它是一门科学性与工程性并重的学科，表现为理论性和实践性紧密结合的特征。计算机科学与计算机工程之间没有本质的区别，只不过它们强调的学科形态的重点不同。科学注重理论、抽象，工程注重抽象、设计。

计算机的迅猛发展，除了源于微电子学等相关学科的发展外，还主要源于其应用的强大驱动。计算机已逐渐应用到经济建设、社会发展和人类生活的各个领域，为推动社会进步发挥了不可替代的重要作用。

计算机学科和数学密切相关。计算机科学家一向被认为是独立思考、富有创造性和想象力的。问题求解建立在高度的抽象级别上，问题的符号表示及其处理过程的机械化、严格化的特点，决定了数学是计算机学科的重要基础之一。数学及其严格的形式化描述、严密的表达和计算是计算机学科使用的重要描述工具，建立物理符号系统并对其实施变换是计算机学科进行问题描述和求解的重要手段。

计算机学科研究利用计算机进行问题求解的"能行性"，由于连续对象很难被"能行地"处理，所以研究的重点处理对象是离散的，因而"离散数学"在计算机学科中具有重要的地位。

3. 计算机学科方法论的定义

计算机学科方法论是对计算机领域认识和实践过程中一般方法及其性质、特点、内在联系和变化规律进行系统研究的理论总结。计算机学科方法论是认知计算机学科的方法和工具，也是计算机学科认知领域的理论体系，对于计算机领域的科学研究、技术开发和人才培养具有重要指导意义。

在计算机领域，"认识"指的是抽象过程（感性认识）和理论总结过程（理性认识），"实践"指的是学科中的设计过程。抽象、理论和设计是具有方法论意义的三个过程，这三个过程是计算机方法论中最重要的研究内容。

4. 计算机学科的三个过程

方法论在不同层次上有哲学方法论、一般科学方法论、具体科学方法论之分。关于认识世界、改造世界、探索实现主观世界与客观世界相一致的最一般的方法理论是哲学方法论；研究各门具体学科，带有一定普遍意义，适用于多个领域的方法理论是一般科学方法论；研究某一具体学科，涉及某一具体领域的方法理论是具体科学方法论。三者之间的关系是互相依存、互相影响、互相补充的对立统一关系。哲学方法论、一般科学技术方法论对计算机学科方法论具有指导作用，即在哲学方法论、一般科学技术方法论的指导下研究总结计算机学科方法论。抽象、理论总结和设计三个过程（也称学科的三个形态）概括了计算机学科中的基本内容，是计算机学科认知领域中最基本的三个概念。不仅如此，它还反映了人们的认识是从基于实践（设计）的感性认识（抽象）到理性认识（理论总结），再由理性认识（理论总结）回到实践（设计）中来的科学思维方法。

1）抽象

抽象是指在思维中对同类事物去除其现象的、次要的方面，抽取其共同的、主要的方面，从而做到从个别中把握一般，从现象中把握本质的认知过程和思维方法。

在计算机学科中，抽象也称为模型化，源于实验科学，主要要素为数据采集方法和假设的形式说明、模型的构造与预测、实验分析、结果分析。在为可能的算法、数据结构和系统结构等构造模型时使用此过程。抽象的结果为概念、符号和模型。

2）理论

科学认识由感性阶段上升为理性阶段，就形成了科学理论。科学理论是经过实践检验的系统化了的科学知识体系，它是由科学概念、科学原理以及对这些概念、原理的论证所组成的体系。通过对现实事物的分析、抽象，并对其本质性的一般规律进行总结、升华，就形成理论。

计算机学科的理论与数学所用的方法类似，要素为定义和公理、定理、证明、结果的解释，用这一过程来建立和理解计算机学科所依据的数学原理，其研究内容的基本特征是构造性数学特征。

3）设计

源于工程学,用来开发求解给定问题的系统和设备。主要要素为需求说明、规格说明、设计和实现方法、测试和分析。

在计算机学科中,从为解决某个问题而实现系统或装置的过程来看,设计形态包括以下内容:需求分析、建立规格说明、设计并实现该系统、对系统进行测试分析、修改完善。这正是计算机软件系统的设计并发过程或硬件系统的设计制造过程。

理论、抽象和设计三个过程贯穿计算机学科的各个分支领域。

在图论中体现的是抽象与理论形态,欧拉从哥尼斯堡七桥问题入手,将其抽象为边和点的问题进行研究,成为图论研究的先驱。哈密顿回路、中国邮路等问题都是对现实问题的抽象,这些问题的研究和解决形成了一套比较完整的关于图的理论,包括一系列的定义、公理和定理等。

在软件工程中综合体现了设计、抽象和理论三个过程,人们在开发规模比较大的软件时,要完成需求分析、系统设计、系统实现、测试与维护等工作,这是设计过程;开发人员总要为解决软件开发中遇到的问题而提出解决方案,如应用数据流图、数据字典、流程图等工具进行系统的分析和设计工作,这是抽象过程;专家学者及实际开发人员要对有效的软件开发方法进行总结,形成普遍适用的软件工程方法和软件开发准则,如生命周期法、面向对象法等,这是理论过程。当然,这些方法可以用于指导软件开发工作,以保证软件开发的质量和效率。

数据库原理中的数据规范化也是设计、抽象和理论三个过程的综合体现。人们在开发数据库应用系统(信息管理系统)时,一项重要的基础工作就是数据库的设计和建立,用到的抽象工具是 E-R 图。面对众多的需要管理的数据,是建立一个数据库(表)好,还是建立多个数据库(表)好,人们在设计实践中总结出了一些有效的方法,研究人员对这些方法做进一步的抽象和总结,形成了一套严密的数据规范化理论。

习　　题

名词解释:哥尼斯堡七桥问题、哈密顿回路问题、中国邮路问题、哈密顿回路、欧拉回路、旅行商问题、组合爆炸问题、汉诺塔问题、生产者-消费者问题、哲学家共餐问题。

思　考　题

1. 以"汉诺塔问题"为例,说明理论上可行的计算问题实际上并不一定都能行。

2. 能否就"生产者-消费者问题"和"哲学家共餐问题",给出你的解决该问题的思路?

3. 求最短路径的"旅行商问题"是"NP 类问题"吗?

词 汇 表

说明:词汇后面的数字为该词汇主要所在页。

参 考 文 献

[1] 陈意云,王行刚. 计算机发展简史[M]. 北京:科学出版社,1985.

[2] 赵夑辉. 激动人心——电脑史话[M]. 杭州:浙江文艺出版社,1999.

[3] 李彦. IT通史:计算机技术发展与计算机企业商战风云[M]. 北京:清华大学出版社,2005.

[4] 吴鹤龄,崔林. ΛCM图灵奖   计算机发展史的缩影[M]. 3版. 北京:高等教育出版社,2008.

[5] 张效祥,徐家福. 计算机科学技术百科全书[M]. 3版. 北京:清华大学出版社,2018.

[6] 教育部高等学校教学指导委员会. 普通高等学校本科专业类教学质量国家标准(上)[M]. 北京:高等教育出版社,2018.

[7] 工程教育认证标准. http://www.ceeaa.org.cn/main!newsList4Top.w?menuID=01010702.

[8] "计算机教育20人论坛"报告编写组. 计算机教育与可持续竞争力[M]. 北京:高等教育出版社,2019.

[9] 新一代人工智能发展规划. http://www.gov.cn/zhengce/content/2017-07/20/content_5211996.htm.

[10] http://baike.baidu.com/(百度百科).

[11] 李德毅,于剑. 人工智能导论[M]. 北京:中国科学技术出版社,2018.

[12] 王万良. 人工智能导论[M]. 4版. 北京:高等教育出版社,2017.

[13] 周志华. 机器学习[M]. 北京:清华大学出版社,2016.

[14] 尼克. 人工智能简史[M]. 北京:人民邮电出版社,2017.

[15] 李开复,王咏刚. 人工智能[M]. 北京:文化发展出版社,2017.

[16] 李开复. AI·未来[M]. 杭州:浙江人民出版社,2018.

[17] 腾讯研究院. 人工智能[M]. 北京:中国人民大学出版社,2017.

[18] 王珊,萨师煊. 数据库系统概论[M]. 5版. 北京:高等教育出版社,2014.

[19] 张海藩,牟永敏. 软件工程导论[M]. 6版. 北京:清华大学出版社,2013.

[20] 桂小林. 物联网技术导论[M]. 2版. 北京:清华大学出版社,2018.

[21] 袁方,安海宁,肖胜刚,等. 大学计算机[M]. 北京:高等教育出版社,2017.

[22] 袁方,肖胜刚,齐鸿志. Python语言程序设计[M]. 北京:清华大学出版社,2019

[23] 中国计算机学会. 中国计算机事业创建50周年大事[G]. 中国计算机学会文集,2007.

[24] 吴文俊主页. http://www.mmrc.iss.ac.cn/~wtwu/.

[25] 白晶. 方正人生——王选传[M]. 南京:江苏人民出版社,2010.

[26] 孙自法. 金怡濂让中国扬威. http://news.sohu.com/07/30/news206713007.shtml.

[27] 美国电气和电子工程师学会计算机协会(IEEE-CS)主页. http://www.computer.org/portal/site/ieeecs/index.jsp.

[28] 美国计算机学会(ACM)主页. http://www.acm.org/.

[29] 中国计算机学会主页. http://www.ccf.org.cn/.

[30] Tucker A B. Computing Curricula 1991. Communications of the ACM[J],1991,34(6):68-84.

[31] The Joint Task Force on Computing Curricula,Computing Curricula 2001. http://www.acm.org/education/curric_vols/CC2001.pdf.

[32] The Joint Task Force for Computing Curricula 2005,Computing Curricula 2005:The Overview Report. http://www.acm.org/education/curric_vols/CC2005-March06Final.pdf.

[33] 刘瑞挺. 计算机系统导论[M]. 北京:高等教育出版社,1993.

[34] 董荣胜,古天龙. 计算机科学与技术方法论[M]. 北京:人民邮电出版社,2002.

[35] 董荣胜. 计算机科学导论——思想与方法[M]. 北京:高等教育出版社,2007.

[36] 赵致琢. 计算科学导论[M]. 北京:科学出版社,2000.

[37] 王平立,王玲,宋斌. 计算机导论[M]. 北京:国防工业出版社,2003.

[38] 郭平,朱郑州,王艳霞. 计算机科学与技术概论[M]. 北京:清华大学出版社,2008.

[39] Dale N,Lewis J. 计算机科学概论[M]. 张欣,译. 北京:机械工业出版社,2005.

[40] Brookshear J G. 计算机科学概论[M]. 8 版. 方存正, 俞嘉惠, 译. 北京：清华大学出版社, 2005.

[41] Forouzan B A. 计算机科学导论[M]. 刘艺, 段立, 译. 北京：机械工业出版社, 2004.

[42] O'Leary T J. Computing Essentials[M]. 北京：高等教育出版社, 2000.

[43] 徐苏. 计算机组织与结构[M]. 北京：中国铁道出版社, 2008.

[44] 白中英. 计算机组成原理[M]. 4 版. 北京：科学出版社, 2008.

[45] 孙钟秀, 费翔林, 骆斌. 操作系统教程[M]. 4 版. 北京：高等教育出版社, 2008.

[46] 孔宪君, 王亚东. 操作系统的原理与应用[M]. 北京：高等教育出版社, 2008.

[47] Silberschatz A, Galvin P B, Gagne G. 操作系统概念[M]. 6 版. 郑扣银, 译. 北京：高等教育出版社, 2004.

[48] 刘振鹏, 王煜, 张明. 操作系统[M]. 北京：中国铁道出版社, 2003.

[49] 蔡开裕, 朱培栋, 徐明. 计算机网络[M]. 2 版. 北京：机械工业出版社, 2008.

[50] 曲大成, 江瑞生, 李侃. Internet 技术与应用教程[M]. 3 版. 北京：高等教育出版社, 2007.

[51] 中国互联网络信息中心. 互联大事记. http:// http://www. cnnic. net. cn/hlwfzyj/hlwdsj/.

[52] 严蔚敏, 吴伟民. 数据结构(C 语言版)[M]. 北京：清华大学出版社, 2004.

[53] 廖明宏, 郭福顺, 张岩, 等. 数据结构与算法[M]. 4 版. 北京：高等教育出版社, 2007.

[54] 张素琴, 吕映芝, 蒋维杜, 等. 编译原理[M]. 2 版. 北京：清华大学出版社, 2005.

[55] 袁方, 郗亚辉, 陈昊. 数据库应用系统设计[M]. 2 版. 成都：电子科技大学出版社, 2005.

[56] Schönberger V M, Cukier K. 大数据时代[M]. 盛杨燕, 周涛, 译. 杭州：浙江人民出版社, 2013.

[57] Toffler A. 第三次浪潮[M]. 黄明坚, 译. 北京：中信出版社, 2006.

[58] 牛少彰, 崔宝江, 李剑. 信息安全概论[M]. 2 版. 北京：北京邮电大学出版社, 2007.

[59] 徐爱国. 网络安全[M]. 北京：北京邮电大学出版社, 2004.

[60] Easttom C. 计算机安全基础[M]. 贺民, 译. 北京：清华大学出版社, 2008.

[61] 胡道元, 闵京华. 网络安全[M]. 北京：清华大学出版社, 2004.

[62] 杨波. 现代密码学[M]. 2 版. 北京：清华大学出版社, 2005.

[63] 方勇, 刘嘉勇. 信息系统安全导论[M]. 北京：电子工业出版社, 2003.

[64] 左孝凌. 离散数学[M]. 上海：上海科学技术文献出版社, 1982.

[65] 傅彦, 顾小丰, 王庆先. 离散数学及其应用[M]. 北京：高等教育出版社, 2007.

[66] 蔡自兴, 徐光祐. 人工智能及其应用[M]. 3 版. 北京：清华大学出版社, 2003.

[67] 同济大学数学系. 高等数学[M]. 6 版. 北京：高等教育出版社, 2007.

[68] 居余马. 线性代数[M]. 2 版. 北京：清华大学出版社, 2002.

[69] 沈恒范. 概率论与数理统计教程[M]. 北京：高等教育出版社, 2003.

[70] 程守洙, 江之永. 普通物理学[M]. 6 版. 北京：高等教育出版社, 2006.

[71] 邱关源原著, 罗先觉修订. 电路[M]. 5 版. 北京：高等教育出版社, 2006.

[72] 华成英, 童诗白. 模拟电子技术基础[M]. 4 版. 北京：高等教育出版社, 2006.

[73] 余孟尝. 数字电子技术基础简明教程[M]. 2 版. 北京：高等教育出版社, 2006.

[74] 中国计算机及中国计算机事业 50 周年纪念特刊[M]. 中国计算机报, 2006.

图 书 资 源 支 持

感谢您一直以来对清华版图书的支持和爱护。为了配合本书的使用,本书提供配套的资源,有需求的读者请扫描下方的"书圈"微信公众号二维码,在图书专区下载,也可以拨打电话或发送电子邮件咨询。

如果您在使用本书的过程中遇到了什么问题,或者有相关图书出版计划,也请您发邮件告诉我们,以便我们更好地为您服务。

我们的联系方式:

资源下载、样书申请

书 圈

地　　址：北京市海淀区双清路学研大厦 A 座 701

邮　　编：100084

电　　话：010-83470236　010-83470237

资源下载：http://www.tup.com.cn

扫一扫,获取最新目录

客服邮箱：2301891038@qq.com

QQ：2301891038（请写明您的单位和姓名）

课 程 直 播

用微信扫一扫右边的二维码,即可关注清华大学出版社公众号"书圈"。